U0922981

普通高等教育“十二五”规划教材

计算机绘图
——AutoCAD 2014

主　编　王亮申　戚　宁

副主编　李　刚　王卫东　夏利江

参　编　赵仙花　马勇骉　王　梅　杨意品
　　　　刘建霞　程鲁鹏　楚文婷　杨　力
　　　　李　爽

主　审　吴昌林

机械工业出版社

本书依据高等学校工程图学教学指导委员会制定的《普通高等院校工程图学课程教学基本要求》编写。作为计算机绘图基础性教材，本书充分考虑了工科专业教学特点，力求内容编排系统、简洁。以 AutoCAD 2014 为基础，以文字和图形相结合的形式详细介绍了 AutoCAD 2014 操作的基本方法和不同功能，包括计算机绘图技术简介、操作界面与绘图环境、命令操作、二维及三维图形绘制与编辑、图层的使用、提高绘图效率手段、图案填充、文字输入与编辑、尺寸标注与编辑、块的定义与使用等内容。全书以螺旋千斤顶为实例，绘制了每个零件图，体现出如何利用所学知识解决实际问题过程。本书附有教学课件和所有图形的源文件，每章都附有习题供教学时参考（任课教师可访问机械工业出版社教育服务网 www.cmpedu.com 获取相关资源）。

本书知识结构编排合理，概念简洁、清楚，操作方便，易学易用，可作为机械类、土建类等专业大学本科生教材，也可作为工程技术人员的参考书，还可作为培训用教材或自学参考书。

图书在版编目（CIP）数据

计算机绘图：AutoCAD2014/王亮申，戚宁主编. —北京：机械工业出版社，2013.10（2017.11 重印）

普通高等教育“十二五”规划教材

ISBN 978-7-111-44270-7

Ⅰ.①计… Ⅱ.①王…②戚… Ⅲ.①AutoCAD 软件-高等学校-教材 Ⅳ.①TP391.72

中国版本图书馆 CIP 数据核字（2013）第 235898 号

机械工业出版社（北京市百万庄大街 22 号 邮政编码 100037）

策划编辑：舒 恬 责任编辑：舒 恬 吴超莉 任正一

版式设计：常天培 责任校对：陈延翔

封面设计：张 静 责任印制：常天培

唐山三艺印务有限公司印刷

2017 年 11 月第 1 版第 5 次印刷

184mm×260mm · 17.75 印张 · 435千字

标准书号：ISBN 978-7-111-44270-7

定价：39.80元

凡购本书，如有缺页、倒页、脱页，由本社发行部调换

电话服务

服务咨询热线：010-88379833

读者购书热线：010-88379649

网络服务

机 工 官 网：www.cmpbook.com

机 工 官 博：weibo.com/cmp1952

教育服务网：www.cmpedu.com

金 书 网：www.golden-book.com

前　言

高等学校工程图学教学指导委员会在《普通高等院校工程图学课程教学基本要求》中特别说明："计算机二维绘图和三维造型是适应现代化建设的新技术，对学生以后掌握计算机辅助设计技术有着重要的影响。"由此可见，计算机绘图是"工程图学"课程的重要组成部分。

随着CAD/CAE/CAM技术的发展和人们对设计软件要求的提高，软件公司不断提升自己的软件技术水平，以应对可能面临的各种挑战。AutoCAD因其价格低、易学易用等特点，被广泛地应用于机械、建筑、电子、航天、造船、石油化工、土木工程、冶金等行业领域。AutoCAD是由美国Autodesk公司研制开发的，以二维图形绘制功能见长，逐渐融入三维功能并不断加强。Autodesk公司每年都会推出AutoCAD的新版本，对软件功能进行改进。AutoCAD 2014增加了很多新功能，提供了全新的【欢迎】屏幕，方便用户使用该软件。新增剖面与详图的功能选项，方便建立常用的剖面图；新增云端服务的链接，可以在AutoCAD直接登入使用Autodesk360云服务，可以上传、同步或共享文档。此外，AutoCAD 2014操作界面也与早期版本有很大不同，因此，有必要介绍AutoCAD 2014的使用方法和功能。

本书以中文版AutoCAD 2014为基础，结合计算机绘图的基本原理，讲解了利用AutoCAD进行图形设计的基本方法和设计技巧。全书共分13章，其中第1章介绍了计算机绘图技术及现有CAD/CAM软件；第2章介绍了AutoCAD 2014绘图环境；第3章介绍了简单图形，如点、线、圆等的绘制方法；第4章介绍了为提高绘图效率所采用的辅助工具及其操作方法；第5~7章介绍了二维图形的绘制与编辑；第8章介绍了视图概念及操作方法；第9章介绍了文本操作、尺寸标注及表格编制方法；第10章介绍了块定义、块属性等内容；第11章以螺旋千斤顶箱体为实例，综合应用前面所学知识，完成箱体三维视图绘制；第12~13章介绍了三维图形的绘制与编辑操作。

本书由王亮申、戚宁担任主编，李刚、王卫东、夏利江担任副主编。参编人员有赵仙花、马勇骉、王梅、杨意品、刘建霞、程鲁鹏、楚文婷、杨力和李爽。其中王亮申、王卫东、赵仙花编写了第1~3章；戚宁、王梅、杨意品编写了第4~7章；马勇骉、夏利江编写了第8~11章；李刚、刘建霞编写了第12、13章；其余人员为本书的插图、课件等的制作提供了帮助，王亮申对全书进行了统稿。

本书由国家级教学名师、全国工程图学学会常务理事、华中科技大学博士生导师吴昌林教授担任主审。吴昌林教授、闫平、宋进桂、刘长霞对教材的编写提出了很多意见或建议，在此一并表示感谢。书后所列参考文献对本教材的编写借鉴意义颇大，在此对这些参考文献的编著者及出版社表示感谢。

由于编者水平有限，书中难免出现疏漏和不足之处，恳请读者批评指正。

编　者

目　录

第1章　计算机绘图技术概述

图形是表达和交流技术思想的工具，工程图是工程师的语言。在信息交流中，图形表达方式有更多的优点。常见的绘图方式有手工绘图和计算机绘图两种方式。手工绘图是一项细致、复杂和耗时冗长的工作，不但效率低、质量差，而且周期长，不易于修改。因此，现在计算机绘图方式已逐渐取代了手工绘图方式。

1.1　计算机绘图技术简介

计算机绘图是一种高效率、高质量的绘图技术。把数字化的图形信息通过计算机存储、处理，并通过输出设备将图形显示或打印出来，这个过程称为计算机绘图。而研究计算机绘图领域中各种理论与实际问题的学科称为计算机图形学。计算机绘图是计算机图形学的一个分支，它的主要特点是给计算机输入非图形信息，经过计算机的处理，生成图形信息输出。

1.1.1　计算机绘图系统

计算机绘图系统由硬件、软件和设计人员组成。其中硬件是基础，决定着计算机计算处理速度的快慢，包括主机、计算机外部设备以及网络通信设备等；软件是核心，决定着系统性能的优劣，包括操作系统、支撑软件、应用软件等；人是关键，起着不可替代的主导作用，决定着图形设计的成败。将硬件、软件及人这三者有效地融合在一起，是发挥计算机绘图系统强大功能的前提。计算机绘图系统的组成如图1-1所示。

1. 计算机绘图系统的硬件组成

一般来说，将可进行计算机绘图作业的独立硬件环境称为计算机绘图的硬件系统。计算机绘图系统的硬件主要由主机、输入设备（键盘、鼠标、扫描仪等）、输出设备（显示器、绘图仪、打印机等）、信息存储设备（主要指外存，如硬盘、软盘、光盘等），以及网络设备、多媒体设备等组成。计算机绘图系统的基本硬件构成如图1-2所示。

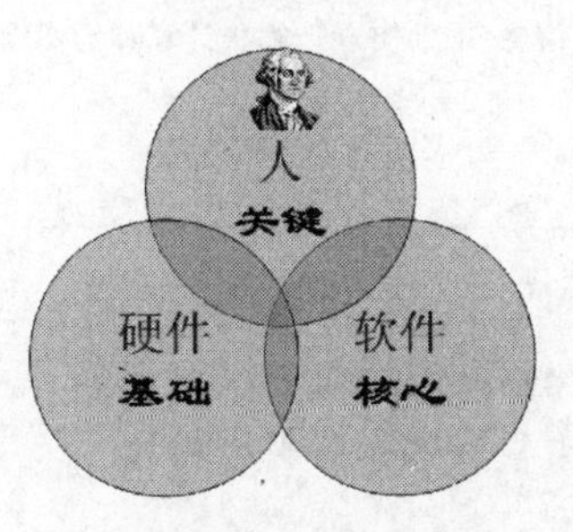

图1-1　计算机绘图系统的组成

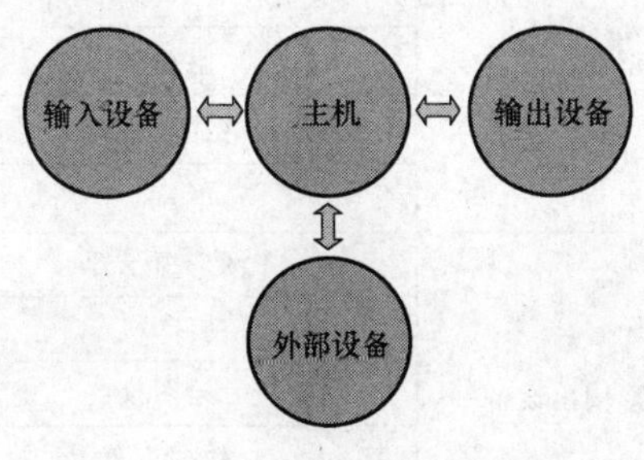

图1-2　计算机绘图系统的基本硬件构成

2. 计算机绘图系统的软件组成

计算机软件是指控制计算机运行，并使计算机发挥最大功效的各种程序、数据及文档的集合。在计算机绘图系统中，软件配置水平决定着整个计算机绘图系统的性能优劣。因此，可以说硬件是计算机绘图系统的物质基础，而软件则是计算机绘图系统的核心。

可以将计算机绘图系统的软件分为 3 个层次，即系统软件、支撑软件和应用软件。系统软件是与计算机硬件直接关联的软件，一般由专业的软件开发人员研制，它起着扩充计算机的功能，以及合理调度与使用计算机的作用。支撑软件是在系统软件的基础上研制的，它包括进行计算机绘图作业时所需的各种通用软件。应用软件则是在系统软件及支撑软件支持下，为实现某个应用领域内的特定任务而开发的软件，如机床设计、夹具设计、汽车车身设计等 CAD 软件系统。计算机绘图系统的基本软件构成如图 1-3 所示。

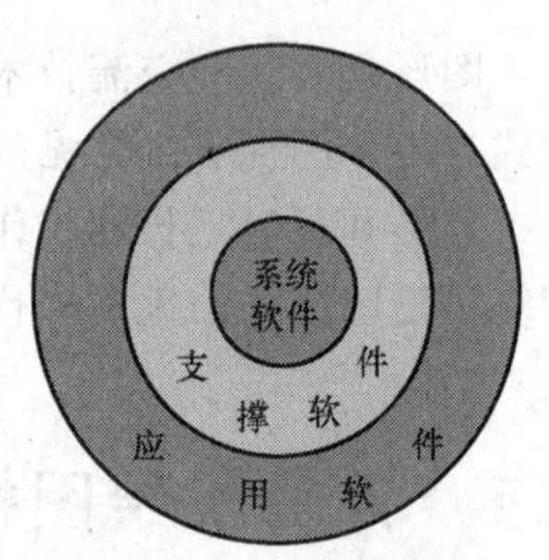

图 1-3　计算机绘图系统的基本软件构成

表 1-1 简单列举了计算机绘图系统的组成及功能。从表中可以看出，计算机绘图系统组成十分复杂，每个环节都可能决定绘图质量、效率，复杂图形能否表达，信息输入是否快捷、准确，信息输出是否清晰，协同工作是否便捷、安全、可靠。

表 1-1　计算机绘图系统的组成及功能

主　体	组　件	功　能
主机	中央处理器(CPU)	数据运算与处理
	内存储器	
	主板	
	……	
外部设备	硬盘	存储必要的文字和图形信息,保证协同设计、云计算过程顺利进行
	光盘	
	移动存储设备	
	网络设备	
	……	
图形输入设备	键盘	输入待处理信息,辅助实现计算机计算和绘图操作
	鼠标	
	触摸屏	
	数据手套	
	……	
图形输出设备	图形显示器	将计算机计算处理的结果用文字或图形信息显示出来,供设计人员及用户观察、浏览、交流、使用
	打印机	
	绘图仪	
	数据头盔	
	……	

（续）

主　体	组　件	功　能
支撑软件	AutoCAD	提供绘图工具，辅助设计人员绘图
	UG	
	CATIA	
	……	

1.1.2　图形软件标准

图形是 CAD/CAE/CAM 的重要基础。随着 CAD/CAM 技术的迅猛发展和推广应用，CAD/CAM 技术得到了广泛的应用，越来越多的用户需要将产品数据在不同的应用系统间进行交换，但各 CAD/CAM 软件的内部数据记录方式和处理方式不尽相同，开发软件的语言也不完全一致，因此，CAD/CAM 系统的数据交换与共享是目前面临的重要问题。

20 世纪 80 年代初以来，国外对数据交换标准做了大量的研究、制订工作，也产生了许多标准。如美国的 DXF、IGES、ESP、PDES，法国的 SET，德国的 GKS、VDAFS，国际标准化组织（ISO）的 STEP 等。这些标准都对 CAD 及 CAM 技术在各国的推广应用起到了极大的促进作用。表 1-2 简单介绍了计算机绘图软件的接口标准。

表 1-2　计算机绘图软件的接口标准

图形软件标准	标准名称	特　点
图形标准	GKS	图形核心系统（Graphic Kernel System，GKS）是由原联邦德国工业标准化组织（DIN）于 1979 年提出，ISO 于 1985 年采用其作为国际标准。它是一个为应用程序服务的基本图形系统。它提供了应用程序和一组图形输入、输出设备之间的功能性接口。为了满足三维图形的需要，DIN 与 ISO 合作制定了三维图形核心系统 GKS-3D，作为 GKS 的扩充
	PHIGS	程序员层次交互图形系统（Programmer's Hierarchical Interactive Graphics System，PHIGS）是美国计算机图形技术委员会于 1986 年推出的，后被接受为国际标准。它是为应用程序员提供的控制图形设备的图形软件系统接口，以及动态修改、绘制和显示图形数据的手段。PHIGS 的图形数据按照层次结构组织，使多层次的应用模型能方便地利用它进行描述。它是 GKS 的扩展，是为具有高度动态性、交互性的三维图形的应用而设计的图形软件工具包
图形和图像编码	CGM	计算机图形元文件（Computer Graphics Metafile，CGM）是 ISO 正式发布的国际标准。它采用了高效率的图形编码方法，规定了存储图形数据的格式，由一套与设备无关的用于定义图形的语法和词法元素组成，作为图形数据的中性格式，能适用于不同的图形系统和图形设备
	CGI	计算机图形接口（Computer Graphics Interface，CGI）是美国标准化协会（ANSI）于 1984 年起草的，后被 ISO 接受为国际标准。它描述了通用的抽象图形设备的软件接口，定义了一个虚拟的设备坐标空间、一组图形命令及其参数格式

（续）

图形软件标准	标准名称	特 点
数据交换标准	IGES	初始图形交换规范(Initial Graphics Exchange Specification,IGES)是美国国家标准和技术研究所(NIST)主持,波音公司和通用电气公司参加编制的,后经ANSI批准于1980年发布的美国国家标准。它建立了用于产品定义的数据表示方法与通信信息结构,作用是在不同的CAD/CAM系统间交换产品定义数据。其原理是:通过前处理器把发送系统的内部产品定义文件翻译成符合IGES规范的中性格式文件,再通过后处理器将中性格式文件翻译成接收系统的内部文件
	STEP	产品模型数据交换标准(Standard for the Exchange of Product model data,STEP)是由ISO制定并于1992年公布的国际标准。它是一套系列标准,其目标是在产品生存周期内为产品数据的表示与通信提供一种中性数字形式,这种数字形式完整地表达产品信息并独立于应用软件,也就是建立统一的产品模型数据描述

1.1.3 造型技术

造型技术是绘图软件的基础。三维模型有3种，即线框、曲面和实体。早期的CAD系统往往分别对待以上3种造型。而当前的高级三维软件，例如CATIA、UG、Pro/Engineer等则是将三者有机结合起来，形成一个整体，在建立产品几何模型时兼用线、面、体3种设计手段。其所有的几何造型享有公共的数据库，造型方法间可互相替换，而不需要进行数据交换。

1. 线框造型

线框造型可以生成、修改、处理二维和三维线框几何体，可以生成点、直线、圆、二次曲线、样条曲线等，还可以对这些基本线框元素进行修剪、延伸、分段、连接等处理，生成更复杂的曲线。线框造型是通过三维曲面的处理来进行的，即利用曲面与曲面的求交、曲面的等参数线、曲面边界线、曲线在曲面上的投影、曲面在某一方向的分模线等方法来生成复杂曲线。实际上，线框造型是进一步构造曲面和实体模型的基础工具。在复杂的产品设计中，往往是先用线条勾画出基本轮廓，即所谓“控制线”，然后逐步细化，在此基础上构造出曲面和实体模型。

线框造型的缺点是明显的，它用顶点和棱边来表示物体，由于没有面的信息，不能表示表面含有曲面的物体；另外，它不能明确地定义给定点与物体之间的关系（点在物体内部、外部或表面上），所以线框造型不能处理许多重要问题，如不能生成剖切图、消隐图、明暗色彩图，不能用于数控加工等，应用范围受到了很大的限制。

2. 曲面造型

曲面模型是在线框造型的基础上，增加了物体中面的信息，用面的集合来表示物体，用环来定义面的边界。曲面模型扩大了线框造型的应用范围，能够满足面面求交、线面消隐、明暗色彩图、数控加工等需要。但在这种模型中，只有一张张面的信息，对物体究竟存在于表面的哪一侧，并没有给出明确的定义，无法计算和分析物体的整体性质，如物体的表面积、体积、重心等，也不能将这个物体作为一个整体去考查它与其他物体相互关联的性质，如是否相交等。

曲面造型分两种方法，一是由曲线构造曲面；二是由曲面派生曲面。

（1）由曲线构造曲面

1）旋转曲面：轮廓曲线绕某一轴线旋转某一角度而生成的曲面。

2）线性拉伸面：曲线沿某一矢量方向拉伸一段距离而得到的曲面。

3）直纹面：在两曲线间，把其参数值相同的点用直线段连接而成的曲面。

4）扫描面：截面发生曲线沿一条、两条或三条方向控制曲线运动、变化而生成的曲面。可根据各发生曲线与脊骨曲线的运动关系，把扫描面分为平行扫描曲面、法向扫描曲面和放射状扫描曲面。

5）网格曲面：由一系列曲线构成的曲面。根据构造曲面的曲线的分布规律，网格曲面可分为单方向网格曲面和双方向网格曲面。单方向网格曲面由一组平行或近似平行的曲线构成；而双方向网格曲面由一组横向曲线和另一组与之相交的纵向曲线构成。

6）拟合曲面：由一系列有序点拟合而成的曲面。

7）平面轮廓面：由一条封闭的平面曲线所构成的曲面。

8）二次曲面：椭圆面、抛物面、双曲面等。

（2）由曲面派生曲面

1）等半径倒圆曲面：一定半径的圆弧段与两原始曲面相切，并沿着它们的交线方向运动而生成的圆弧形过渡面。

2）变半径倒圆曲面：半径值按一定的规律变化的圆弧段与两原始曲面相切，并沿它们的交线方向运动而生成的圆弧形过渡面。

3）等厚度偏移曲面：与原始曲面偏移一均匀厚度值的曲面。

4）变厚度偏移曲面：在原始曲面的角点处，沿该点曲面法矢量方向偏移给定值而得到的曲面。

5）混合曲面（桥接曲面）：在两个（或多个）分离曲面的指定边界线处生成的，一个以指定边界为生成曲面的边界线，与所选周围原始曲面圆滑连接的中间曲面。

6）延伸曲面：在曲面的指定边界线处，按曲面的原有趋势（或某一给定的矢量方向）进行给定条件的曲面扩展而生成的曲面。

7）修剪曲面：把原始曲面的某一部分去掉而生成的曲面。

8）拓扑连接曲面：把具有公共边界线的两个曲面进行拓扑相加后的曲面。

3. 实体造型

实体造型是最高级的三维物体模型，它能完整地表示物体的所有形状信息。可以无歧义地确定一个点是在物体外部、内部或表面上，这种模型能够进一步满足物性计算、有限元分析等应用的要求。

（1）基本体素

1）拉伸体：一条封闭的曲线沿某一矢量方向拉伸一段距离而得到的实体，包括长方体等。

2）旋转体：一条封闭曲线绕某一轴线旋转某一角度而生成的实体，包括圆柱体、圆锥体、球体等。

3）扫描体：一条或多条封闭的截面曲线沿一条轨道按一定的规律运动而生成的实体。

4）等厚体：与原始曲面偏移给定厚度值而形成的实体。

5）缝合体：由一组封闭曲面缝合而成的实体。

6）倒圆体：在实体的棱线处，生成一个与该棱线处的两相邻表面相切的圆弧形过渡体。

7）倒角体：在实体的棱线处，生成一个给定角度和长度的倒角体。

（2）工艺特征形体

工艺特征形体包括凸台、凹腔、孔、键槽、螺纹、筋等。

（3）拓扑操作

对体素进行并、交、差布尔运算及用曲面片体修剪体素而生成的新的实体。

1.2 常用的计算机绘图软件简介

1.2.1 AutoCAD 发展史

AutoCAD 是由美国 Autodesk 公司开发的通用计算机辅助设计软件，是目前世界上应用最广的 CAD 软件。随着时间的推移和软件的不断完善，AutoCAD 已由原先的侧重于二维绘图技术，发展到二维、三维绘图技术兼备，并且具有网上设计的多功能 CAD 软件系统。

1. 良好的用户界面

AutoCAD 具有良好的用户界面，通过交互菜单或命令行方式便可以进行各种操作。AutoCAD 具有广泛的适应性，它可以在各种操作系统支持的微型计算机和工作站上运行，并支持分辨率由 320×200 像素到 2048×1024 像素的各种图形显示器 40 多种，这为 AutoCAD 的普及创造了条件。

2. 发展过程

AutoCAD 的发展过程可分为初级阶段、发展阶段、高级发展阶段、完善阶段、改进阶段、协同工作和云存储阶段。

在初级阶段，AutoCAD 更新了 5 个版本。由 1982 年的 AutoCAD 1.0 版本发展到 1984 年的 AutoCAD 2.0 版本。

在发展阶段，AutoCAD 更新了以下版本。由 1985 年的 AutoCAD 2.17 版本发展到 1987 年的 AutoCAD 9.0 版本和 AutoCAD 9.03 版本。

在高级发展阶段，AutoCAD 经历了 3 个版本，使 AutoCAD 的高级协助设计功能逐步完善。1988 年 8 月推出了 AutoCAD 10.0 版本、1990 年推出了 AutoCAD 11.0 版本和 1992 年推出了 AutoCAD 12.0 版本。

在完善阶段，AutoCAD 逐步由 DOS 平台转向 Windows 平台。从 1996 年的 AutoCAD R13 版本问世，到 2003 年推出的 AutoCAD 2004、2004 年推出的 AutoCAD 2005 和 2005 年推出的 AutoCAD 2006 版本，实现了技术革命。

在改进阶段，AutoCAD 经历了 6 个版本，使三维绘图功能日趋完善。从 2006 年推出的 AutoCAD 2007、2007 年推出的 AutoCAD 2008、2008 年推出的 AutoCAD 2009、2009 年推出的 AutoCAD 2010、2010 年推出的 AutoCAD 2011，到 2011 年推出的 AutoCAD 2012。

在协同工作和云存储阶段，2012 年推出的 AutoCAD 2013 和 2013 年推出的 AutoCAD

2014，加入了云端服务链接功能。新增云端服务的链接，可以通过 AutoCAD 直接登入使用 Autodesk 360 云端服务，可以上传、同步或共享文档。新增汇入 Inventor 档案，让 AutoCAD 可以汇入各种软件设计的三维模型文件，而且能在没有分解或炸开模型的状态下编辑三维实体图块。新增剖面与详图的功能选项，方便建立常用的剖面图，如全剖面、半剖面、偏移或转正，还能建立圆形或矩形边界的详图。当模型或配置有变更时，能维持多个剖面与详图的一致性。新增删除线样式，可以在多行文字、多重引线、标注、表格与弧形文字上使用，以增加文字表达的灵活性。新增表面曲线萃取，让用户能在一个曲面或三维实体的表面之上建立曲线，视曲面的造型或三维实体而定，可用直线、聚合线、弧或云形线为基础的曲线。新增实时预览属性变更，如变更对象的颜色时，当光标停留在选单中的任何一个颜色时，选择的对象就会动态显示该颜色，变更透明度也是一样。AutoCAD 2014 提供了全新的【欢迎】屏幕，方便用户使用该软件。

1.2.2　常用的计算机绘图软件介绍

能够完成二维、三维图形绘制和建模的软件有很多，设计人员在这样的 CAD 设计平台上可以快速准确地进行图形绘制和工程设计。表 1-3 列举了部分国内外常用的计算机绘图软件（未包括 AutoCAD 软件）。

表 1-3　常用的计算机绘图软件

软件名称	出品公司	特　点
CATIA	法国 Dassault System 公司	CATIA 是从 20 世纪 70 年代发展形成的，最先采用了三维线框、曲面和实体特征等多项技术。产品整个开发过程包括概念设计、详细设计、工程分析、成品定义和制造乃至成品在整个生命周期中的使用和维护
UG	德国 Siemens PLM Software 公司	利用 UG 可以准确地描述几乎任何几何形状。通过将这些几何形状组合起来，可以设计、分析零件，并自动生成工程图。完成设计后，便可以进行 NC 编程
Creo	美国 PTC 公司	Creo 是整合了 PTC 公司的 3 个软件 Pro/Engineer 的参数化技术、CoCreate 的直接建模技术和 ProductView 的三维可视化技术的新型 CAD 设计软件包。Creo 的产品设计应用程序使企业中的每个人都能使用最适合自己的工具，有多个独立的应用程序在二维和三维 CAD 建模、分析及可视化方面提供了新的功能。Creo 还提供了空前的互操作性，可确保在内部和外部团队之间轻松共享数据
Cimatron	以色列 Cimatron 公司	Cimatron 是专门针对模具行业设计开发的，包括易于使用的三维设计工具，融合了线框造型、曲面造型和实体造型，允许用户方便地处理获得的数据模型或进行产品的概念设计
Inventor	美国 AutoDesk 公司	Inventor 是一款三维可视化实体模拟软件，包含三维建模、信息管理、协同工作和技术支持等各种特征。使用 Autodesk Inventor 可以创建三维模型和二维制造工程图，可以创建自适应的特征、零件和子部件，还可以管理上千个零件和大型部件，它的“连接到网络”工具可以使工作组人员协同工作，方便数据共享和同事之间设计理念的沟通

（续）

软件名称	出品公司	特　点
CAXA	北京数码大方科技有限公司	产品覆盖辅助设计（CAD）、辅助工艺（CAPP）、辅助制造（CAM）与协同管理（EDM/PDM）4 大领域，有近 20 个模块，构成 CAXA-PLM 集成框架。CAXA 电子图板比较符合工程师的设计习惯，具有多快好省，完全兼容 AutoCAD 等特点。CAXA 电子图板企业版还可直接投影三维实体设计的数据并生成各种投影视图，使三维到二维的转换畅通无阻。CAXA 实体设计具有全功能一体化集成的三维设计环境，解决了概念设计/总体设计、零件设计/详细工程设计、虚拟装配与设计验证、产品的虚拟展示与评价、二维工程图生成、设计借用/重用、标准件/参数化图库应用和扩展、跨平台数据文件的共享交换等应用需求，所有操作在同一个 Windows 风格的界面下完成

1.3　本章小结

计算机绘图技术是现代工程技术的重要基础。通过对计算机绘图系统的组成、现代造型技术、图形交换标准，以及常用的计算机绘图软件类型的简单介绍，让读者对计算机绘图技术有一个粗略了解，有助于读者熟练掌握 AutoCAD 2014 的操作方法。

习　题

1. 简述计算机绘图技术的产生及发展过程。
2. 简述计算机绘图系统的组成。
3. 常见的计算机绘图软件有哪些类型？其特点是什么？

第 2 章　AutoCAD 2014 的绘图环境

利用 AutoCAD 绘制工程图形时，首先应了解 AutoCAD 软件界面的构成，以及基本设置和基本功能，并了解软件系统常用的坐标系。

2.1　界面介绍

启动 AutoCAD 2014 应用程序后，弹出【欢迎】对话框，如图 2-1 所示。【欢迎】对话框由【工作】、【学习】、【扩展】3 个区域组成。通过【工作】区域可以新建图形文件、打开已存盘文件、打开样例文件，浏览或打开最近使用的文件。通过【学习】区域，可以了解 AutoCAD 2014 中的新增内容，快速入门视频为用户提供了典型操作的快速入门视频文件。通过【扩展】区域，可以访问联机资源，拓展 AutoCAD 应用功能，对设计文件进行联机存储、共享、查看和协作。如果用户在启动 AutoCAD 2014 时，不想启用【欢迎】对话框，可

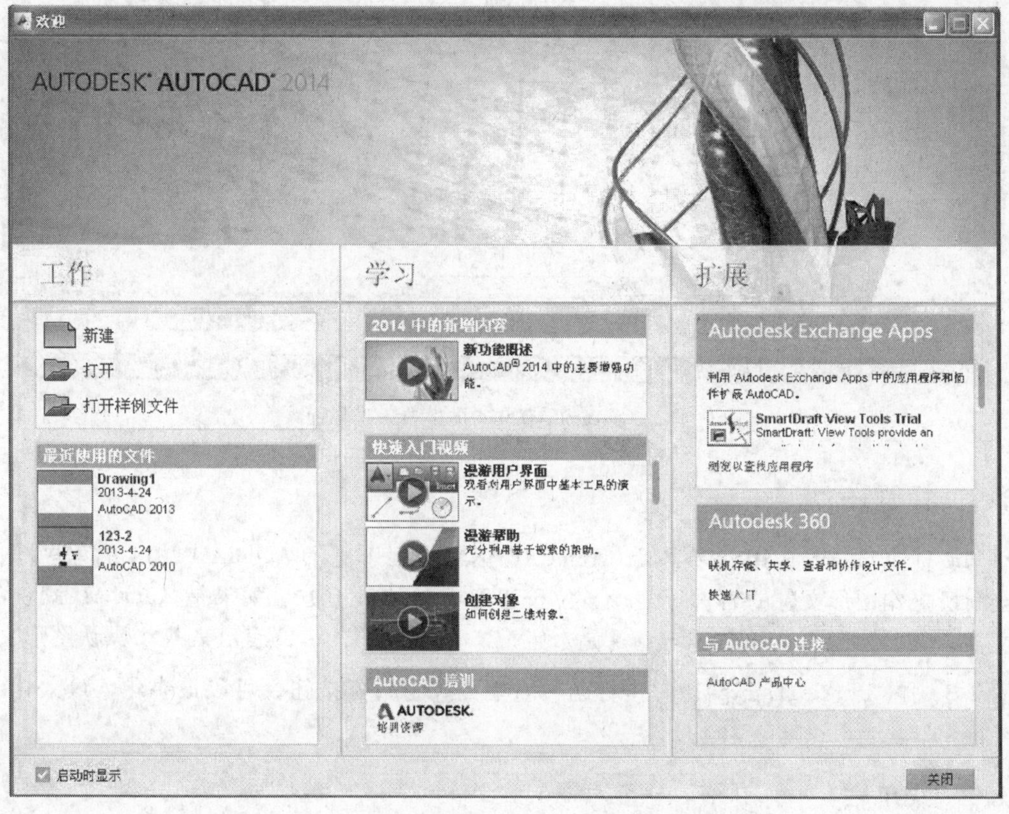

图 2-1　【欢迎】对话框

以不选择【欢迎】对话框左下角处的【启动时显示】复选框。用户可以单击 AutoCAD 2014 工作界面的右上角处，在弹出的菜单中选择【欢迎屏幕】命令（见图 2-2），即可打开【欢迎】对话框。

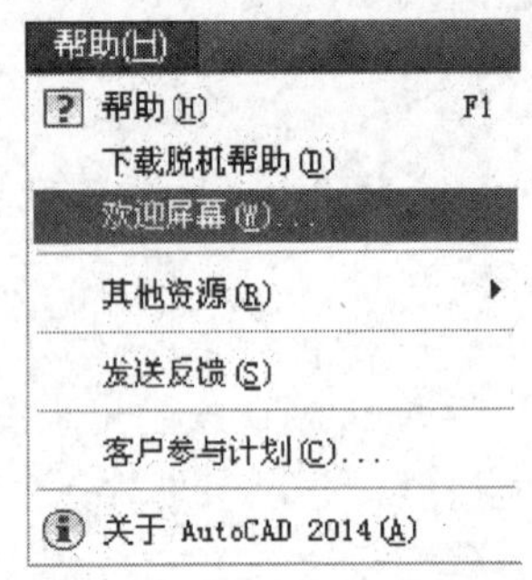

图 2-2 打开【欢迎】对话框

AutoCAD 2014 提供了【草图与注释】、【三维基础】、【三维建模】、【AutoCAD 经典】等工作界面。其中【AutoCAD 经典】界面窗口分布如图 2-3 所示，主要由标题栏、菜单栏、工具栏、快速访问工具栏、绘图窗口、光标、命令行与文本窗口、状态栏等几部分组成。

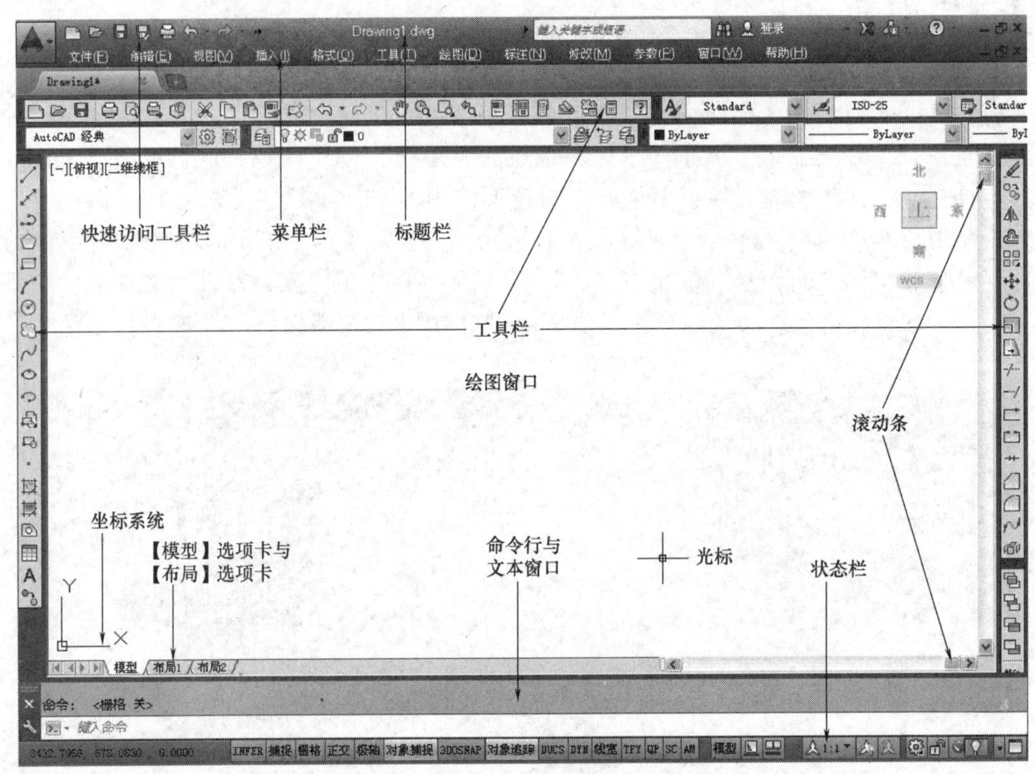

图 2-3 AutoCAD2014 的经典工作界面

2.1.1 标题栏

与其他 Windows 应用程序类似，AutoCAD 标题栏用于显示 AutoCAD 2014 的程序图标以及当前所操作图形文件的名称等信息，位于程序窗口的最上方。如果是 AutoCAD 默认的图形文件，其名称为 DrawingN. dwg（N 是数字，N = 1，2，3，…，表示第 N 个默认图形文件，如图 2-3 中的 Drawing1. dwg）。单击标题栏右端的 — □ × 按钮，可以最小化、最大化或关闭界面窗口。

2.1.2 菜单栏

AutoCAD 2014 中文版的菜单栏由【文件】、【编辑】、【视图】、【插入】、【格式】、【工具】、【绘图】、【标注】、【修改】、【参数】、【窗口】和【帮助】菜单组成，几乎包括了 AutoCAD 中全部的功能和命令。单击菜单栏中的某一项，会弹出相应的下拉菜单，如图 2-4a 所示为 AutoCAD 2014 的【插入】菜单。

从图 2-4a 中可以看到，某些菜单命令后面带有▶、…、Ctrl + K、(R) 之类的符号或组合键，用户在使用它们时应遵循以下约定。

1）命令后跟有▶符号，表示该命令还有子菜单，如【布局】菜单命令。

2）命令后跟有命令字母，如【块 (B)】菜单命令，表示打开【插入】菜单后，按下命令字母 B 即可执行【块】命令。

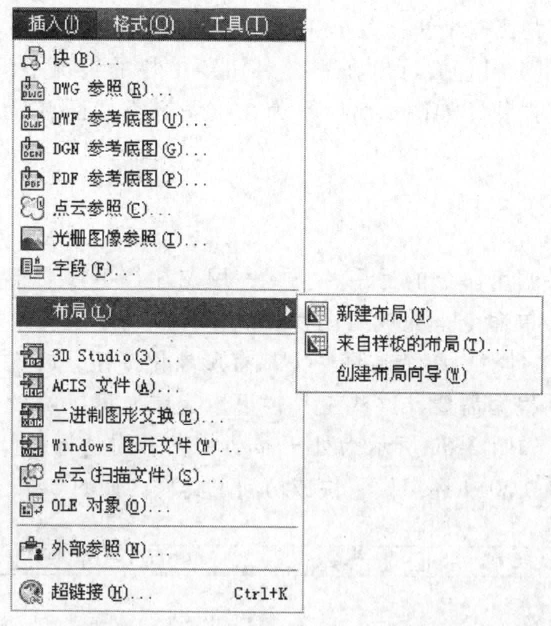

a)【插入】菜单

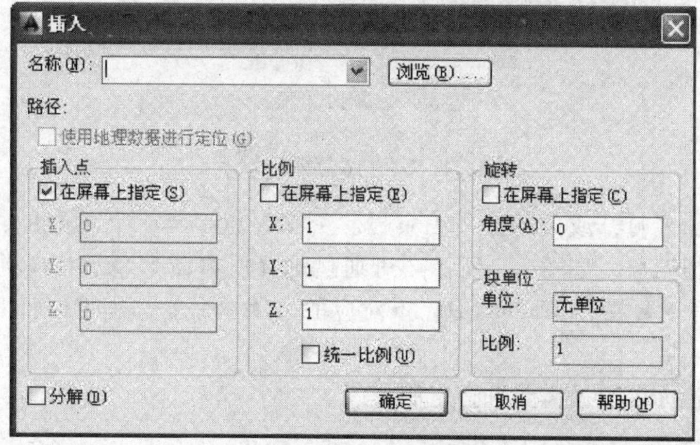

b)【插入】对话框

图 2-4　AutoCAD 2014 菜单及其操作

3）命令后跟有组合键（快捷键），如 Ctrl + K，表示直接按组合键即可执行【超链接】命令。

4）命令后跟有…符号，表示执行该命令可打开一个对话框，如单击【块】命令后会弹出如图 2-4b 所示的【插入】对话框。

5）命令呈现灰色，表示该命令在当前状态下不可使用。

2.1.3　快捷菜单

快捷菜单又称为上下文关联菜单、弹出菜单、右键菜单。在绘图区域、工具栏、状态栏、【模型】与【布局】选项卡及一些对话框上单击鼠标右键时将弹出一个快捷菜单，该菜单中的命令与 AutoCAD 当前状态相关联。使用它们可以在不必启用菜单栏的情况下，快速、高效地完成某些操作，如图 2-5 所示为在绘图区空白区域显示的快捷菜单。

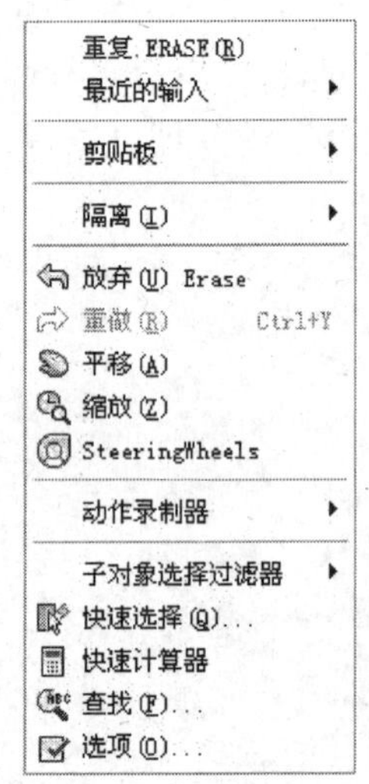

图 2-5　快捷菜单

2.1.4　工具栏

工具栏是应用程序调用命令的另一种方式，用户往往更习惯于使用工具按钮而不是菜单命令来完成绘图操作。AutoCAD 系统提供了超过 52 个已命名的工具栏，每个工具栏上都有形象化按钮，放置了同一类常用的命令。根据需要，这些工具栏可以定制，可以被设定为固定或浮动状态，如图 2-6a 所示为处于浮动状态下的【标准】工具栏。此外，AutoCAD 2014 还提供了快速访问工具栏，如图 2-6b 所示。

a)【标准】工具栏

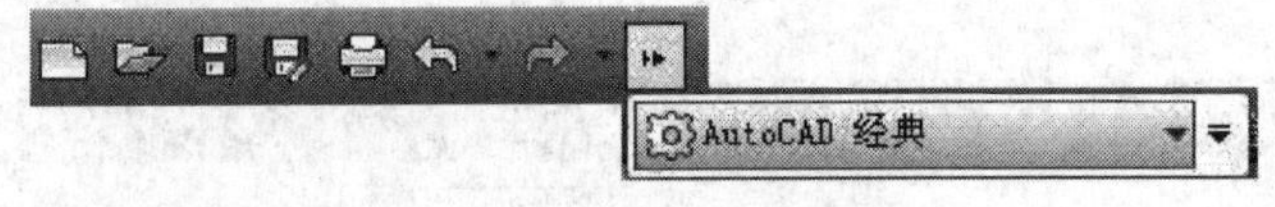

b) 快速访问工具栏

图 2-6　工具栏

用户可以根据需要打开或关闭任一工具栏。可在任意工具栏上单击鼠标右键（右击），此时将弹出一个快捷菜单，如图 2-7 所示。可通过选择所需命令显示相应的工具栏。此外，通过执行【工具】|【工具栏】|【AutoCAD】下对应的子菜单命令，也可以打开 AutoCAD 的各种工具栏。

快速访问工具栏亦可根据需要进行定制。

2.1.5　绘图窗口

绘图窗口又称绘图区域，是用户绘图的工作区域，类似于手工绘图时的图纸，所有的绘图结果都反映在这个窗口中。用户可以根据需要固定、锚定或浮动用户界面元素。可固定的窗口包括命令行、工具选项板、特性选项板等，或者关闭其周围和里面的各个工具栏，以增大绘图空间。如果图纸比较大，需要查看未显示部分时，可以单击窗口右边与下边滚动条上的箭头，或拖动滚动条上的滑块来移动图纸。

在绘图窗口中除了显示当前的绘图结果外，还显示了当前使用的坐标系类型及坐标原点、X 轴、Y 轴、Z 轴的方向等。默认情况下，坐标系为世界坐标系（WCS）。

绘图窗口的下方有【模型】选项卡和【布局】选项卡，单击它们可以在模型空间或图纸空间之间来回切换。

注：使用 AutoCAD 时，通常是在【模型】选项卡下绘图，在【布局】选项卡下出图。

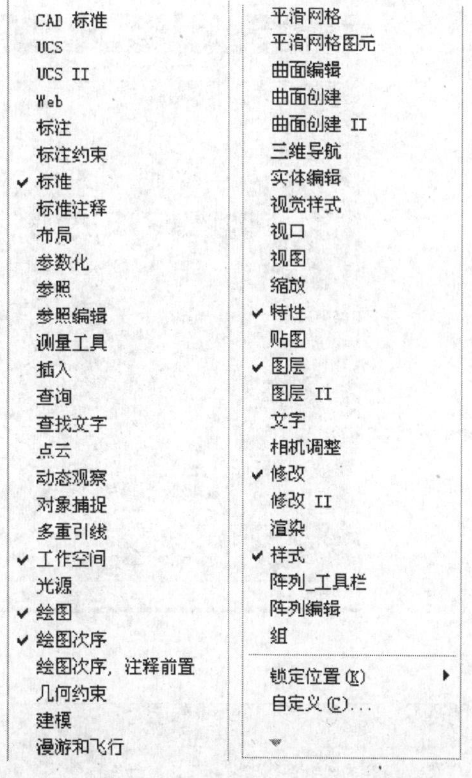

图 2-7　工具栏快捷菜单

2.1.6　命令行与文本窗口

命令行是从键盘输入命令和显示提示信息的区域，通常位于绘图窗口的底部，如图 2-3 所示。在 AutoCAD 2014 中，可以将命令行拖放为浮动窗口，如图 2-8 所示。

命令：_.erase 找到 2 个
命令：指定对角点或 [栏选(F)/圈围(WP)/圈交(CP)]：
命令：_.erase 找到 2 个
命令：指定对角点或 [栏选(F)/圈围(WP)/圈交(CP)]：
键入命令

图 2-8　浮动命令行

注：命令行被关闭后，可以执行【工具】|【命令行】命令或按组合键 Ctrl + 9，重新打开命令行。

AutoCAD 文本窗口是放大的命令行窗口，它记录了用户已执行的命令，也可以用来输入新命令。在 AutoCAD 2014 中，用户可以选择【视图】|【显示】|【文本窗口】命令、执行 TEXTSCR 命令或按 F2 键来打开它，如图 2-9a 所示。当命令行成为浮动窗口时，按 F2 键，命令行会变成如图 2-9b 所示形式。

注：①在命令行中输入命令或数值后，可以按 Enter 键、空格键确认。②若想结束命令，可以按 Enter 键、空格键、Esc 键。③若想重复执行上一次命令，可以按 Enter 键、空格键，重复上一次操作。④在命令行中输入命令时，大小写字母不影响执行命令结果。⑤执行命令过程中，还可以通过单击鼠标右键，在弹出的快捷菜单中选择【确定】、【取消】命令确定或取消当前操作。

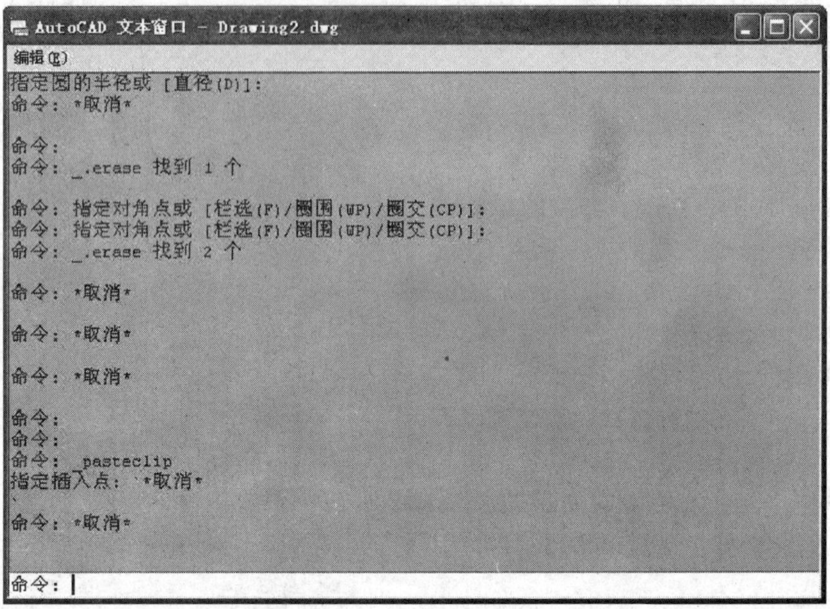

```
AutoCAD 文本窗口 - Drawing2.dwg
编辑(E)
指定圆的半径或 [直径(D)]:
命令: *取消*

命令:
命令: _.erase 找到 1 个

命令: 指定对角点或 [栏选(F)/圈围(WP)/圈交(CP)]:
命令: 指定对角点或 [栏选(F)/圈围(WP)/圈交(CP)]:
命令: _.erase 找到 2 个

命令: *取消*

命令: *取消*

命令: *取消*

命令:
命令:
命令: _pasteclip
指定插入点: *取消*

命令: *取消*

命令:
```

a)

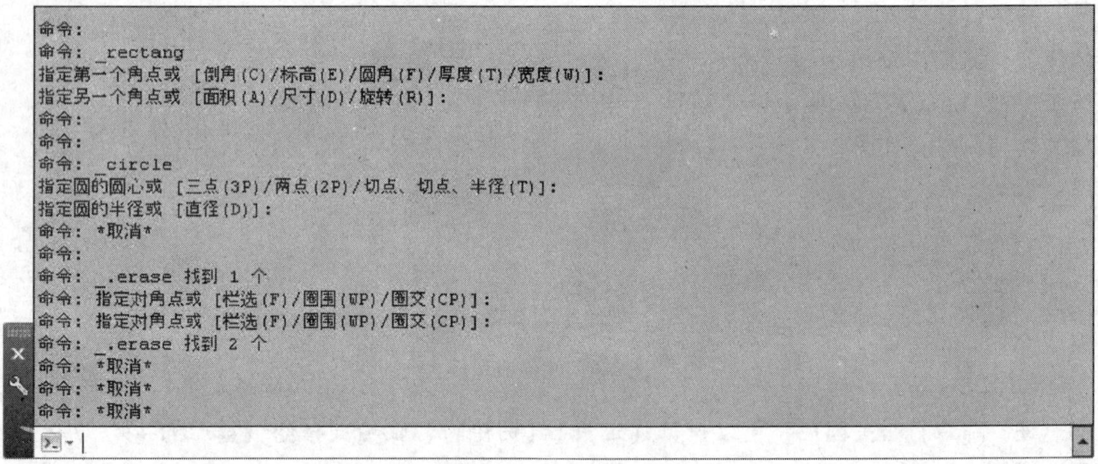

```
命令:
命令: _rectang
指定第一个角点或 [倒角(C)/标高(E)/圆角(F)/厚度(T)/宽度(W)]:
指定另一个角点或 [面积(A)/尺寸(D)/旋转(R)]:
命令:
命令:
命令: _circle
指定圆的圆心或 [三点(3P)/两点(2P)/切点、切点、半径(T)]:
指定圆的半径或 [直径(D)]:
命令: *取消*
命令:
命令: _.erase 找到 1 个
命令: 指定对角点或 [栏选(F)/圈围(WP)/圈交(CP)]:
命令: 指定对角点或 [栏选(F)/圈围(WP)/圈交(CP)]:
命令: _.erase 找到 2 个
命令: *取消*
命令: *取消*
命令: *取消*
```

b)

图 2-9 AutoCAD 文本窗口

2.1.7 状态栏

状态栏用来显示或设置当前的绘图状态，如当前光标的坐标、命令和功能按钮等，如图 2-10 所示。

1. 坐标

光标用于绘图或选择对象等操作。当用户在绘图窗口中移动光标时，在状态栏的【坐标】区将动态地显示当前坐标值。在 AutoCAD 中，坐标显示取决于所选择的模式和程序中运行的命令，共有【相对】、【绝对】、【地理】和【关】4 种模式。

2. 功能按钮

状态栏中包括【约束推断】、【捕捉模式】、【栅格显示】、【正交模式】、【极轴追踪】、【对象捕捉】、【三维对象捕捉】、【对象捕捉追踪】、【允许/禁止动态 UCS】、【动态输入】、【线宽】、【显示/隐藏透明度】、【快捷特性】、【选择循环】、【注释监视器】，以及【模型或图纸空间】、【快速查看布局】、【快速查看图形】、【注释比例】、【注释可见性】、【注释比例更改】、【切换工作空间】、【锁定】、【硬件加速】、【隔离对象】、【应用程序状态栏菜单】、【全屏显示】27 个功能按钮。部分功能按钮有两种显示方式，一种是“不使用图标”（见图 2-10a），另一种是“使用图标”（见图 2-11）。设置方法为将光标移到功能按钮上，右击鼠标，在弹出的快捷菜单上选择【使用图标】或取消选择【使用图标】，如图 2-12 所示。

功能按钮的具体设置及操作方法将在第 4 章介绍。

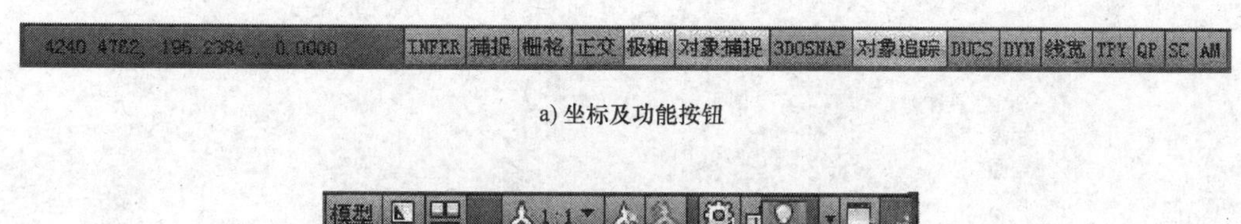

a) 坐标及功能按钮

b)【模型】、【工作空间】等按钮

图 2-10　状态栏

图 2-11　功能按钮的图标显示方式

图 2-12　功能按钮的快捷菜单

2.1.8　工具选项板

工具选项板提供了【建模】、【约束】、【注释】等 21 个选项板（见图 2-13），不同选项板可以完成不同的功能。如在【机械】选项板上拖动“六角螺母”到绘图窗口内，就可以完成六角螺母的绘制。

2.2　文件操作

在 AutoCAD 2014 中，图形文件管理包括创建新的图形文件、打开已有的图形文件、关闭图形文件，以及保存图形文件等操作。

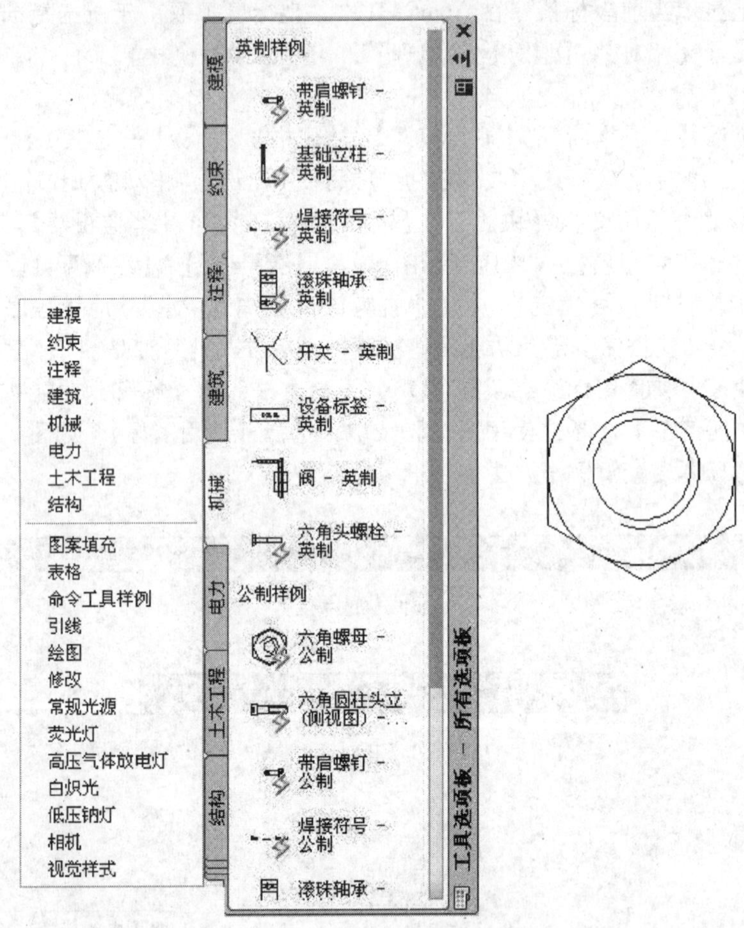

图 2-13 工具选项板

2.2.1 创建新图形文件

执行【新建】命令可以创建新图形文件。

执行方式

- 下拉菜单：【文件】|【新建】
- 命令行：QNEW/NEW
- 工具栏：

执行上述操作后将打开【选择样板】对话框，如图 2-14 所示。

在【选择样板】对话框中，用户可以在样板列表框中选中某一样板文件，这时在对话框右侧的【预览】区域中将显示出该样板的预览图像。单击【打开】按钮，可以以选中的样板文件为样板，创建新图形。

注：一般选用 acadiso. dwt 样板。

样板文件中通常包含与绘图相关的一些通用设置，如图层、线型、文字样式、尺寸标注样式等设置。此外还可以包括一些通用图形对象，如标题栏、图幅框等。利用样板创建新图形，可以避免每次绘制新图形时都要进行的有关绘图设置、绘制相同图形对象这样的重复操

图 2-14 【选择样板】对话框

作，不仅提高了绘图效率，而且还保证了图形的一致性。

根据 AutoCAD 提供的样板文件创建新图形文件后，AutoCAD 一般情况下要显示出布局。AutoCAD 的布局主要用于在打印图形时确定图形相对于图纸的位置，在绘图过程中还需要切换到模型空间，这时只需要打开【模型】选项卡。

在【选择样板】对话框中，用户若选择 acadiso3D. dwt，则可以在三维空间内创建新的三维图形，如图 2-15 所示。

2. 2. 2 打开文件

对于已经存在的图形文件，可以通过执行【打开】命令打开该图形文件。

执行方式

- 下拉菜单：【文件】|【打开】
- 命令行：OPEN
- 工具栏：

执行上述操作后将打开【选择文件】对话框，可以从中打开已有的图形文件，如图 2-16所示。

在【选择文件】对话框的文件列表框中，选择需要打开的图形文件，在右侧的【预览】区域中将显示出该图形的预览图像。默认情况下，打开的图形文件的格式为“. dwg”。

在 AutoCAD 中，可以以【打开】、【以只读方式打开】、【局部打开】和【以只读方式局部打开】4 种方式打开图形文件。当以【打开】、【局部打开】方式打开图形时，可以对打开的图形进行编辑；如果以【以只读方式打开】、【以只读方式局部打开】方式打开图形，则无法对打开的图形进行编辑。

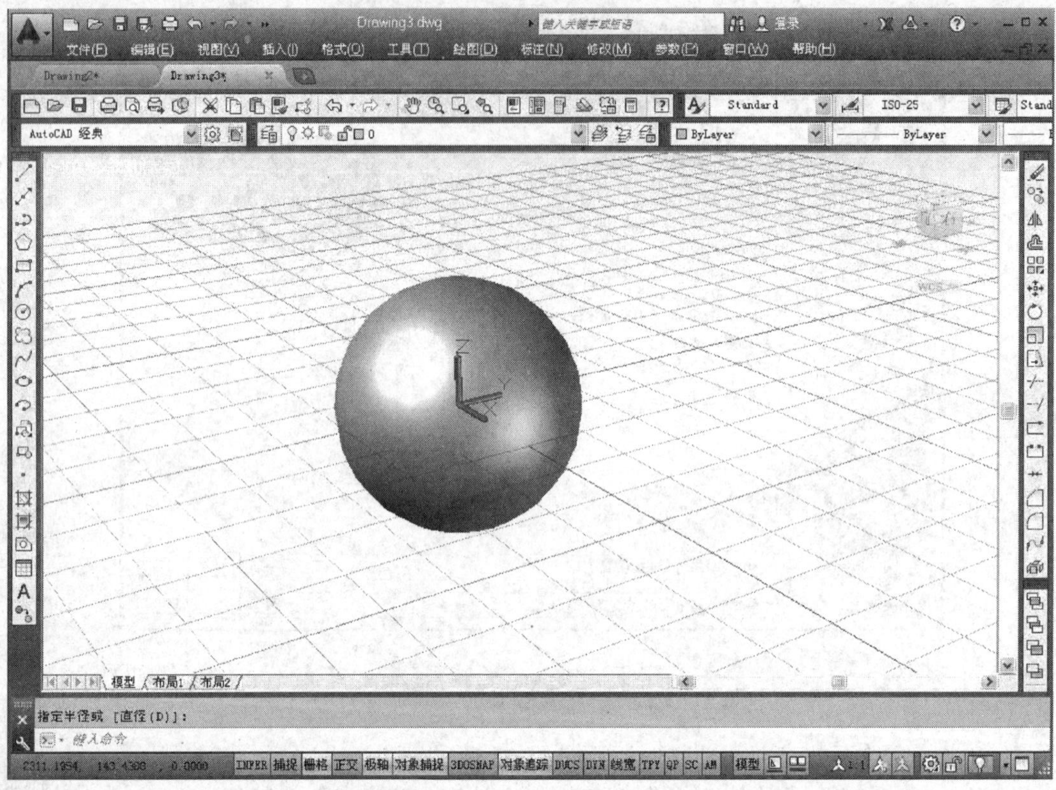

图 2-15　创建三维图形

图 2-16　【选择文件】对话框

如果以【局部打开】、【以只读方式局部打开】方式打开图形，将打开【局部打开】对话框，如图 2-17 所示。可以在【要加载几何图形的视图】选项组中选择要打开的视图，在【要加载几何图形的图层】选项组中选择要打开的图层，然后单击【打开】按钮，即可在选定视图中打开选中图层上的对象。

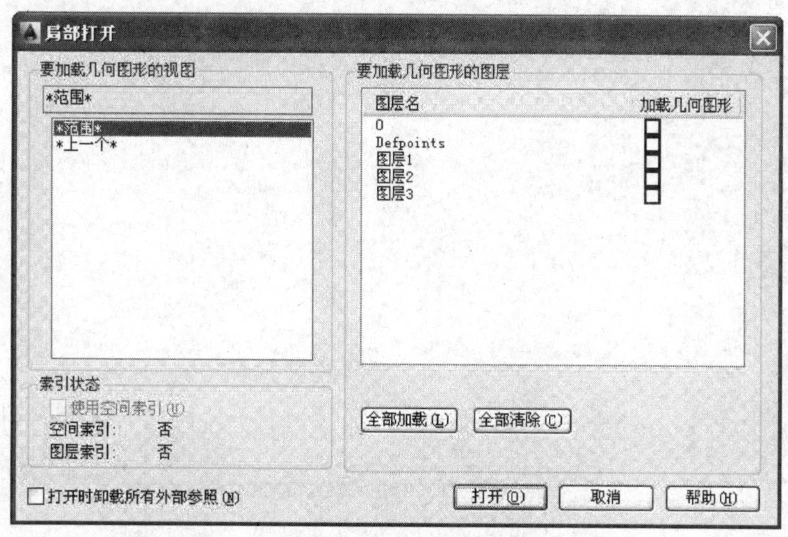

图 2-17 【局部打开】对话框

2.2.3　保存文件

在 AutoCAD 中，可以使用多种方式将所绘图形以文件形式存入磁盘。执行【保存】命令可以保存图形文件。

执行方式

- 下拉菜单：【文件】|【保存】
- 命令行：QSAVE
- 工具栏：

或

- 下拉菜单：【文件】|【另存为】
- 命令行：SAVEAS

选择【保存】命令，以当前使用的文件名保存图形；选择【另存为】命令，将当前图形以新的名字保存。

在第一次保存创建的图形时，系统将打开【图形另存为】对话框，如图 2-18 所示。默认情况下，文件以“AutoCAD 2013 图形（*.dwg）”格式保存，也可以在【文件类型】下拉列表框中选择其他格式，如“AutoCAD 2010/LT2010 图形（*.dwg）”、“AutoCAD 2013 DXF（*.dxf）”等格式。

执行【工具】|【选项】命令，打开【选项】对话框，选择【打开和保存】选项卡，如图 2-19 所示。在该对话框中的【另存为:】下拉列表框中设置默认的文件类型。此外在【文件安全措施】区域内，选择【自动保存】复选框，并在【保存间隔分钟数】文本框中

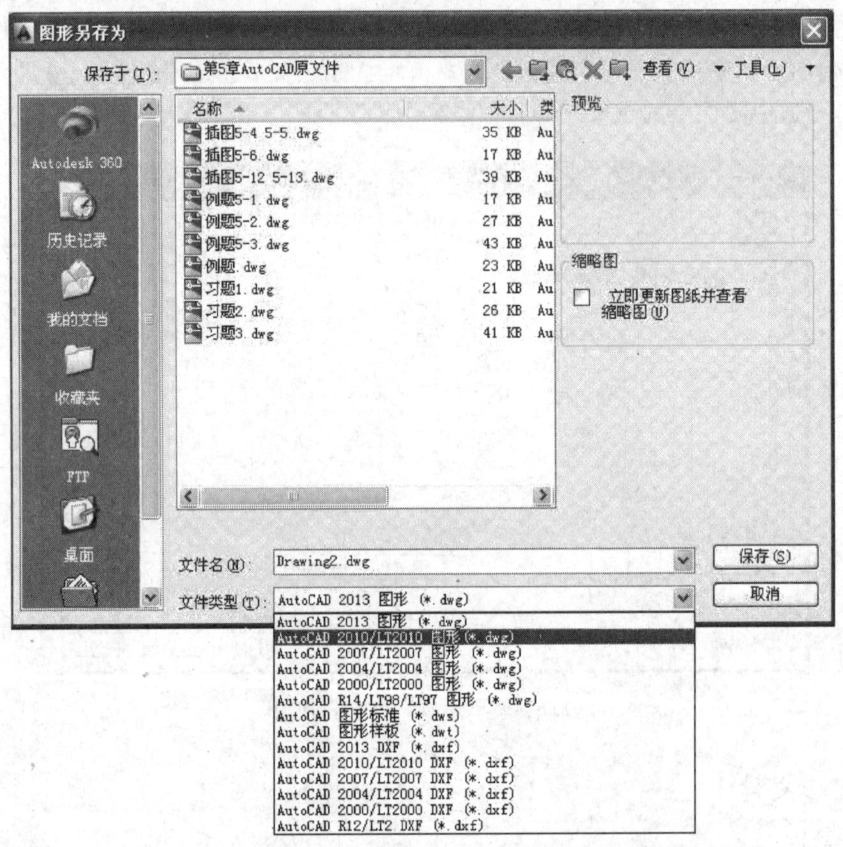

图 2-18 【图形另存为】对话框

输入间隔保存时间，则会每隔设定的时间，系统自动完成一次文件保存操作。

2.2.4 加密保存绘图文件

在 AutoCAD 2014 中，保存文件时可以使用密码保护功能，对文件进行加密保存。

当选择【文件】|【保存】或【文件】|【另存为】命令时，将打开【图形另存为】对话框。在该对话框中选择【工具】|【安全选项】命令，将打开【安全选项】对话框，如图 2-20 所示。在【密码】选项卡中，可以在【用于打开此图形的密码或短语】文本框中输入密码，然后单击【确定】按钮打开【确认密码】对话框，并在【再次输入用于打开此图形的密码】文本框中输入确认密码，如图 2-21 所示。

在进行加密设置时，可以在此选择 40 位、128 位等多种加密长度。可在【密码】选项卡中单击【高级

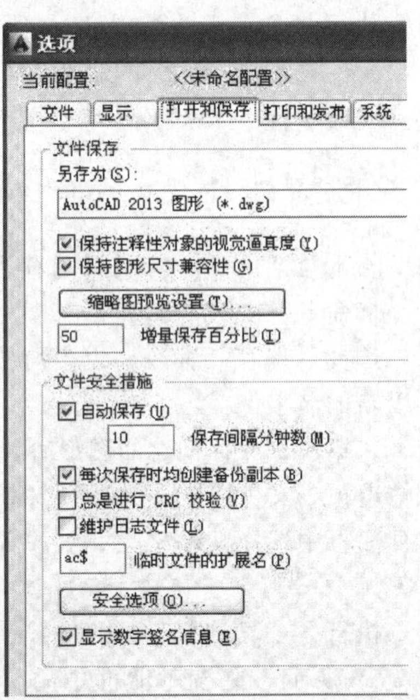

图 2-19 【选项】对话框（部分）

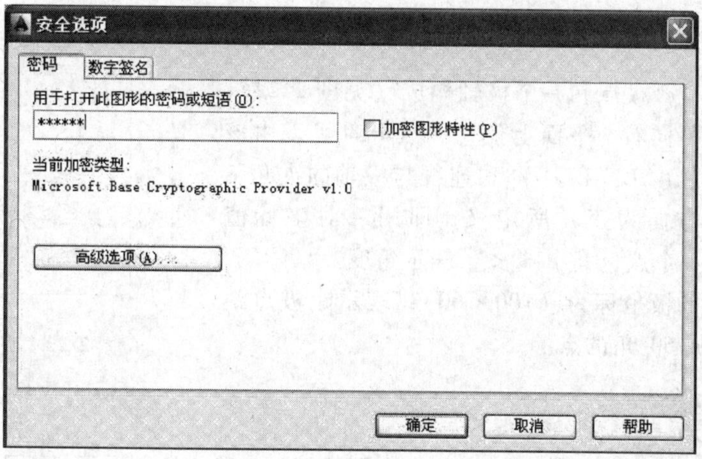

图 2-20 【安全选项】对话框

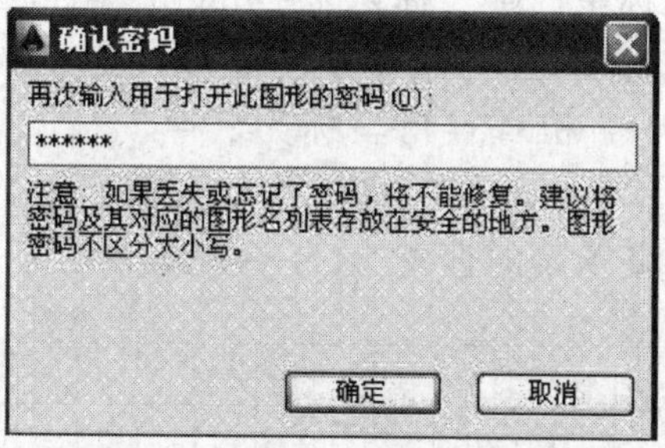

图 2-21 【确认密码】对话框

选项】按钮，在打开的【高级选项】对话框中进行设置。

2.3 坐标系

AutoCAD 图形中各点的位置都是由坐标系来确定的。AutoCAD 系统中有世界坐标系（World Coordinate System，WCS）和用户坐标系（User Coordinate System，UCS），其中 WCS 是固定坐标系，UCS 是可移动坐标系。在 WCS 中，X 轴是水平的，Y 轴是垂直的，Z 轴垂直于 XY 平面，符合右手法则，该坐标系存在于任何一个图形中且不可更改。坐标系图标通常位于绘图窗口的左下角，用户在进行实际操作时的坐标值都是在当前 UCS 中确定的。

2.3.1 直角坐标系

直角坐标系由一个原点（坐标为（0，0））和两个通过原点的、相互垂直的坐标轴构成，如图 2-22 所示。其中，水平方向的坐标轴为 X 轴，以向右为其正方向；垂直方向的坐标轴为 Y 轴，以向上为其正方向。平面上任何一点 P 都可以由 X 轴和 Y 轴的坐标所定义，即用一对坐标值（x，y）来定义一个点。例如，某点的直角坐标为（3，4）。

2.3.2　极坐标系

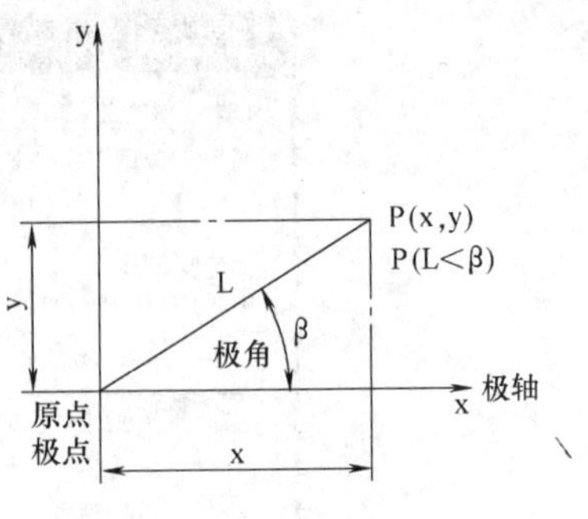

图 2-22　直角坐标系

极坐标系由一个极点和一个极轴构成（见图 2-22），极轴的方向为水平向右。平面上任何一点 P 都可以由该点到极点的连线长度 L（L > 0）和连线与极轴的夹角 β（极角，逆时针方向为正）所定义，即用一对坐标值（L < β）来定义一个点，其中“ < ”表示角度。

例如，某点的极坐标为（100 < 60），表示距极点距离 100，与极轴成 60°角的点。

2.3.3　相对坐标

在某些情况下，需要直接通过点与点之间的相对位移来绘制图形，而不是指定每个点的绝对坐标。为此，AutoCAD 提供了相对坐标。所谓相对坐标，就是某点与相对点的相对位移值，在 AutoCAD 中相对坐标用“@”标识。使用相对坐标时可以使用直角坐标，也可以使用极坐标，可根据具体情况而定。例如，某一直线的起点坐标为（4，3）、端点坐标为（9，5），则端点相对于起点的相对直角坐标为（@ 5，2）。相对极坐标表示方式应为（@ L < β），例如（@ 50 < 30）。

【例 2-1】　绘制如图 2-23 所示的直线。

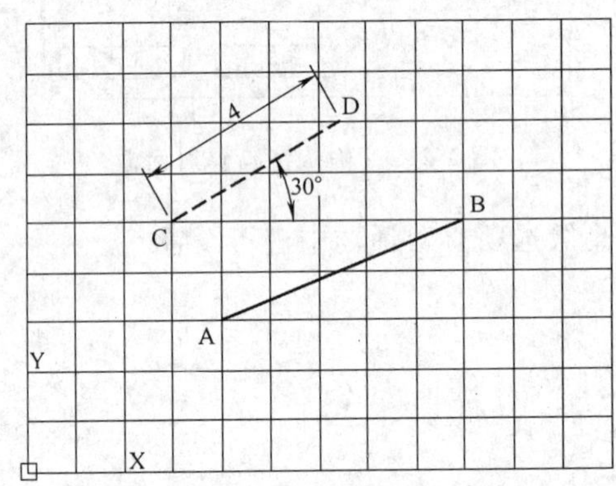

图 2-23　绝对坐标和相对坐标实例

单击工具按钮，或在命令行中输入 LINE 命令，按 Enter 键，启动绘制直线命令。

（1）绘制 AB 直线（绝对坐标）

命令：LINE	‖ 按 Enter 键确认。
指定第一个点：4，3	‖ 输入直线的起点坐标（4，3），按 Enter 键确认。
指定下一点或［放弃（U）］：9，5	‖ 输入直线的端点坐标（9，5），按 Enter 键确认。

（2）绘制 AB 直线（相对坐标）

命令：LINE

指定第一个点:4,3

指定下一点或[放弃(U)]: @5,2　‖ 输入直线的端点相对坐标(5,2),按 Enter 键确认。

(3) 绘制 CD 直线（相对极坐标）

命令:LINE

指定第一个点:3,5

指定下一点或[放弃(U)]:@4 <30　‖ 输入直线的端点相对极坐标(@4 <30),按 Enter 键确认。

2.4　界面设置

第一次启动 AutoCAD 2014 进入的界面是系统默认的，也可根据自己的使用习惯和个人喜好来设置界面。

2.4.1　调整视窗

系统默认的绘图窗口颜色为深灰色，命令行的字体为 Courier New，用户可以根据自己的喜好对窗口颜色和命令行的字体进行重新设置，调整窗口颜色的操作步骤如下。

1）执行【工具】|【选项】命令，打开【选项】对话框，如图 2-24 所示。

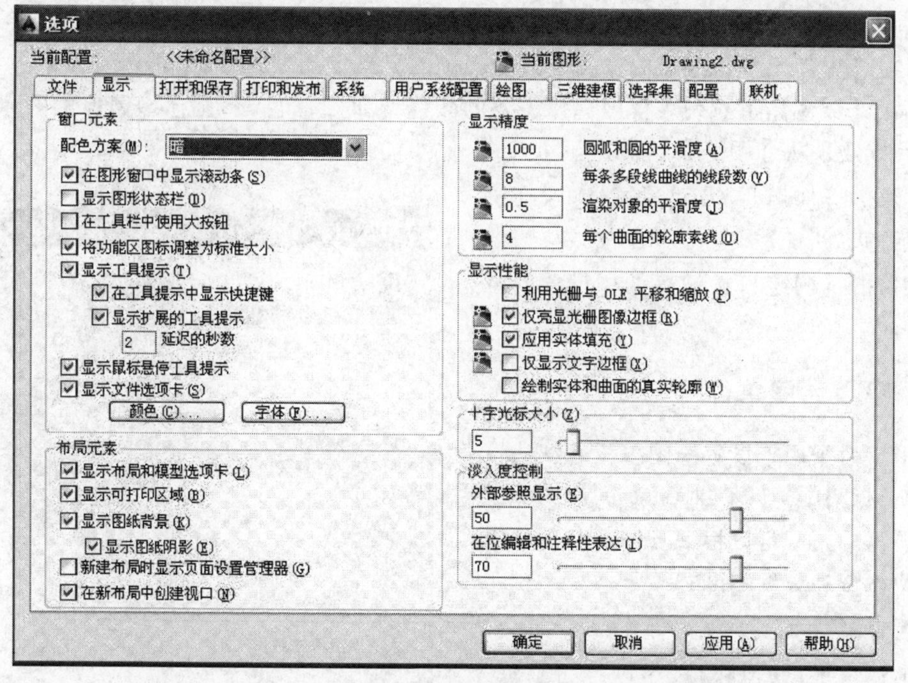

图 2-24　【选项】对话框

2）在【显示】选项卡中，单击【颜色】按钮，打开【图形窗口颜色】对话框，如图 2-25 所示。

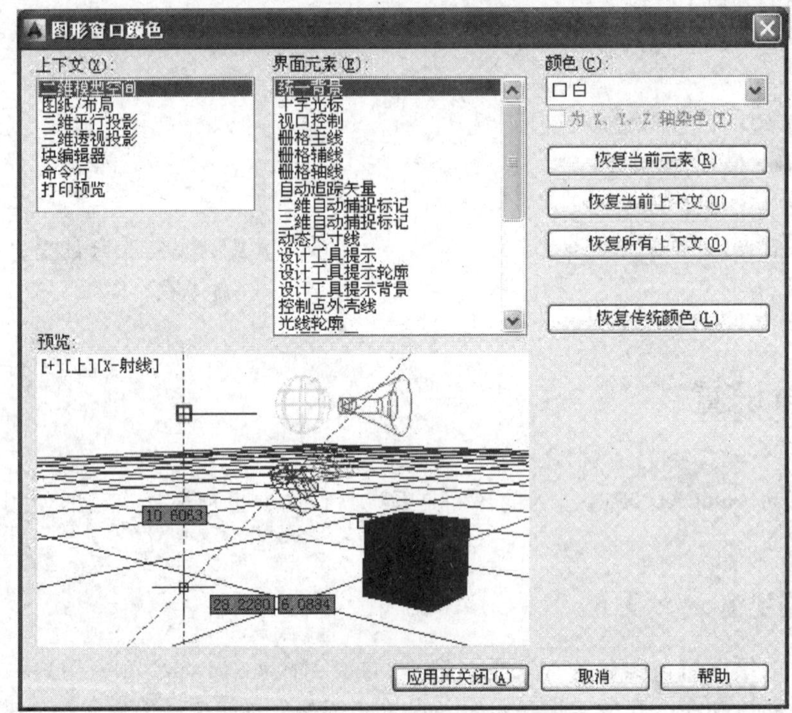

图 2-25 【图形窗口颜色】对话框

3）在【上下文】区域内选择要改变颜色的背景选项，如“二维模型空间”。

4）在【界面元素】区域内选择要改变颜色的元素，如“统一背景”。

5）在【颜色】下拉列表框内选择需要的颜色，如“白色”，则模型窗口的背景颜色为白色，具体效果在【预览】区域内显示。

6）单击【应用并关闭】按钮返回【选项】对话框。

7）单击【确定】按钮确认所设置的背景颜色。

2.4.2 设置绘图单位

UNITS 命令用于设置绘图单位。默认情况下，AutoCAD 使用十进制单位进行数据显示或数据输入，可以根据具体情况设置绘图的单位类型和数据精度。

执行方式

- 下拉菜单：【格式】|【单位】
- 命令行：UNITS

执行上述操作后，可打开如图 2-26 所示的【图形单位】对话框。在该对话框中，

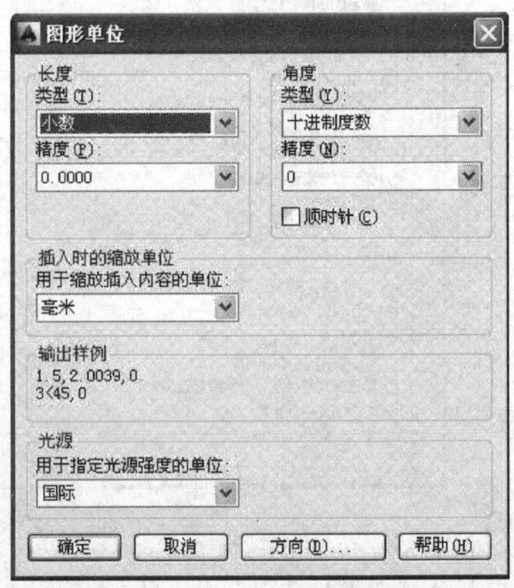

图 2-26 【图形单位】对话框

可以设置图形长度、角度及缩放、拖动内容的单位。当改变单位设置后，【输出样例】区域中将显示当前设置的单位格式样例。

2.5　帮助

AutoCAD 功能很强大。用户在使用该软件时可能对一些操作方法不甚了解，或者对某些命令或变量记忆不准，此时就会用到系统提供的帮助功能。

执行方式

- 下拉菜单：【帮助】|【帮助】
- 命令行：HELP
- 工具栏：
- 功能键：F1

AutoCAD 提供的帮助功能，便于用户在使用 AutoCAD 时获得技术上的支持。用户在绘图过程中不可避免地会遇到一些问题，这些问题的解决也很难全部在书本中找到。同时，利用【帮助】窗口（见图 2-27），用户还可以了解 AutoCAD 2014 新增功能，浏览系统变量和全部操作命令。

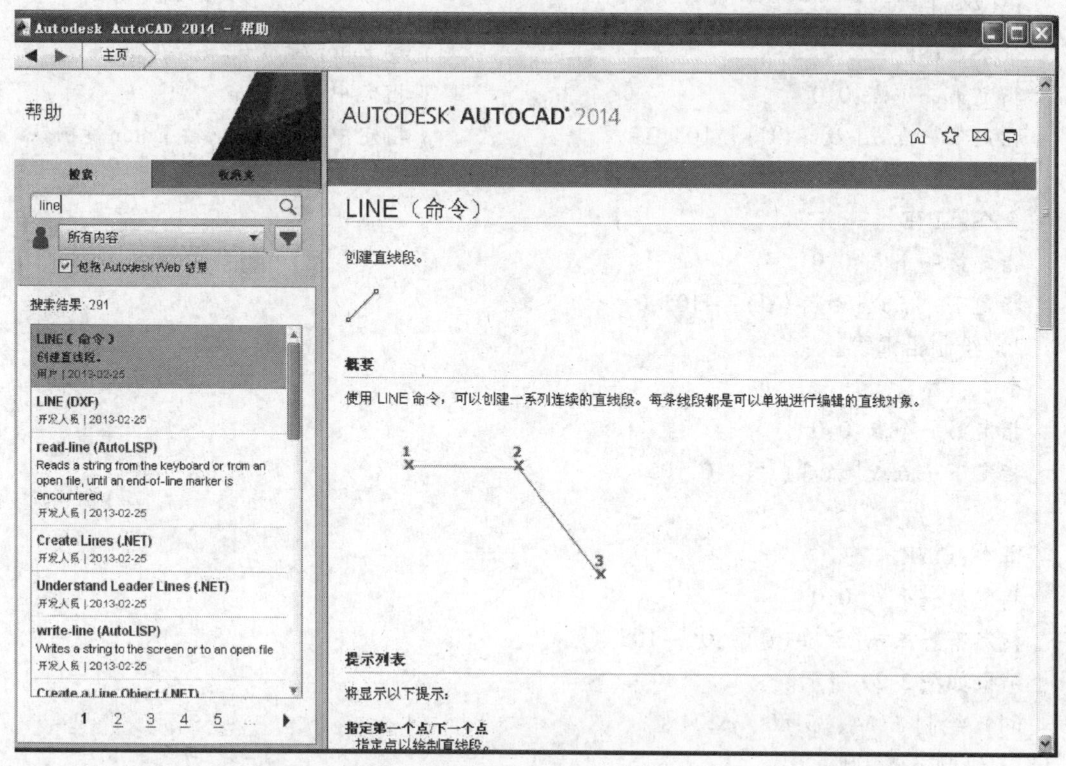

图 2-27　【帮助】窗口

2.6 实例

本书以螺旋千斤顶为例，介绍零件图的绘制。使用 AutoCAD 绘图与在图纸上绘图有很大不同。本章实例以垫片 1 为例（见图 2-28），介绍在 AutoCAD 2014 中进行绘图的基本过程。实例中用到的一些操作方法会在以后章节中介绍。

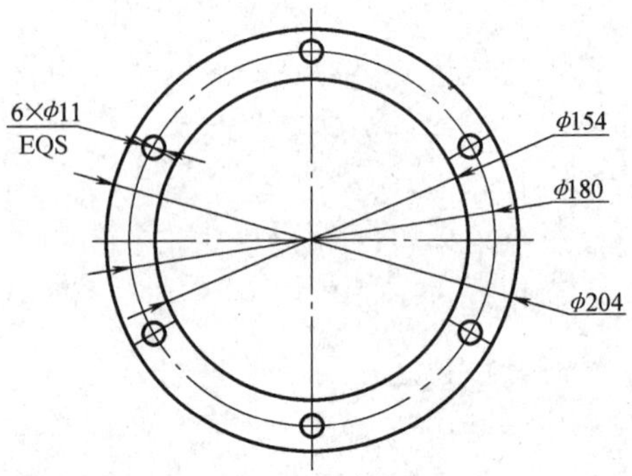

图 2-28 垫片 1

（1）打开对象捕捉和正交模式

分别单击状态栏上的【对象捕捉】和【正交】模式按钮，打开对象捕捉和正交模式。

（2）选定坐标原点

选择【工具】|【新建 UCS】|【原点】命令，单击屏幕中央下方，定位坐标原点至 ϕ154 圆的圆心位置（大致选定绘图区域中心位置）。

（3）绘制中心线

绘制中心线的步骤如下：

1）绘制水平线。

命令:LINE ‖按 Enter 键确认。

指定第一个点:0,0 ‖指定中心线起点。

指定下一点或[放弃(U)]:105,0 ‖指定中心线端点,按 Enter 键确认。

命令:LINE

指定第一个点:0,0

指定下一点或[放弃(U):-105,0

2）绘制铅垂线。

命令:LINE

指定第一个点:0,0

指定下一点或[放弃(U)]:0,105

命令:LINE

指定第一个点:0,0

指定下一点或[放弃(U)]:0,-105

结果如图 2-29 所示。

（4）绘制 ϕ154、ϕ180、ϕ204 圆

1）绘制 ϕ154 圆。

命令:CIRCLE ‖按 Enter 键确认。

指定圆的圆心或[三点(3P)/两点(2P)/切点、切点、半径(T)]:0,0 ‖指定圆心点。

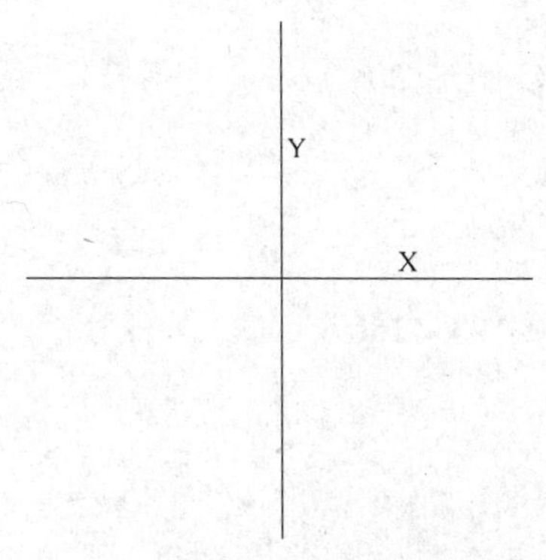

图 2-29　绘制中心线

指定圆的半径或[直径(D)]:D　　‖按 Enter 键确认。

指定圆的直径:154　　‖指定直径。

2）绘制 φ180 圆。

命令:CIRCLE

指定圆的圆心或[三点(3P)/两点(2P)/切点、切点、半径(T)]:0,0

指定圆的半径或[直径(D)] <77.0000>:D

指定圆的直径 <154.0000>:180

3）绘制 φ204 圆。

命令:CIRCLE

指定圆的圆心或[三点(3P)/两点(2P)/切点、切点、半径(T)]:0,0

指定圆的半径或[直径(D)] <90.0000>:D

指定圆的直径 <180.0000>:204

结果如图 2-30 所示。

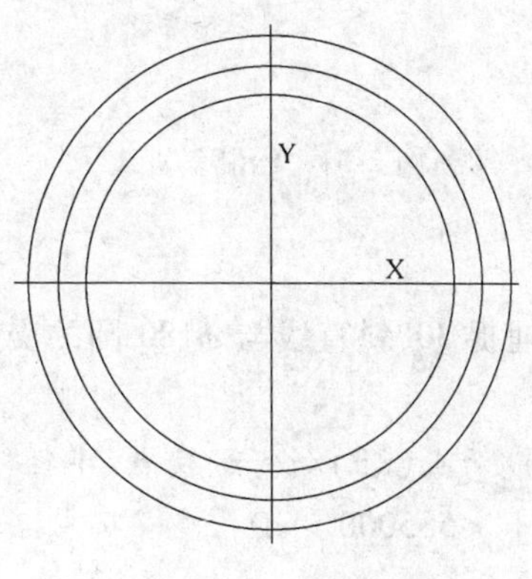

图 2-30　绘制圆

(5）取消【正交】方式

命令: <正交 关>

(6）绘制斜直线

命令:LINE

指定第一个点:0,0
指定下一点或[放弃(U)]:@105<30

命令:LINE
指定第一个点:0,0
指定下一点或[放弃(U)]:@105<150

命令:LINE
指定第一个点:0,0
指定下一点或[放弃(U)]:@105<210

命令:LINE
指定第一个点:0,0
指定下一点或[放弃(U)]:@105<330
结果如图 2-31 所示。

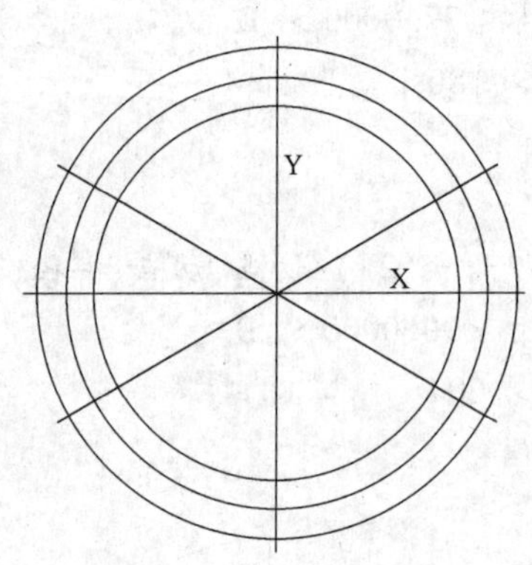

图 2-31 绘制斜直线

(7) 绘制 6 个 ϕ11 圆

启动【交点】捕捉方式，捕捉 30°斜直线与 ϕ180 圆的交点作为 ϕ11 圆的圆心点。

命令:CIRCLE
指定圆的圆心或[三点(3P)/两点(2P)/切点、切点、半径(T)]:
指定圆的半径或[直径(D)] <5.5000>:D
指定圆的直径 <11.0000>:11
结果如图 2-32 所示。

用同样方式绘制出其他 5 个 ϕ11 圆，结果如图 2-28 所示。

(8) 文件存储

选择【文件】|【另存为】命令，打开【图形另存为】对话框，选择文件存储路径、文件名，然后单击【保存】按钮保存文件，如图 2-33 所示。

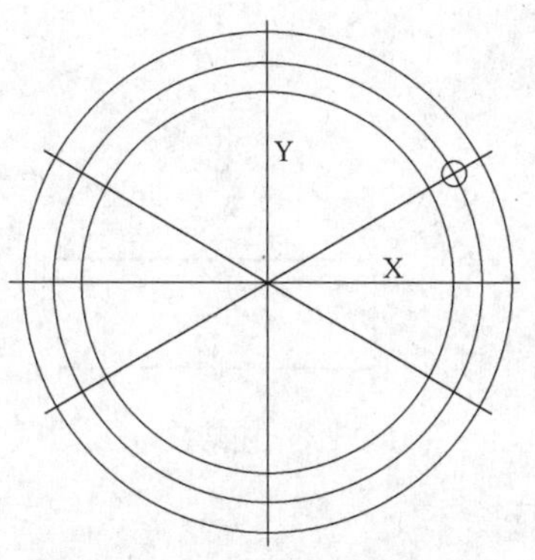

图 2-32　绘制 ϕ11 圆

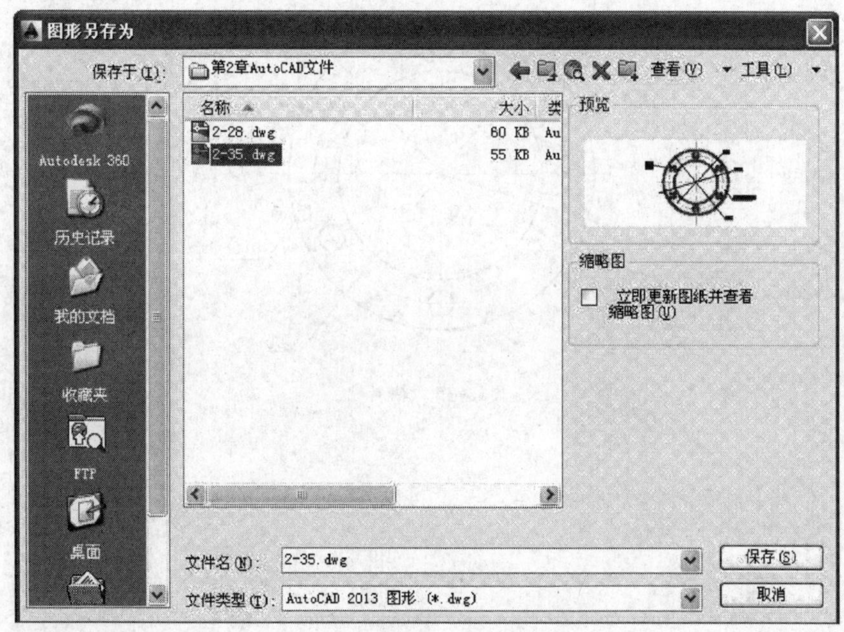

图 2-33　保存所绘制的图形

2.7　本章小结

本章主要介绍 AutoCAD 2014 的绘图环境，包括界面构成、新建图形文件、打开图形文件、保存图形文件、坐标系、界面设置等内容，最后用一个实例介绍实际进行图形绘制时的操作方法。

习　　题

1. 完成以下操作，以熟悉相应命令操作。创建新图形文件，绘制如图 2-34 所示图形，然后保存图形文件，再退出当前图形文件。打开已存在的图形文件。

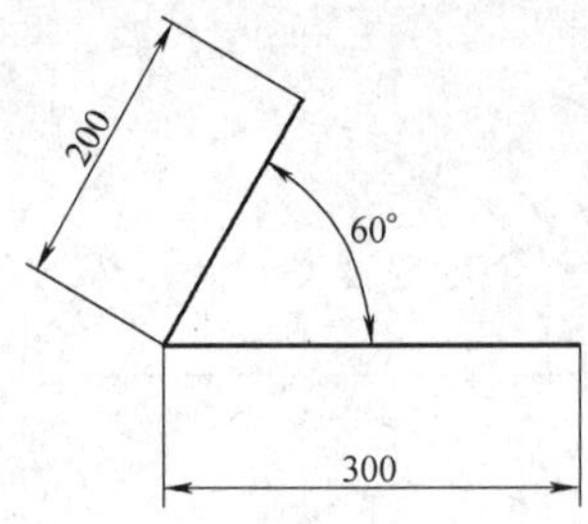

图 2-34　图形尺寸

2. AutoCAD 中坐标系的类型有哪些？

3. 如何打开和利用 AutoCAD 2014 帮助文档？

4. 绘制如图 2-35 所示的图形。

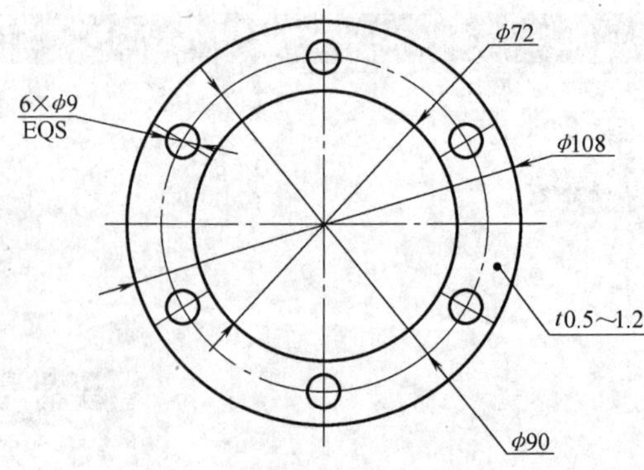

图 2-35　垫片 2

第 3 章　简单图形的绘制

工程图形大部分是由直线、圆弧等简单元素组成的。点、直线、圆弧等绘制方式是 AutoCAD 的重要基础。同大多数软件一样，AutoCAD 图形绘制通常采取单击菜单命令、单击工具按钮操作方式。此外，AutoCAD 还提供了在命令行中输入命令的操作方式，如图 3-1 所示。

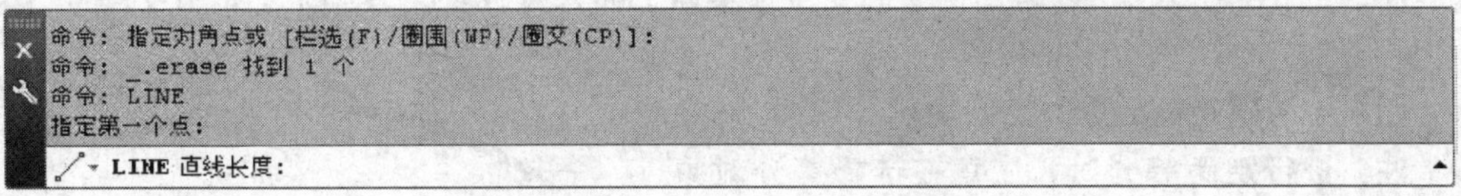

```
命令: 指定对角点或 [栏选(F)/圈围(WP)/圈交(CP)]:
命令: _.erase 找到 1 个
命令: LINE
指定第一个点:
LINE 直线长度:
```

图 3-1　命令行输入区域

3.1　点的绘制

在图形的绘制过程中，点一般作为辅助元素出现。AutoCAD 中的点具有不同的样式，可以根据用户需要进行设置。

3.1.1　绘制点

执行方式

- 下拉菜单：【绘图】|【点】|【单点】/【多点】/【定数等分】/【定距等分】
- 命令行：POINT（PO）/DIVIDE/MEASURE
- 工具栏：

1. 绘制单点/多点

POINT 命令是在绘图区内一次仅绘制 1 个点，而执行 MULTIPLE POINT 命令后，则可以连续绘制多个点。可以在绘图区中单击鼠标左键指定点的位置或直接在命令行、动态输入区域内输入点坐标。

注：按 Esc 键可退出【多点】命令。

图 3-2 为多点的绘制实例。

2. 绘制定数等分点

DIVIDE 命令是在某一图形上以等分长度设置点或块。被等分的对象可以是直线、圆、圆弧、多段线等，等分数目由用户指定。

图 3-3 为定数等分点的绘制实例。

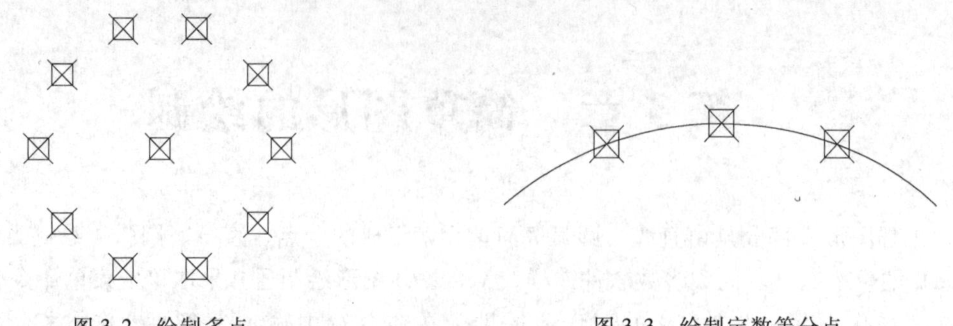

图 3-2　绘制多点　　图 3-3　绘制定数等分点

3. 绘制定距等分点

MEASURE 命令用于以指定的距离在所选实体上插入点或块，直到余下部分不足一个间距为止。

图 3-4 为定距等分点的绘制实例。

注：进行定距等分时，注意在选择等分对象时鼠标左键应单击被等分对象的位置。如图 3-4a 和图 3-4b 所示，在选择图形对象时，光标位置不同，结果可能不同。

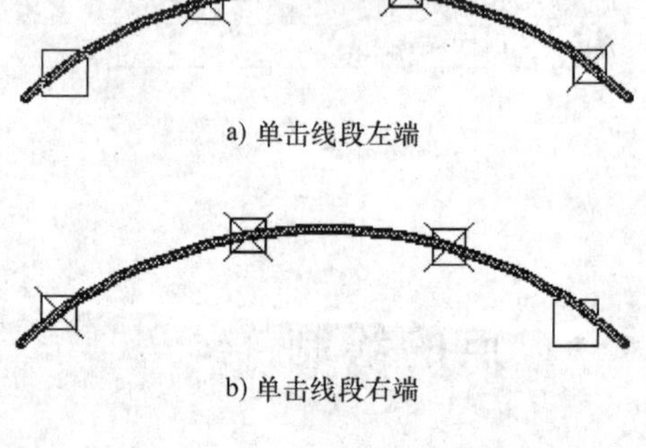

a) 单击线段左端

b) 单击线段右端

图 3-4　绘制定距等分点

3.1.2　设置点样式

绘制点时，一般根据用户需要先设置点的样式。

执行方式

- 下拉菜单：【格式】|【点样式】
- 命令行：DDPTYPE

执行【格式】|【点样式】命令，打开【点样式】对话框，如图 3-5 所示。

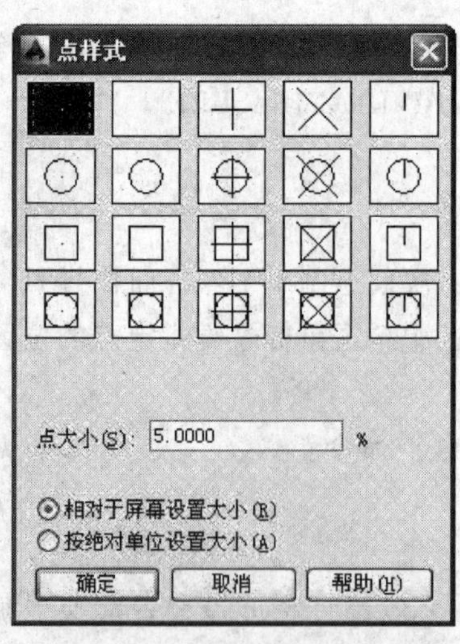

图 3-5　【点样式】对话框

在【点样式】对话框中选择所需的样式。

注：通过【相对于屏幕设置大小】或【按绝对单位设置大小】单选按钮设置点的显示大小。其中前一个单选按钮用于按屏幕尺寸的百分比设置点的显示大小，后一个单选按钮用于按【点大小】文本框指定的实际单位设置点的显示大小。

3.2　直线的绘制

直线是构成图形的基本元素之一。AutoCAD 中的直线分为有限长（直线段）和无限长（射线和构造线）两种类型。可以指定或编辑直线的颜色、线型和线宽等属性。

3.2.1　绘制直线段

1. 绘制直线段

执行方式

- 下拉菜单:【绘图】|【直线】
- 命令行：LINE（L）
- 工具栏：

LINE 命令通过指定两个点来绘制直线段。对于首尾连接的折线，上一条直线段的末端点就是下一条直线段的起点。

注：要精确指定每条直线端点的位置，可以通过在命令行中输入坐标值，或者利用【对象捕捉】功能捕捉到图形对象上的特征点（如可以将已存在直线的中点指定为直线的端点）。

执行 LINE 命令后，命令行中显示：

LINE 指定第一点:	‖指定直线段的起点。
指定下一点或[放弃(U)]:	‖指定直线段的端点;或输入 U 后,按 Enter 键。
指定下一点或[闭合(C)/放弃(U)]:	‖指定下一直线段的端点;或输入 U 后,按 Enter 键;或输入 C 后,按 Enter 键。

其中,【放弃（U)】：表示撤销上一步的操作。

【闭合（C)】：表示用直线段将第一条线段的起点和最后一条线段的末端点连接起来形成封闭图形。

【例 3-1】　绘制如图 3-6 所示的直角三角形。

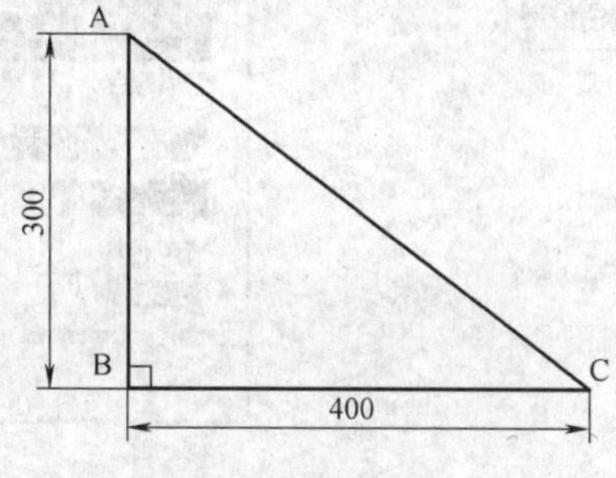

图 3-6　绘制直角三角形

单击工具按钮，或在命令行中输入 LINE 命令，按 Enter 键，启动绘制直线命令。

命令:LINE ‖按 Enter 键确认。

指定第一点: ‖单击鼠标左键指定 A 点。

指定下一点或[放弃(U)]: @0, -300 ‖按 Enter 键确认 B 点。

指定下一点或[放弃(U)]: @400,0 ‖按 Enter 键确认 C 点。

指定下一点或[闭合(C)/放弃(U)]: C ‖按 Enter 键确认封闭图形。

2. 设置线型样式

执行方式

- 下拉菜单:【格式】|【颜色】/【线型】/【线宽】
- 命令行: COLOR/LINETYPE/LWEIGHT
- 工具栏:【特性】工具栏见图 3-7。

图 3-7 【特性】工具栏

(1) 设置线颜色

设置线颜色是指为直线、圆弧等图形元素指定颜色。有两种设置线颜色的方法，分别介绍如下。

1) 单击【特性】工具栏中的【颜色控制】下拉按钮，弹出如图 3-8 所示的颜色列表，在列表中选择需要的颜色。

2) 执行【格式】|【颜色】命令或单击【颜色控制】列表中的【选择颜色】选项，或者在命令行中输入 COLOR 命令并按 Enter 键，打开如图 3-9 所示的【选择颜色】对话框。对话框中含有【索引颜色】、【真彩色】和【配色系统】3 个选项卡，用户可根据需要在不同的选项卡中配置颜色。

图 3-8 颜色列表

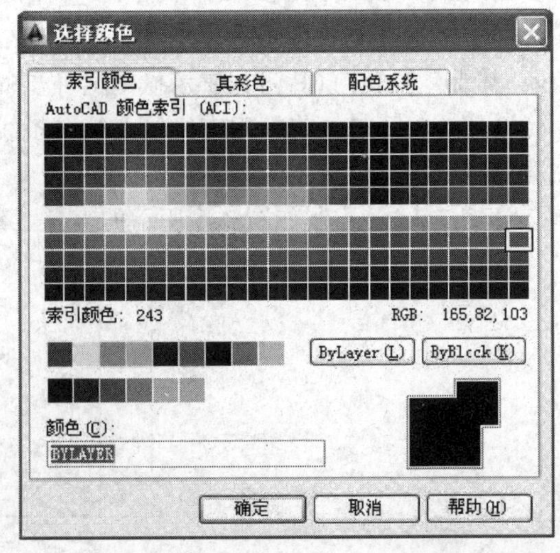

图 3-9 【选择颜色】对话框

（2）设置线型

设置线型是指为直线、圆弧等图形元素指定线型，包括实线、虚线、中心线等多种。设置线型的步骤如下。

1）单击【特性】工具栏中的【线型控制】下拉按钮，弹出如图 3-10 所示的线型列表，在列表中选择需要的线型即可。执行【格式】|【线型】命令或单击【线型控制】列表中的【其他】选项，或者在命令行中输入 LINETYPE 命令并按 Enter 键，打开如图 3-11 所示的【线型管理器】对话框。

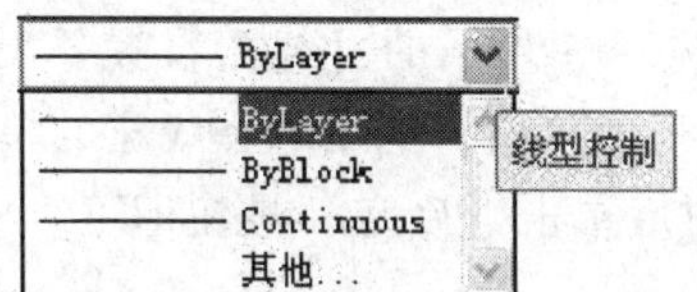

图 3-10　线型列表

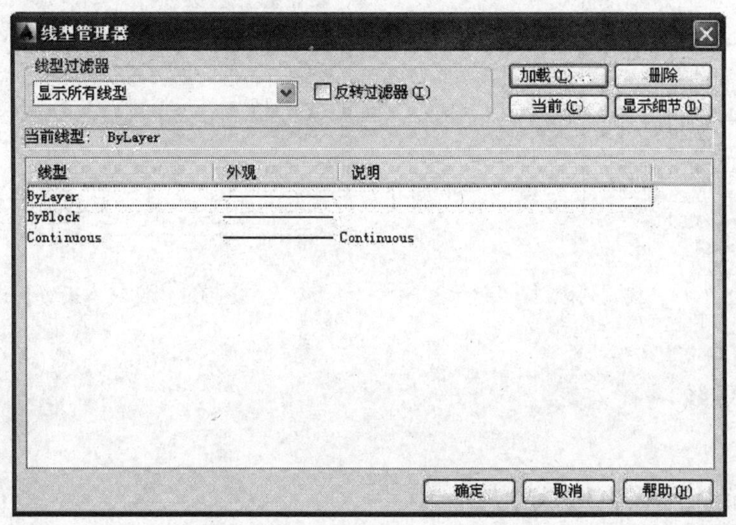

图 3-11　【线型管理器】对话框

2）单击【加载】按钮，打开如图 3-12 所示的【加载或重载线型】对话框。

3）在【可用线型】列表中选择需要的线型，如选择 CENTER。

4）单击【确定】按钮返回到【线型管理器】对话框。

5）在【当前线型】列表中选择要加载的线型。

6）单击【当前】按钮，将其设置为当前线型。若单击【删除】按钮，则删除所选的线型。

7）设置完成后单击【确定】按钮，应用并关闭该对话框。

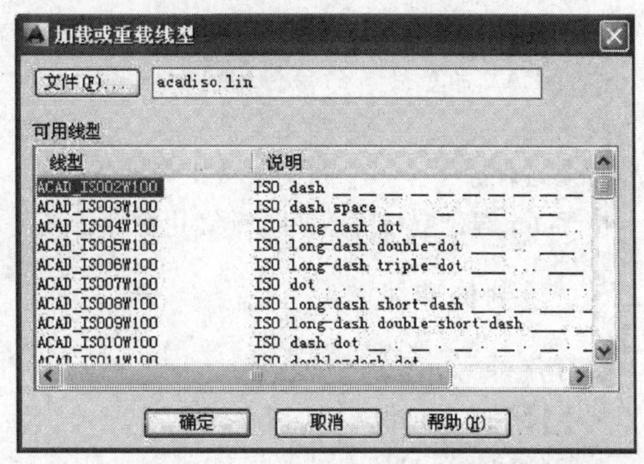

图 3-12　【加载或重载线型】对话框

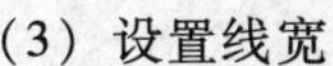

（3）设置线宽

设置线宽是指为直线、圆弧等图形元素指定线的宽度。有两种设置线宽的方法，分别介绍如下。

1）在【特性】工具栏中单击【线宽控制】下拉按钮，在弹出的线宽列表中选择需要的线宽即可，如图 3-13 所示。

2）执行【格式】|【线宽】命令或在命令行中输入 LWEIGHT 命令并按 Enter 键，打开如图 3-14 所示的【线宽设置】对话框，在【线宽】列表框中选择需要的线宽即可，也可在【列出单位】栏中选择线宽的单位，在【调整显示比例】栏中设置线宽的显示效果。设置完成后单击【确定】按钮即可。

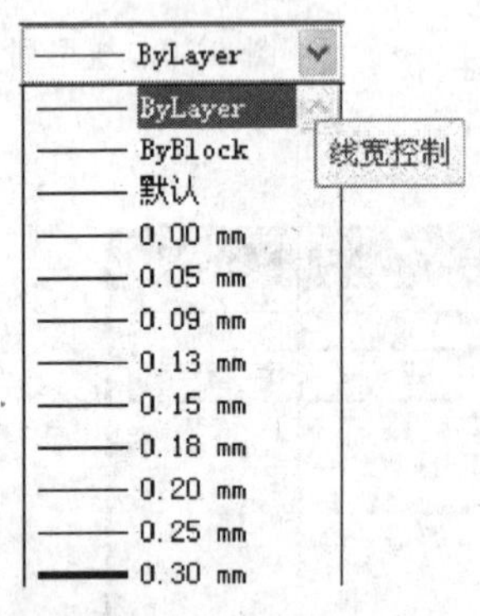

图 3-13　线宽列表

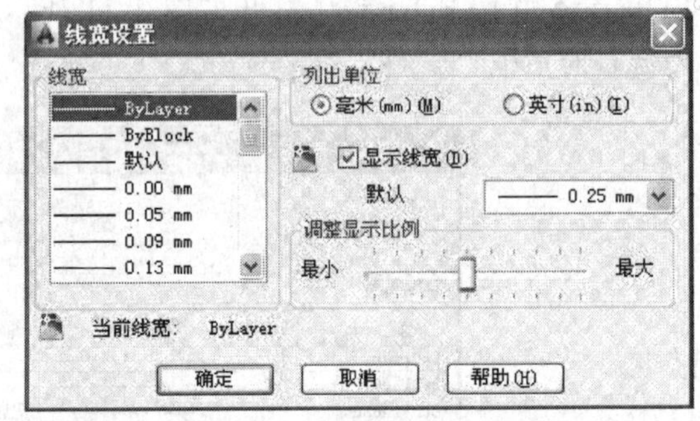

图 3-14　【线宽设置】对话框

3.2.2　绘制射线

执行方式

- 下拉菜单：【绘图】|【射线】
- 命令行：RAY
- 工具栏：

RAY 命令通过指定两个点来绘制单向无限长直线。指定的第一点为射线的起点，指定的第二点为射线上的点。图 3-15 为绘制射线的实例。

执行 RAY 命令后，命令行中显示：

指定起点：　　　　‖指定起点。

指定通过点：　　　‖指定射线上的一点。

按 Enter 键、空格键或 Esc 键终止命令。

3.2.3　绘制构造线

执行方式

- 下拉菜单：【绘图】|【构造线】
- 命令行：XLINE（XL）
- 工具栏：

XLINE 命令通过指定一个点或两个点来绘制双向无限长直线。指定的点为构造线上的点。图 3-16 为绘制构造线的实例。

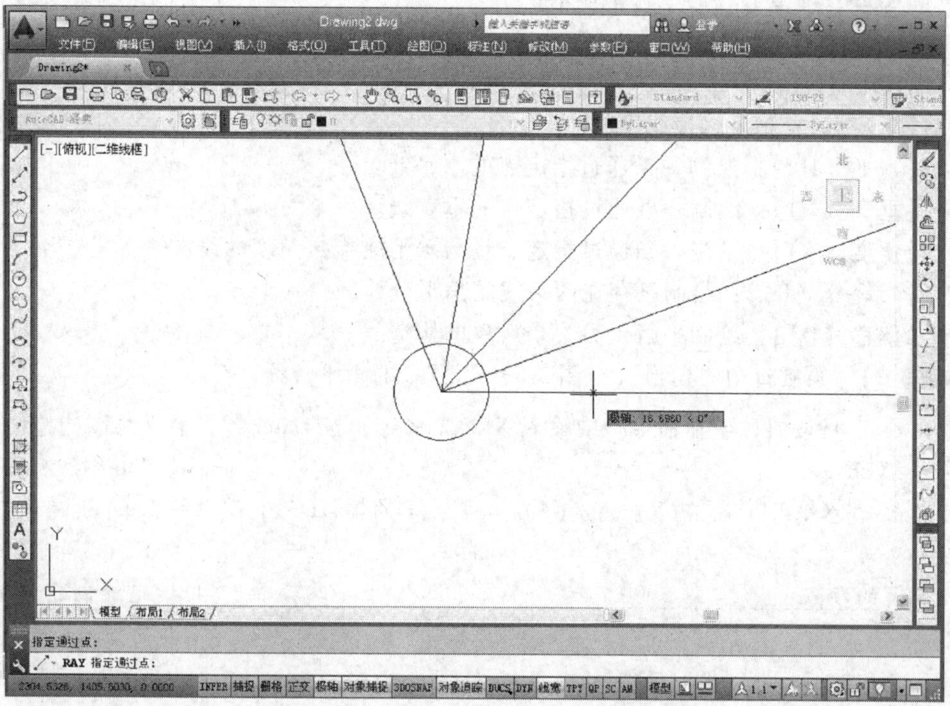

图 3-15　绘制射线

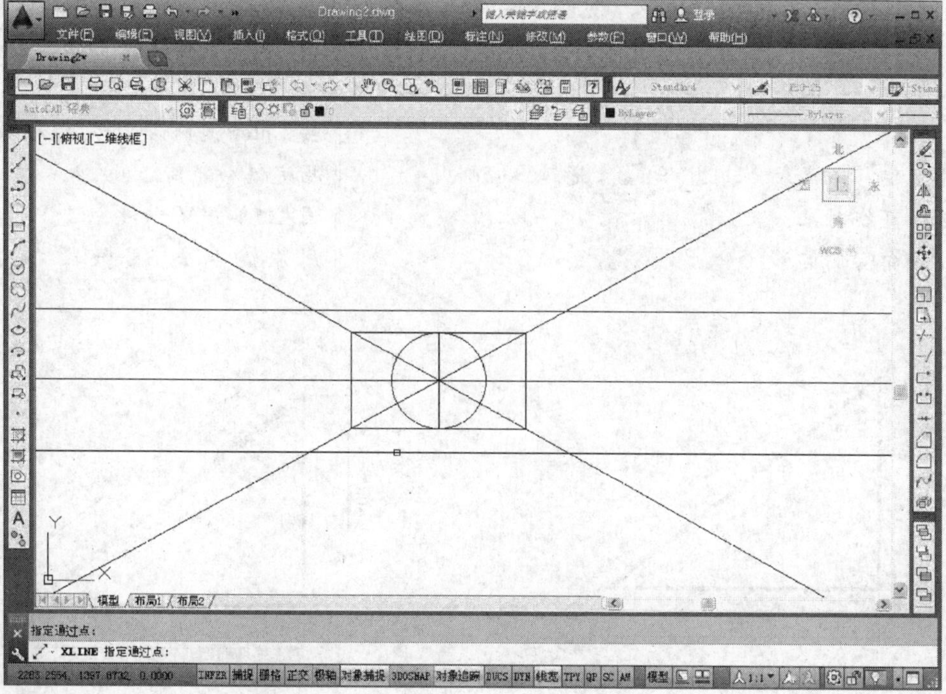

图 3-16　绘制构造线

执行 XLINE 命令后，命令行中显示：

指定点或[水平(H)/垂直(V)/角度(A)/二等分(B)/偏移(O)]：

其中各选项说明如下。

1)【指定点】：指定构造线上的点。

2)【水平（H)】：绘制一条通过指定点的水平线。

3)【垂直（V)】：绘制一条通过指定点的垂直线。

4)【角度（A)】：绘制一条通过指定点且与水平成指定角度的线。

5)【二等分（B)】：绘制已存在两条线的角平分线。

6)【偏移（O)】：绘制平行于另一个对象的构造线。

【例 3-2】 绘制直角三角形（见图 3-6）∠ABC 的角平分线。

单击工具按钮，或在命令行中输入 XLINE 命令，按 Enter 键，启动绘制构造线命令。

命令:XLINE ‖按 Enter 键确认。

指定点或[水平(H)/垂直(V)/角度(A)/二等分(B)/偏移(O)]:B ‖按 Enter 键确认,确定二等分。

指定角的顶点： ‖指定绘制角平分线所在的顶点(B 点)。

指定角的起点： ‖指定角的起点(A 点)。

指定角的端点： ‖指定角的端点(C 点)。

按 Enter 键或 Esc 键终止命令。图 3-17 所示为利用【二等分（B)】命令绘制角平分线的实例。

【例 3-3】 绘制直角三角形（见图 3-6）AC 边的偏移线。

命令:XLINE ‖按 Enter 键确认。

指定点或［水平(H)/垂直(V)/角度(A)/二等分(B)/偏移(O)］:O ‖按 Enter 键确认,确定偏移操作。

指定偏移距离或［通过(T)］ <通过>:50 ‖指定偏移距离。

选择直线对象： ‖用左键单击 AC 线段。

指定向哪侧偏移： ‖用左键单击 AC 线段右侧。

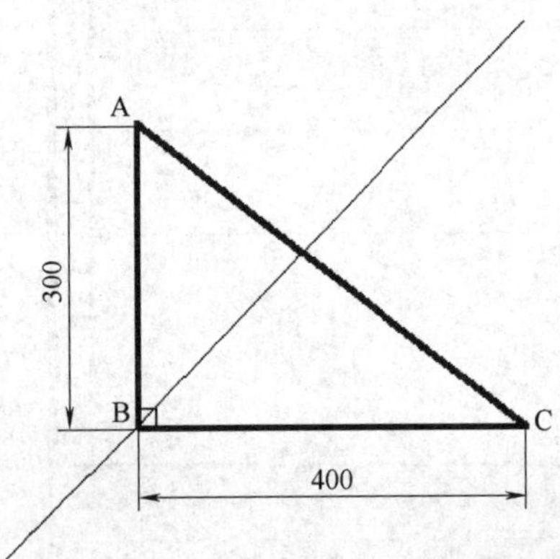

图 3-17　绘制角平分线

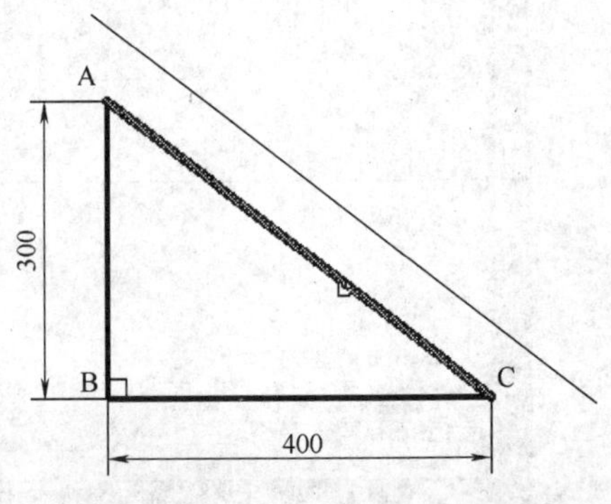

图 3-18　绘制偏移构造线

按 Enter 键或 Esc 键终止命令。图 3-18 所示为利用【偏移（O）】命令绘制偏移构造线的实例。

3.3　圆及圆弧的绘制

圆及圆弧是构成图形常用的基本元素。AutoCAD 提供了 6 种绘制圆的方法和 11 种绘制圆弧的方法。

3.3.1　绘制圆

执行方式

- 下拉菜单：【绘图】|【圆】
- 命令行：CIRCLE（C）
- 工具栏：

CIRCLE 命令用于绘制圆形，分别有圆心、半径，圆心、直径等 6 种绘制圆形的方法。

执行 CIRCLE 命令后，命令行中显示：

指定圆的圆心或［三点（3P）/两点（2P）/切点、切点、半径（T）］：

其中各选项说明如下。

1）【指定圆的圆心】：指定圆心位置。

2）【三点（3P）】：通过指定圆周上的 3 个点来绘制圆。

3）【两点（2P）】：通过指定直径的两个端点绘制圆。

4）【切点、切点、半径（T）】：通过两个切点和半径绘制圆。

1. 圆心、半径或圆心、直径方式绘制圆

通过指定圆心和半径（或直径）绘制圆。在绘图区域内指定圆心位置后，命令行中显示：

指定圆的半径或［直径(D)］ <当前值>：　　‖输入圆的半径值。若要输入圆直径，则先输入 D，按 Enter 键确认，再在命令行中输入直径值。

2. 三点方式绘制圆

通过指定圆周上的 3 个点来绘制圆。在命令行中输入 3P 并按 Enter 键确认后，命令行中显示：

指定圆上的第一个点：

指定圆上的第二个点：

指定圆上的第三个点：

图 3-19 为三点方式绘制圆的实例。

3. 两点方式绘制圆

通过指定直径的两个端点绘制圆。在命令行中输入 2P 并按 Enter 键确认后，命令行中显示：

指定圆直径的第一个端点：

指定圆直径的第二个端点：

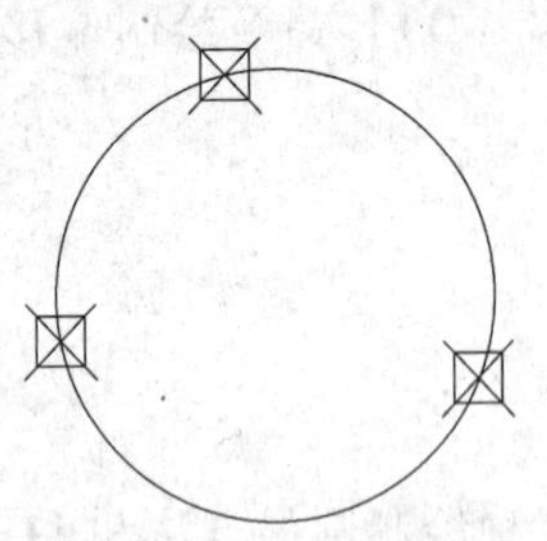

图 3-19 按三点方式绘制圆

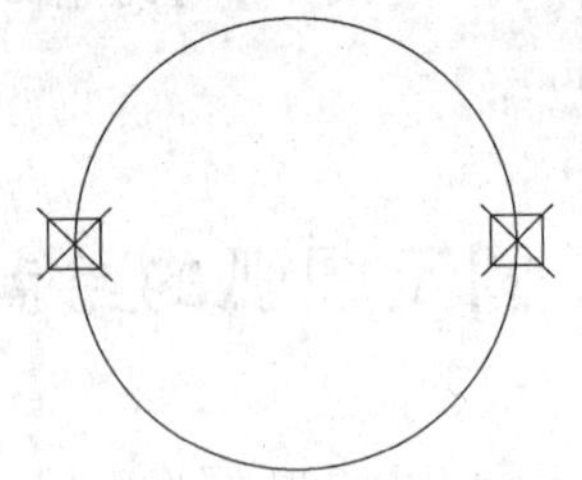

图 3-20 按两点方式绘制圆

图 3-20 为两点方式绘制圆的实例。

4. 切点、切点、半径方式绘制圆

通过两个切点和指定圆的半径绘制圆。在命令行中输入 T 并按 Enter 键确认后，命令行中显示：

指定对象与圆的第一个切点：

指定对象与圆的第二个切点：

指定圆的半径：

图 3-21a 为已有的图形，图 3-21b中实线为按照切点、切点、半径方式绘制圆的实例。

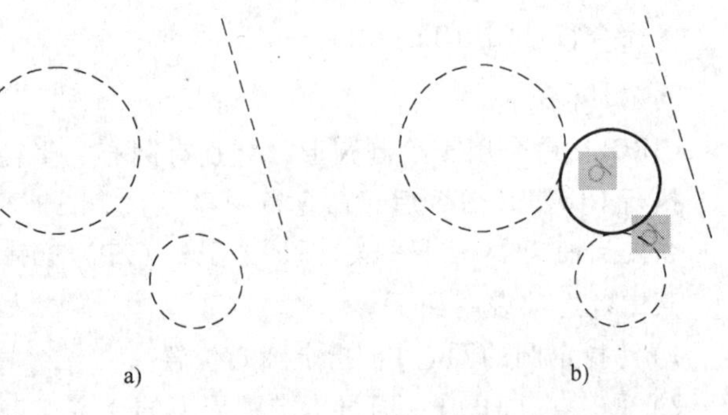

图 3-21 按切点、切点、半径方式绘制圆

5. 相切、相切、相切方式绘制圆

通过 3 个切点绘制圆，实际上也是三点方式绘制圆。执行【绘图】|【圆】|【相切、相切、相切（A）】命令后，命令行中显示：

指定对象与圆的第一个切点：

指定对象与圆的第二个切点：

指定对象与圆的第三个切点：

图 3-22a、b 中实线分别为按照相切、相切、相切方式绘制圆的实例。

注：选择切点位置不同，绘制出的圆就不同。

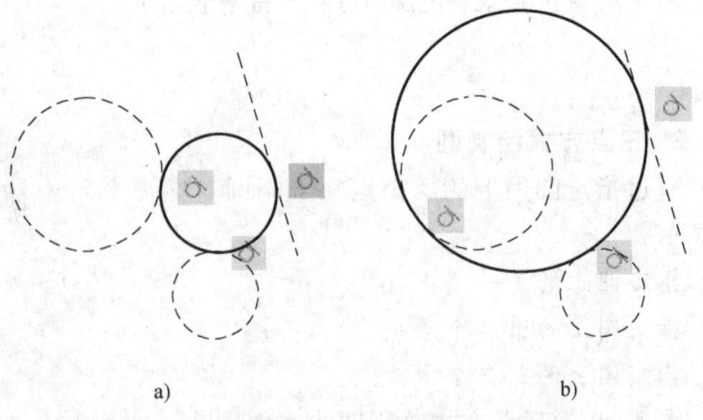

图 3-22 按相切、相切、相切方式绘制圆

3.3.2 绘制圆弧

执行方式

- 下拉菜单：【绘图】|【圆弧】
- 命令行：ARC（A）
- 工具栏：

ARC 命令用于绘制圆弧，分别有三点，起点、圆心、端点，起点、圆心、角度，起点、

圆心、长度等 11 种绘制圆弧的方法，如图 3-23 所示。

1. 三点方式绘制圆弧

通过指定圆弧上的 3 个点来绘制圆弧。执行【绘图】|【圆弧】|【三点（P）】命令后，命令行中显示：

指定圆弧的起点或［圆心(C)］:　‖指定圆弧的起点或圆弧的圆心。这里指定圆弧的起点。

指定圆弧的第二个点或［圆心(C)/端点(E)］:　‖指定圆弧上的第二个点或圆弧的圆心，或者圆弧的端点。这里指定圆弧上的一个点。

指定圆弧的端点:　‖指定圆弧的端点。

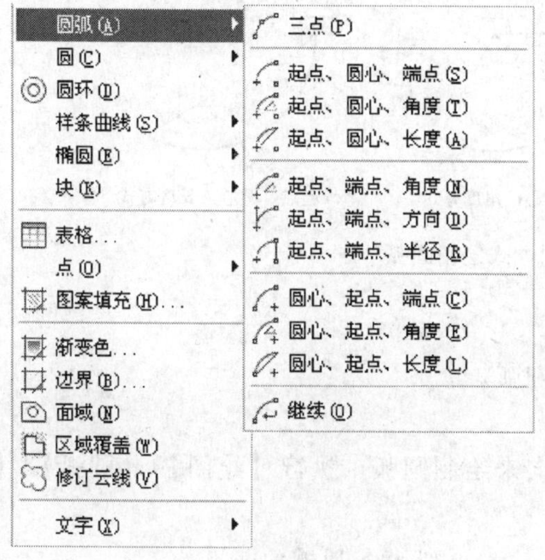

图 3-23　绘制圆弧的菜单

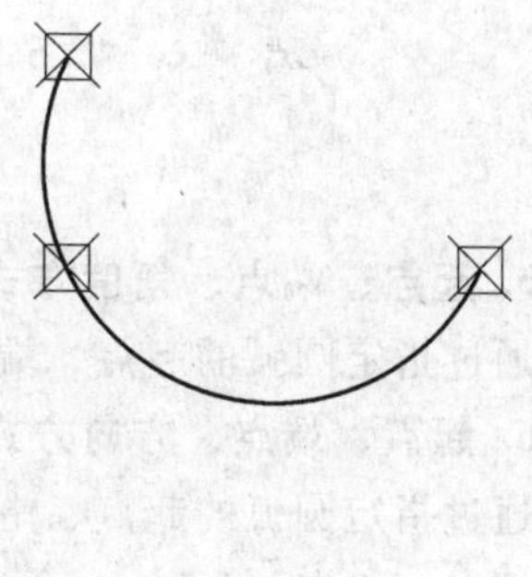
图 3-24　按三点方式绘制圆弧

图 3-24 为按照三点方式绘制圆弧的实例。

2. 起点、圆心、端点方式绘制圆弧

通过指定圆弧的起点、圆心和端点来绘制圆弧。执行【绘图】|【圆弧】|【起点、圆心、端点（S）】命令后，命令行中显示：

指定圆弧的起点或［圆心(C)］:　‖指定圆弧的起点。

指定圆弧的圆心:

指定圆弧的端点或［角度(A)/弦长(L)］:　‖指定圆弧的端点或圆弧对应的圆心角，或者圆弧的弦长。这里指定圆弧的端点。

图 3-25a 为按照起点、圆心、端点方式绘制圆弧的实例。

3. 起点、圆心、角度方式绘制圆弧

通过指定圆弧的起点、圆心和圆心角来绘制圆弧。执行【绘图】|【圆弧】|【起点、圆心、角度（T）】命令后，命令行中显示：

指定圆弧的起点或［圆心(C)］:　‖指定圆弧的起点。

指定圆弧的圆心:

指定包含角：　　‖ 指定圆弧对应的圆心角。

图 3-25b 为按照起点、圆心、角度方式绘制圆弧的实例。

4. 起点、圆心、长度方式绘制圆弧

通过指定圆弧的起点、圆心和弦长来绘制圆弧。执行【绘图】|【圆弧】|【起点、圆心、长度（A)】命令后，命令行中显示：

指定圆弧的起点或［圆心(C)］：　　‖ 指定圆弧的起点。

指定圆弧的圆心：

指定弦长：　　‖ 指定圆弧的弦长。

图 3-25c 为按照起点、圆心、长度方式绘制圆弧的实例。

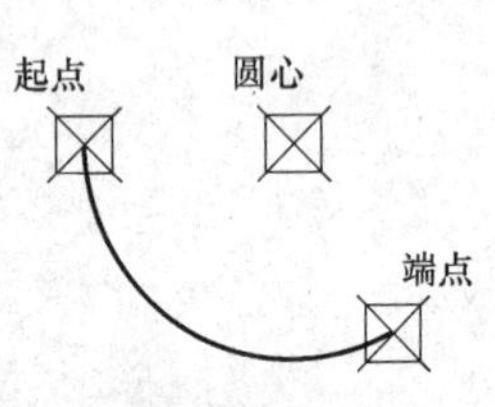

a) 起点、圆心、端点方式

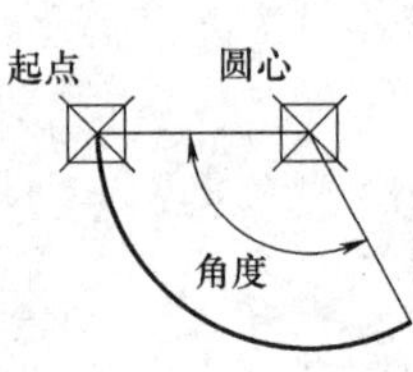

b) 起点、圆心、角度方式

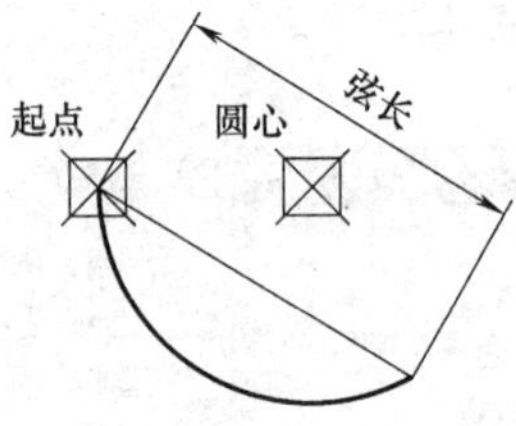

c) 起点、圆心、长度方式

图 3-25　按不同方式绘制圆弧

5. 起点、端点、角度方式绘制圆弧

通过指定圆弧的起点、端点、角度来绘制圆弧。

6. 起点、端点、方向方式绘制圆弧

通过指定圆弧的起点、端点和圆弧起点方向来绘制圆弧。执行【绘图】|【圆弧】|【起点、端点、方向（D)】命令后，命令行中显示：

指定圆弧的起点或［圆心(C)］：　　‖ 指定圆弧的起点。

指定圆弧的端点：

指定圆弧的起点切向：　　‖ 指定圆弧起点的切向。

图 3-26 为按照起点、端点、方向方式绘制圆弧的实例。

7. 起点、端点、半径方式绘制圆弧

通过指定圆弧的起点、端点、半径来绘制圆弧。

8. 圆心、起点、端点方式绘制圆弧

通过指定圆弧的圆心、起点、端点来绘制圆弧。

9. 圆心、起点、角度方式绘制圆弧

通过指定圆弧的圆心、起点、角度来绘制圆弧。

10. 圆心、起点、长度方式绘制圆弧

通过指定圆弧的圆心、起点、长度来绘制圆弧。

11. 继续方式绘制圆弧

从一段已有的直线或圆弧开始绘制圆弧。用此方式绘制的圆弧与已有直线或圆弧沿切线方向相切。

【例 3-4】 绘制如图 3-27 所示的刮板图形。

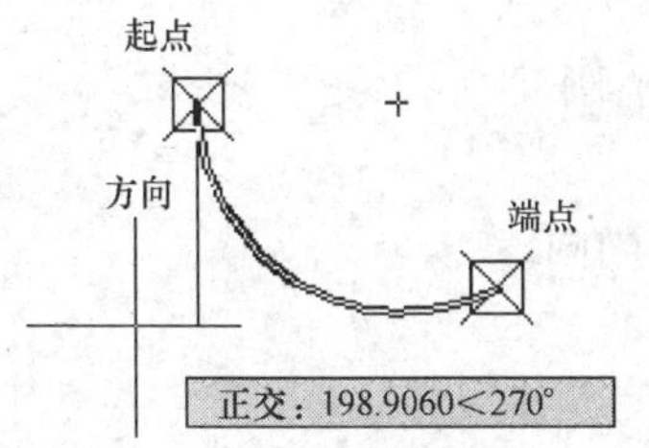

图 3-26　按起点、端点、方向方式绘制圆弧

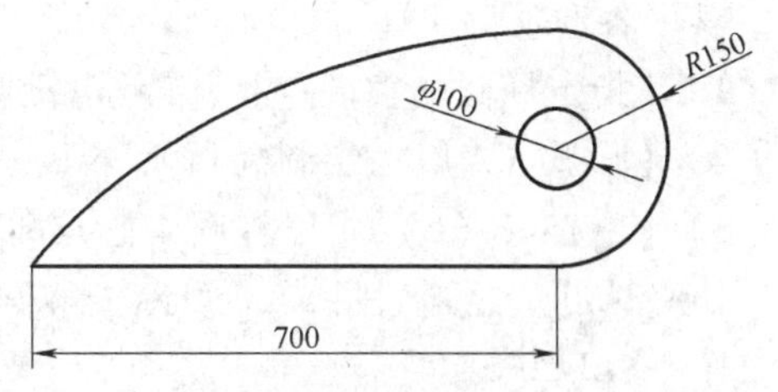

图 3-27　刮板

（1）绘制长 700 的直线

命令：LINE　‖按 Enter 键确定，执行画直线命令。

指定第一个点：　‖在绘图区域内指定一点，作为直线的起点。

指定下一点或［放弃(U)］：@ 700,0　‖指定直线端点。按 Enter 键结束画直线命令。

（2）绘制 $R150$ 圆弧

执行【绘图】|【圆弧】|【继续（O）】命令后，命令行中显示：

指定圆弧的起点或［圆心(C)］：　‖指定圆弧的起点。

注：此时，系统自动将直线的端点指定为圆弧的起点，并且绘制的圆弧与已绘制好的直线保持相切状态。

指定圆弧的端点：@ 0,300　‖指定圆弧端点。按 Enter 键结束画圆弧命令。

（3）绘制圆弧封闭图形

执行【绘图】|【圆弧】|【继续（O）】命令后，命令行中显示：

指定圆弧的起点或［圆心(C)］：　‖指定圆弧的起点。

指定圆弧的端点：@ -700，-300　‖指定圆弧端点。按 Enter 键结束画圆弧命令。

（4）绘制 $\phi100$ 圆

命令：CIRCLE　‖按 Enter 键确定，执行绘制圆命令。

指定圆的圆心或［三点(3P)/两点(2P)/切点、切点、半径(T)］：@ 700,150　‖指定圆的圆心点。

指定圆的半径或［直径(D)］<50.0000>：50　‖指定圆半径。

绘制结束后得到如图 3-27 所示图形。

3.3.3　绘制椭圆与椭圆弧

执行方式

- 下拉菜单：【绘图】|【椭圆】
- 命令行：ELLIPSE（EL）
- 工具栏：和

ELLIPSE 命令是通过指定椭圆的轴端点、半轴长度、中心点等方式来绘制椭圆。

执行 ELLIPSE 命令，命令行中显示：

指定椭圆的轴端点或［圆弧(A)/中心点(C)］：　‖指定椭圆的轴端点；或输入 A 后，按 Enter 键；或输入 C 后，按 Enter 键。

其中各选项说明如下。

1）【指定椭圆的轴端点】：表示以椭圆轴端点绘制椭圆。

2）【圆弧（A）】：绘制椭圆弧。

3）【中心点（C）】：以椭圆中心点和两轴端点绘制椭圆。

【例 3-5】 绘制如图 3-28 所示的椭圆。

命令:ELLIPSE	‖按 Enter 键确定。
指定椭圆的轴端点或［圆弧(A)/中心点(C)］:	‖在绘图区域内指定一点,作为椭圆的轴端点。
指定轴的另一个端点@700,0	‖指定椭圆的另一个轴端点。
指定另一条半轴长度或［旋转(R)］: 260	‖指定椭圆的半轴长度。

绘制结束后得到如图 3-28 所示图形。

【例 3-6】 绘制如图 3-29 所示的椭圆弧。

命令:ELLIPSE	‖按 Enter 键确定。
指定椭圆的轴端点或［圆弧(A)/中心点(C)］:A	‖绘制椭圆弧,按 Enter 键确定。
指定椭圆弧的轴端点或［中心点(C)］:	‖在绘图区域内指定一点,作为椭圆弧的轴端点。
指定轴的另一个端点<正交 关>:@700 <45	‖指定椭圆弧的另一个轴端点。
指定另一条半轴长度或［旋转(R)］:260	‖指定椭圆弧的半轴长度。
指定起点角度或［参数(P)］:0	‖指定椭圆弧的起始角度。
指定端点角度或［参数(P)/包含角度(I)］:135	‖指定椭圆弧的终止角度。

绘制结束后得到如图 3-29 所示图形。

注：椭圆弧的起始角度和终止角度是以绘制的第一个轴端点及半轴作为度量基准的。

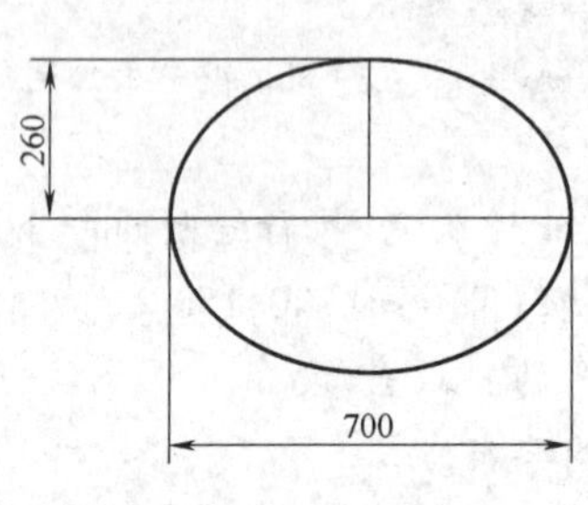

图 3-28　椭圆绘制

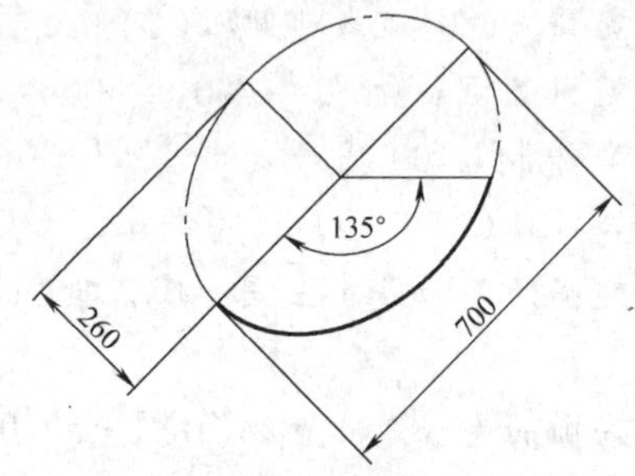

图 3-29　椭圆弧绘制

椭圆绘制好后，还可以根据椭圆弧所包含的角度来确定椭圆弧，因此，绘制椭圆弧需首先绘制椭圆。

注：【旋转（R）】为通过绕第一条轴旋转圆来创建椭圆。指定绕长轴旋转的角度：指定点或输入一个有效范围为 0～89.4 的角度值。输入值越大，椭圆的离心率就越大。输入 0 将定义圆。

3.4　多边形的绘制

绘制多边形除了用 LINE、PLINE 命令定点绘制外，还可以用 RECTANG、POLYGON 命令很方便地绘制矩形和正多边形。

3.4.1　绘制矩形

执行方式

- 下拉菜单：【绘图】|【矩形】
- 命令行：RECTANG（REC）
- 工具栏：

RECTANG 命令通过指定两个对角点的方式绘制矩形，当两角点形成的边相同时则绘制正方形。

执行 RECTANG 命令后，命令行中显示：

指定第一个角点或［倒角(C)/标高(E)/圆角(F)/厚度(T)/宽度(W)］：

其中各选项说明如下。

1）【倒角（C)】：设定矩形的倒角距离。

2）【标高（E)】：设定矩形在三维空间中的基面高度。

3）【圆角（F)】：设定矩形的圆角半径。

4）【厚度（T)】：设定矩形的厚度，即三维空间 Z 轴方向的高度。

5）【宽度（W)】：设置矩形的线条粗细。

图 3-30 所示为用 RECTANG 命令绘制的无倒角、倒直角、倒圆角、无标高和厚度、设置标高、设置厚度的矩形。

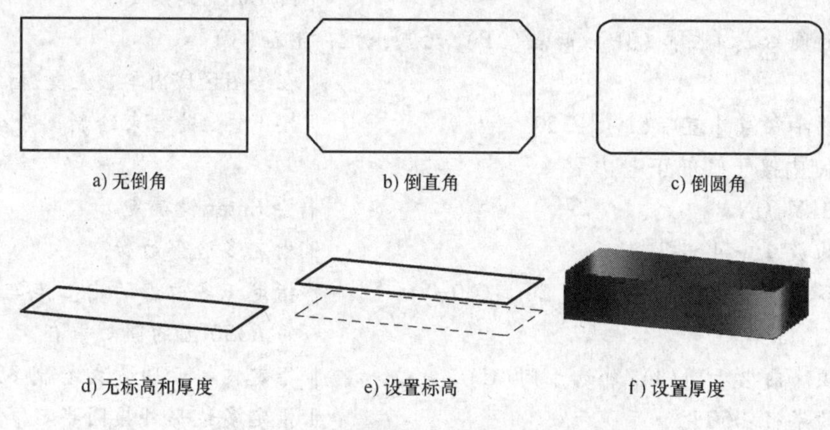

图 3-30　绘制矩形

注：在命令行中设置某项参数（如设置标高为 100）并绘制图形后，下次再执行该绘图命令时，应将先前设置的参数恢复到原始状态（如将标高置为 0)。

3.4.2　绘制正多边形

执行方式

- 下拉菜单：【绘图】|【正多边形】
- 命令行：POLYGON（POL）
- 工具栏：

POLYGON 命令可以绘制由 3 ~ 1024 条边组成的正多边形。

在执行 POLYGON 命令过程中，命令行中显示：

输入边的数目 <4>：

指定正多边形的中心点或［边(E)］：

输入选项［内接于圆(I)/外切于圆(C)］<I>：

指定圆的半径：

其中各选项说明如下。

1）【边（E）】：表示按照边数和边长来绘制正多边形。

2）【指定正多边形的中心点】：指定多边形的中心。

3）【内接于圆（I）】：用内接圆方式定义多边形。

4）【外切于圆（C）】：用外切圆方式定义多边形。

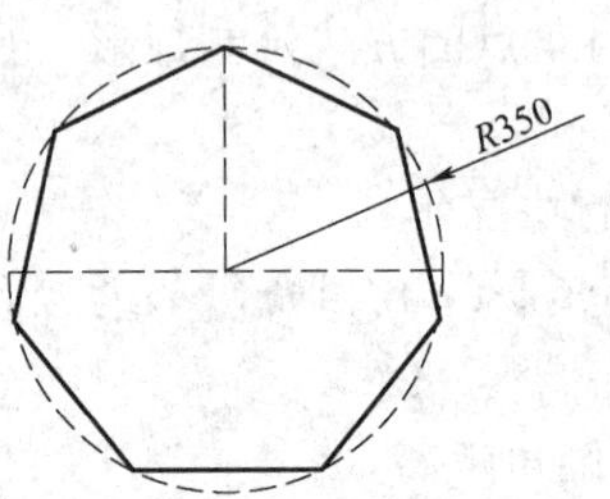

a) 内接于圆

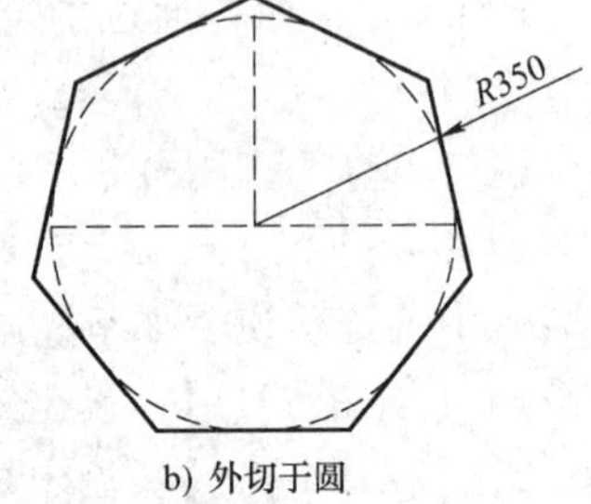

b) 外切于圆

图 3-31　绘制正七边形

5）【指定圆的半径】：输入内接圆或外切圆的半径。

【例 3-7】 绘制如图 3-31 所示的正七边形。

（1）绘制 *R*350 圆

命令:CIRCLE　　‖按 Enter 键确定。

指定圆的圆心或［三点(3P)/两点(2P)/切点、切点、半径(T)］:

‖在绘图区域内单击左键,指定圆心点。

指定圆的半径或［直径(D)］:350　　‖按 Enter 键结束绘制圆命令。

（2）绘制内接于圆的正七边形

命令:POLYGON　　‖按 Enter 键确定。

输入边的数目 <4>:7　　‖指定多边形边数。

指定正多边形的中心点或［边(E)］:@0,0　　‖指定正多边形的中心点与前面绘制的 *R*350 圆的圆心重合。

输入选项［内接于圆(I)/外切于圆(C)］<C>:I　　‖指定内接于圆方式绘制多边形。

指定圆的半径:350　　‖指定多边形外接圆半径。

绘制结束后得到如图 3-31a 所示图形。

（3）绘制外切于圆的正七边形

命令:POLYGON

输入边的数目 <7>:　　‖按 Enter 键确定边的数目为 7。

指定正多边形的中心点或［边(E)］:@0,0

输入选项［内接于圆(I)/外切于圆(C)］<I>:C　　‖指定外切于圆方式绘制多边形。

指定圆的半径:350

绘制结束后得到如图 3-31b 所示图形。

注：在按照上面的步骤做练习时，中间不要随意添加其他操作步骤。否则相对坐标值可

能会变化。下同。

3.5　实例

本实例为绘制螺旋千斤顶的套筒帽（简化图），如图 3-32 所示。剖面线在后续课程学完后再填充。

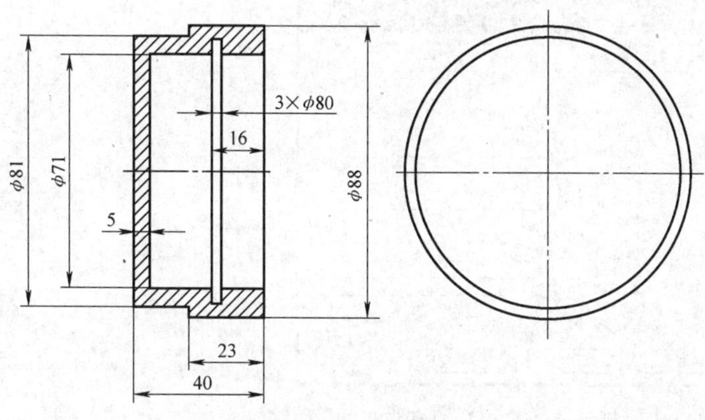

图 3-32　套筒帽

（1）确定线型样式

选择【格式】|【线型】命令，弹出【线型管理器】对话框，如图 3-33 所示。单击【加载】按钮，弹出【加载或重载线型】对话框，如图 3-34 所示。在【可用线型】列表中选择 CENTER 样式，然后单击【确定】按钮。

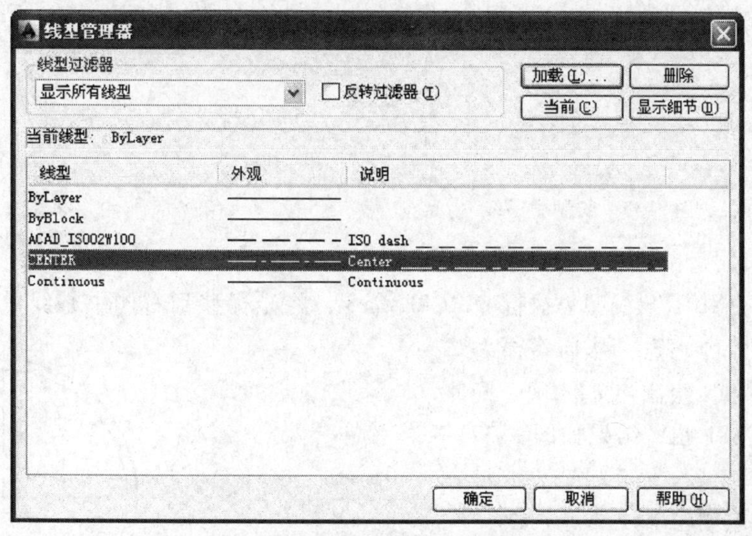

图 3-33　【线型管理器】对话框

（2）绘制中心线

1）选择 CENTER 线型，设置【正交模式】（按 F8 功能键）。执行【绘图】|【直线】命令，单击绘图区域左侧，确定水平中心线的起点；再在命令行中输入（@46，0），确定

该中心线的端点。重新执行 LINE 命令，分别输入（@50，0）、（@94，0）。

2）执行 LINE 命令，分别输入（@ -47， -47）、（@0，94）。

结果如图 3-35 所示。

（3）设置【交点】捕捉方式

将光标移到【对象捕捉】按钮上，单击右键，在弹出的快捷菜单上选择【交点】方式，如图 3-36 所示。

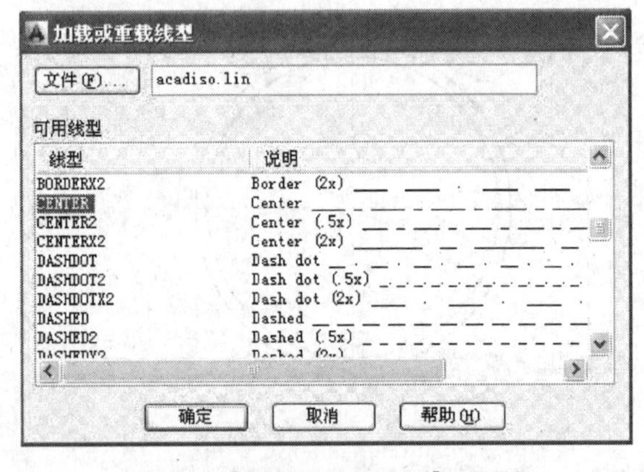

图 3-34 【加载或重载线型】对话框

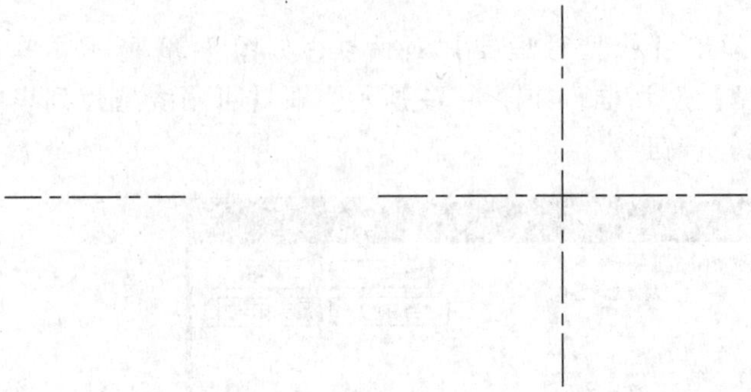

图 3-35 绘制中心线

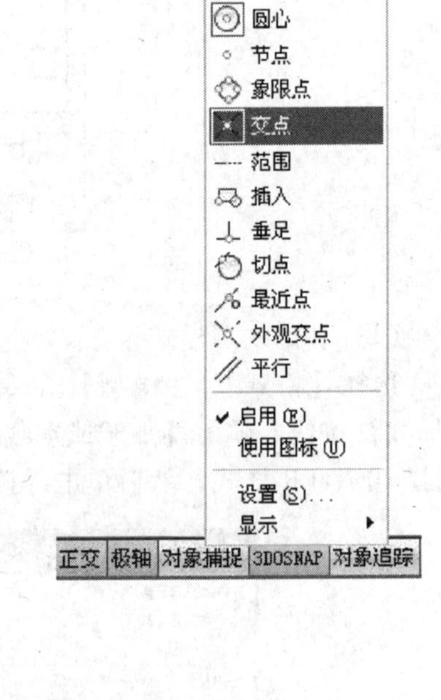

图 3-36 设置【交点】捕捉

（4）绘制圆

选择 CONTINUOUS 线型。执行 CIRCLE 命令，将光标移到右侧中心线中间位置，单击鼠标左键，确定圆心点，然后在命令行中输入半径 44，绘制出 ϕ88 圆。同样方式绘制出 ϕ81 圆，结果如图 3-37 所示。

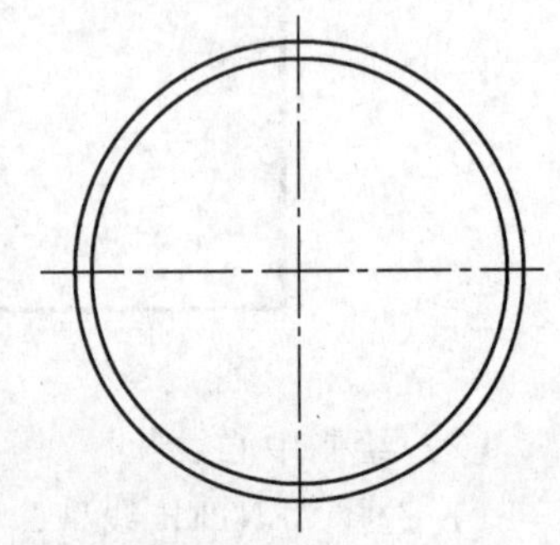

图 3-37 绘制圆

（5）绘制左侧轮廓线

执行 LINE 命令，分别输入（@ -100，44）、（@ -23，0）、（@0，-3.5）、（@ -17，0）、（@0，-81）、（@17，0）、（@0，-3.5）、

(@23, 0)、(@0, 8.5)、(@ -13, 0)、(@0, -4.5)、(@ -3, 0)、(@0, 4.5)、(@ -19, 0)、(@0, 71)、(@19, 0)、(@0, 4.5)、(@3, 0)、(@0, -4.5)、(@13, 0)、(@0, 8.5)。

结果如图 3-38 所示。

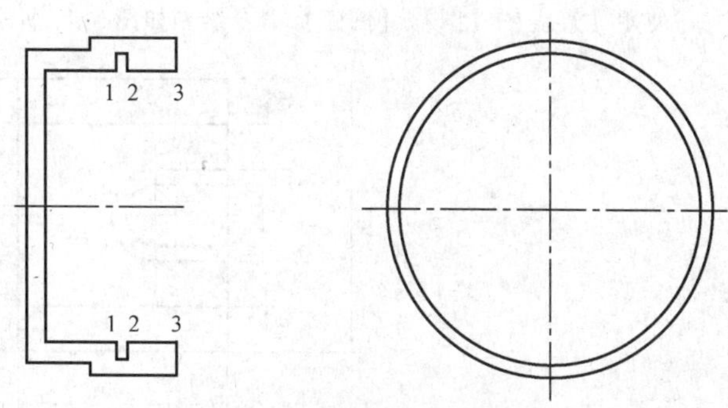

图 3-38　绘制左侧轮廓线

执行 LINE 命令，用鼠标左键分别单击上下两个“1”，将其连接起来。同样方式将上下两个“2”、“3”分别连接起来。结果如图 3-39 所示。

注：以上实例操作步骤并不是完成该图形绘制的唯一方法，也可能不是最佳的方法。其目的是利用已学过的知识，完成该图形的绘制。

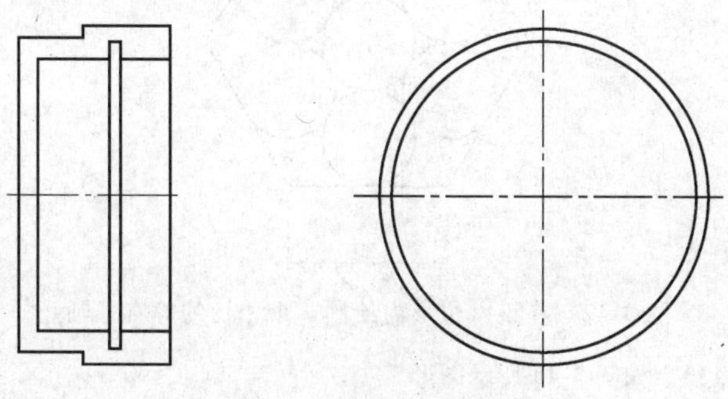

图 3-39　套筒帽初稿图

3.6　本章小结

本章主要介绍简单图形的绘制，包括点的绘制、直线的绘制、圆及圆弧的绘制、椭圆及椭圆弧的绘制、多边形的绘制。最后用一个实例，对直线、圆的绘制方法和过程进行了讲解，使用户能真正掌握这些简单图形的实际绘制方法。

习　题

1. 分别用绝对坐标和相对坐标绘制如图 3-40 所示图形。

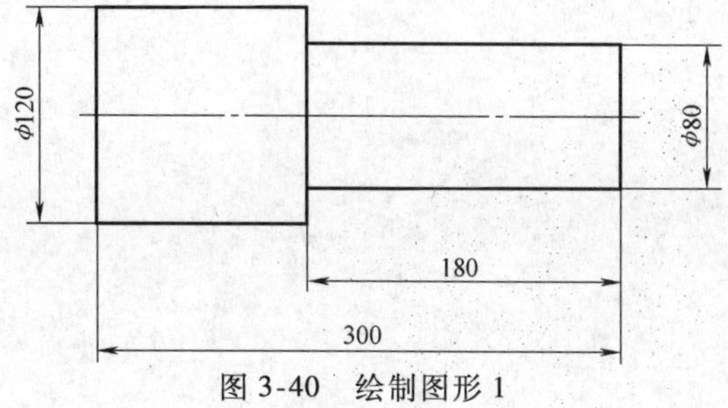

图 3-40　绘制图形 1

2. 使用【直线】、【圆】、【圆弧】命令绘制如图 3-41 所示图形。

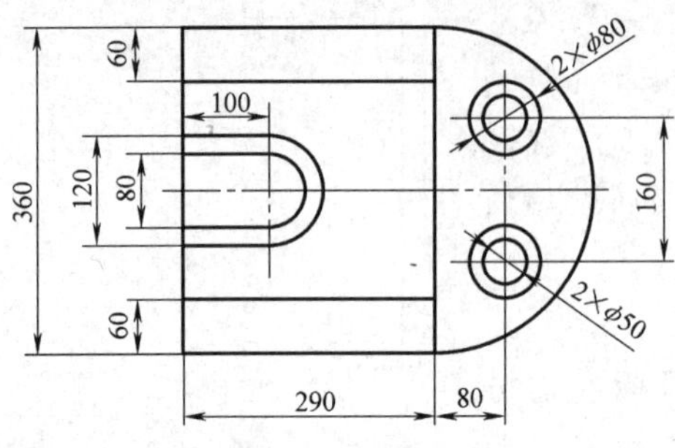

图 3-41　绘制图形 2

3. 使用【多边形】、【圆】命令绘制如图 3-42 所示图形。

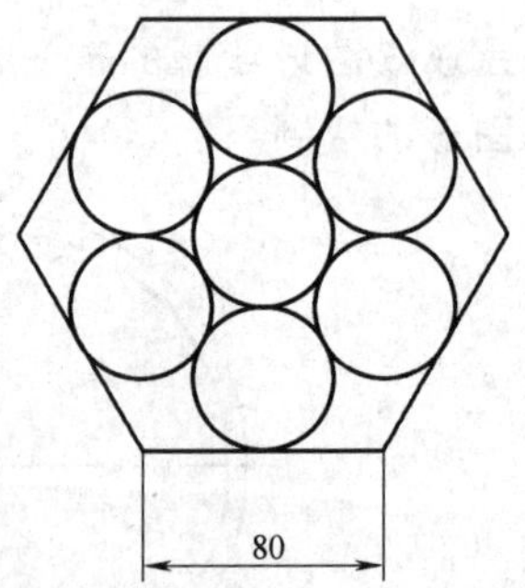

图 3-42　在正六边形内绘制 7 个相切的等直径圆

4. 使用【矩形】命令绘制如图 3-43 所示图形。

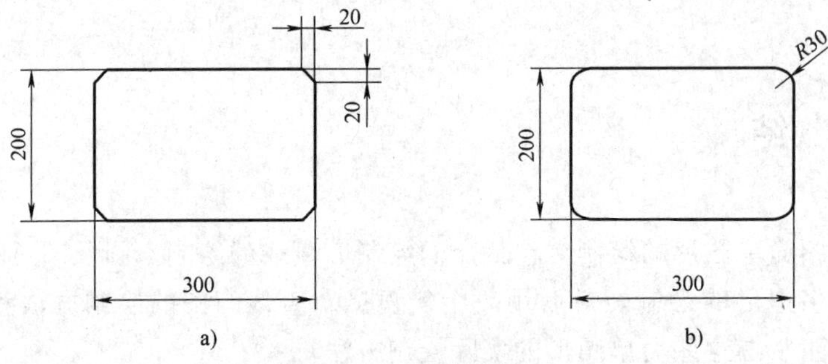

图 3-43　绘制图形 3

第 4 章　使用绘图辅助工具提高绘图效率

在使用 AutoCAD 软件绘制图形时，若能够熟练使用辅助工具将会极大地提高绘图效率。

4.1　设置工具栏

选用适当的工具栏既能方便用户使用，又可以提高绘图效率。AutoCAD 软件提供的工具栏内容很多，通常每个工具栏都由若干个图标按钮组成，每个图标按钮分别对应相应的命令。用户可以根据自己的需求选用相应的工具栏，例如常用的【绘图】工具栏、【修改】工具栏等，但复杂的工具栏会给用户的工作效率带来一定的影响。为了方便用户在短时间内能够最大限度地熟练使用 AutoCAD，并最大限度地提高绘图效率，AutoCAD 还提供了自定义工具栏命令，用户可以根据自己的需求对工具栏中的按钮进行选用和调整，创建符合自己需求的工具栏。

4.1.1　工具栏的控制

1. 工具栏的显示

使用下拉菜单【工具】|【工具栏】|【AutoCAD】，或在工具栏空白处单击鼠标右键，然后单击弹出的快捷菜单上的某个工具栏选项，即可显示该工具栏，如图 4-1 所示。

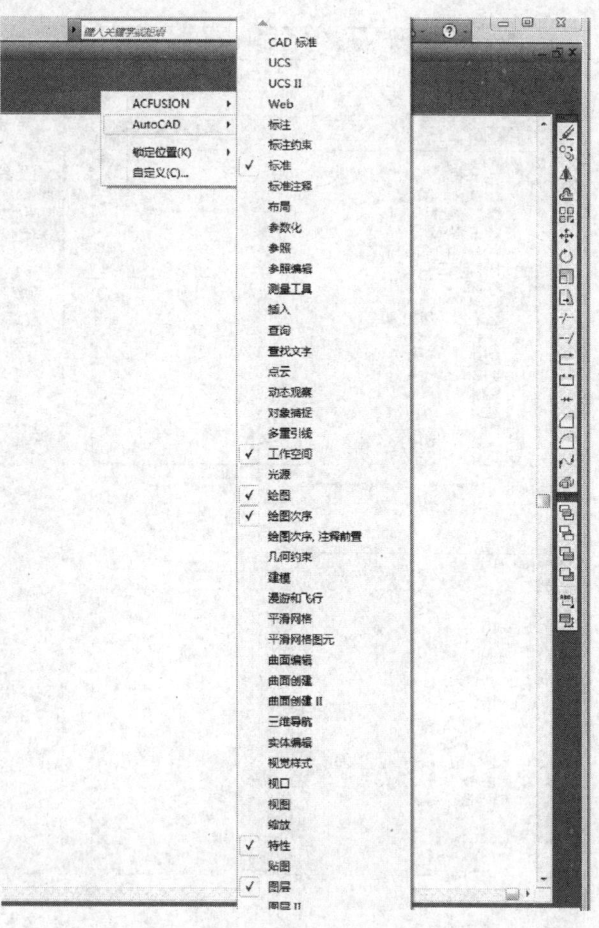

图 4-1　显示工具栏菜单

2. 控制工具栏浮动或锁定

AutoCAD 的工具栏可以是浮动的，也就是可以将它放置在屏幕上的任何位置，并且其大小和形状也可以改变。将光标放置在任何工具栏的标题栏或者其他非图标按钮的位置，按住鼠标左键，即可以将工具栏拖动到用户需要的位置。若要改变工具栏的大小和形状，将光标放置在工具栏的边界位置，当光标成为双向箭头时，按住鼠标左键拖动，即可以使工具栏的大小和形状随之改变，如图 4-2 所示。

AutoCAD 的工具栏也可以锁定，

图 4-2　改变工具栏形状

也就是将工具栏在特定位置上固定。工具栏被锁定后是不显示其标题的，如常用的【绘图】工具栏、【标准】工具栏和【特性】工具栏等。锁定工具栏时，将光标放置在工具栏的标题上按住鼠标左键，同时将工具栏拖动至 AutoCAD 的锁定区域，即 AutoCAD 绘图区域的上下或左右两侧，待到工具栏的外轮廓线处于锁定区域后释放鼠标左键即可锁定该工具栏。

4.1.2　创建个性化工具栏

高度集成的单屏工作环境是 AutoCAD 系列软件的优点，新版本在原有版本的基础上对

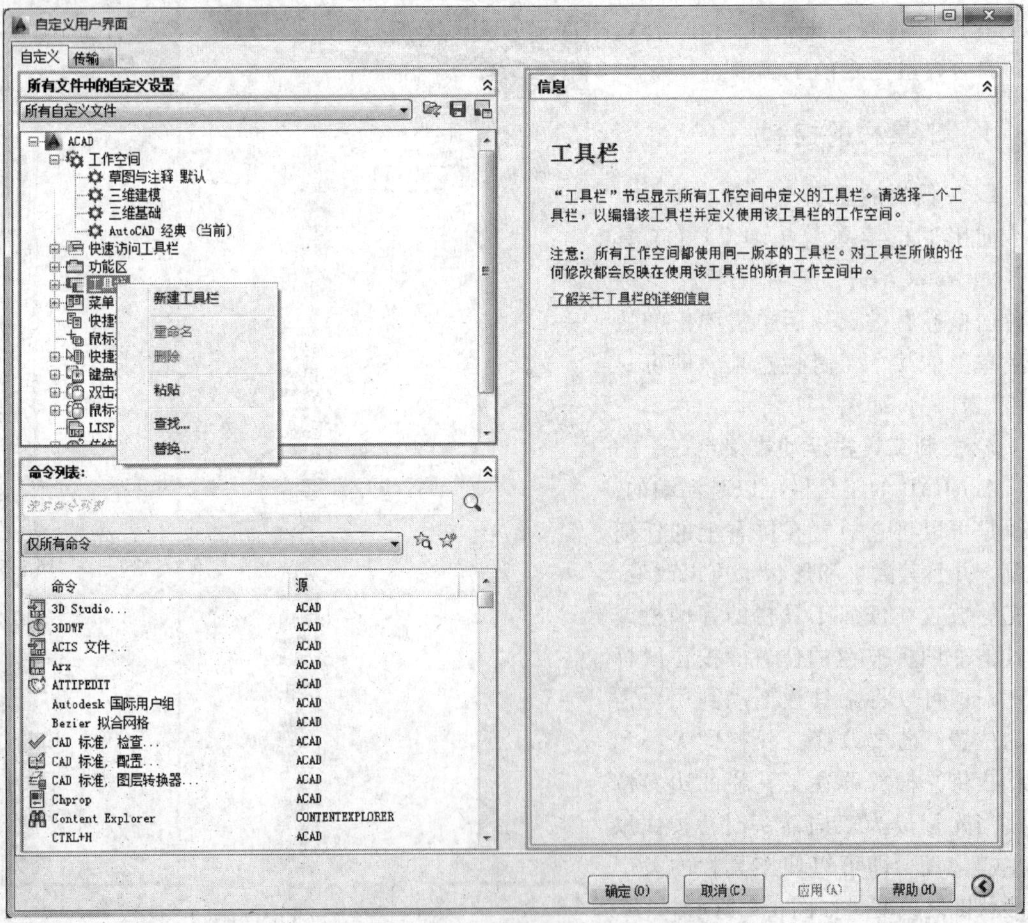

图 4-3　【自定义用户界面】对话框

工具栏中按钮进行了调整，整体结构更加趋于合理化，进一步增强了界面元素的编制和定制功能，用户可以定制出符合自己需求的个性化工具栏，方便操作的同时也提高了工作效率。

执行方式

- 下拉菜单：【视图】|【工具栏】

  【工具】|【自定义】|【界面】

执行命令后打开【自定义用户界面】对话框，如图 4-3 所示。用户可以根据自己的需求利用该对话框进行自定义、新建、删除工具栏等操作。

用户可以根据需求将常用的一些工具按钮放置到自创工具栏上，来创建自己的工具栏。创建自己的工具栏时，打开【自定义用户界面】对话框中的【自定义】选项卡，在【所有文件中的自定义设置】中的【工具栏】上单击鼠标右键，在弹出的快捷菜单中选择【新建工具栏】命令，在【工具栏】树的底部将会出现一个新工具栏，用户将新工具栏重命名；在对话框左下的【命令列表】中选中常用命令，按住鼠标左键将其拖至已重命名的自创工具栏下方，如图 4-3 所示，完成创建工具任务。

4.2　图层管理

图层就像一层一层的透明薄片，各层之间完全对齐，一层上的某一基准点准确地对准其他层上的同一基准点，一个完整的图形就是它所包含的所有图层上的对象叠加在一起。图层是图形中使用的主要组织工具，用于将信息按功能编组以及指定默认的特性，包括颜色、线型、线宽以及其他特性。通过创建图层，可以将类型相似的对象指定给同一图层以使其相关联，如可以将图线、文字、尺寸标注和标题栏等置于不同的图层上。通过控制对象的显示或打印方式、图层的状态都可以降低图形的视觉复杂程度，并提高显示性能。

4.2.1　设置图层特性

执行方式

· 下拉菜单：【格式】|【图层】

· 命令行：LAYER

· 工具栏：

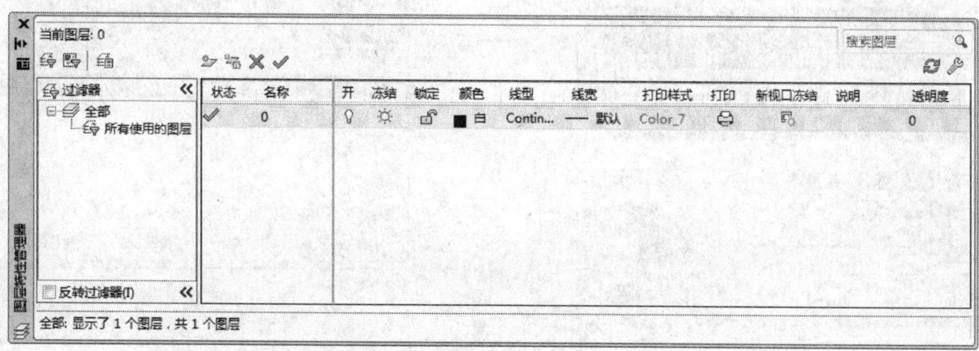

图 4-4　【图层特性管理器】对话框

每一新图形文件均默认包含一个名为 0 的图层，图层 0 无法被删除或重命名，以便确保每个图形至少包括一个图层。【图层特性管理器】对话框如图 4-4 所示。

用户可以通过创建图层，将类型相似的对象指定给同一图层以使其相关联。

1. 创建图层

单击【图层特性管理器】对话框中的【新建图层】按钮，会产生名称为图层 N（N = 1，2，3，…）的新图层；被选中的图层是亮显的，如图 4-5 所示。用户根据自己的需求对该图层的各项特性进行设置，例如命名图层、设置图层的颜色和线型等。

（1）名称

图层的名称即图层的名字，默认情况下，【名称】列图层的名称按 0、图层 1、图层 2……的编号依次递增，用户也可以自行命名。图层数量可以是任意的，图层名中不能包含以下字符：< > /\“ : ; ? * | =‘。

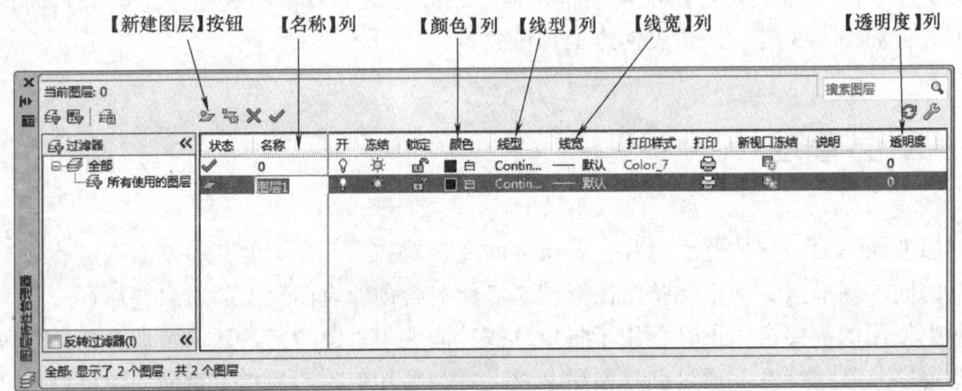

图 4-5　创建新图层

（2）颜色

在【图层特性管理器】对话框中，单击【颜色】列对应图标，将弹出【选择颜色】对话框，该对话框用来设定图层颜色，如图 4-6 所示。

（3）线型

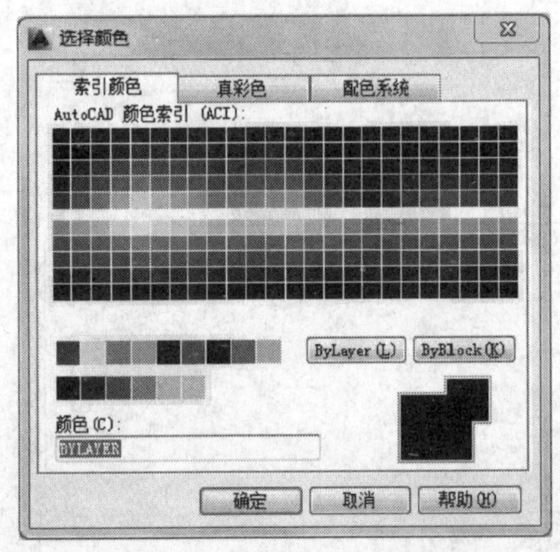

图 4-6　【选择颜色】对话框

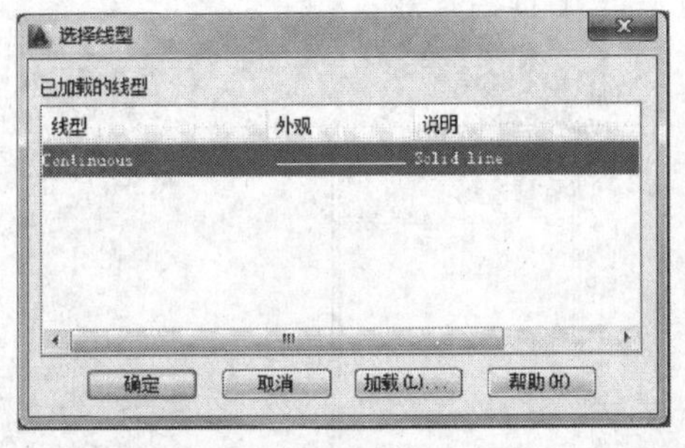

图 4-7　【选择线型】对话框

在【图层特性管理器】对话框中，单击【线型】列显示的线型名称，将弹出【选择线型】对话框，该对话框用来设定所需的线型，如图 4-7 所示。如果已加载线型太少，可单击【加载（L）…】按钮，软件将提供更多可选择的线型。

（4）线宽

在【图层特性管理器】对话框中，单击【线宽】列显示的线宽值，将弹出【线宽】对话框，该对话框用来设定所需的线宽，如图 4-8 所示。

注：图层设置中设置了线宽，显示器究竟能否显示线宽是通过状态栏上的【线宽】按钮的“开”、“闭”来控制的。

（5）透明度

在【图层特性管理器】对话框中，单击【透明度】列显示的透明度值，将弹出【图层透明度】对话框，该对话框用来设定选定图层的透明度级别，如图 4-9 所示。

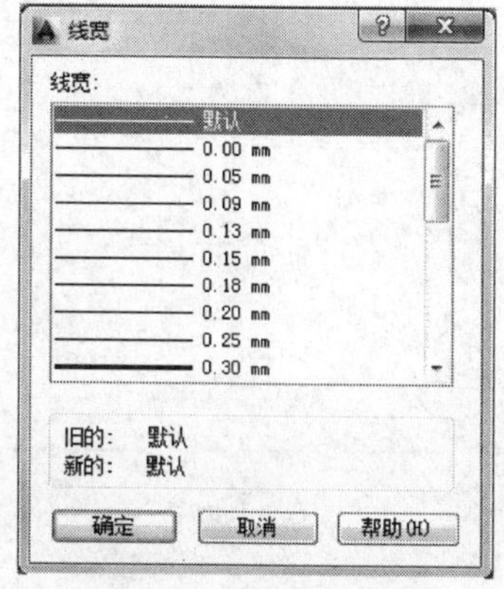

图 4-8 【线宽】对话框

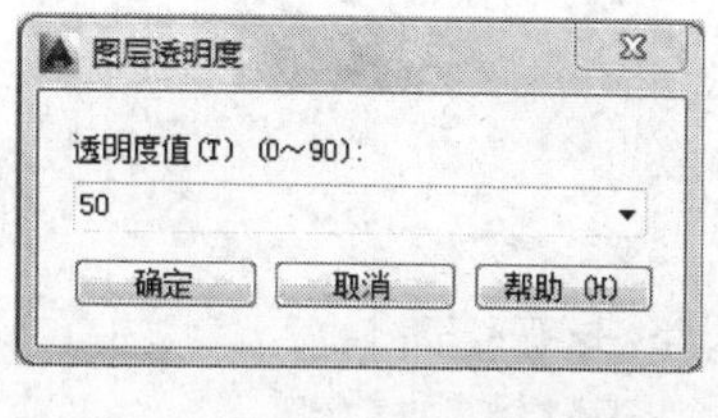

图 4-9 【图层透明度】对话框

2. 设置当前图层

当图形文件具有多个图层时，图层与图层之间具有相同的坐标系、绘图界限、缩放倍数。

注：绘制图形是在当前层上进行的；但不同层上的对象可以同时进行编辑图形操作，而且操作都是在当前图层上进行。

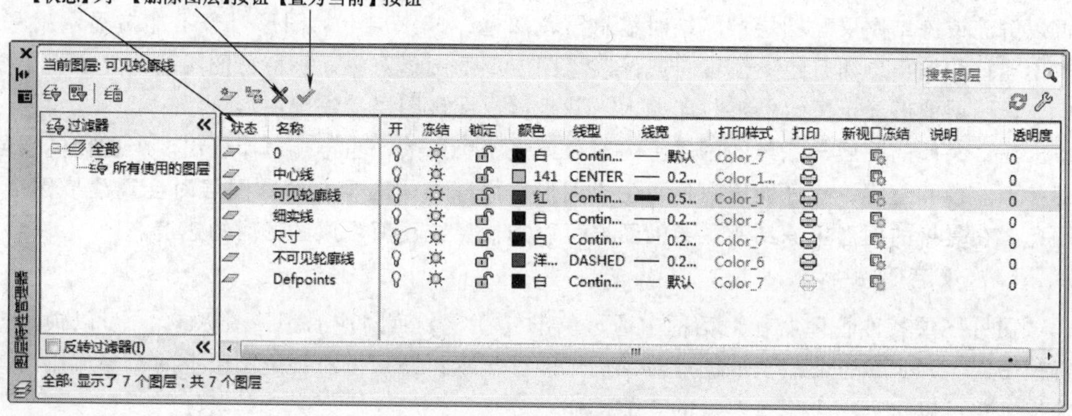

图 4-10　设置当前层

在【图层特性管理器】对话框的图层列表中，选中某一图层后，单击【置为当前】按钮或者双击该图层，即可将该图层设置为当前层，如图 4-10 所示。单击【删除图层】按钮，即可将所选未使用的空白图层删除。

注：在【图层特性管理器】对话框的图层列表的【状态】列中将当前图层标识为√。

3. 图层简单管理

在【图层特性管理器】对话框中不仅可以建立和命名图层、设置当前图层、设置图层的颜色、线型和线宽，还可以对图层进行打开与关闭、冻结与解冻、锁定与解锁、打印样式等简单特性管理，从而提高绘图效率，如图 4-11 所示。

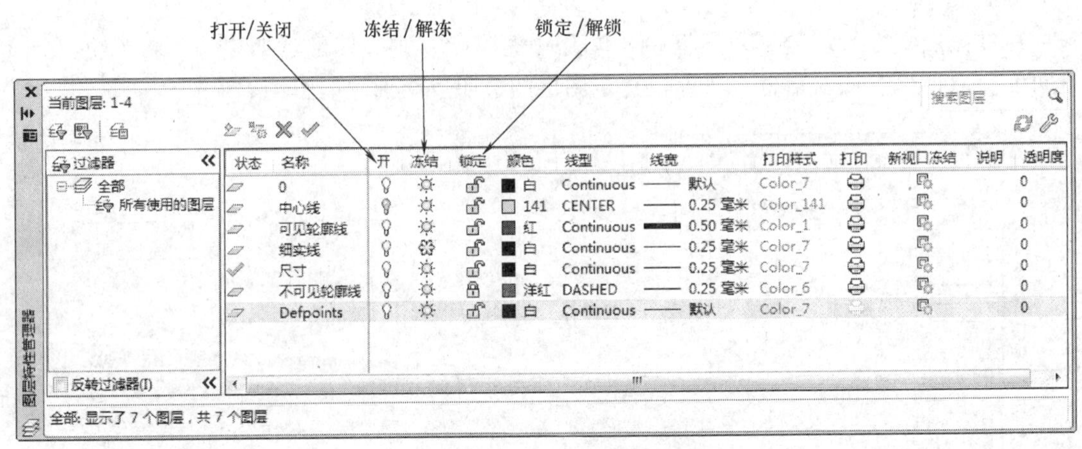

图 4-11　图层简单管理

（1）打开/关闭状态

在【图层特性管理器】对话框中单击【开】列的灯泡图标，可以打开或关闭图层。图层打开状态时灯泡的颜色为黄色，该图层上的图形对象可以显示，也可以在输出设备上打印。在图层处于关闭状态时灯泡的颜色为灰色，此时该图层上的图形对象不能显示，也不能打印输出。

（2）冻结/解冻状态

在【图层特性管理器】对话框中通过单击【冻结】列的太阳图标或雪花图标，可以解冻或冻结图层。图层被冻结时显示雪花图标，该图层上的图形对象不能被显示出来，也不能打印输出，而且也不能编辑或修改该图层上的图形对象。被解冻的图层将显示太阳图标，该图层能够显示，也能够打印输入，并且可以在该图层上编辑图形对象。

注：关闭的图层与冻结的图层上的对象都是不可见的，也不能打印输出。但关闭的图层仍参加消隐和渲染，打开图层时不重生成图形；而冻结的对象在解冻图层时会重生成图形。因此，在复杂的图形中冻结不需要的图层可以加快系统重新生成图形时的速度。

（3）锁定/解锁状态

在【图层特性管理器】对话框中通过单击【锁定】列对应的小锁图标，可以锁定或解锁图层。锁定状态图层上的图形对象仍然能够显示，还可以对锁定图层上的对象应用对象捕捉，并可以执行不会修改对象的其他操作。

（4）打印样式和打印

在【图层特性管理器】对话框中单击【打印样式】列设置各图层的打印样式，单击【打印】列对应的打印机图标可以设置各图层是否能够被打印，这样可以在保持图形显示可见性不变的前提下控制图形的打印特性。

4.2.2　图层使用与切换

在绘制图形的过程中，只需在【图层】工具栏的【图层控制】下拉列表中选择某图层名称即可将其设置为当前层，实现图层间的灵活快速切换，如图 4-12 所示。

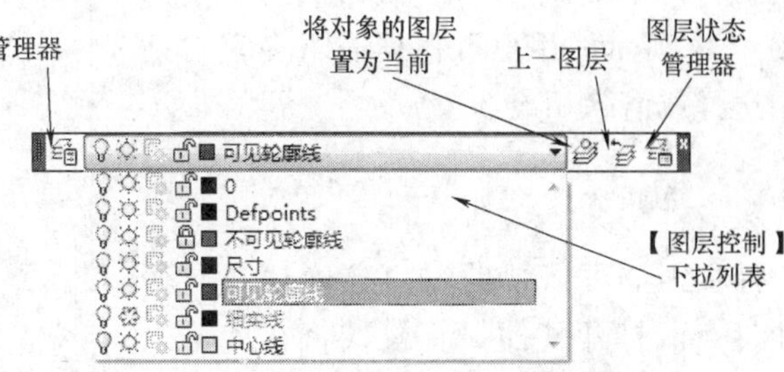

图 4-12　【图层】工具栏

4.3　绘图辅助工具

使用 AutoCAD 软件绘制机械图样时对图形尺寸要求一般都比较严格，不适合大致输入图形的尺寸或使用鼠标在绘图区域直接拾取和输入。因此，在绘制满足给定尺寸要求的图形时，用户不仅可以使用常用的指定点的坐标法，而且还可以使用系统提供的【捕捉】、【对象捕捉】、【对象追踪】等功能，在不输入坐标的情况下快速、精确地绘制图形。这些能极大地提高绘图效率的绘图辅助工具主要集中在状态栏上。

不使用图标显示的状态栏如图 4-13 所示。

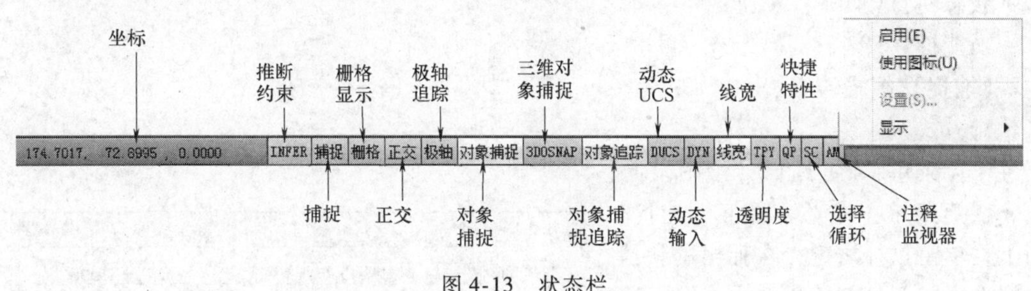

图 4-13　状态栏

4.3.1　推断约束

用户在创建和编辑几何对象时启用【推断约束】模式，会自动在正在创建或编辑的对象与对象捕捉的关联对象或点之间应用几何约束。约束只在对象符合约束条件时才会应用，推断约束后不会重新定位对象。

注：打开【推断约束】模式后，用户在创建几何图形时指定的对象捕捉将用于推断几何约束，但是不支持下列对象捕捉：交点、外观交点、延长线和象限点；也无法推断下列约束：固定、平滑、对称、同心、相等和共线。

1.【推断约束】模式的启闭

执行方式

- 状态栏：【推断约束】按钮

• 功能键：Ctrl + Shift + I

2. 【推断约束】模式的设置

执行方式

• 快捷菜单：将光标置于【推断约束】按钮上，单击鼠标右键，在弹出的快捷菜单中选择【设置】命令。

执行命令后弹出【约束设置】对话框，如图 4-14 所示。用户可根据需求在该对话框中选择或清除相应选项。

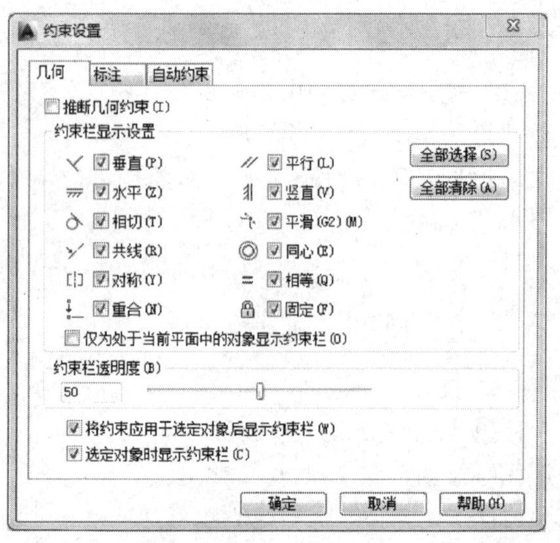

图 4-14　【约束设置】对话框

4.3.2　捕捉

捕捉工具可以帮助用户准确地在屏幕上捕捉点。打开【捕捉】模式将在屏幕上生成一个隐含的捕捉栅格，这个栅格起到约束捕捉光标只能落在栅格的某一个节点上的作用，使用户能够精确地捕捉和选择这个栅格上的节点。但不适合在绘制满足给定尺寸要求的图形时使用。

1. 【捕捉】模式的启闭

执行方式

• 状态栏：【捕捉】按钮

• 功能键：F9

2.【捕捉】模式的设置

执行方式

• 下拉菜单：【工具】|【绘图设置】

• 快捷菜单：将光标置于【捕捉】按钮上，单击鼠标右键，在弹出的快捷菜单中选择【设置】命令

执行命令后弹出【草图设置】对话框，并选择【捕捉和栅格】选项卡，如图 4-15 所示。

1）【启用捕捉】复选框：用于控制【捕捉模式】的启闭。

2）【捕捉间距】选项组：【捕捉 X 轴间距】与【捕捉 Y 轴间距】文本框用来设置捕捉栅格点在水平和垂直方向上的间距，间距值必须为正实数。也可以选择【X 轴间距和 Y 轴间距相等】复选框，使捕捉栅格在水平与垂直两个

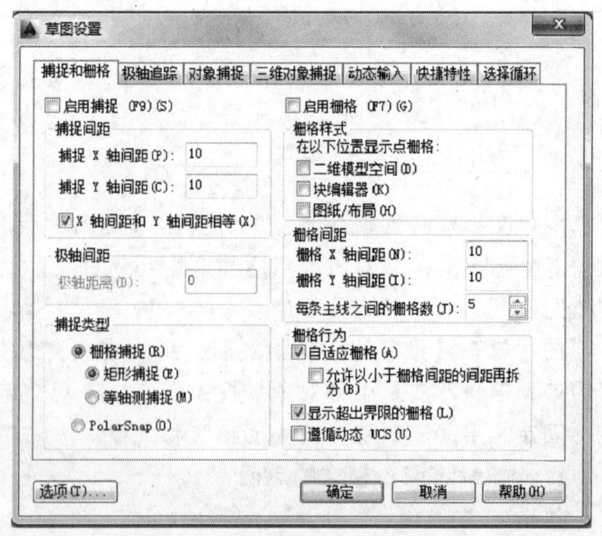

图 4-15　【捕捉和栅格】选项卡

方向上的间距相同。

3）【捕捉类型】选项组：AutoCAD 提供有【栅格捕捉】和【PolarSnap】（极轴捕捉）两种方式，使用时两者取其一。【栅格捕捉】方式在拖动鼠标指定点时光标将沿垂直或水平栅格点进行捕捉；【PolarSnap】方式在【极轴追踪】打开的情况下，拖动鼠标指定点时光标将沿在【极轴追踪】选项卡上相对于极轴追踪起点设置的极轴对齐角度进行捕捉。

【栅格捕捉】方式又分为【矩形捕捉】和【等轴测捕捉】两类。在标准方式下捕捉栅格是标准的矩形；在等轴测方式下，捕捉栅格和光标十字线成绘制等轴测图时的特定角度，不再互相垂直，使得绘制等轴测图十分方便，用户可根据绘图需要选择其中之一。

4）【极轴间距】选项组：只有在用户启用【PolarSnap】类型时该选项组才可用。在【极轴距离】文本框亮显后输入设定的距离值，如果该值为 0，则【PolarSnap】距离采用【捕捉 X 轴间距】文本框中的值。【极轴距离】设置要与极轴追踪或对象捕捉追踪结合使用，如果两个追踪功能都未启用，则【极轴距离】设置无效。

4.3.3 栅格显示

手工绘制某种图形时会使用坐标纸，栅格显示工具是一个形象的画图工具，作用就像传统的坐标纸一样，为用户在绘图区域中呈现可见的网格，以方便绘图。

1.【栅格】显示的启闭

执行方式

• 状态栏：【栅格】按钮

• 功能键：F7

2.【栅格】显示的设置

执行方式

• 下拉菜单：【工具】|【绘图设置】

• 快捷菜单：将光标置于【栅格】按钮上，单击鼠标右键，在弹出的快捷菜单中选择【设置】命令

执行命令后弹出【草图设置】对话框，并选择【捕捉和栅格】选项卡，如图 4-15 所示。

1）【启用栅格】复选框：用于控制栅格显示的启闭。

2）【栅格样式】选项组：用于选择显示点栅格的位置。

3）【栅格间距】选项组：【栅格 X 轴间距】和【栅格 Y 轴间距】文本框用来设置栅格在水平与垂直方向上的间距，如果【栅格 X 轴间距】和【栅格 Y 轴间距】设置为 0，则 AutoCAD 会自动将捕捉栅格间距应用于栅格。【每条主线之间的栅格数】微调框用于指定主栅格线相对于次栅格线的频率。

4）【栅格行为】选项组：用于控制栅格线的外观。在系统变量 GRIDSTYLE 设置为 0 和 SHADEMODE 设置为“隐藏”的情况下显示栅格线而不显示栅格点。

选择【自适应栅格】复选框后，在缩小图形时限制栅格密度，允许以小于栅格间距的间距再拆分；在放大图形时，生成更多间距更小的栅格线。主栅格线的频率确定这些栅格线的频率。【显示超出界线的栅格】复选框用于控制是否显示超出 LIMITS 命令指定区域的栅格。【遵循动态 UCS】复选框用于更改栅格平面以跟随动态 UCS 的 XY 平面。

4.3.4 正交

用户在绘图过程中经常需要绘制大量的水平直线和垂直直线，用鼠标拾取线段的端点时很难保证两个点严格沿水平或垂直方向，【正交】功能能够很好地解决这一问题。启用【正交】模式后，画线或移动对象时光标只能沿水平方向或垂直方向移动，因此也只能绘制出与坐标轴平行的正交线段。

执行方式

- 状态栏：【正交】按钮
- 功能键：F8

4.3.5 极轴追踪

用户在绘制水平直线和垂直直线过程中使用【正交】模式，绘制与水平呈一定角度的直线时使用【极轴追踪】功能将极大地提高绘图效率。【极轴追踪】功能是在系统要求指定一个点时，按预先设置的角度增量显示一条无限延伸的辅助线（一条虚线），这时就可以沿辅助线追踪得到光标点。

1. 【极轴追踪】的启闭

执行方式

- 状态栏：【极轴】按钮
- 功能键：F10

2. 【极轴追踪】的设置

执行方式

- 下拉菜单：【工具】|【绘图设置】
- 快捷菜单：将光标置于【极轴】按钮上，单击鼠标右键，在弹出的快捷菜单中选择【设置】命令

执行命令后弹出【草图设置】对话框，并选择【极轴追踪】选项卡，如图4-16所示。

1）【启用极轴追踪】复选框：用于控制极轴追踪的启闭。

2）【极轴角设置】选项组：用于设置增量角和附加角。在【增量角】下拉列表框中可以选择系统预设的角度或直接输入预想的角度；选择【附加角】复选框，将列出可用的附加角度。要添加新的附加角角度，可单击【新建】按钮，最多可以添加 10 个附加极轴追踪对齐角度；要删除现有的角度，可单击【删除】按钮。

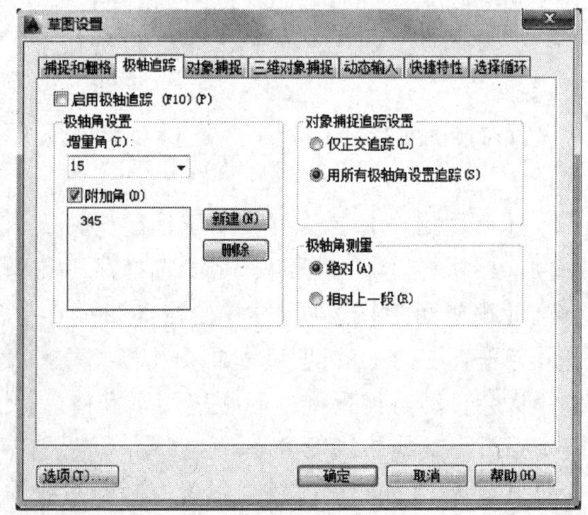

图 4-16 【极轴追踪】选项卡

注：启用极轴追踪后，系统将在360°范围内显示预先设置的N（N=0，1，2，…）倍增

量角，但附加角仅显示一次。

3）【极轴角测量】选项组：用于设置极轴追踪对齐角度的测量基准。选择【绝对】单选按钮，可以基于当前用户坐标系（UCS）确定极轴追踪角度；选择【相对上一段】单选按钮，可以基于最后绘制的线段确定极轴追踪角度。

注：正交模式和极轴追踪模式不能同时启用，若一个打开，另一个则将自动关闭。

【**例 4-1**】 绘制如图 4-17 所示图形。图中 A 点坐标是（100，100）。

（1）极轴追踪设置

如图 4-18 所示，附加角设置为 110，并选择【用所有极轴角设置追踪】和【相对上一段】单选按钮。

注：这只是一种设置方法，还有如附加角设置为 200（或 -160），并选择【用所有极轴角设置追踪】和【绝对】单选按钮；或将增量角设置为 10，并选择【用所有极轴角设置追踪】和【绝对】单选按钮等多种其他设置方法。

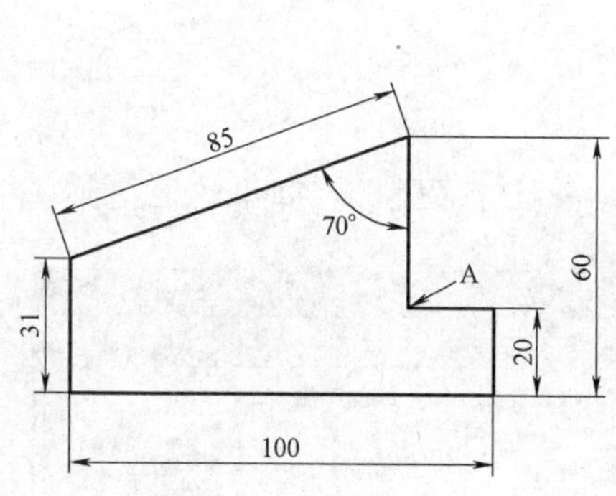

图 4-17　绘制图形

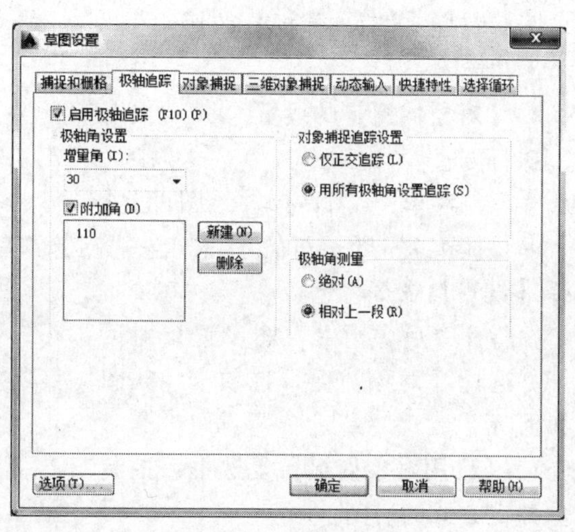

图 4-18　设置附加角

（2）绘制图形

执行【直线】命令。

指定第一个点：	‖输入起点坐标(100,100)，确认。
指定下一点或［放弃(U)］：	‖打开【正交】；向上拖动鼠标，显示垂直向上的预期路径时输入 40，确认。
指定下一点或［放弃(U)］：	‖打开【极轴】；向左下拖动鼠标，显示预期路径时(见图 4-19)输入 85，确认。
指定下一点或［闭合(C)/放弃(U)］：	‖打开【正交】；向下拖动鼠标，显示预期路径时输入 31，确认。
指定下一点或［闭合(C)/放弃(U)］：	‖向右拖动鼠标，显示预期路径时输入 100，确认。
指定下一点或［闭合(C)/放弃(U)］：	‖向上拖动鼠标，显示预期路径时输入 20，确认。
指定下一点或［闭合(C)/放弃(U)］：	‖输入 C，确认。

4.3.6　对象捕捉

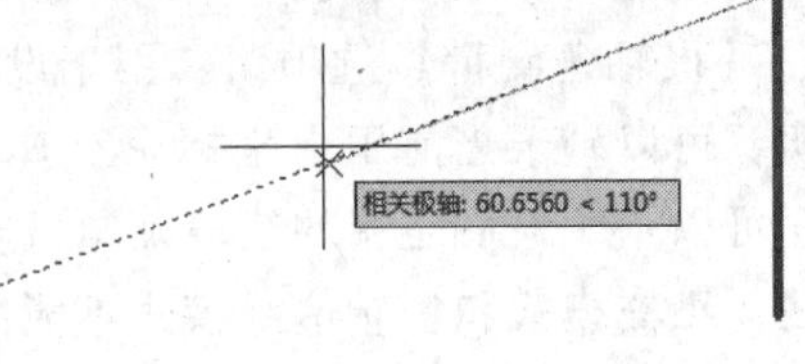

图 4-19　绘制图形

在绘图过程中经常要准确地找到已有图形中某些特殊的点，例如圆心、切点、线段或圆弧的端点、中点等，能够迅速、准确地识别这些特殊点的功能称为【对象捕捉】功能。

注：仅当命令行提示“指定点”时，对象捕捉才生效。多数对象捕捉只影响屏幕上可见的对象，包括锁定图层上的对象、布局视口边界和多段线，不能捕捉不可见的对象，如未显示的对象、关闭或冻结图层上的对象或虚线的空白部分。

1.【对象捕捉】的启闭

执行方式

- 状态栏：【对象捕捉】按钮
- 功能键：F3

2.【对象捕捉】的设置

执行方式

- 下拉菜单：【工具】|【绘图设置】
- 快捷菜单：将光标置于【对象捕捉】按钮上，单击鼠标右键，在弹出的快捷菜单中选择【设置】命令

执行命令后弹出【草图设置】对话框，并选择【对象捕捉】选项卡，如图 4-20 所示。

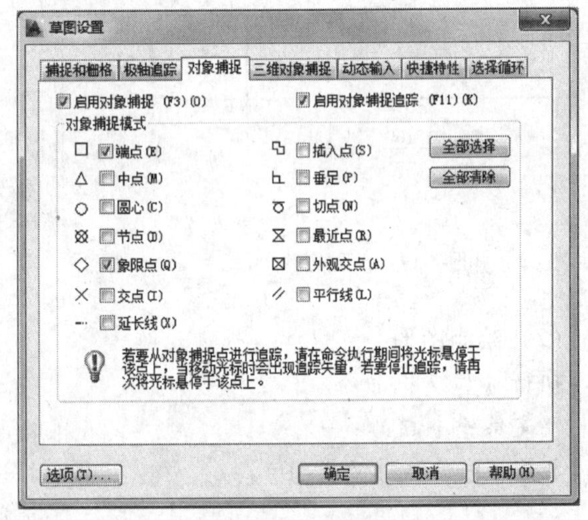

图 4-20　【对象捕捉】选项卡

1）【启用对象捕捉】复选框：控制对象捕捉方式的启闭。

2）【对象捕捉模式】选项组：选择某种捕捉模式的复选框，则相应的捕捉模式被激活。单击【全部选择】按钮，所有模式均被选中；单击【全部清除】按钮，则所有捕捉模式均被清除。

注：当屏幕已显示某一图形对象上的某一捕捉点时，反复按 Tab 键可在该图形对象上的多个捕捉点间反复切换。

【对象捕捉】模式及其功能见表 4-1。

表 4-1　【对象捕捉】模式及其功能

【对象捕捉】模式	功　能
端点(END)	捕捉到对象(如圆弧、直线、多线、多段线线段、样条曲线、面域或三维对象)的最近端点或角点
中点(MID)	捕捉到对象(如圆弧、椭圆、直线、多线段线段、面域、样条曲线、构造线或三维对象的边)的中点
圆心(CEN)	捕捉到圆弧、圆、椭圆或椭圆弧的中心点
节点(NOD)	捕捉到点对象、标注定义点或标注文字原点
象限点(QUA)	捕捉到圆弧、圆、椭圆或椭圆弧的象限点，即圆周上 0°、90°、180°、270°位置上的点

（续）

【对象捕捉】模式	功　能
交点（INT）	捕捉到对象（如圆弧、圆、椭圆、直线、多段线、射线、面域、样条曲线或构造线）的交点
延长线（EXT）	光标经过对象的端点时，显示临时延长线或圆弧，以便用户在延长线或圆弧上指定点
插入点（INS）	捕捉到对象（如属性、块或文字）的插入点
垂足（PER）	捕捉到对象（如圆弧、圆、椭圆、椭圆弧、直线、多线、多段线、射线、面域、三维实体、样条曲线或构造线）的垂足
切点（TAN）	捕捉到圆弧、圆、椭圆、椭圆弧或样条曲线的切点
最近点（NEA）	捕捉到对象（如圆弧、圆、椭圆、椭圆弧、直线、点、多段线、射线、样条曲线或构造线）的最近点
外观交点（APP）	捕捉在三维空间中不相交但在当前视图中看起来可能相交的两个对象的视觉交点
平行线（PAR）	将直线段、多段线线段、射线或构造线限制为与其他线性对象平行
无（NON）	关闭【对象捕捉】模式

3. 利用快捷菜单实现对象捕捉

当命令行提示“输入点”时，按住 Shift 键的同时单击鼠标右键，将激活快捷菜单，如图 4-21 所示。

在快捷菜单中除前面已经介绍的捕捉模式外，还有如下几种捕捉模式。

（1）【自】捕捉模式

【自】捕捉模式会先要求指定一个参考点作为后继点的基点，再指定后继点相对基点的偏移量来得到后继点。

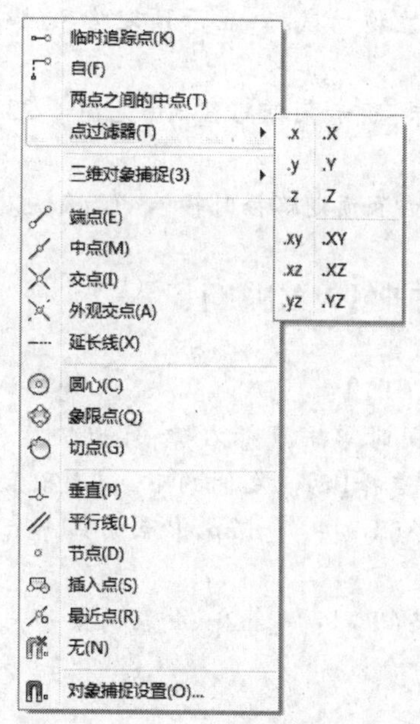

图 4-21　【对象捕捉】快捷菜单

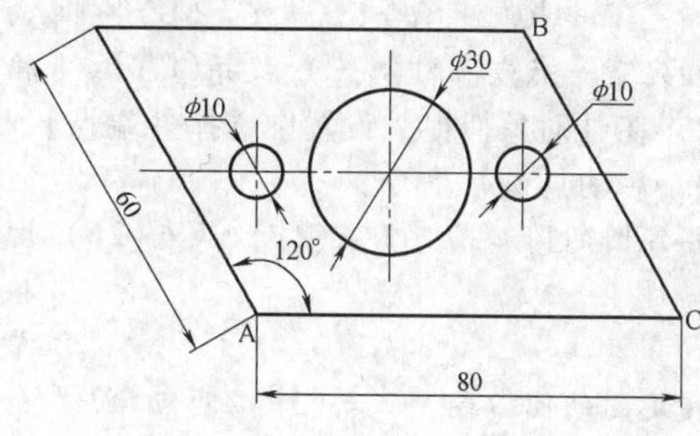

图 4-22　绘制图形

启用【自】模式捕捉后，命令行中显示：

_from 基点：　　　　　‖指定一个基点。

<偏移>：　　　　　‖输入相对于基点的偏移量。

（2）【两点之间的中点】模式

【两点之间的中点】模式会要求用户先后指定两个点，系统将自动捕捉用户指定的两点之间的中点。

启用【两点之间的中点】模式捕捉后，命令行中显示：

_m2p 中点的第一点：　　　　　‖指定第一个点。

中点的第二点： ‖ 指定第二个点。

(3)【点过滤器】模式

在【点过滤器】模式下，系统可以自动提取用户指定的两点中一个点的 X 坐标和另一点的 Y 坐标来确定一个新点。

启用【点过滤器】模式后，命令行中显示：

. X 于： ‖ 指定与新点 X 坐标值相同的一个点。

(需要 YZ)： ‖ 指定与新点 YZ 坐标值相同的一个点。

【例 4-2】 绘制如图 4-22 所示图形（不绘制中心线）。

要求：图中 C 点坐标为（100，100），大圆圆心位于平行四边形中心，大圆左侧小圆圆心横坐标与 A 点相同，大圆右侧小圆圆心横坐标与 B 点相同。

(1) 极轴追踪设置

增量角设置为 60，并选择【用所有极轴角设置追踪】和【绝对】单选按钮。

(2) 绘制图形

1）启动【直线】命令。

指定第一个点： ‖ 输入起点坐标(100,100)，确认。

指定下一点或［放弃(U)］： ‖ 打开【极轴】；向左拖动鼠标，显示预期路径时输入 80，确认。

指定下一点或［放弃(U)］： ‖ 向左上拖动鼠标，显示预期路径时(见图 4-23)输入 60，确认。

指定下一点或［闭合(C)/放弃(U)］： ‖ 向右拖动鼠标，显示预期路径时输入 80，确认。

指定下一点或［闭合(C)/放弃(U)］： ‖ 输入 C，确认。

2）在【对象捕捉】设置中选择【端点】和【圆心】，打开【对象捕捉】。

3）启动【圆】命令。

指定圆的圆心或［三点(3P)/两点(2P)/切点、切点、半径(T)］：

‖ 按住 Shift 键的同时单击鼠标右键，弹出快捷菜单(见图 4-24)，选择【两点之间的中点】选项。

指定圆的圆心或［三点(3P)/两点(2P)/切点、切点、半径(T)］： _m2p 中点的第一点：

‖ 捕捉端点 A。

指定圆的圆心或［三点(3P)/两点(2P)/切点、切点、半径(T)］： _m2p 中点的第一点：<打开对象捕捉> 中点的第二点： ‖ 捕捉端点 B。

指定圆的半径或［直径(D)］： ‖ 输入 15，确认。

4）重复【圆】命令。

指定圆的圆心或［三点 (3P)/两点 (2P)/切点、切点、半径 (T)］：

‖ 按住 Shift 键的同时单击鼠标右键，弹出快捷菜单(见图 4-24)，选择【点过滤器】下的【. X】。

指定圆的圆心或［三点(3P)/两点(2P)/切点、切点、半径(T)］：. X 于

‖ 捕捉端点 A。

指定圆的圆心或［三点(3P)/两点(2P)/切点、切点、半径(T)］：. X 于 (需要 YZ)：

‖ 捕捉大圆圆心。

指定圆的半径或［直径(D)］ <15.0000>：

‖ 输入 5，确认。

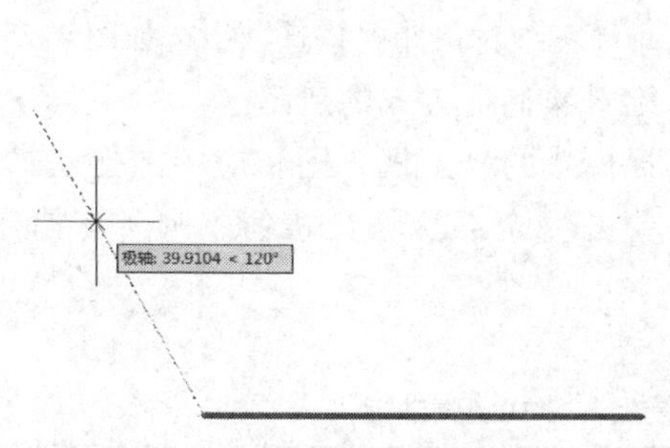

图 4-23　绘制图形 1

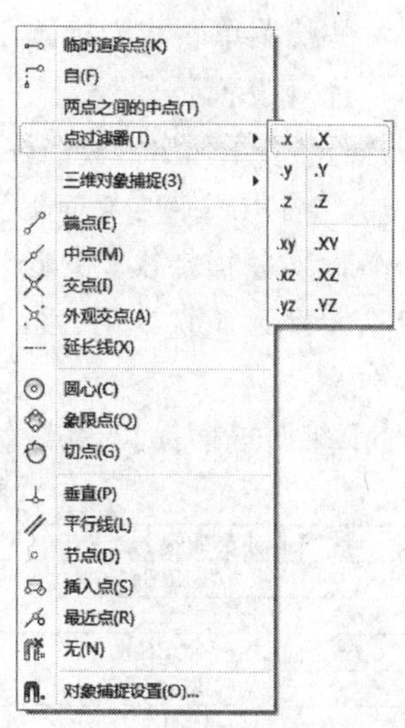

图 4-24　绘制图形 2

5）重复【圆】命令。

指定圆的圆心或［三点(3P)/两点(2P)/切点、切点、半径(T)］：　‖按住 Shift 键的同时单击鼠标右键，弹出快捷菜单（见图 4-24），选择【点过滤器】下的【. Y】。

指定圆的圆心或［三点(3P)/两点(2P)/切点、切点、半径(T)］：. Y 于　‖捕捉大圆圆心。

指定圆的圆心或［三点(3P)/两点(2P)/切点、切点、半径(T)］：. X 于（需要 XZ）：　‖捕捉端点 B。

指定圆的半径或［直径(D)］<15.0000>：　‖输入 5，确认。

4.3.7　三维对象捕捉

三维中的对象捕捉与在二维中工作的方式类似，不同之处在于在三维中可以选择投影对象捕捉。

注：在默认情况下，对象捕捉位置的 Z 值由对象在三维中的位置确定。但是，如果要处理三维模型的平面视图或俯视图上的对象捕捉，恒定的 Z 值则更有用。如果打开 OSNAPZ 系统变量，则所有对象捕捉都将投影到当前 UCS 的 XY 平面上，或者如果将 ELEV 设置为非零值，则所有对象捕捉都将投影到指定标高处与 XY 平面平行的平面上。

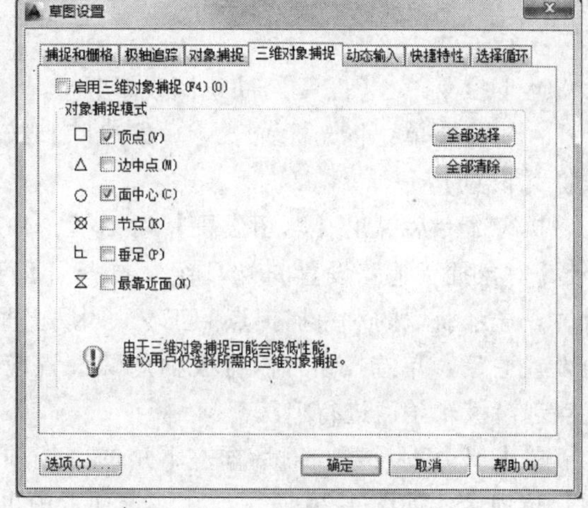

图 4-25　【三维对象捕捉】选项卡

1.【三维对象捕捉】的启闭

执行方式

- 状态栏：【三维对象捕捉】按钮
- 功能键：F4

2.【三维对象捕捉】的设置

执行方式

- 下拉菜单：【工具】|【绘图设置】

• 快捷菜单：将光标置于【三维对象捕捉】按钮上，单击鼠标右键，在弹出的快捷菜单中选择【设置】命令

执行命令后弹出【草图设置】对话框，并选择【三维对象捕捉】选项卡，如图 4-25 所示。

1）【启用三维对象捕捉】复选框：控制三维对象捕捉方式的启闭。

2）【对象捕捉模式】选项组：选择某种捕捉模式的复选框，则相应的捕捉模式被激活。单击【全部选择】按钮，所有模式均被选中；单击【全部清除】按钮，则所有捕捉模式均被清除。

【三维对象捕捉】模式及其功能见表 4-2。

表 4-2　【三维对象捕捉】模式及其功能

【三维对象捕捉】模式	功　能
顶点(ZVERT)	捕捉到三维对象的最近顶点
边中点(ZMID)	捕捉到面边的中点
面中心(ZCEN)	捕捉到面的中心
节点(ZKNO)	捕捉到样条曲线上的节点
垂足(ZPER)	捕捉到垂直于面的点
最靠近面(ZNEA)	捕捉到最靠近三维对象面的点
无(ZNON)	关闭【三维对象捕捉】模式

4.3.8　对象捕捉追踪

在使用 AutoCAD 绘图的过程中，自动追踪功能是一个相当高效的辅助绘图工具，它既可按指定角度绘制对象，还可以绘制与其他对象有特定关系的对象。

前面介绍的极轴追踪是按事先给定的增量角和附加角来追踪特征点，对象捕捉追踪与极轴追踪是不同的，对象捕捉追踪按与已有对象的某种特定关系来追踪。极轴追踪和对象捕捉追踪可以同时使用。

注：对象捕捉追踪必须与对象捕捉同时开启才能工作。

1.【对象捕捉追踪】的启闭

执行方式

• 状态栏：【对象追踪】按钮

• 功能键：F11

2.【对象捕捉追踪】的设置

执行方式

• 下拉菜单：【工具】|【绘图设置】

• 快捷菜单：将光标置于【对象追踪】按钮上，单击鼠标右键，在弹出的快捷菜单中选择【设置】命令

执行命令后弹出【草图设置】对话框，并选择【极轴追踪】选项卡，如图 4-16 所示。

【对象捕捉追踪设置】选项组：选择【仅正交追踪】单选按钮可在启用对象捕捉追踪时，只显示获取的对象捕捉点的正交（水平/垂直）对象捕捉追踪路径；选择【用所有极轴角设置追踪】单选按钮可以将极轴追踪设置应用到对象捕捉追踪，光标将从获取的对象捕捉点起沿极轴角度进行追踪。

单击【草图设置】对话框左下角的【选项】按钮，将弹出【选项】对话框，选择【绘图】选项卡，如图 4-26 所示。在该选项卡中可以进行相关设置。

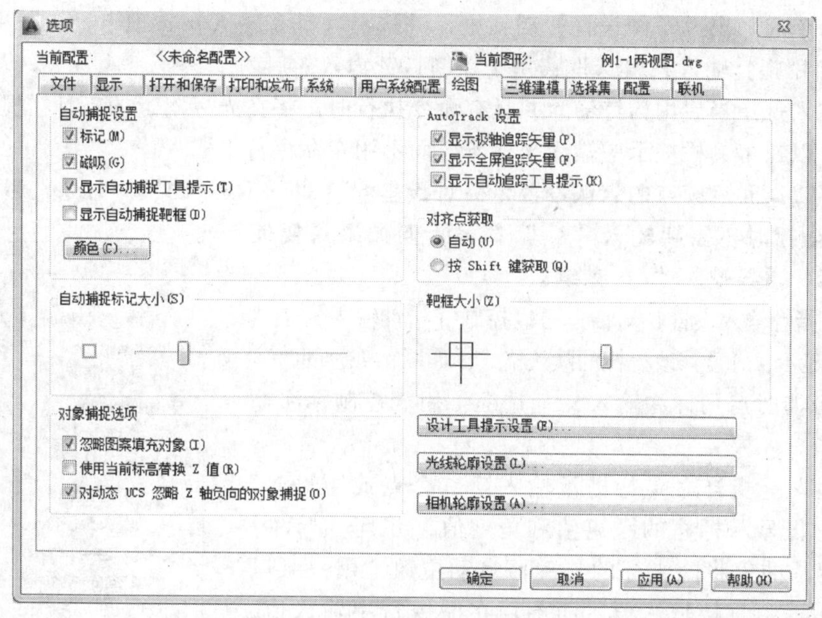

图 4-26 【选项】对话框的【绘图】选项卡

4.3.9 动态 UCS

在创建对象时使用动态 UCS 功能，可以使 UCS 的 XY 平面自动与实体模型上的平面临时对齐。因此在使用绘图命令创建对象时，无须使用 UCS 命令就可以通过在面的一条边上移动鼠标指针对齐 UCS，而结束命令后，UCS 将恢复到其上一个位置和方向。

注：仅当命令处于活动状态时动态 UCS 才可用。要在光标上显示 XYZ 标签，在【动态 UCS】按钮上单击鼠标右键并在弹出的快捷菜单中选择【显示十字光标标签】命令。

4.3.10 动态输入

【动态输入】在光标附近为用户提供了一个命令界面，信息会随着光标移动而动态更新，有利于帮助用户专注于绘图区域。

注：透视图不支持【动态输入】模式。

1. 【动态输入】的启闭

执行方式

• 状态栏：【动态输入】按钮

• 功能键：F12

2. 【动态输入】的设置

执行方式

• 下拉菜单：【工具】|【绘图设置】

• 快捷菜单：将光标置于【动态输入】按钮上，单击鼠标右键，在弹出的快捷菜单中选择【设置】命令

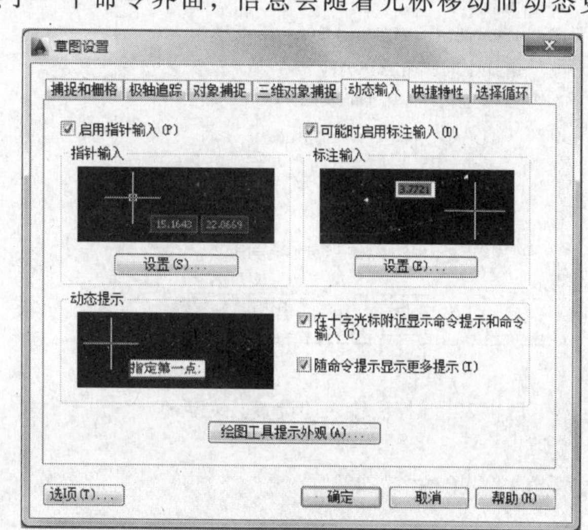

图 4-27 【动态输入】选项卡

执行命令后弹出【草图设置】对话框，并选择【动态输入】选项卡，如图 4-27 所示。

1）【启用指针输入】复选框：用于控制指针输入的启闭。

指针输入是指当启用指针输入并且有命令执行时，将在光标附近的工具栏提示中显示坐标，用户可以在工具栏提示中输入坐标值，而不用在命令行中输入。

注：第二点和后续点的默认设置为相对极坐标（对于 RECTANG 命令，为相对直角坐标），输入坐标时不需要输入“@”符号，但如果需要使用绝对坐标，需要输入“#”前缀。

使用【指针输入设置】对话框可以控制【指针输入】工具栏提示何时显示，并能修改坐标的默认格式，如图 4-28 所示。

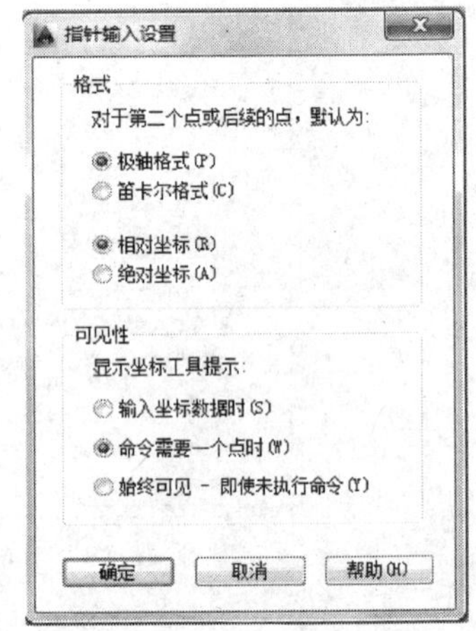

图 4-28 【指针输入设置】对话框

2）【可能时启用标注输入】复选框：用于控制标注输入的启闭。

标注输入是指当命令行提示输入第二个点或距离时，工具栏提示将显示标注的距离值和角度值，并且【标注】工具栏中提示的值将随光标的移动而自动更改。用户可以在工具栏提示中直接输入值，而不用在命令行中输入值，按 Tab 键可以切换到工具栏提示中要更改的值处。

使用【标注输入的设置】对话框可以选择用户希望显示的信息，如图 4-29 所示。

3）【在十字光标附近显示命令提示和命令输入】复选框：控制是否显示【动态输入】工具栏提示中的提示。

4）【绘图工具提示外观】按钮：单击该按钮将弹出【工具提示外观】对话框，如图 4-30所示。通过该对话框可对工具栏提示的外观进行设计。

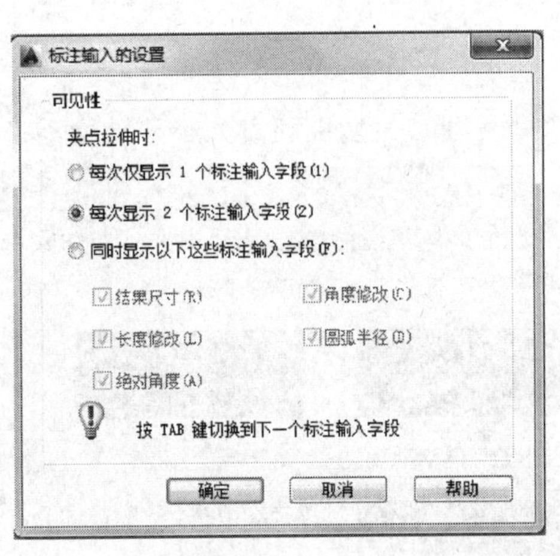

图 4-29 【标注输入的设置】对话框

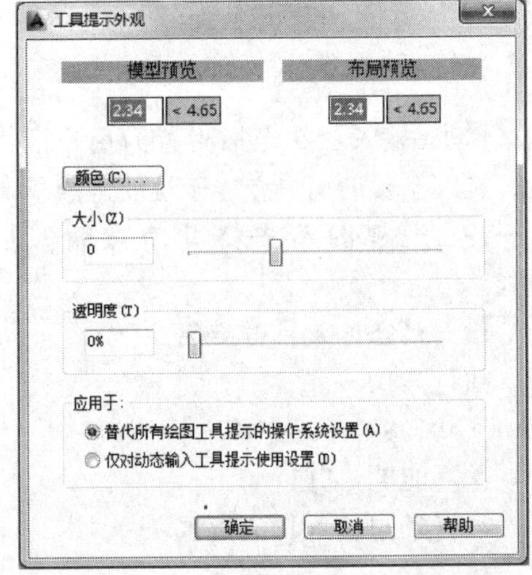

图 4-30 【工具提示外观】对话框

4.3.11 线宽

在绘图过程中，如若设置了带有一定宽度的线，显示器能否显示该线的线宽特性是通过状态栏上的【线宽】按钮来控制的。

AutoCAD 线宽的默认值为 0.25mm，用户也可以通过【线宽设置】对话框来设置线宽的默认值。将光标置于【线宽】按钮上，单击鼠标右键，在弹出的快捷菜单中选择【设置】命令，将弹出【线宽设置】对话框，如图 4-31 所示。

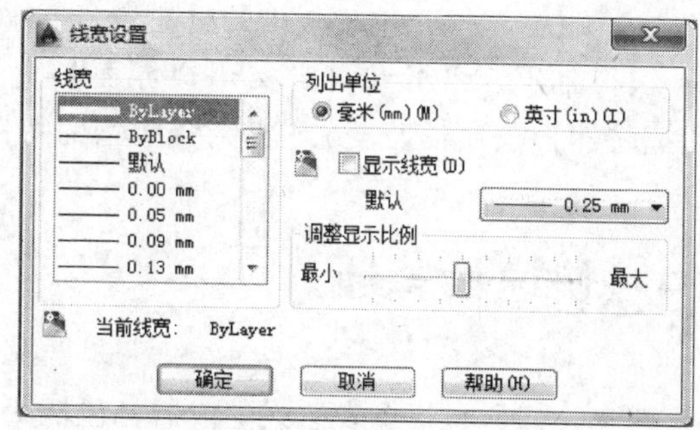

图 4-31 【线宽设置】对话框

4.3.12 透明度

在绘图过程中，如若设定了透明度值，透明度不会自动显示。要显示或隐藏对象的透明度，可单击状态栏上的【显示/隐藏透明度】按钮来控制。

4.3.13 快捷特性

选中一个或一组对象，启动【快捷特性】可以显示所选对象的特性，用户可以查看或更改其特性设置。

1. 【快捷特性】的启闭

执行方式

- 状态栏：【快捷特性】按钮
- 功能键：Ctrl + Shift + P

2. 【快捷特性】的设置

(1) 【快捷特性】选项板的显示设置

执行方式

- 下拉菜单：【工具】|【绘图设置】
- 快捷菜单：将光标置于【快捷特性】按钮上，单击鼠标右键，在弹出的快捷菜单中选择【设置】命令

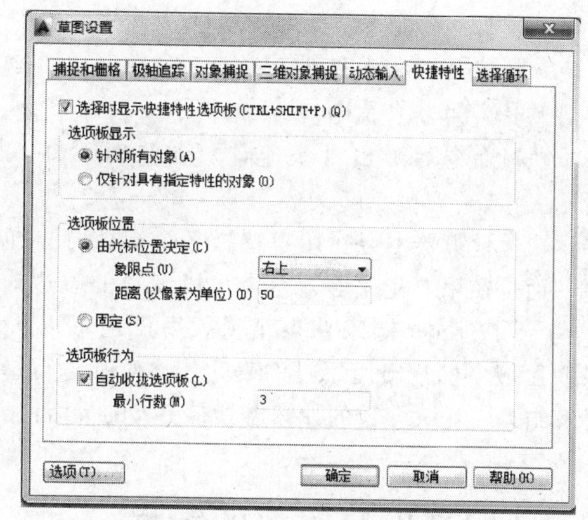

图 4-32 【快捷特性】选项卡

执行命令后弹出【草图设置】对话框，并选择【快捷特性】选项卡，如图 4-32 所示，可以对【快捷特性】选项板的显示方式进行设置。

【快捷特性】按钮 打开，将在所选对象旁显示【快捷特性】选项板，如图 4-33 所示。

(2)【快捷特性】选项板的内容设置

执行方式

- 下拉菜单：【视图】|【工具栏】

图 4-33 【快捷特性】选项板

【工具】|【自定义】|【界面】

- 【快捷特性】选项板中的【自定义】按钮

执行命令后弹出【自定义用户界面】对话框，如图 4-3 所示。利用该对话框可以对【快捷特性】选项板上显示哪些对象类型的特性以及显示哪些特性来进行设置。

4.4 快速计算器

快速计算器是一个表达式生成器，包括了与大多数标准数学计算器类似的基本功能，还具有适用于 AutoCAD 的功能，例如几何函数、单位转换区域和变量区域等。

执行方式

- 下拉菜单：【工具】|【选项板】|【快速计算器】
- 命令行：QUICKCALC
- 功能键：Ctrl + 8
- 工具栏：
- 快捷菜单：单击鼠标右键，在弹出的快捷菜单中选择【快速计算器】命令

执行命令后弹出【快速计算器】对话框，如图 4-34 所示。

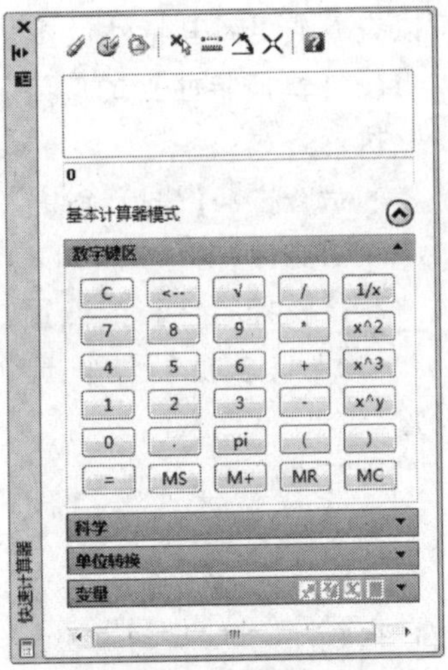

快速计算器不会在用户选择某个函数时立即计算出结果，而是在用户完成输入一个可以编辑的表达式后，单击【=】或按 Enter 键来获得结果。用户还可以从【历史记录】区域中检索出使用过的表达式，对其进行修改并重新计算结果，比大多数的计算器具有更大的灵活性。

图 4-34 【快速计算器】对话框

4.5 控制现有对象的特性

对象特性包含一般特性和几何特性。对象的一般特性包括对象的颜色、线型、图层及线宽等，几何特性包括对象的尺寸和位置。用户可以直接在【特性】窗口中设置和修改现有对象的上述特性。

执行方式

- 下拉菜单：【修改】|【特性】
  【工具】|【特性】
- 工具栏：

执行命令后弹出【特性】窗口，如图 4-35 所示。

在 AutoCAD 中，【特性】窗口默认情况下处于浮动状态。将光标放置在【特性】窗口的标题栏上右击，将弹出一个快捷菜单，用户可通过该快捷菜单确定是否隐藏窗口、是否在窗口

内显示特性的说明部分，以及是否将窗口锁定在主窗口中。例如，用户在对象【特性】窗口快捷菜单中选择【自动隐藏】命令，那么在用户不使用对象【特性】窗口时，它会自动隐藏起来，只显示一个标题栏。

【特性】窗口中显示了当前选择集中对象的所有特性和特性值，当选中多个对象时，将显示它们的共有特性。用户可以通过该窗口浏览、修改对象的特性，也可以通过浏览、修改满足应用程序接口标准的第三方应用程序对象。

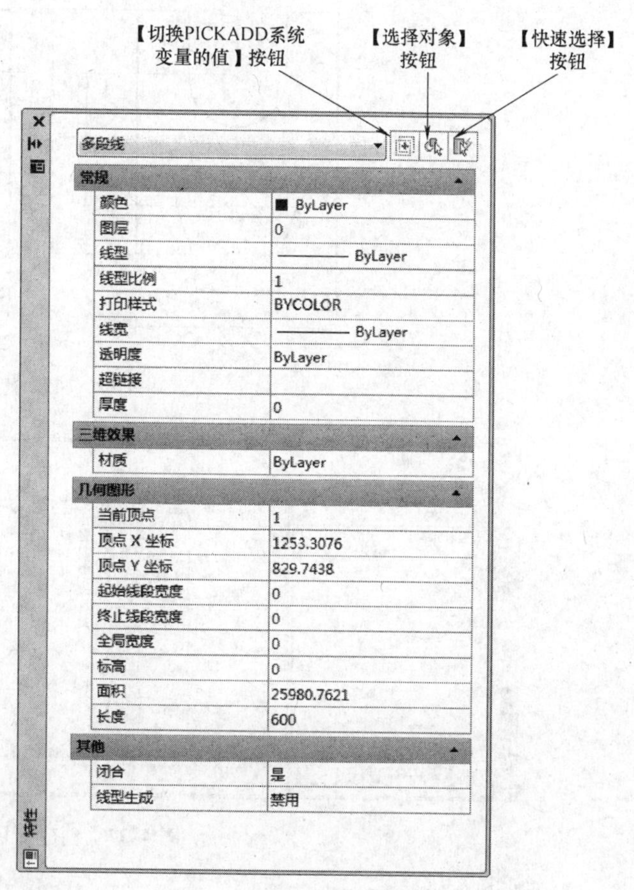

图 4-35　【特性】窗口

注：【特性】窗口不影响用户在 AutoCAD 环境中的工作，即打开【特性】窗口后用户仍可以执行 AutoCAD 命令，进行各种操作。打开【特性】窗口，在没有选中对象时，窗口显示整个图纸的特性及当前的设置；当选择了一个对象后，窗口内将显示该对象的全部特性及其当前设置；选择同一类型的多个对象，则窗口内显示这些对象的共有特性和当前设置；选择不同类型的多个对象，则窗口内只显示这些对象的基本特性及其当前设置，如颜色、图层、线型、线型比例、打印样式、线宽、超级链接及厚度等。

1）【切换 PICKADD 系统变量的值】按钮：修改 PICKADD 系统变量的值来决定是否能选择多个对象进行编辑。

2）【选择对象】按钮：单击该按钮将切换到绘图区域，可以选择其他对象。

3）【快速选择】按钮：单击该按钮将弹出【快速选择】对话框，可以快速创建供编辑用的选择集。

4.6　实例

设定图层，中心线层为细点画线，蓝绿色；可见轮廓线层为粗实线、红色；不可见轮廓线层为虚线、蓝色。绘制如图 4-36 所示两视图，要求将不同的线型绘制在设定的图层中。

（1）创建图层

创建图层，如图 4-37 所示。

（2）绘制主视图中心线

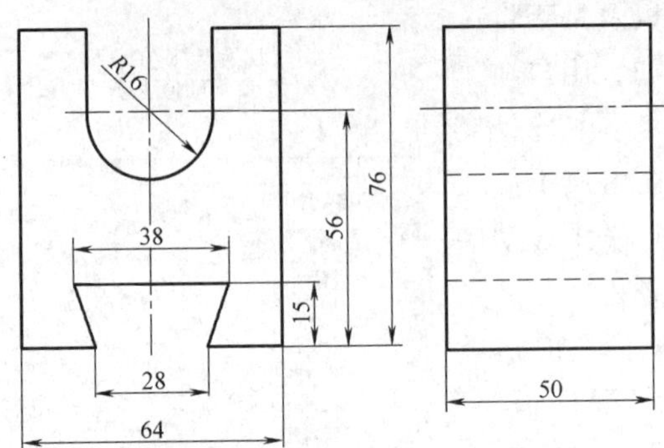

图 4-36　两视图

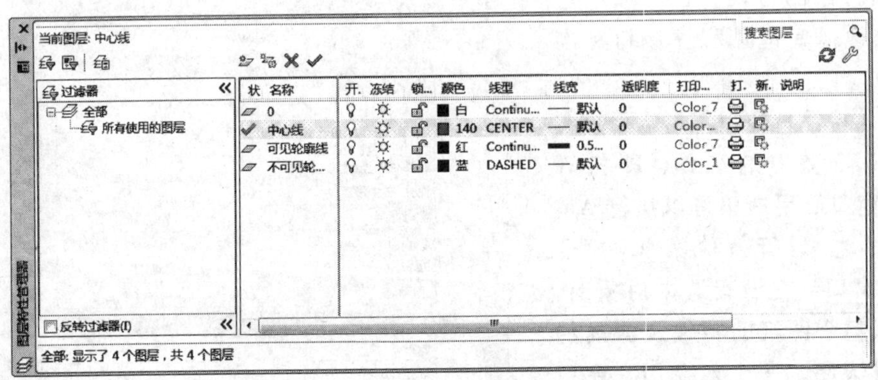

图 4-37　创建图层

1）将中心线层置为当前层。

2）打开【正交】。

3）启动【直线】命令。

命令提示	操作
指定第一个点：	‖输入起点坐标(200,200)，确认。
指定下一点或［放弃(U)］：	‖向下拖动鼠标，显示预期路径时输入 80，确认并结束命令。

4）在【对象捕捉】设置中选择【端点】，打开【对象捕捉】。

5）启动【直线】命令。

命令提示	操作
指定第一个点：	‖按住 Shift 键的同时单击鼠标右键，在弹出的快捷菜单中选择【自】。
指定第一个点：_from 基点：	‖抓取刚绘制的垂直中心线上顶点。
指定第一个点：_from 基点：<偏移>：	‖输入@ －20，－22，确认。
指定下一点或［放弃(U)］：	‖向右拖动鼠标，显示预期路径时（见图 4-38）输入 40，确认并结束命令。

（3）绘制主视图轮廓线

1）将可见轮廓线层置为当前层。

2）在【对象捕捉】设置中选择【交点】，同时打开【对象捕捉】和【对象追踪】。

3）启动【直线】命令。

指定第一个点：　‖ 追踪主视图两中心线的交点，向右拖动鼠标，显示预期路径时输入 16，确认。

注：追踪时的操作要点，将光标移至主视图两中心线的交点处悬停，此时切记不能单击；该点显示十字标记，向右拖动鼠标，屏幕将显示追踪路径（绘图区域中显示的虚线），如图 4-39 所示。

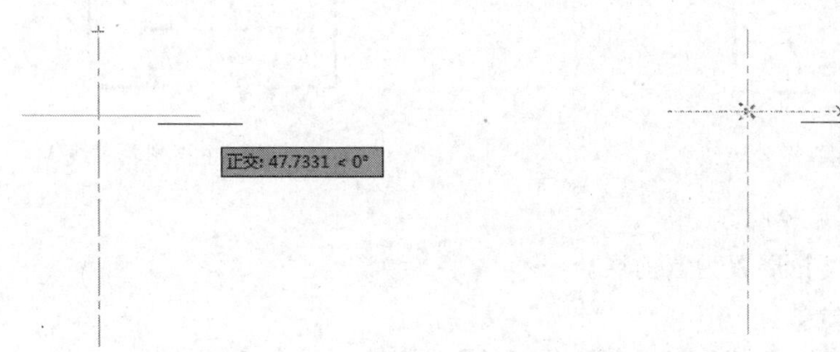

图 4-38　绘制主视图中心线　　　图 4-39　绘制主视图轮廓线 1

指定下一点或［放弃(U)］：　‖ 向上拖动鼠标，显示预期路径时输入 20，确认。
指定下一点或［放弃(U)］：　‖ 向右拖动鼠标，显示预期路径时输入 16，确认。
指定下一点或［放弃(U)］：　‖ 向下拖动鼠标，显示预期路径时输入 76，确认。
指定下一点或［闭合(C)/放弃(U)］：　‖ 向左拖动鼠标，显示预期路径时输入 18，确认。
指定下一点或［闭合(C)/放弃(U)］：　‖ 输入@5，15，确认。
指定下一点或［闭合(C)/放弃(U)］：　‖ 向左拖动鼠标，显示预期路径时输入 38，确认。
指定下一点或［闭合(C)/放弃(U)］：　‖ 输入@5，-15，确认，如图 4-40 所示。
指定下一点或［闭合(C)/放弃(U)］：　‖ 向左拖动鼠标，显示预期路径时输入 18，确认。
指定下一点或［闭合(C)/放弃(U)］：　‖ 向上拖动鼠标，显示预期路径时输入 76，确认。
指定下一点或［闭合(C)/放弃(U)］：　‖ 向右拖动鼠标，显示预期路径时输入 16，确认。
指定下一点或［闭合(C)/放弃(U)］：　‖ 向下拖动鼠标，显示预期路径时输入 20，确认并结束命令。

4）启动【圆弧】|【起点、圆心、端点】命令。

指定圆弧的起点或［圆心(C)］：　‖ 抓取轮廓线左侧端点 1，如图 4-41 所示。
指定圆弧的第二个点或［圆心(C)/端点(E)］：_c 指定圆弧的圆心：
　‖ 抓取主视图两中心线的交点 2。
指定圆弧的端点或［角度(A)/弦长(L)］：‖ 抓取轮廓线右侧端点 3。

（4）绘制左视图中心线

1）将中心线层置为当前层。

2）启动【直线】命令。

指定第一个点：　‖ 追踪主视图水平中心线的右端点，向右拖动鼠标，屏幕显示预期追踪路径时输入 50（预留尺寸标注空间），确认。
指定下一点或［放弃(U)］：　‖ 向右拖动鼠标，显示预期路径时输入 60，确认并结束命令。

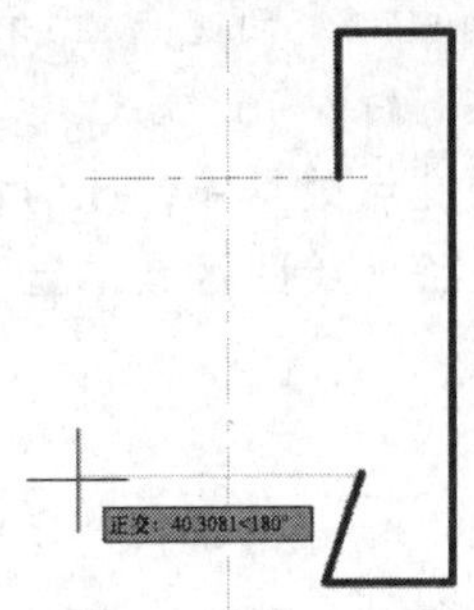

图 4-40　绘制主视图轮廓线 2

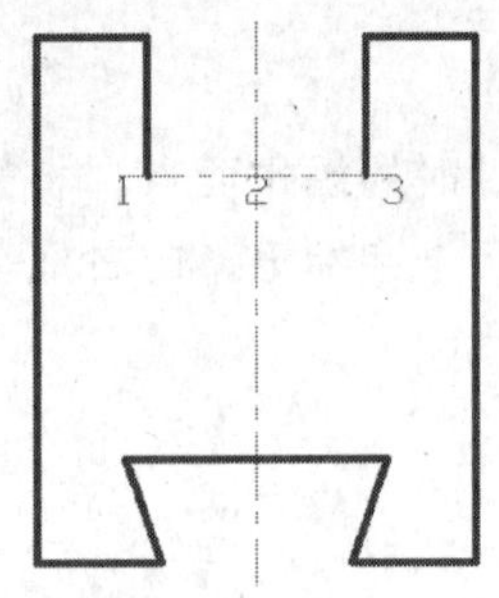

图 4-41　绘制主视图轮廓线 3

(5) 绘制左视图可见轮廓线

1) 将【可见轮廓线】层置为当前层。

2) 启动【矩形】命令。

指定第一个角点或[倒角(C)/标高(E)/圆角(F)/厚度(T)/宽度(W)]:

‖按住 Shift 键的同时单击鼠标右键,在弹出的快捷菜单中选择【自】。

指定第一个角点或[倒角(C)/标高(E)/圆角(F)/厚度(T)/宽度(W)]: _from 基点:

‖抓取左视图中心线左端点;

指定第一个角点或[倒角(C)/标高(E)/圆角(F)/厚度(T)/宽度(W)]: _from 基点: <偏移>:

‖ 输入@5,20,确认。

指定另一个角点或[面积(A)/尺寸(D)/旋转(R)]:

‖ 输入@50,-76,确认。

(6) 绘制左视图不可见轮廓线

1) 将【不可见轮廓线】层置为当前层。

2) 启动【直线】命令。

指定第一个点:　　‖根据投影关系追踪主视图对应点,向右拖动鼠标,显示如图4-42所示交点时,单击左键。

指定下一点或[放弃(U)]:　‖追踪左视图中心线与右侧轮廓线交点,向右拖动鼠标,显示如图 4-43 所示交点时,单击左键;结束命令。

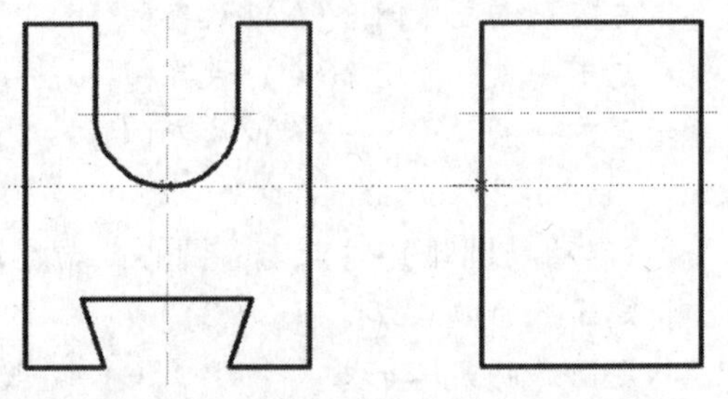

图 4-42　绘制左视图不可见轮廓线 1

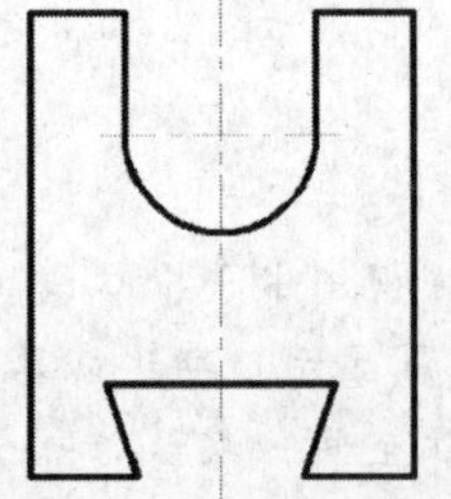

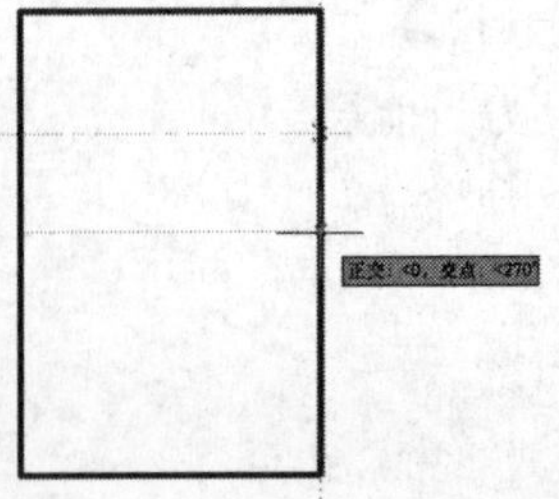

图 4-43　绘制左视图不可见轮廓线 2

3）同理，绘制另一条不可见轮廓线。

4.7　本章小结

本章主要介绍如何利用辅助绘图工具提高绘图效率。重点和难点是在绘图过程中，灵活利用图层，熟练使用状态栏各种模式，尤其要注意追踪时的悬停操作要点。

习　题

要求：分别设定 3 个图层，中心线层为细点画线，蓝绿色；可见轮廓线层为粗实线、红色；不可见轮廓线层为虚线、洋红色。将不同的线型绘制在设定的图层中。

1. 按要求绘制如图 4-44 所示的两视图。

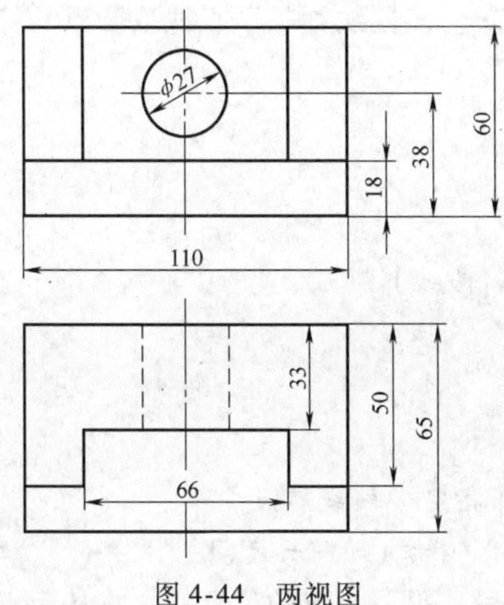

图 4-44　两视图

2. 按要求绘制如图 4-45 所示的三视图。

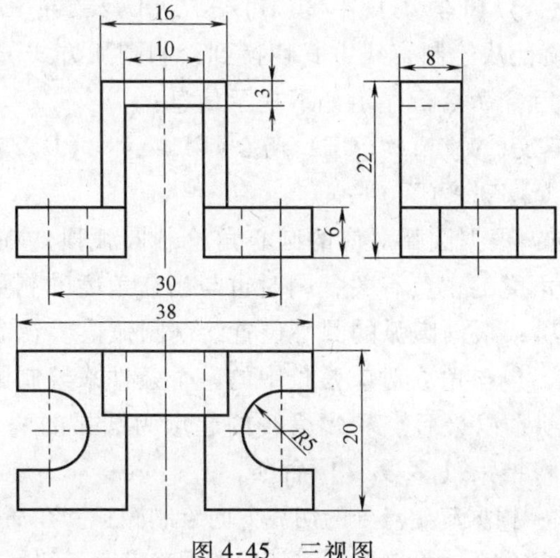

图 4-45　三视图

第 5 章　复杂图形绘制

使用【绘图】菜单中的命令，不仅可以绘制点、直线、圆及圆弧等简单图形，还可以绘制多段线、多线、样条曲线等复杂图形。

5.1　多段线

多段线由直线段和圆弧组合而成，甚至线宽也是可变化的。多段线是线段组合体，既可以一起编辑，也可以分开来编辑。多段线弥补了直线或圆弧功能的不足，适合于各种复杂图形的绘制。

5.1.1　绘制多段线

执行方式

- 下拉菜单：【绘图】|【多段线】
- 命令行：PLINE
- 工具栏：

执行命令后命令行显示：

指定起点：　　　　　　‖指定多段线起点。

指定下一个点或［圆弧(A)/半宽(H)/长度(L)/放弃(U)/宽度(W)］：

默认情况下，当指定了多段线另一端点的位置后，将从起点到端点绘出一段多段线。此时命令行显示：

指定下一点或［圆弧(A)/闭合(C)/半宽(H)/长度(L)/放弃(U)/宽度(W)］：

1)【圆弧（A)】选项：从绘制直线方式切换到绘制圆弧方式。

选择了圆弧绘制方式后，命令行显示如下提示信息：

指定圆弧的端点或［角度(A)/圆心(CE)/闭合(CL)/方向(D)/半宽(H)/直线(L)/半径(R)/第二个点(S)/放弃(U)/宽度(W)］：

①【角度（A)】选项：根据圆弧对应的圆心角绘制圆弧段。在命令行提示下输入圆弧的包含角，圆弧的方向与角度的正负有关，同时也与当前角度的测量方向有关。

②【圆心（CE)】选项：根据圆弧的圆心位置绘制圆弧段。在命令行提示下指定圆弧的圆心，再指定圆弧的端点、包含角或对应弦长中的一个条件来绘制圆弧。

③【闭合（CL)】选项：以最后点和多段线的起点为圆弧的两个端点，绘制一个圆弧，以封闭多段线。闭合后，将结束【多段线】命令。

④【方向（D)】选项：根据起始点处的切线方向绘制圆弧。在命令行提示下确定一点，系统将把圆弧的起点与该点的连线作为圆弧的起点切向，再确定圆弧的另一个端点即可绘制圆弧。

⑤【半宽（H)】选项：设置圆弧的起点的半宽度和端点的半宽度。

⑥【直线（L）】选项：将【多段线】命令由绘制圆弧方式切换到绘制直线方式。

⑦【半径（R）】选项：根据半径绘制圆弧。输入圆弧的半径，并通过指定端点和包含角中的一个条件来绘制圆弧。

⑧【第二个点（S）】选项：根据 3 点来绘制一个圆弧。

⑨【放弃（U）】选项：取消上一次绘制的圆弧。

⑩【宽度（W）】选项：设置圆弧的起点宽度和端点宽度。

2）【闭合（C）】选项：封闭多段线并结束命令。此时，系统将以当前点为起点，以多段线的起点为端点，以当前宽度和绘图方式（直线方式或圆弧方式）绘制一段线段，以封闭该多段线，然后结束命令。

3）【半宽（H）】选项：设置多段线的半宽度，即多段线的宽度等于输入值的 2 倍，可以分别指定对象的起点半宽和端点半宽。

4）【长度（L）】选项：指定绘制的直线段的长度。此时，AutoCAD 将以该长度沿着上一段直线的方向来绘制直线段。如果前一段线对象是圆弧，则该段直线的方向为上一圆弧端点的切线方向。

5）【放弃（U）】选项：删除多段线上的上一段直线段或者圆弧段，方便及时修改在绘制多段线过程中出现的错误。

6）【宽度（W）】选项：设置多段线的宽度，可以分别指定对象的起点和端点宽度。具有宽度的多段线填充与否可以通过 FILL 命令来设置。如果用户将模式设置成【开（ON）】，则绘制的多段线是填充的；如果将模式设置成【关（OFF）】，则绘制的多段线是不填充的。

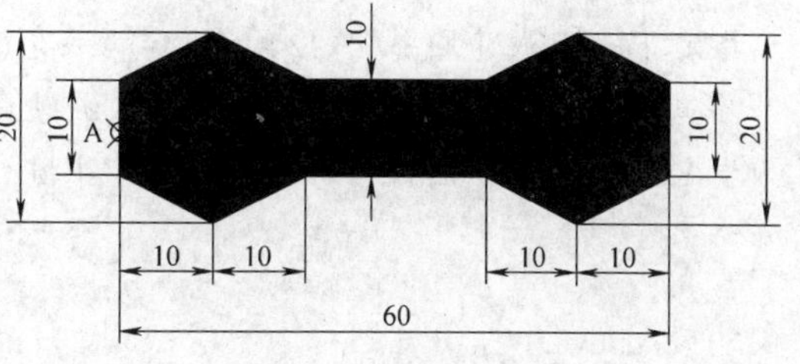

图 5-1　绘制图形

【例 5-1】　绘制如图 5-1 所示图形。图中 A 点坐标是（100，100）。

1）打开【正交】。

2）启动【多段线】命令。

命令提示	操作
指定起点：	‖指定多段线起点 A,输入(100,100),确认。
当前线宽为 0.0000	
指定下一个点或［圆弧(A)/半宽(H)/长度(L)/放弃(U)/宽度(W)］：	‖输入 W,确认。
指定起点宽度 <0.0000>：	‖输入 10,确认。
指定端点宽度 <10.0000>：	‖输入 20,确认。
指定下一个点或［圆弧(A)/半宽(H)/长度(L)/放弃(U)/宽度(W)］：	‖向右拖动鼠标,显示如图 5-2 所示正确路径时输入 10,确认。
指定下一点或［圆弧(A)/闭合(C)/半宽(H)/长度(L)/放弃(U)/宽度(W)］：	‖输入 W,确认。
指定起点宽度 <20.0000>：	‖直接确认。

指定端点宽度 <20.0000>: ‖输入 10,确认。
指定下一点或[圆弧(A)/闭合(C)/半宽(H)/长度(L)/放弃(U)/宽度(W)]:
‖继续向右拖动鼠标,显示正确路径时输入 10,确认。
指定下一点或[圆弧(A)/闭合(C)/半宽(H)/长度(L)/放弃(U)/宽度(W)]:
‖继续向右拖动鼠标,显示如图 5-3 所示正确路径时输入 20,确认。
指定下一点或[圆弧(A)/闭合(C)/半宽(H)/长度(L)/放弃(U)/宽度(W)]:
‖输入 W,确认。
指定起点宽度 <10.0000>: ‖直接确认。
指定端点宽度 <10.0000>: ‖输入 20,确认。
指定下一点或[圆弧(A)/闭合(C)/半宽(H)/长度(L)/放弃(U)/宽度(W)]:
‖继续向右拖动鼠标,显示正确路径时输入 10,确认。
指定下一点或[圆弧(A)/闭合(C)/半宽(H)/长度(L)/放弃(U)/宽度(W)]:
‖输入 W,确认。
指定起点宽度 <20.0000>: ‖直接确认。
指定端点宽度 <20.0000>: ‖输入 10,确认。
指定下一点或[圆弧(A)/闭合(C)/半宽(H)/长度(L)/放弃(U)/宽度(W)]:
‖继续向右拖动鼠标,显示正确路径时输入 10,确认。
指定下一点或[圆弧(A)/闭合(C)/半宽(H)/长度(L)/放弃(U)/宽度(W)]:
‖结束命令。

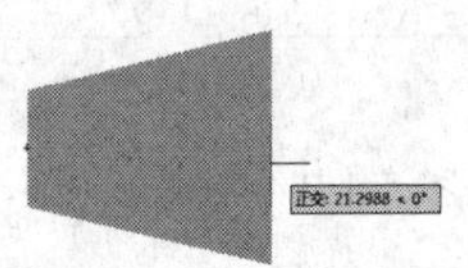

图 5-2 绘制图形 1

图 5-3 绘制图形 2

5.1.2 编辑多段线

在 AutoCAD 中,用户可以一次编辑一条多段线,也可以同时编辑多条多段线。

执行方式

- 下拉菜单:【修改】|【对象】|【多段线】
- 命令行:PEDIT
- 工具栏:
- 快捷菜单:选择要编辑的某一条多段线,单击右键,在弹出的快捷菜单中选择【多段线】|【编辑多段线】命令

执行命令后命令行显示:

选择多段线或[多条(M)]: ‖选择某条多段线;或者输入 M 后选择多条多段线。

注:执行 PEDIT 命令后,如果选择的对象不是多段线,系统将提示是否将其转换为多段线。

(1) 选择一条多段线

选择一条多段线时，命令行显示：

输入选项［闭合(C)/合并(J)/宽度(W)/编辑顶点(E)/拟合(F)/样条曲线(S)/非曲线化(D)/线型生成(L)/反转(R)/放弃(U)］：

1）【闭合（C）】选项：封闭所编辑的多段线，即自动以最后一段的绘图模式（直线或者圆弧）连接原多段线的起点和端点。

2）【合并（J）】选项：将直线段、圆弧或者多段线连接到指定的非闭合多段线上。如果编辑的是多个多段线，系统将提示用户输入合并多段线的允许距离；如果编辑的是单个多段线，系统将连续选取首尾连接的直线、圆弧或多段线等对象，并将它们连成一条多段线。执行该选项时，要连接的各相邻对象必须在形式上彼此首尾相连。

3）【宽度（W）】选项：重新设置所编辑的多段线的宽度。当输入新的线宽值后，所选的多段线均变成该宽度。

4）【拟合（F）】选项：采用双圆弧曲线拟合多段线的拐角，如图 5-4 所示。

5）【样条曲线（S）】选项：用样条曲线拟合多段线，且拟合时以多段线的各顶点作为样条曲线的控制点，如图 5-5 所示。

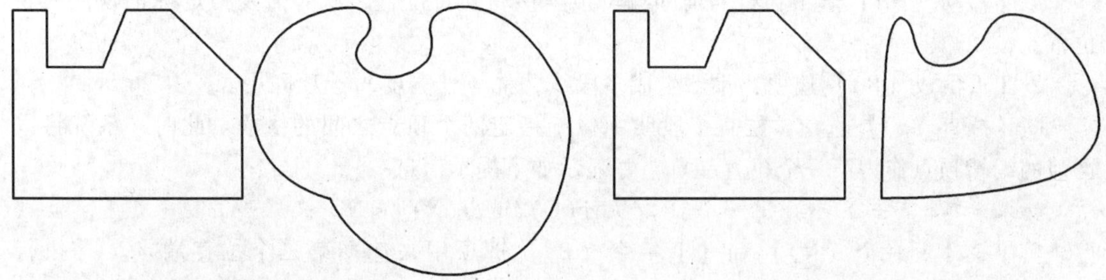

图 5-4　拟合多段线前后对比　　　图 5-5　用样条曲线拟合多段线前后对比

6）【非曲线化（D）】选项：删除在执行【拟合】或者【样条曲线】选项操作时插入的额外顶点，并拉直多段线中的所有线段，同时保留多段线顶点的所有切线信息。

7）【线型生成（L）】选项：设置非连续线型多段线在各顶点处的绘线方式。选择该选项，命令行显示如下信息：

输入多段线线型生成选项［开(ON)/关(OFF)］<关>：

当选择 ON 时，多段线以全长绘制线型。当选择 OFF 时，多段线的各个线段独立绘制线型，当长度不足以表达线型时，以连续线代替，如图 5-6 所示。

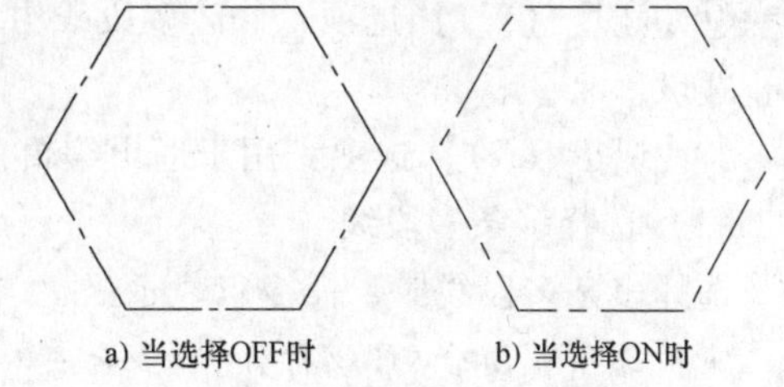

a) 当选择OFF时　　b) 当选择ON时

图 5-6　线型生成开与关的对比

8）【反转（R）】选项：可反转多段线顶点的顺序，还可以反转使用包含文字线型的对象的方向。例如，根据多段线的创建方向，线型中的文字可能会倒置显示。

9）【放弃（U）】选项：用于取消编辑命令的上一次操作。

10）【编辑顶点（E）】选项：编辑多段线的顶点。该选项只能对单个的多段线操作。

在编辑多段线的顶点时，系统将在屏幕上使用小叉标记出多段线的当前编辑点，命令行显示：

输入顶点编辑选项[下一个(N)/上一个(P)/打断(B)/插入(I)/移动(M)/重生成(R)/拉直(S)/切向(T)/宽度(W)/退出(X)]<N>：

①【下一个（N)】选项：将顶点标记移到多段线的下一个顶点，即改变当前的编辑顶点。

②【上一个（P)】选项：将顶点标记移到多段线的前一个顶点。

③【打断（B)】选项：删除多段线上指定两顶点之间的线段。此时，系统将以当前编辑的顶点作为第一个断点，并显示如下提示信息：

输入选项[下一个(N)/上一个(P)/执行(G)/退出(X)]<N>：

其中，【下一个（N)】和【上一个（P)】选项分别使编辑顶点后移或前移，以确定第二个断点。【执行（G)】选项接受第二个断点，将位于第一断点到第二断点之间的多段线删除。【退出（X)】选项则用于退出打断操作，返回到上一级提示。

④【插入（I)】选项：在当前编辑的顶点后面插入一个新的顶点，此时只需要确定新顶点的位置即可。

⑤【移动（M)】选项：将当前的编辑顶点移动到新位置，此时需要指定标记顶点的新位置。

⑥【重生成（R)】选项：重新生成多段线，常与【宽度】选项联用。

⑦【拉直（S)】选项：拉直多段线中位于指定两个顶点之间的线段。此时，系统将以当前的编辑顶点作为第一个拉直端点，并显示如下提示信息：

输入选项[下一个(N)/上一个(P)/执行(G)/退出(X)]<N>：

其中，【下一个（N)】和【上一个（P)】选项用来选择第二个拉直端点。【执行（G)】选项用于执行对位于两顶点之间的线段的拉直，即这两个顶点之间用一条直线代替。【退出（X)】选项表示退出拉直操作，返回到上一级提示。

⑧【切向（T)】选项：改变当前所编辑顶点的切线方向。此时，可以直接输入表示切线方向的角度值，也可以确定一点，之后系统将以多段线上的当前点与该点的连线方向作为切线方向。

⑨【宽度（W)】选项：修改多段线中，当前编辑顶点之后的那一条线段的起始宽度和终止宽度。

⑩【退出（X)】选项：用于退出编辑顶点操作，返回到上一级提示。

(2) 选择多条多段线

选择多条多段线时，命令行显示：

输入选项［闭合(C)/打开(O)/合并(J)/宽度(W)/拟合(F)/样条曲线(S)/非曲线化(D)/线型生成(L)/反转(R)/放弃(U)]：

【打开（O)】选项：删除多段线的闭合线段。

5.2 样条曲线

样条曲线是一种通过或接近指定点的拟合曲线，其类型是非均匀关系基本样条曲线

(Non-Uniform Rational Basis Splines, NURBS)。这种类型的曲线适合表达具有不规则变化曲率半径的曲线，如图 5-7 所示。

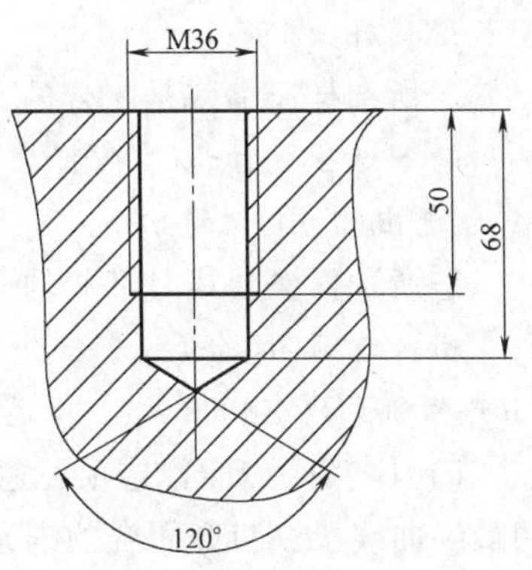

图 5-7　样条曲线的应用

5.2.1　绘制样条曲线

执行方式

• 下拉菜单：【绘图】|【样条曲线】|【拟合点】/【控制点】

• 命令行：SPLINE

• 工具栏：

执行命令后命令行显示：

当前设置:方式 = 拟合　节点 = 弦

指定第一个点或 [方式(M)/节点(K)/对象(O)]:

1)【方式（M)】选项：有【拟合（F)】和【控制点（CV)】两种方式。

2)【节点（K)】选项：有【弦（C)】、【平方根（S)】和【统一（U)】3 个选项。

3)【对象（O)】选项：将二维或三维的二次或三次样条拟合多段线转换成等价的样条曲线并删除多段线（取决于 DELOBJ 系统变量的设置）。

指定样条曲线的起点后，命令行显示：

输入下一个点或 [起点切向(T)/公差(L)]:

1)【起点切向（T)】选项：指定样条曲线在起点处切线。

2)【公差（L)】选项：可以指定样条曲线偏离拟合点的距离，公差值为 0 时生成的样条曲线直接通过拟合点。

指定样条曲线的第二点后，命令行显示：

输入下一个点或 [端点相切(T)/公差(L)/放弃(U)]:

当指定了样条曲线的第三点及更多点后，命令行显示：

输入下一个点或 [端点相切(T)/公差(L)/放弃(U)/闭合(C)]:

1)【端点相切（T)】选项：指定样条曲线在终点处切线。

2)【放弃（U)】选项：删除最后一个指定点。

3)【闭合（C)】选项：用于封闭样条曲线。

5.2.2　编辑样条曲线

执行方式

• 下拉菜单：【修改】|【对象】|【样条曲线】

• 命令行：SPLINEDIT

• 工具栏：

• 快捷菜单：选择要编辑的样条曲线，单击鼠标右键，在弹出的快捷菜单中选择【样条曲线】命令

执行命令后命令行显示：

选择样条曲线：

若所选样条曲线是闭合的，命令行显示：

输入选项［打开(O)/拟合数据(F)/编辑顶点(E)/转换为多段线(P)/反转(R)/放弃(U)/退出(X)］<退出>：

若所选样条曲线是开放的，则命令行显示：

输入选项［闭合(C)/合并(J)/拟合数据(F)/编辑顶点(E)/转换为多段线(P)/反转(R)/放弃(U)/退出(X)］<退出>：

1)【打开（O)】选项：通过删除最初创建样条曲线时指定的第一个和最后一个点之间的最终曲线段，打开闭合的样条曲线。

2)【闭合（C)】选项：通过定义与第一个点重合的最后一个点，闭合开放的样条曲线。

3)【合并（J)】选项：将选定的样条曲线与其他样条曲线、直线、多段线和圆弧在重合端点处合并，以形成一个较大的样条曲线。

4)【拟合数据（F)】选项，命令行显示：

输入拟合数据选项［添加(A)/打开(O)/删除(D)/扭折(K)/移动(M)/清理(P)/切线(T)/公差(L)/退出(X)］<退出>：

①【添加（A)】选项：为样条曲线添加新的拟合点。

②【删除（D)】选项：从样条曲线中删除选定的拟合点。

③【扭折（K)】选项：在样条曲线的指定位置上添加节点和拟合点，这将不会保持在该点的相切或曲率连续性。

④【移动（M)】选项：将拟合点移动到新的指定位置。命令行显示：

指定新位置或［下一个(N)/上一个(P)/选择点(S)/退出(X)］<下一个>：

其中，【下一个（N)】和【上一个（P)】选项用于选择当前拟合点的下一个或者前一个拟合点作为新的当前点。【选择点（S)】选项允许用户选择任意一个拟合点作为当前点。【退出（X)】选项用于退出此操作，返回到上一级提示。

⑤【清理（P)】选项：使用控制点替换样条曲线的拟合数据。

⑥【切线（T)】选项：用于修改样条曲线在起点和端点的切线方向。命令行显示：

指定起点切向或［系统默认值(S)］：

【起点切向】选项适用于闭合的样条曲线，在闭合点处指定新的切线方向。【系统默认值（S)】选项，系统会计算默认端点切线。

⑦【公差（L)】选项：使用新的公差值将样条曲线重新拟合至现有的拟合点。

⑧【退出（X)】选项：用于退出当前操作，返回到上一级提示。

5)【编辑顶点（E)】选项：用于编辑控制框数据，命令行显示：

输入顶点编辑选项［添加(A)/删除(D)/提高阶数(E)/移动(M)/权值(W)/退出(X)］<退出>：

①【添加（A)】选项：在两个现有的控制点之间的指定点处添加一个新控制点。

②【删除（D)】选项：删除选定的控制点。

③【提高阶数（E)】选项：增大样条曲线的多项式阶数，最大值为 26，这将增加整个样条曲线的控制点的数量。

④【移动（M)】选项：重新定位选定的控制点。

⑤【权值（W)】选项：更改指定控制点的权值。权值越大，样条曲线越接近控制点。

⑥【退出（X)】选项：用于退出当前的操作，返回到上一级提示。

6)【转换为多段线（P)】选项：将样条曲线转换为多段线。

7)【反转（R)】选项：反转样条曲线的方向。

8)【放弃（U)】选项：用于取消上一次的修改操作。

5.3　多线

多线是由多条平行线组成的组合对象，平行线之间的间距和数目等是可以调整的。既能保证图线之间的统一性，又能提高绘图效率是多线的突出优点。

5.3.1　创建多线样式

根据需要可以创建多线样式，设置其线条数目、线型、颜色和线的连接方式等。

执行方式

- 下拉菜单：【格式】|【多线样式】
- 命令行：MLSTYLE

执行命令后弹出【多线样式】对话框，如图 5-8 所示。

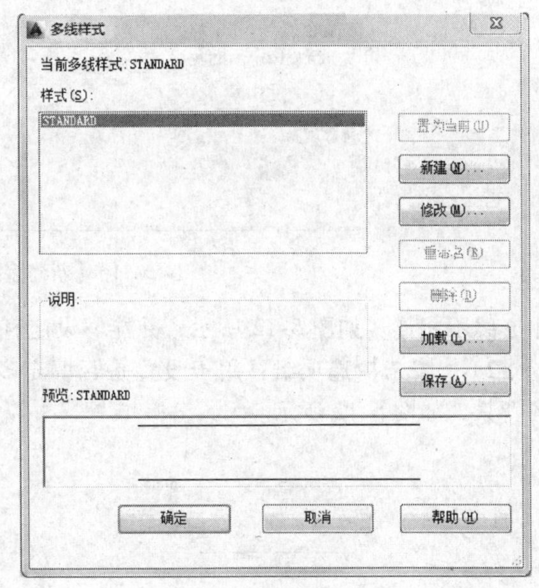

图 5-8　【多线样式】对话框

在【多线样式】对话框左上角显示了当前多线样式的名称，【样式】文本框显示已经加载到图形中的多线样式，可以从中选择当前需要使用的多线样式，也可以对已有的多线样式更名。

在【多线样式】对话框中，单击【加载】按钮，弹出【加载多线样式】对话框，选择多线样式文件。默认情况下，AutoCAD 提供的多线样式文件为 acad. mln，如图 5-9 所示。

要创建多线样式，单击【新建】按钮，弹出【创建新的多线样式】对话框，如图 5-10 所示。

在【新样式名】文本框中输入多线样式的名称，然后单击【继续】按钮，弹出【新建多线样式】对话框，如图 5-11 所示。

在【新建多线样式】对话框中，可以设置多线样式的元素特性，包括线条元素相对于多线中心线的偏移量、线条颜色和线型等，在【说明】文本框中可输入多线样式的说明信息。

1)【封口】选项组：用于控制多线起点和端点处的样式。其中，【直线】穿过整个多线的端点；【外弧】连接最外层元素的端点；【内弧】连接成对元素，如果有奇数个元素，则

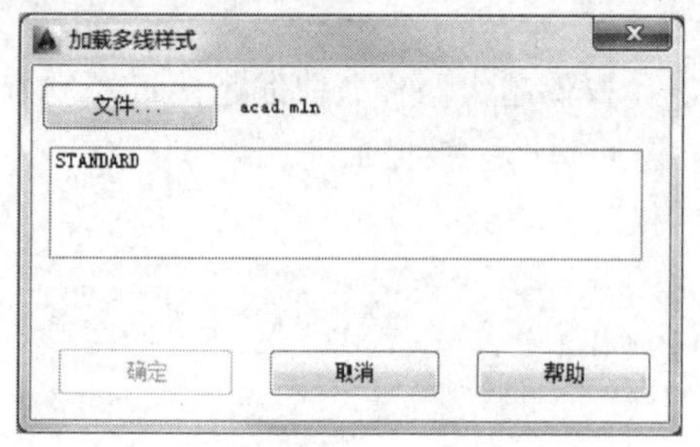

图 5-9 【加载多线样式】对话框

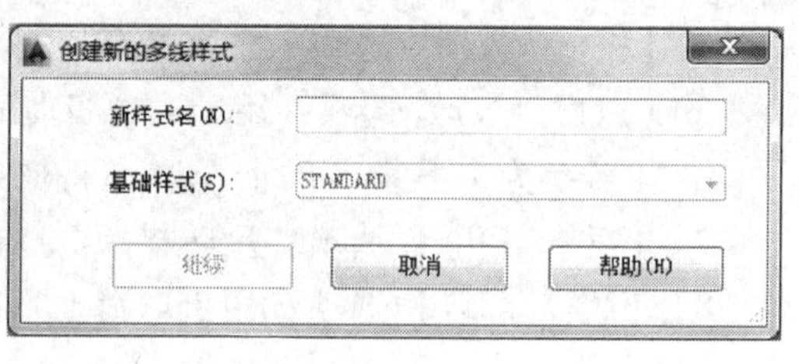

图 5-10 【创建新的多线样式】对话框

图 5-11 【新建多线样式】对话框

中心线不相连，如图 5-12 所示；并能够设定直线和圆弧的角度。

2)【填充】选项组：用于设置是否填充多线的背景，可以选择一种填充颜色作为多线的背景，如图 5-12 所示。

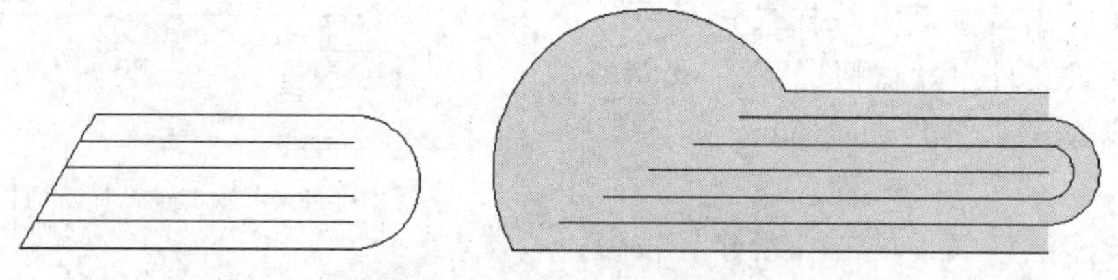

a) 起点60°直线端点90°外弧封口及不填充　　b) 起点30°外弧端点90°内弧封口及填充

图 5-12 多线的封口样式及填充

3)【显示连接】复选框：控制在多线的拐角处是否显示连接线，如图 5-13 所示。

4)【图元】选项组：设置线条元素相对于多线中心线的偏移量、线条颜色和线型等。单击【添加】按钮，将增加一个偏移量为 0 的新线条元素；然后再通过【偏移】文本框设置当前线条元素的偏移量；单击【颜色】按钮，设置当前线条元素的颜色；单击【线型】按钮，设置当前线条元素的线型。此外，如果要删除某一线条，可在【元素】列表框中选

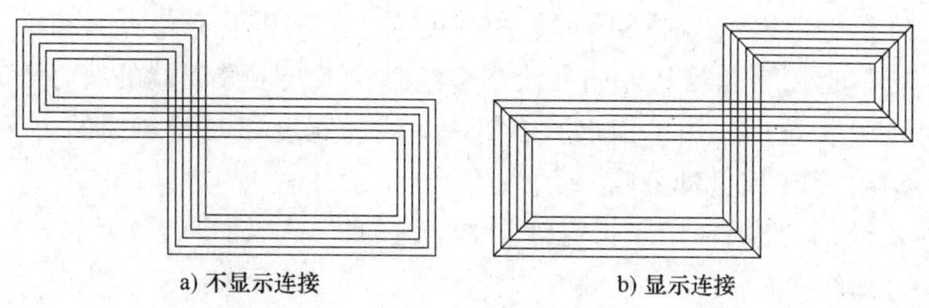

a) 不显示连接　　　　b) 显示连接

图 5-13　不显示连接与显示连接对比

中该线条，然后单击【删除】按钮。

在全部设定结束后单击【确定】按钮。

在【多线样式】对话框中，单击【保存】按钮，弹出【保存多线样式】对话框，可以将定义的多线样式保存为一个多线文件（＊.mln），如图 5-14 所示。

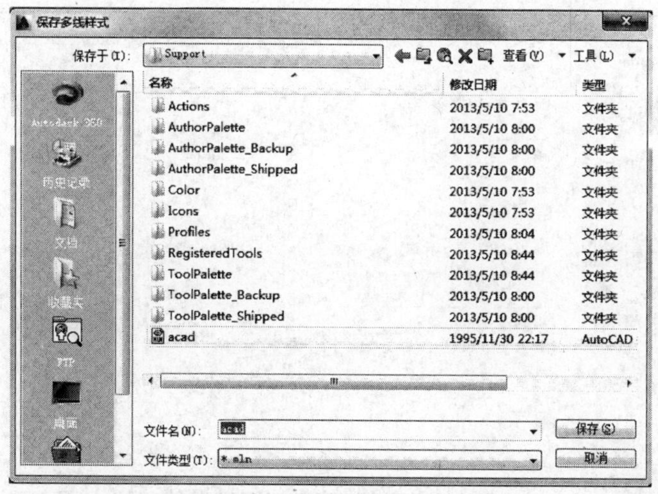

图 5-14　【保存多线样式】对话框

5.3.2　绘制多线

执行方式

- 下拉菜单：【绘图】|【多线】
- 命令行：MLINE

执行命令后命令行显示：

当前设置：对正 = 上，比例 = 20.00，样式 = STANDARD

指定起点或[对正(J)/比例(S)/样式(ST)]：

在命令行中显示了当前设置。默认情况下，需要指定多线的起始点，以当前的设置绘制多线，其绘制方法与绘制直线相似。

1）【对正（J）】选项：用于指定多线的对正方式，命令行显示：

输入对正类型[上(T)/无(Z)/下(B)]<上>：

①【上（T）】选项表示当从左向右绘制多线时，多线上最顶端的线将随着光标移动。

②【无（Z）】选项表示绘制多线时，多线的中心线将随着光标点移动。

③【下（B）】选项表示当从左向右绘制多线时，多线上最底端的线将随着光标移动。

2）【比例（S）】选项：用于指定所绘制的多线的宽度相对于多线的定义宽度的比例因子，该比例不影响多线的线型比例。

3）【样式（ST）】选项：用于指定绘制的多线的样式。命令行显示：

输入多线样式名或［?］：

默认样式为标准（STANDARD）型，可以直接输入已有的多线样式名，也可以输入“?”显示已定义的多线样式。

5.3.3 修改多线样式

在【多线样式】对话框中，单击【修改】按钮，弹出【修改多线样式】对话框，如图5-15所示。可以在该对话框中修改选定的多线样式。

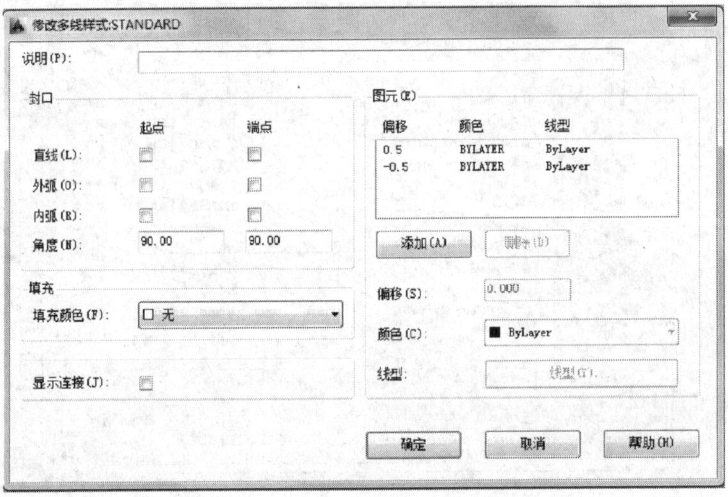

图5-15 【修改多线样式】对话框

注：要编辑现有多线样式，必须在使用该样式绘制任何多线之前进行，不能编辑图形中正在使用的任何多线样式的元素和多线特性。

在【多线样式】对话框中，单击【重命名】按钮，可重命名当前选定的多线样式。不能重命名STANDARD多线样式或图形中正在使用的任何多线样式。

在【多线样式】对话框中，单击【删除】按钮，可从列表中删除当前选定的多线样式。此操作并不会删除mln文件中的样式。不能删除STANDARD多线样式、当前多线样式或正在使用的多线样式。

在【多线样式】对话框中，从列表中选定某一多线样式，然后单击【置为当前】按钮，该样式将成为当前样式。用户只能使用当前样式来绘制多线。

【例5-2】 绘制如图5-16所示图形。图中A点坐标是（100，100）。

1）执行【格式】|【多线样式】命令，弹出【多线样式】对话框。

2）单击【新建】按钮，弹出【创建新的多线样式】对话框，在【新样式名】文本框中输入多线样式的名称“例题5-2”，然后单击【继续】按钮，弹出【新建多线样式：例题

5-2】对话框。

3）参照图 5-16 添加线条元素设置多线（注意，此时线条元素间的偏移量为 1），如图 5-17 所示。

4）单击【确定】按钮，返回到【多线样式】对话框。单击【置为当前】按钮，最后单击【确定】按钮。

5）用鼠标右键单击【极轴】按钮，在弹出的快捷菜单中选择【设置】命令，弹出【草图设置】对话框，增量角设置为 30°，并打开【极轴】。

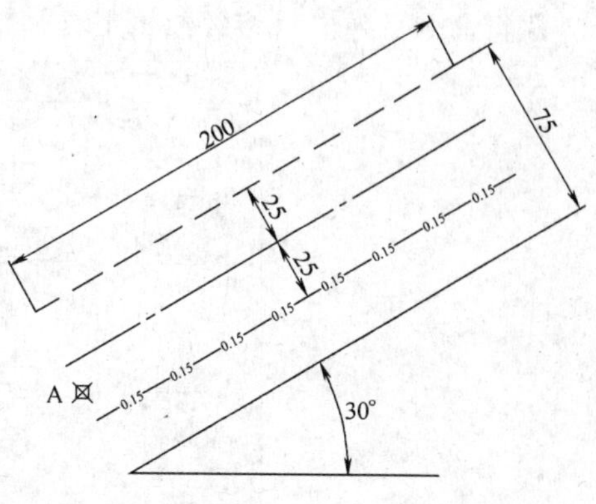

图 5-16　多线

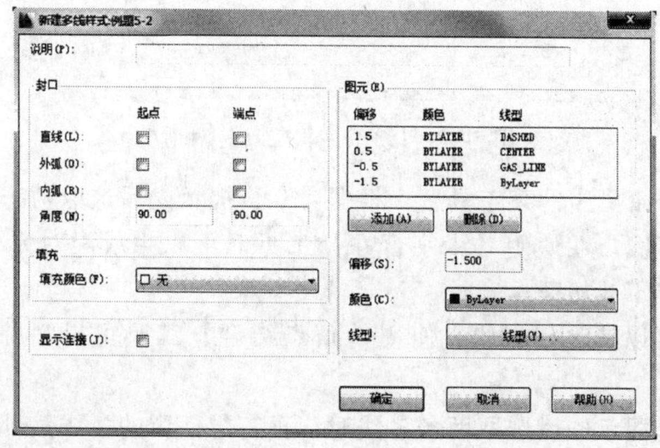

图 5-17　绘制多线

6）启动【多线】命令。

当前设置：对正 = 下，比例 = 20.00，样式 = 例题 5-2	
指定起点或［对正(J)/比例(S)/样式(ST)］:	‖ 输入 J，确认。
输入对正类型［上(T)/无(Z)/下(B)］ <下>:	‖ 输入 Z，确认。
当前设置：对正 = 下，比例 = 20.00，样式 = 例题 5-2	
指定起点或［对正(J)/比例(S)/样式(ST)］:	‖ 输入 S，确认。
输入多线比例 <20.00>:	‖ 输入 25（线条元素间距离等于偏移量与比例的乘积），确认。
指定起点或［对正(J)/比例(S)/样式(ST)］:	‖ 输入起点(100,100)，确认。
指定下一点:	‖ 向右上拖动鼠标，显示预期 30°路径时输入 200，确认并结束命令。

5.3.4　编辑多线

执行方式

- 下拉菜单：【修改】|【对象】|【多线】
- 命令行：MLEDIT

执行命令后弹出【多线编辑工具】对话框，如图 5-18 所示。

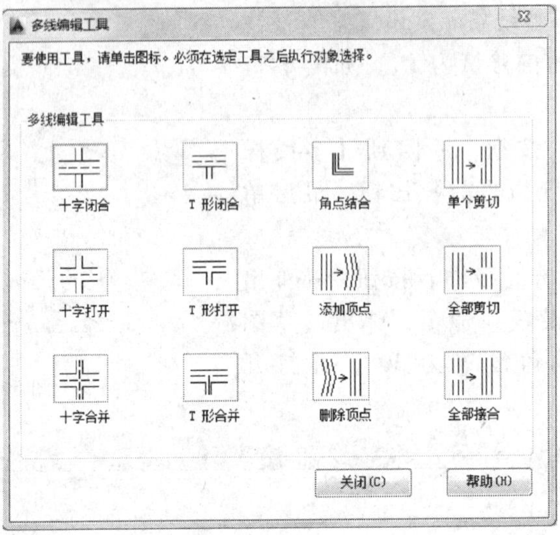

多线编辑工具
要使用工具，请单击图标。必须在选定工具之后执行对象选择。
多线编辑工具
十字闭合
T 形闭合
角点结合
单个剪切
十字打开
T 形打开
添加顶点
全部剪切
十字合并
T 形合并
删除顶点
全部接合
关闭(C)
帮助(H)

图 5-18　【多线编辑工具】对话框

选择十字形 3 个工具中的某工具后，根据命令行提示先后选取两条多线，AutoCAD 总是切断所选的第一条多线。在使用【十字合并】工具时可以生成配对元素的直角，如果没有配对元素，则多线将不被切断。

使用 T 形工具可以消除相交线；使用【角点结合】工具可以消除多线一侧的延伸线，从而形成直角。

注：根据命令行提示先后选取两条多线时，要在想保留的多线某部分上拾取点。

使用【添加顶点】工具可以为多线增加若干顶点。

使用【删除顶点】工具可以从包含 3 个或更多顶点的多线上删除顶点。若当前选取的多线只有两个顶点。那么该工具将无效。

使用剪切工具可以切断多线。其中【单个剪切】工具用于切断多线中一条，只需简单地拾取要切断的多线某一元素（某一条）上的两点，则这两点中的连线即被删去（实际上是不显示）；【全部剪切】工具用于切断整条多线。

使用【全部接合】工具可以重新显示所选两点间的任何切断部分。

【例 5-3】　绘制如图 5-19 所示图形。图中 A 点坐标是（100，100）。

1）执行【格式】|【多线样式】命令，弹出【多线样式】对话框。

2）单击【新建】按钮，弹出【创建新的多线样式】对话框，在【新样式名】文本框中输入多线样式的名称“例题 5-3”，然后单击【继续】按钮，弹出【新建多线样式：例题 5-3】对话框。

3）参照图 5-19 添加线条元素设置多线，如图 5-20 所示。

800
400
150
340
150
100
300
A
15
60

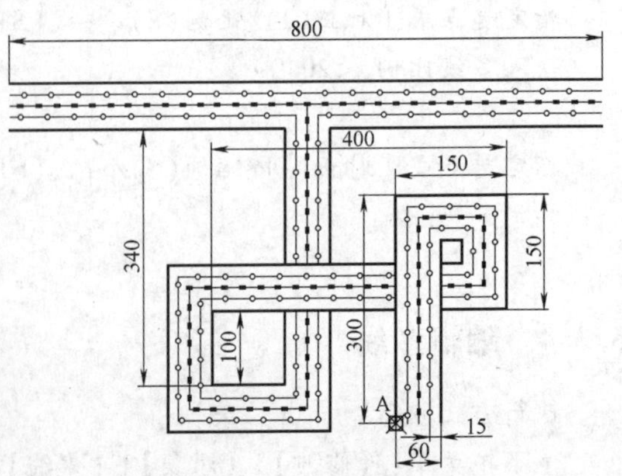

图 5-19　绘制并编辑多线

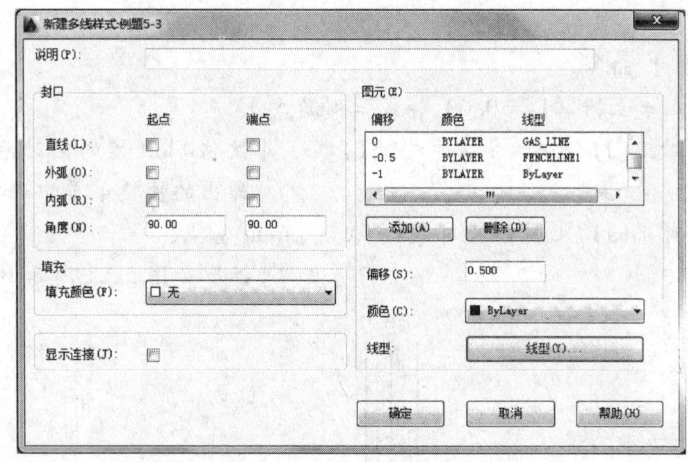

图 5-20 绘制并编辑多线 1

4）单击【确定】按钮，返回到【多线样式】对话框。单击【置为当前】按钮，最后单击【确定】按钮。

5）打开【正交】。

6）启动【多线】命令。

当前设置：对正 = 下，比例 = 20.00，样式 = 例题 5-3

指定起点或［对正(J)/比例(S)/样式(ST)］： ‖输入 J，确认。

输入对正类型［上(T)/无(Z)/下(B)］＜下＞： ‖输入 T，确认。

当前设置：对正 = 上，比例 = 20.00，样式 = 例题 5-3

指定起点或［对正(J)/比例(S)/样式(ST)］： ‖输入 S，确认。

输入多线比例 ＜20.00＞： ‖输入 30，确认。

当前设置：对正 = 上，比例 = 30.00，样式 = 例题 5-3

指定起点或［对正(J)/比例(S)/样式(ST)］： ‖输入起点(100,100)，确认。

指定下一点： ‖向上拖动鼠标，显示预期路径时输入 300，确认。

指定下一点： ‖向右拖动鼠标，显示预期路径时输入 150，确认。

指定下一点或［闭合(C)/放弃(U)］： ‖向下拖动鼠标，显示预期路径时输入 150，确认。

指定下一点或［闭合(C)/放弃(U)］： ‖向左拖动鼠标，显示预期路径时输入 400，确认。

指定下一点或［闭合(C)/放弃(U)］： ‖向下拖动鼠标，显示预期路径时输入 100，确认。

指定下一点或［闭合(C)/放弃(U)］： ‖向右拖动鼠标，显示预期路径时输入 100，确认。

指定下一点或［闭合(C)/放弃(U)］： ‖向上拖动鼠标，显示预期路径时输入 450(确保与后续水平多线有交点)，确认并结束命令。

7）启动【多线】命令。

当前设置：对正 = 上，比例 = 30.00，样式 = 例题 5-3

指定起点或［对正(J)/比例(S)/样式(ST)]：‖按住 Shift 键的同时单击鼠标右键，在弹出的快捷菜单中选择【自】。

指定起点或［对正(J)/比例(S)/样式(ST)]：_from 基点：

‖抓取如图 5-21 所示 B 点。

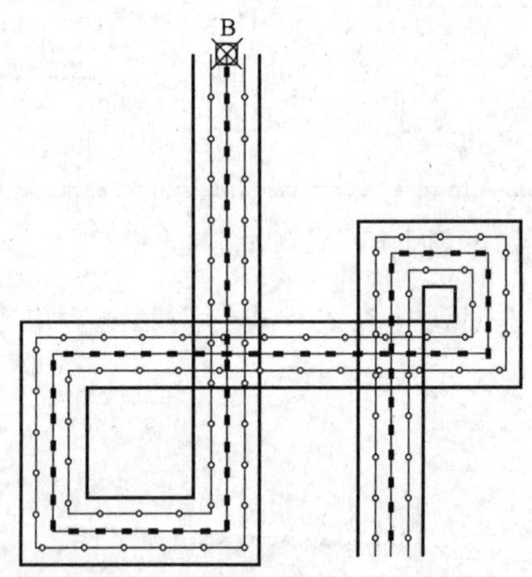

图 5-21　绘制并编辑多线 2

指定起点或［对正(J)/比例(S)/样式(ST)]：_from 基点：<偏移>：

‖ 输入@ -400，-50，确认。

指定下一点：　　‖向右拖动鼠标，显示预期路径时输入 800，确认并结束命令。

8）执行【修改】|【对象】|【多线】命令，弹出【多线编辑工具】对话框，选择【T 形合并】工具，编辑如图 5-22 所示交点 3。

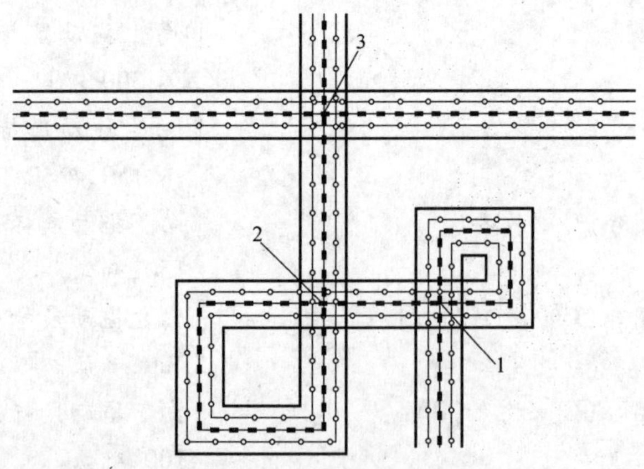

图 5-22　绘制并编辑多线 3

选择第一条多线：‖将交点 3 处的垂直多线作为第一条线（系统会将第一条线打断），用拾取框点取垂直多线在交点 3 下方的部分（用拾取框在想保留的多线部分点取）。

选择第二条多线：　‖拾取交点 3 处的水平多线;结束命令。

9）执行【修改】|【对象】|【多线】命令，弹出【多线编辑工具】对话框，选择【十字闭合】工具，编辑如图 5-22 所示交点 2 和交点 1。

选择第一条多线：　‖选择交点 2 处的垂直多线。

选择第二条多线：　‖选择交点 2 处的水平多线。

选择第一条多线：　‖选择交点 1 处的水平多线。

选择第二条多线：　‖选择交点 1 处的垂直多线;结束命令。

5.4 实例

绘制如图 5-23 所示螺杆简图。

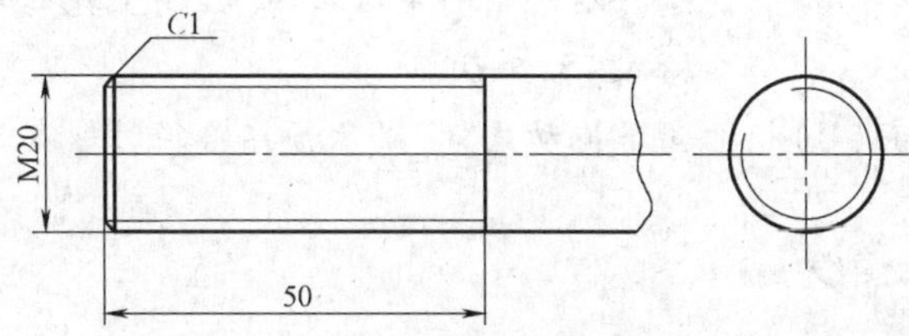

图 5-23　螺杆简图

（1）创建图层

创建图层，如图 5-24 所示。

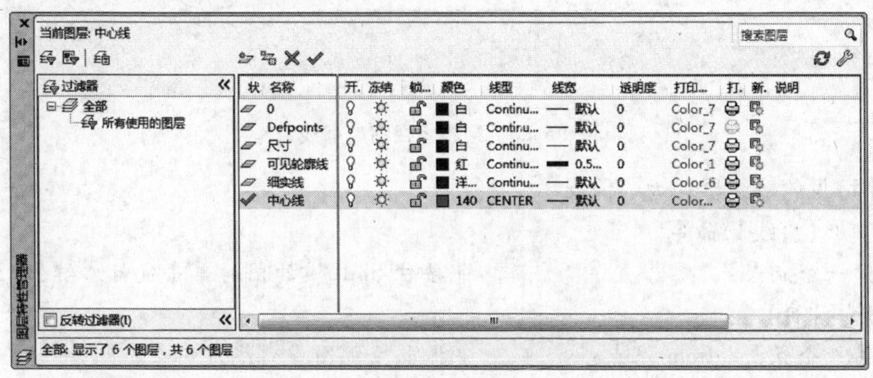

图 5-24　创建图层

（2）绘制中心线

绘制如图 5-25 所示中心线。

图 5-25　绘制中心线

1）将中心线层置为当前层。

2）打开【正交】。

3）启动【直线】命令。

指定第一个点：　‖ 输入起点坐标(100,100)，确认。

指定下一点或［放弃(U)］：‖ 向右拖动鼠标，显示预期路径时输入 80，确认并结束命令。

4）在【对象捕捉】设置中选择【端点】、【中点】和【交点】，打开【对象捕捉】和【对象追踪】。

5）启动【直线】命令。

指定第一个点：　‖ 追踪刚绘制的中心线右端点，向右拖动鼠标，显示预期路径时输入 3，确认。

指定下一点或［放弃(U)］：‖ 向右拖动鼠标，显示预期路径时输入 30，确认并结束命令。

6）启动【直线】命令。

指定第一个点：　‖ 追踪刚绘制的中心线中点，向上拖动鼠标，显示预期路径时输入 15，确认。

指定下一点或［放弃(U)］：‖ 向下拖动鼠标，显示预期路径时输入 30，确认并结束命令。

(3）绘制轮廓线

绘制如图 5-26 所示图线。

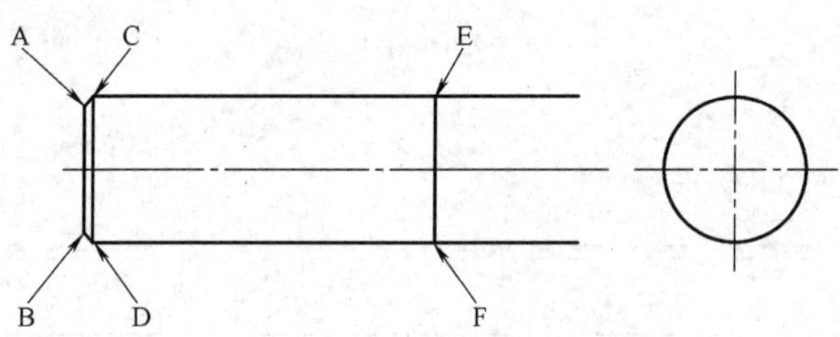

图 5-26　绘制主视图轮廓线

1）将可见轮廓线层置为当前层。

2）启动【直线】命令。

指定第一个点：　‖ 按住 Shift 键的同时单击鼠标右键，在弹出的快捷菜单中选择【自】。

指定第一个点：_from 基点：　‖ 抓取主视图中心线右端点。

指定第一个点：_from 基点：<偏移>：‖ 输入@ －5，10，确认。

指定下一点或［放弃(U)］：　‖ 向左拖动鼠标，显示预期路径时输入 69，确认。

指定下一点或［放弃(U)］：　‖ 输入@ －1，－1，确认。

指定下一点或［闭合(C)/放弃(U)］：‖ 向下拖动鼠标，显示预期路径时输入 18，确认。

指定下一点或［闭合(C)/放弃(U)］：‖ 输入@1，－1，确认。

指定下一点或［闭合(C)/放弃(U)］：‖ 向右拖动鼠标，显示预期路径时输入 69，确认并结束命令。

3）启动【直线】命令。

指定第一个点：　‖ 抓取图 5-26 中的 C 端点。

指定下一点或［放弃(U)］:　‖向下拖动鼠标,显示预期路径时输入 20,确认并结束命令。

4）启动【直线】命令。

指定第一个点:　‖追踪图 5-26 中的 C 端点,向右拖动鼠标,显示预期路径时输入 49,确认。

指定下一点或［放弃(U)］:　‖向下拖动鼠标,显示预期路径时输入 20,确认并结束命令。

5）启动【圆】命令。

指定圆的圆心或［三点(3P)/两点(2P)/切点、切点、半径(T)］:

‖抓取左视图中心线的交点。

指定圆的半径或［直径(D)］:　‖输入 10,确认。

(4) 绘制细实线

1）将细实线层置为当前层。

2）启动【直线】命令。

指定第一个点:　‖追踪图 5-26 中的 E 端点;向下拖动鼠标,显示预期路径时输入 1.5,确认。

指定下一点或［放弃(U)］:　‖向左拖动鼠标,显示预期路径时输入 50,确认;结束命令。

3）启动【直线】命令。

指定第一个点:　‖追踪图 5-26 中的 F 端点;向上拖动鼠标,显示预期路径时输入 1.5,确认。

指定下一点或［放弃(U)］:　‖向左拖动鼠标,显示预期路径时输入 50,确认;结束命令。

4）启动【圆弧】命令。

指定圆的圆心或［三点(3P)/两点(2P)/切点、切点、半径(T)］:

‖抓取左视图中心线的交点。

指定圆的半径或［直径(D)］:　‖输入 8.5,确认。

5）利用【打断】命令将完整细实线圆打断为 3/4 圆。

(5) 绘制样条曲线

绘制如图 5-27 所示样条曲线。

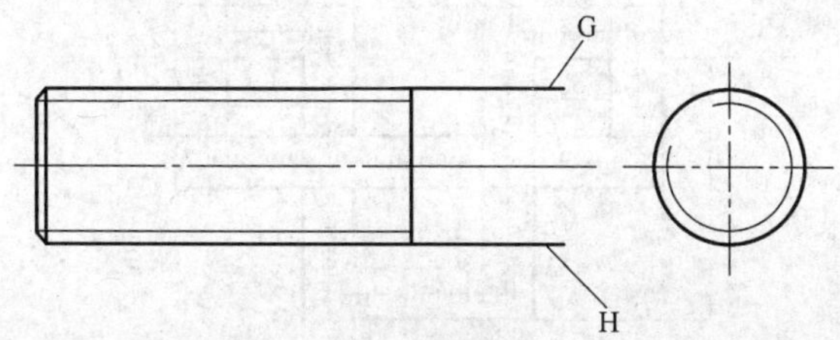

图 5-27　绘制样条曲线

1）关闭【正交】。

2）启动【样条曲线】命令。

当前设置：方式 = 拟合　节点 = 弦

指定第一个点或［方式(M)/节点(K)/对象(O)］:

‖抓取图 5-27 中的 G 端点。

输入下一个点或［起点切向(T)/公差(L)］:　‖在图 5-27 中 G 与 H 端点间拾取一点。

输入下一个点或［端点相切(T)/公差(L)/放弃(U)/闭合(C)］:

‖在图 5-27 中 G 与 H 端点间拾取一点。

输入下一个点或［端点相切(T)/公差(L)/放弃(U)/闭合(C)］:

‖在图 5-27 中 G 与 H 端点间拾取一点。

输入下一个点或［端点相切(T)/公差(L)/放弃(U)/闭合(C)］:

‖抓取图 5-27 中的 H 端点；结束命令。

5.5　本章小结

本章主要介绍多段线、样条曲线及多线的绘制与编辑，难点多集中在编辑命令。绘制及编辑过程中，遵照命令行的提示顺序进行，并留意操作要点，如多线编辑时，系统会将第一条线打断，拾取对象时用拾取框在想保留的多线部分点取等。

习　题

1. 绘制如图 5-28 所示带有宽度的多段线。

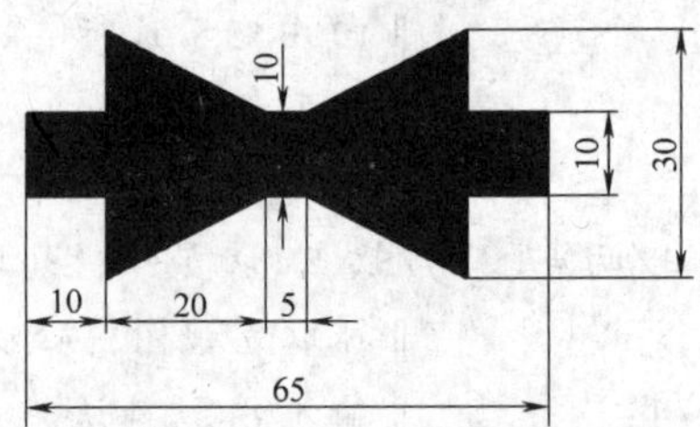

图 5-28　绘制带有宽度的多段线

2. 绘制并编辑如图 5-29 所示多线。

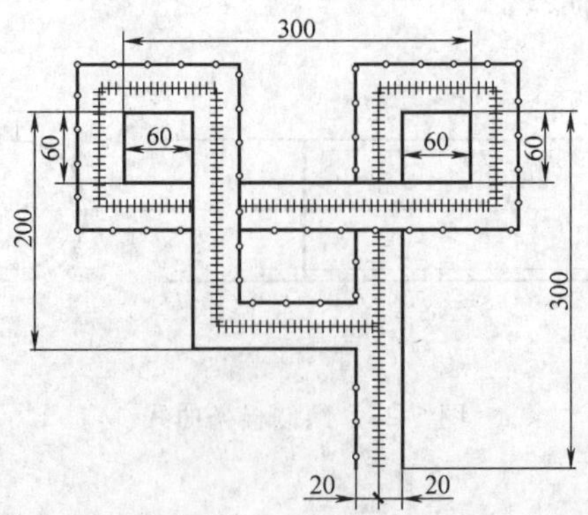

图 5-29　绘制并编辑多线

3. 绘制如图 5-30 所示图形。

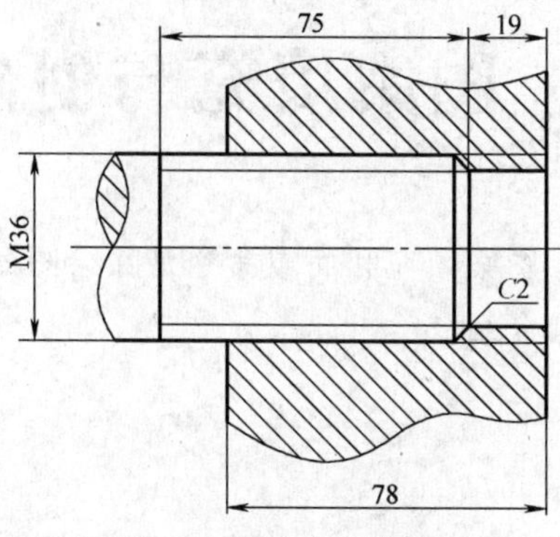

图 5-30　螺纹连接简图

第 6 章　图案填充与创建面域

在绘制平面图形的过程中，图案填充和面域命令是除绘图命令以外的常用命令，下面就将这两个命令的相关内容作详细介绍。

6.1　图案填充

绘制某些图案以填充图形中的一个区域，从而表达该区域的特征，这样的填充操作在AutoCAD 中称为图案填充。图案填充是一种使用指定线条图案来充满指定区域的图形对象，用于表达剖切面和不同类型物体对象的外观纹理等。

执行方式

- 下拉菜单：【绘图】|【图案填充】
- 命令行：BHATCH
- 工具栏：

执行命令后弹出【图案填充和渐变色】对话框，如图 6-1 所示。通过该对话框，用户可以设置图案填充时的图案特性、填充边界及填充方式等。

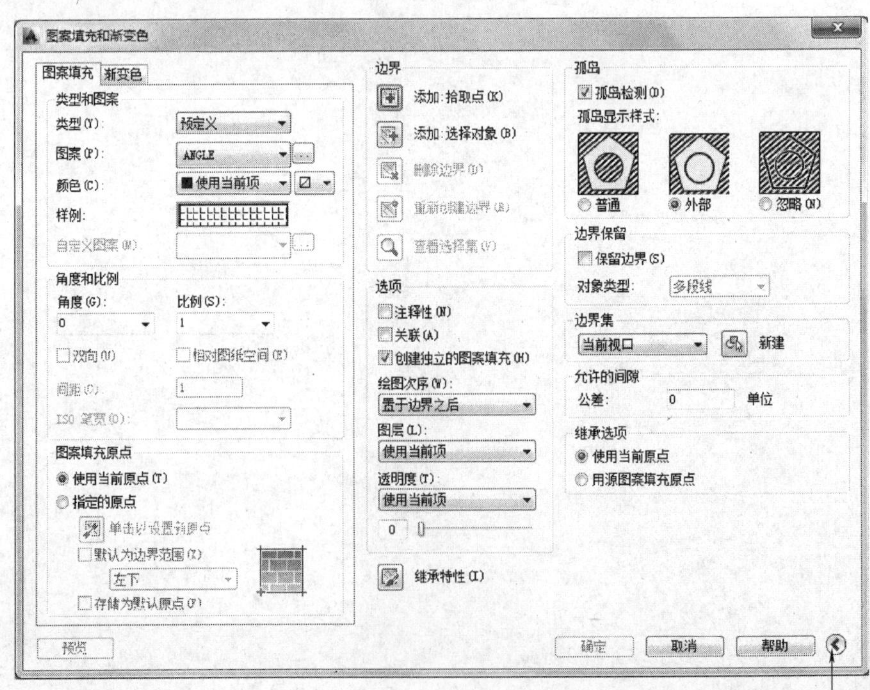

图 6-1　【图案填充和渐变色】对话框

6.1.1　使用【图案填充】选项卡创建图案填充

1.【类型和图案】选项组

【类型和图案】选项组用于设置图案填充的类型和图案、角度、比例等内容。

1）【类型】下拉列表框：用于设置填充的图案类型，包括【预定义】、【用户定义】和【自定义】选项。其中【预定义】选项中是 AutoCAD 提供的图案；【用户定义】选项则需要用户临时定义图案；【自定义】选项则可以使用用户事先定义好的图案。

2）【图案】下拉列表框：用于设置填充的图案，在【类型】下拉列表框中选择【预定义】选项，则该下拉列表框可用。根据图案名从该下拉列表框中来选择图案，或单击其后的【浏览】按钮[...]，弹出【填充图案选项板】对话框，选择所需填充图案即可，如图 6-2 所示。

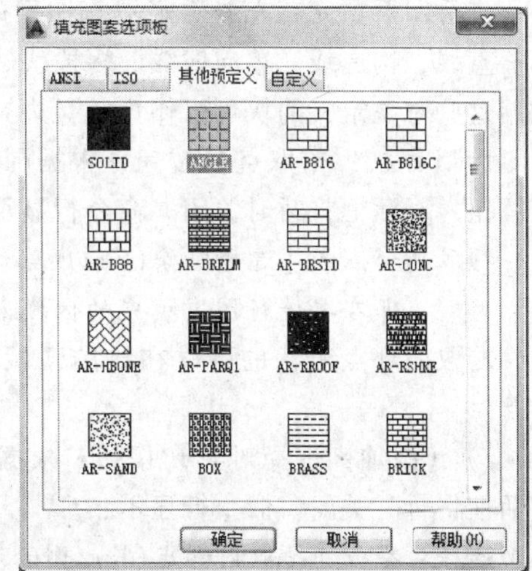

图 6-2　【填充图案选项板】对话框

3）【颜色】下拉列表框：设置新填充图案对象背景色。

4）【样例】预览窗口：显示当前选中的图案样例。

5）【自定义图案】下拉列表框：采用【自定义】类型时该选项可用。

2.【角度和比例】选项组

1）【角度】下拉列表框：用于设置填充的图案旋转角度。默认旋转角度为 0°。

2）【比例】下拉列表框：用于设置图案填充时的比例值。默认比例为 1，用户可根据需要放大或缩小。

注：若在【类型】下拉列表框中选择【用户定义】选项，则该选项不可用。

3）【双向】复选框：用于构成交叉线。

注：在【图案填充】选项卡的【类型】下拉列表中选择【用户定义】选项时，此选项才可用。此时将绘制第二组直线，这些直线与原来的直线成 90°，从而构成交叉线。

4）【相对图纸空间】复选框：用于设置该比例因子是否为相对于图纸空间的比例。

5）【间距】文本框：用于设置填充平行线之间的距离。

注：在【类型】下拉列表框中选择【自定义】选项时，该选项才可用。

6）【ISO 笔宽】下拉列表框：用于设置笔的宽度。

注：当填充图案采用 ISO 图案时，该选项才可用。

3.【图案填充原点】选项组

【图案填充原点】选项组用于控制填充图案生成的起始位置，所有图案填充原点在默认情况下都对应于当前的 UCS 原点。在使用中用户可以根据情况将某些图案填充的起始位置与图案填充边界上的某一点对齐，如砖块图案等。

1）【使用当前原点】单选按钮：设置存储在 HPORIGINMODE 系统变量中的变量。默认情况下，原点设置为（0，0）。

2）【指定的原点】单选按钮：指定图案填充新的原点。

3）【单击以设置新原点】按钮：直接指定新的图案填充原点。

4）【默认为边界范围】复选框：基于图案填充的矩形范围计算出新原点。

5）【存储为默认原点】复选框：存储新图案填充原点的值。

4.【边界】选项组

进行图案填充首先要确定填充图案的边界，作为边界的对象在当前屏幕上必须全部可见。直线、构造线、单向射线、多段线、样条曲线、圆、圆弧、椭圆、椭圆弧、面域等对象或用这些对象定义的块可以作为定义边界的对象。

1）【添加：拾取点】按钮：根据围绕指定点构成封闭区域的现有对象确定边界。单击该按钮，对话框将暂时关闭，命令行显示：

拾取内部点或［选择对象(S)/删除边界(B)］:

‖在要进行图案填充的区域内单击；选择结束按 Enter 键返回对话框。

拾取内部点时，也可以在绘图区域随时单击鼠标右键，将弹出包含多个选项的快捷菜单。

2）【添加：选择对象】按钮：根据构成封闭区域的选定对象确定边界。单击该按钮，对话框将暂时关闭，命令行显示：

选择对象或［拾取内部点(K)/删除边界(B)］:

‖选择定义图案填充或填充区域的对象；选择结束按 Enter 键返回对话框

3）【删除边界】按钮：从边界定义中删除已添加的任何对象。单击【删除边界】按钮时，对话框将暂时关闭，命令行显示：

选择对象或［添加边界(A)］:

‖选择要从边界定义中删除的对象、指定选项；选择结束按 Enter 键返回对话框。

4）【重新创建边界】按钮：围绕选定的图案填充或填充对象创建多段线或面域，并使其与图案填充对象相关联。单击【重新创建边界】按钮，对话框将暂时关闭，命令行显示：

输入边界对象类型［面域(R)/多段线(P)］ <当前>:

‖输入 R 创建面域或输入 P 创建多段线。

要重新关联图案填充与新边界吗？［是(Y)/否(N)］ <当前>:　‖输入 Y 或 N。

5）【查看选择集】按钮：暂时关闭对话框，并使用当前的图案填充或填充设置显示当前定义的边界。

注：如果未定义边界，则此选项不可用。

5.【孤岛】选项组

在进行图案填充时，AutoCAD 把内部闭合边界称为孤岛，如图 6-3 所示。在用 BHATCH 命令填充时，AutoCAD 允许用户以拾取点的方式确定填充边界，也就是在希望填充的区域

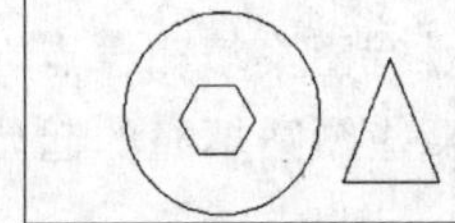

a) 未填充时

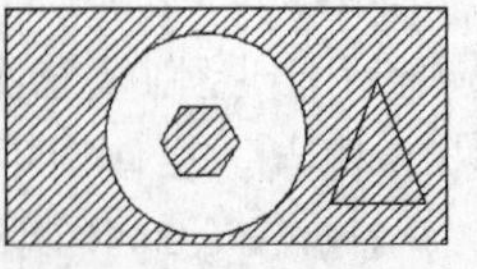

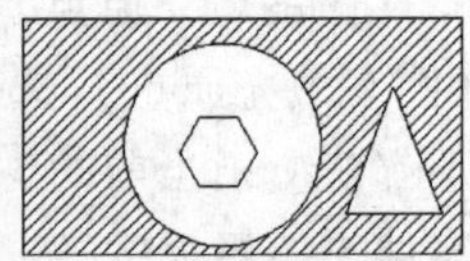

b) 图案填充时确定的孤岛

图 6-3　孤岛

内任意处点取，AutoCAD 会自动确定出填充边界，同时也确定该边界内的孤岛。如果用户是以选择对象的方式确定填充边界的，则必须确切地拾取这些孤岛。

1）【孤岛检测】复选框：控制是否检测内部孤岛。

2）【孤岛显示样式】单选按钮：用于设置孤岛的填充方式，包括【普通】、【外部】和【忽略】3 种方式，填充方式的效果如图 6-4 所示。

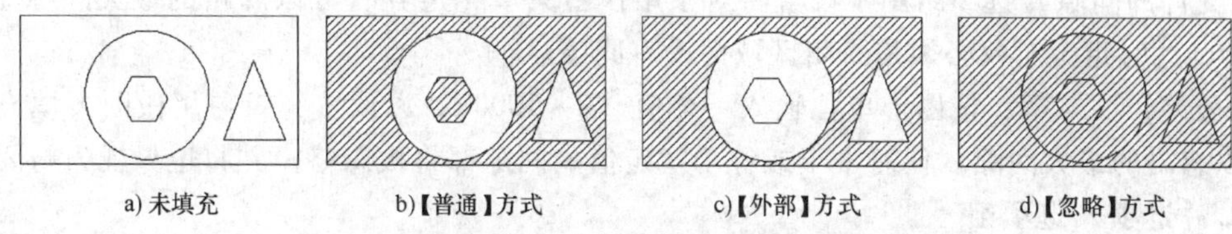

图 6-4　孤岛的 3 种填充效果

【普通】方式：系统变量 HPNAME 设置为 N，从外部边界向内填充。如遇到一个内部孤岛，图案填充将停止进行，直至遇到该孤岛内的另一个孤岛。

【外部】方式：系统变量 HPNAME 设置为 0，从最外边界向内填充，遇到与之相交的内部孤岛时断开填充线，不再继续往里填充。

【忽略】方式：系统变量 HPNAME 设置为 1，忽略边界内的对象，用填充线覆盖所有内部结构。

注：以【普通】方式填充，填充边界内若有诸如文字、属性这样的特殊对象，如果想使这些对象更加清晰，在选择填充边界时也要选择它们，填充时图案填充在这些对象处会自动断开，就像用一个比它们略大的看不见的框保护起来一样；否则将忽略，如图 6-5 所示。

图 6-5　包含特殊对象的图案填充

6.【边界保留】选项组

1）【保留边界】复选框：根据临时图案填充边界创建边界对象，并将它们添加到图形中。

2）【对象类型】下拉列表框：用于控制新边界对象的类型，可以将边界对象保存为面域或多段线对象。

注：仅当勾选【保留边界】复选框时，此选项才可用。

7.【边界集】选项组

【边界集】选项组用于定义填充边界的对象集。默认情况下，使用【添加：拾取点】选项定义边界时，系统将分析当前视口范围内的所有对象；通过重定义边界集，可以忽略某些在定义边界时没有隐藏或删除的对象。

1)【当前视口】选项：根据当前视口范围内的所有对象定义边界集，选择此选项将放弃当前的任何边界集。

2)【新建】按钮：提示用户选择用来定义边界集的对象。

8.【允许的间隙】选项组

【允许的间隙】选项组用于设置将对象用作图案填充边界时可以忽略的最大间隙。默认值为 0，此时指定对象必须是封闭区域而没有间隙。

【公差】文本框：按图形单位输入一个值（0~5000），以设置将对象用做图案填充边界时可以忽略的最大间隙。任何小于或等于指定值的间隙都将被忽略，并将边界视为封闭。

9.【选项】选项组

1)【注释性】复选框：指定图案填充为注释性对象。

2)【关联】复选框：控制图案填充或填充的关联性。具有关联性的图案填充在修改其边界时，图案填充将会随之改变更新。

3)【创建独立的图案填充】复选框：控制当指定了几个独立的闭合边界时，是创建单个图案填充对象，还是创建多个图案填充对象。

4)【绘图次序】下拉列表框：为图案填充指定绘图次序。图案填充可以放在所有其他对象之后、所有其他对象之前、图案填充边界之后或图案填充边界之前，如图 6-6 所示。

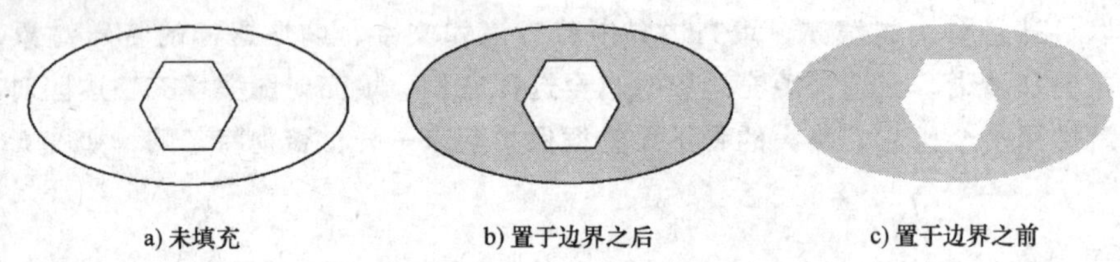

a) 未填充　　b) 置于边界之后　　c) 置于边界之前

图 6-6　不同绘图次序的效果对比

5)【图层】下拉列表框：为图案填充指定图层。默认选项【使用当前项】即选择当前层。

6)【透明度】下拉列表框：为图案填充指定透明度。默认选项【使用当前项】即使用当前对象的透明度值。

10.【继承特性】按钮

单击【继承特性】按钮可将已有的图案填充对象设置用于将要填充的图案填充的方式，此方式在绘制机械装配图的剖面线时非常实用。单击该按钮，对话框将暂时关闭，命令行显示：

选择图案填充对象：　‖选择已有的图案填充对象。

拾取内部点或［选择对象(S)/删除边界(B)］：　‖在要进行图案填充的区域内单击；选择结束按 Enter 键返回对话框。

11.【继承选项】选项组

使用【继承特性】按钮创建图案填充时，这些设置将控制图案填充原点的位置。

1)【使用当前原点】单选按钮：使用当前的图案填充原点设置。

2)【用源图案填充原点】单选按钮：使用源图案填充的图案填充原点。

12.【预览】按钮

单击【预览】按钮即可预览填充效果，以便用户调整填充设置。单击该按钮，对话框将暂时关闭，命令行显示：

拾取或按 Esc 键返回到对话框或 <单击右键接受图案填充>：　‖用户根据情况选择操作。

6.1.2 使用【渐变色】选项卡创建图案填充

在 AutoCAD 中，用户可以使用【图案填充和渐变色】对话框的【渐变色】选项卡创建一种或两种颜色形成的渐变色，并对图形进行填充，如图 6-7 所示。

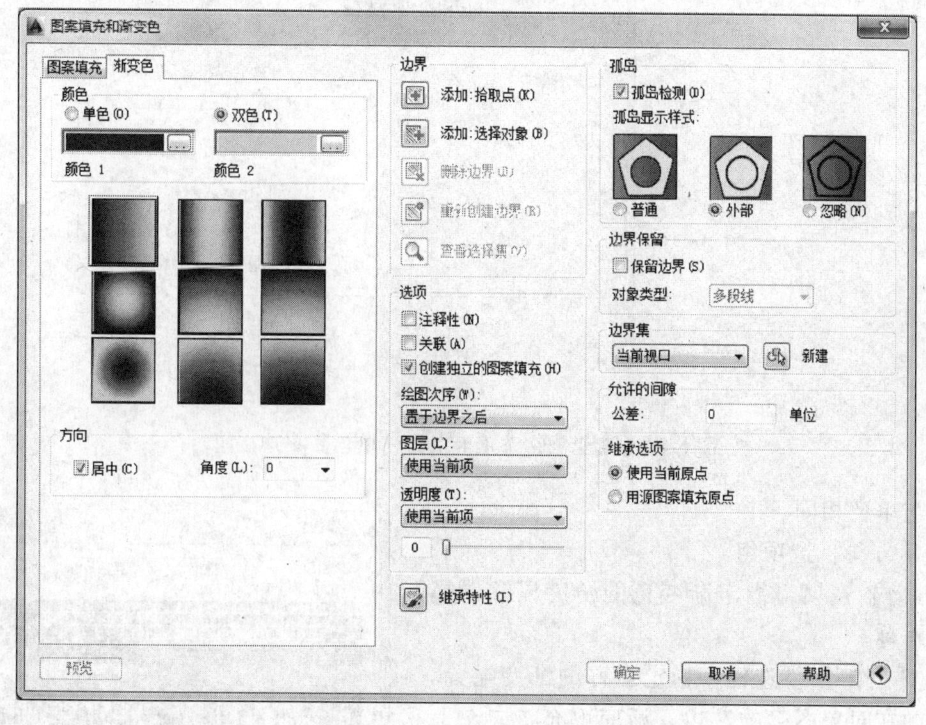

图 6-7 【渐变色】选项卡

1.【颜色】选项组

1)【单色】单选按钮：单色是从较深色到较浅色平滑过渡的填充，如图 6-8 所示。【渐变图案】预览窗口显示当前设置的渐变色效果，共有包括线性扫掠状、球状和抛物面状等 9 种固定图案。拖动【色调】滑块自【明】向【暗】滑动，可以指定一种颜色的色调（选定颜色与白色的混合）或着色（选定颜色与黑色的混合）。

单击【浏览】按钮将弹出【选择颜色】对话框，如图 6-9 所示。AutoCAD 提供有索引颜色、真彩色或配色系统颜色，用户可根据需要选择颜色，显示的默认颜色为图形的当前颜色。

2)【双色】单选按钮：指定两种颜色之间平滑过渡的双色渐变填充。AutoCAD 在【颜色 1】和【颜色 2】后分别显示带【浏览】按钮的颜色样本，可以分别选择两种颜色，其选

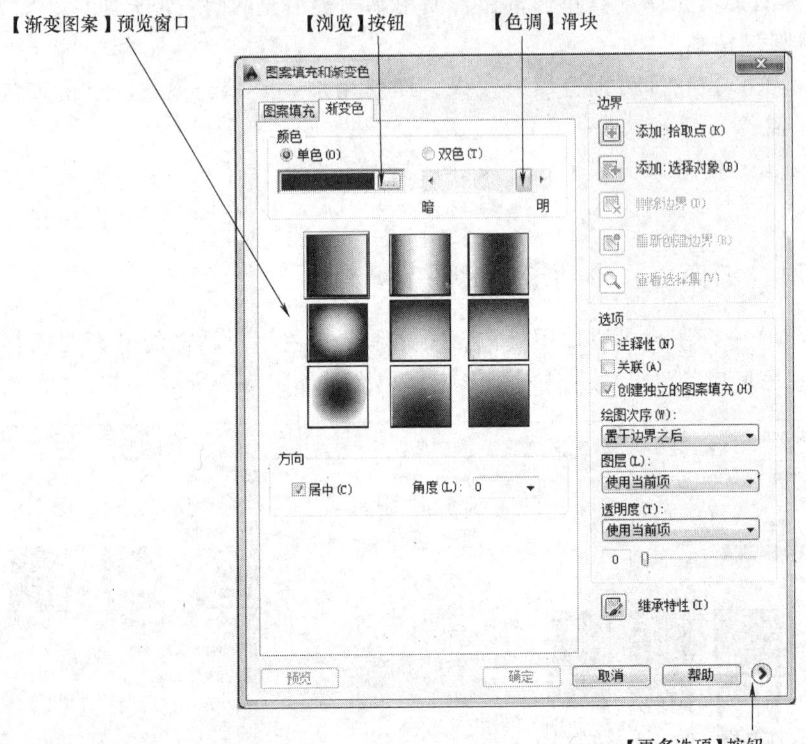

图 6-8 【渐变色】选项卡中的【单色】单选按钮

择方法与单色相同。

2. 【方向】选项组

【方向】选项组指定渐变色的角度以及选择其是否对称。

1)【居中】复选框：指定对称的渐变配置。此时光源在对象图案的左边，渐变填充将向左上方变化。

2)【角度】下拉列表框：指定渐变填充的角度，相对当前 UCS 指定渐变填充的角度。该选项与指定给图案填充的角度互不影响。

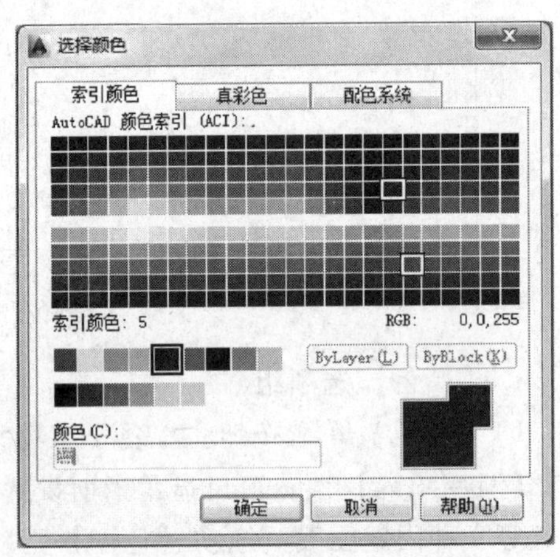

图 6-9 【选择颜色】对话框

6.1.3 编辑图案填充

执行方式

- 下拉菜单：【修改】|【对象】|【图案填充】
- 命令行：HATCHEDIT
- 工具栏：

执行命令后命令行显示：

选择图案填充对象：　‖选择要进行修改的图案填充。

执行上述方式，或先选择要编辑的图案填充对象，再单击鼠标右键，然后在弹出的快捷菜单中选择【图案填充编辑】命令，弹出【图案填充编辑】对话框，如图6-10所示。

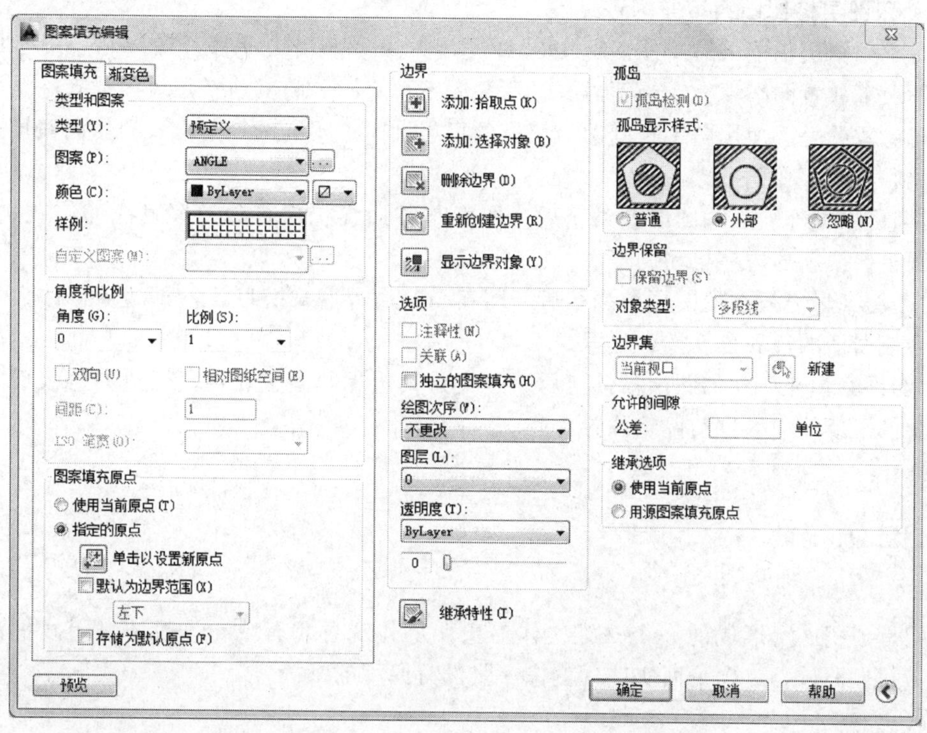

图6-10　【图案填充编辑】对话框

从上图可以看出，【图案填充编辑】对话框与【图案填充和渐变色】对话框的内容相同，用户可以根据需要进行修改编辑。

6.1.4　控制图案填充的可见性

图案填充的可见性是可以控制的。常用方法有两种，一是用FILL命令或系统变量FILLMODE，二是利用图层。

1. 使用FILL命令控制图案填充的可见性

执行方式

- 命令行：FILL

命令行显示：

输入模式[开(ON)/关(OFF)]<开>：　‖输入ON，显示图案填充；输入OFF，不显示图案填充。

2. 使用系统变量FILLMODE控制图案填充的可见性

执行方式

- 命令行：FILLMODE

命令行显示：

输入FILLMODE的新值<1>：　‖默认值为1，显示图案填充；输入0确认后，则隐藏图案填充。

修改图案填充的可见性后，通过执行【视图】|【重生成】命令来重新生成图形用以观察效果。

3. 使用图层控制图案填充的可见性

熟练利用图层功能，对于使用 AutoCAD 的用户来说能极大地提高效率。绘图时单独设置一个图层来放置图案填充，当不需要显示该图案填充时，将其所在层关闭或者冻结即可。

值得注意的是，使用图层控制图案填充的可见性时，不同的控制方式会使图案填充与其边界的关联性发生变化。

1）当图案填充所在的图层被关闭后，图案与其边界仍保持着关联性。即修改边界后，填充图案会根据新的边界自动调整。

2）当图案填充所在的图层被冻结后，图案与其边界脱离关联性。即边界修改后，填充图案不会根据新的边界自动调整位置。

3）当图案填充所在的图层被锁定后，图案与其边界脱离关联性。即边界修改后，填充图案不会根据新的边界自动调整位置。

6.2　面域

面域是封闭区所形成的一个二维实体对象。从外观看，面域和一般的封闭线框没有区别，但实际上面域是一个平面实体，就像一张没有厚度的纸。

6.2.1　创建面域

面域是平面实体区域，具有物理性质（如面积、质心、惯性矩等），用户可以利用这些信息计算工程属性，并可以对面域进行诸如复制、移动等编辑操作。

注：可以将由某些对象围成的封闭区域转换为面域，这些封闭区域可以是单个圆、椭圆、封闭的二维多段线和封闭的样条曲线等对象，也可以是由圆弧、直线、二维多段线、椭圆弧、样条曲线等多个对象构成的封闭区域。

1. 使用 REGION 命令创建面域

执行方式

- 下拉菜单：【绘图】|【面域】
- 命令行：REGION
- 工具栏：

注：使用 REGION 命令创建面域时要求构成面域边界的线条必须首尾相连，不能相交。

2. 使用 BOUNDARY 命令创建面域

执行方式

- 下拉菜单：【绘图】|【边界】
- 命令行：BOUNDARY

执行命令后弹出【边界创建】对话框，如图 6-11 所示。

在【对象类型】下拉列表框中选择【面域】，单击【拾取点】按钮，然后在需创建面域的区域内部拾取点，最后按 Enter 键或单击鼠标右键确认。

注：使用 BOUNDARY 命令创建面域时允许构成封闭边界的线条相交。创建面域时，系统变量 DELOBJ 值为 1，AutoCAD 在定义了面域后将删除原始对象；系统变量 DELOBJ 值为 0，则不删除原始对象。使用 BOUNDARY 命令不仅可以创建面域，还可以创建边界，此时在【对象类型】下拉列表框中选择【多段线】。

【例 6-1】 绘制如图 6-12 所示图形（中间阴影部分），并将其创建为面域。图中 A 点坐标是（100，100）。

图 6-11 【边界创建】对话框

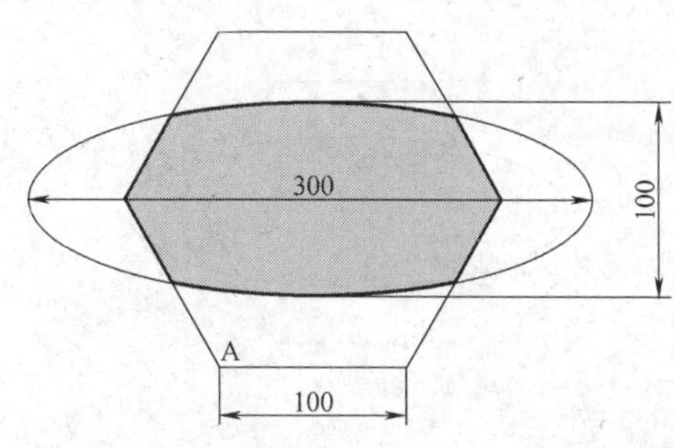

图 6-12 创建面域 1

1）打开【正交】。

2）启动【多边形】命令。

输入侧面数 <4>： ‖ 输入 6，确认。

指定正多边形的中心点或［边(E)］： ‖ 输入 E，确认。

指定边的第一个端点： ‖ 输入(100,100)，确认。

指定边的第二个端点： ‖ 向右拖动鼠标，显示预期路径时输入 100，确认。

3）启动【椭圆】命令。

指定椭圆的轴端点或［圆弧(A)/中心点(C)］：

‖ 输入 C，确认。

指定椭圆的中心点： ‖ 按住 Shift 键的同时单击鼠标右键，在弹出的快捷菜单中选择【两点之间的中点】。

指定椭圆的中心点： _m2p 中点的第一点：

‖ 抓取六边形最左顶点。

指定椭圆的中心点： _m2p 中点的第一点：中点的第二点：

‖ 抓取六边形最右顶点。

指定轴的端点： ‖ 向右拖动鼠标，显示预期路径时输入 150，确认。

指定另一条半轴长度或［旋转(R)］： ‖ 向上拖动鼠标，显示预期路径时输入 50，确认。

此时已经绘制出如图 6-13 所示图形。下面分别使用【面域】和【边界】命令来创建面域。

4）启动【面域】命令。

选择对象： ‖ 用拾取框拾取六边形。

选择对象：找到 1 个 ‖用拾取框拾取椭圆。

选择对象：找到 1 个,总计 2 个 ‖确认并结束命令。

已提取 2 个环。

已创建 2 个面域。

然后使用布尔运算中的交集创建图 6-12 所示面域。

5）启动【边界】命令，弹出【边界创建】对话框，在【对象类型】下拉列表框中选择【面域】，如图 6-14 所示。

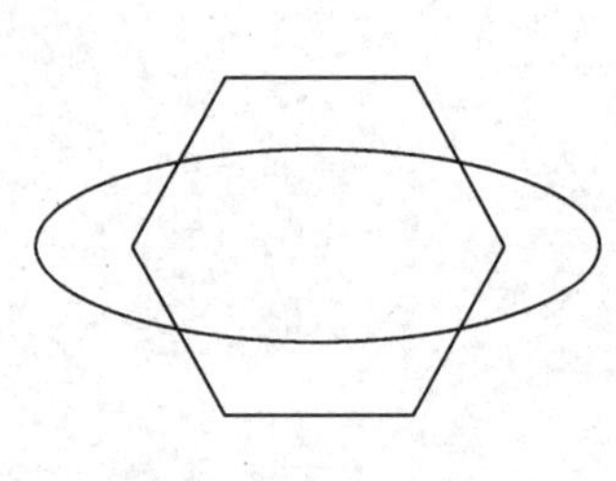

图 6-13 创建面域 2

图 6-14 选择【面域】

单击【拾取点】按钮，将返回到绘图区域，在需创建面域的区域内部拾取点，确认。

6.2.2 从面域中提取数据

面域是实体对象，因此除了具有一般图形对象的属性外，还有作为实体对象所具备的一个重要属性——质量特性。

执行方式

- 下拉菜单：【工具】|【查询】|【面域/质量特性】
- 命令行：MASSPROP
- 工具栏：

执行命令后系统将自动切换到【AutoCAD 文本窗口】，显示选择的面域对象的质量特性。

6.2.3 面域间的布尔运算

布尔运算是一种数学逻辑运算，特别是在绘制复杂图形时对提高绘图效率具有很大作用。布尔运算的对象只是实体或共面的面域，而普通的线条图形对象不能进行布尔运算。

通常的布尔运算包括并集、交集和差集 3 种。

执行方式

- 下拉菜单：【修改】|【实体编辑】|【并集】/【交集】/【差集】
- 命令行：UNION（并集）/INTERSECT（交集）/SUBTRACT（差集）
- 工具栏：

1）并集：合并两个或多个实体（或面域），构成一个组合实体对象。

2）差集：删除两个实体间（或面域）的公共部分。

3）交集：用两个或多个重叠实体（或面域）的公共部分创建组合实体。

布尔运算的结果如图 6-15 所示。

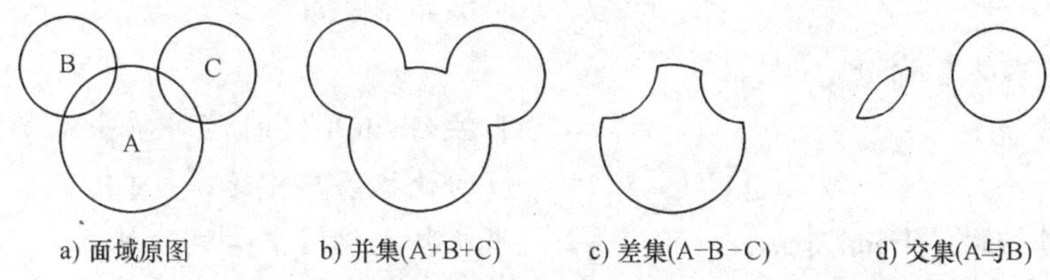

图 6-15　布尔运算的结果

6.3　实例

绘制如图 6-16 所示安全帽（千斤顶零部件）。

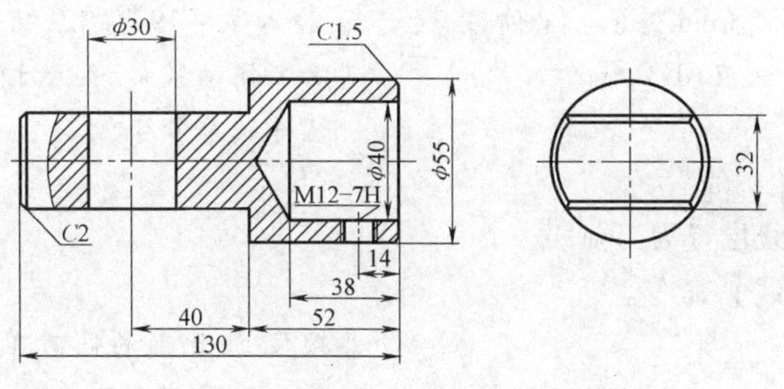

图 6-16　安全帽

（1）创建图层，并将中心线层置为当前层

（2）打开【正交】

（3）绘制中心线

1）启动【直线】命令。

指定第一个点：	输入起点坐标(100,100)，确认。
指定下一点或［放弃(U)］：	向右拖动鼠标，显示预期路径时输入 140，确认并结束命令。

2）在【对象捕捉】设置中选择【端点】、【中点】和【交点】，打开【对象捕捉】和【对象追踪】。

3）启动【直线】命令。

指定第一个点：	追踪刚绘制的中心线右端点；向右拖动鼠标，显示预期路径时输入 40，确认。
指定下一点或［放弃(U)］：	向右拖动鼠标，显示预期路径时输入 60，确认并结束命令。

4）启动【直线】命令；

指定第一个点：‖追踪刚绘制的中心线中点；向上拖动鼠标，显示预期路径时输入 30，确认。

指定下一点或［放弃(U)］：‖向下拖动鼠标，显示预期路径时输入 60，确认并结束命令。

5）启动【直线】命令。

指定第一个点：‖按住 Shift 键的同时单击鼠标右键，在弹出的快捷菜单中选择【自】。

指定第一个点： _from 基点：‖抓取主视图中心线左端点。

指定第一个点： _from 基点：<偏移>：‖输入@43,21，确认。

指定下一点或［放弃(U)］：‖向下拖动鼠标，显示预期路径时输入 42，确认并结束命令。

6）启动【直线】命令。

指定第一个点：‖按住 Shift 键的同时单击鼠标右键，在弹出的快捷菜单中选择【自】。

指定第一个点： _from 基点：‖抓取主视图中心线右端点。

指定第一个点： _from 基点：<偏移>：‖输入@ -19，-32，确认。

指定下一点或［放弃(U)］：‖向上拖动鼠标，显示预期路径时输入 15，确认并结束命令。

（4）绘制可见轮廓线

1）将可见轮廓线层置为当前层。

2）启动【多段线】命令。

指定起点：‖按住 Shift 键的同时单击鼠标右键，在弹出的快捷菜单中选择【自】。

指定起点：_from 基点：‖抓取主视图中心线左端点。

指定起点：_from 基点：<偏移>：‖输入@5，-15，确认。

当前线宽为 0.0000

指定下一个点或［圆弧(A)/半宽(H)/长度(L)/放弃(U)/宽度(W)］：

‖向上拖动鼠标，显示预期路径时输入 15，确认。

指定下一点或［圆弧(A)/闭合(C)/半宽(H)/长度(L)/放弃(U)/宽度(W)］：

‖输入@1,1，确认。

指定下一点或［圆弧(A)/闭合(C)/半宽(H)/长度(L)/放弃(U)/宽度(W)］：

‖向右拖动鼠标，显示预期路径时输入 77，确认。

指定下一点或［圆弧(A)/闭合(C)/半宽(H)/长度(L)/放弃(U)/宽度(W)］：

‖向上拖动鼠标，显示预期路径时输入 11.5，确认。

指定下一点或［圆弧(A)/闭合(C)/半宽(H)/长度(L)/放弃(U)/宽度(W)］：

‖向右拖动鼠标，显示预期路径时输入 50.5，确认。

指定下一点或［圆弧(A)/闭合(C)/半宽(H)/长度(L)/放弃(U)/宽度(W)］: ‖输入@1.5, -1.5,确认。

指定下一点或［圆弧(A)/闭合(C)/半宽(H)/长度(L)/放弃(U)/宽度(W)］: ‖向下拖动鼠标,显示预期路径时输入52,确认。

指定下一点或［圆弧(A)/闭合(C)/半宽(H)/长度(L)/放弃(U)/宽度(W)］: ‖输入@ -1.5, -1.5,确认。

指定下一点或［圆弧(A)/闭合(C)/半宽(H)/长度(L)/放弃(U)/宽度(W)］: ‖向左拖动鼠标,显示预期路径时输入50.5,确认。

指定下一点或［圆弧(A)/闭合(C)/半宽(H)/长度(L)/放弃(U)/宽度(W)］: ‖向上拖动鼠标,显示预期路径时输入11.5,确认。

指定下一点或［圆弧(A)/闭合(C)/半宽(H)/长度(L)/放弃(U)/宽度(W)］: ‖向左拖动鼠标,显示预期路径时输入77,确认。

指定下一点或［圆弧(A)/闭合(C)/半宽(H)/长度(L)/放弃(U)/宽度(W)］: ‖输入C,确认并结束命令。

3）启动【直线】命令，绘制左端倒角线。

4）启动【直线】命令，绘制主视图 ϕ30 通孔。

5）单击【极轴】按钮，弹出【草图设置】对话框，增量角设置为30°，在【对象捕捉追踪设置】选项组中选择【用所有极轴角设置追踪】，并打开【极轴】。

6）启动【直线】命令，绘制主视图右侧 ϕ40 盲孔（圆锥角120°）。

指定第一个点: ‖追踪主视图最右端线中点;向上拖动鼠标,显示预期路径时输入20,确认。

指定下一点或［放弃(U)］: ‖向左拖动鼠标,显示预期路径时输入38,确认。

指定下一点或［放弃(U)］: ‖追踪主视图最右端线中点;拖动鼠标,出现如图6-17所示交点时单击鼠标左键。

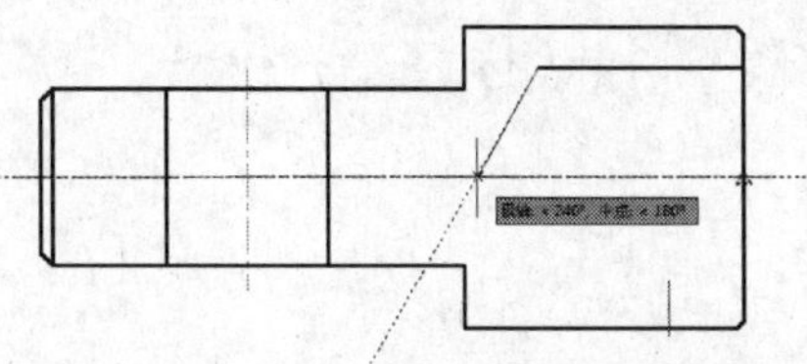

图 6-17　绘制安全帽 1

指定下一点或［闭合(C)/放弃(U)］: ‖追踪如图6-18所示A点;拖动鼠标,出现如图6-18所示交点时单击鼠标左键。

指定下一点或［闭合(C)/放弃(U)］：　‖向左拖动鼠标,显示预期路径时输入 38,确认并结束命令。

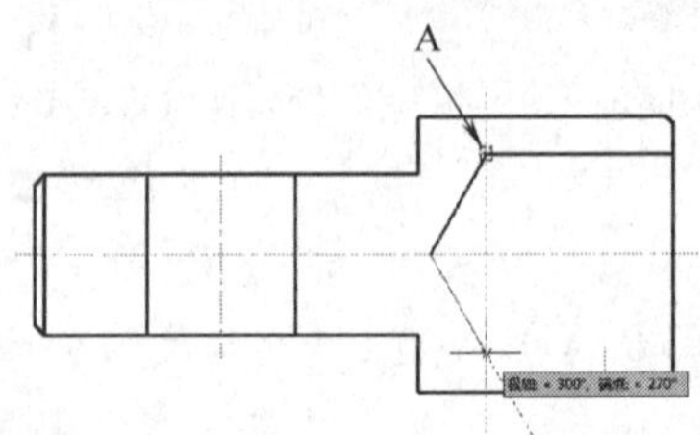

图 6-18　绘制安全帽 2

7）启动【直线】命令，绘制右端盲孔倒角线。

8）启动【直线】命令，绘制右端螺纹孔小径（=0.85 大径）粗实线。

9）启动【圆】命令，绘制左视图外圆（直径 55）。

10）启动【圆】命令，绘制左视图倒角圆。

11）启动【直线】命令，根据投影关系绘制左视图相应投影线。

12）启动【修剪】命令，如图 6-16 所示，将左视图修剪。

13）将【细实线】层置为当前层。

14）启动【直线】命令，绘制右端螺纹孔大径细实线。

15）启动【样条曲线】命令，绘制主视图波浪线（绘制时一定注意两端与轮廓线有交点）。

16）启动【图案填充】命令，绘制剖面线（图案选择 ANSI31，剖面线的疏密通过比例来调整）。

注：在选择填充区域时一定要包括图 6-19 所指示的区域（螺纹牙部分）。

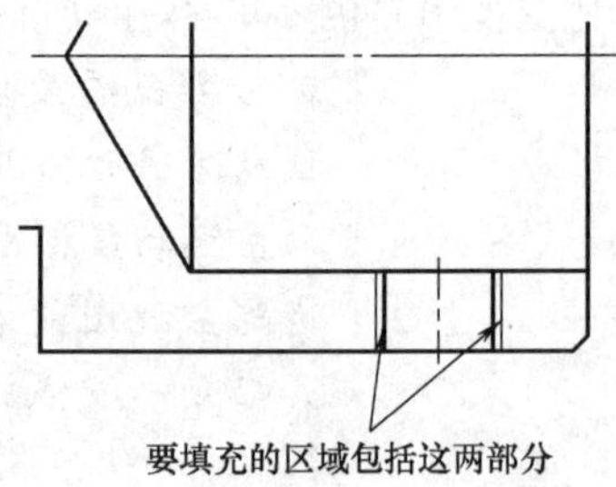

图 6-19　绘制安全帽 3

6.4　本章小结

本章主要介绍面域、实体间的布尔运算和图案填充，用户在操作过程中只要仔细些，没有大的难点。例如图案填充，在前期绘制图形时就注意，保证图案填充边界是闭合的，就会使后期的操作简捷，容易达到预期效果。

习　　题

1. 如图 6-20 所示，将粗实线区域创建为面域。

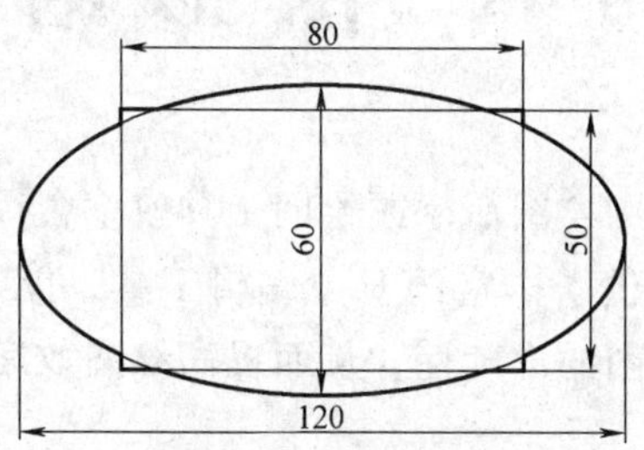

图 6-20　平面图形

2. 绘制如图 6-21 所示挡块（千斤顶零部件）。

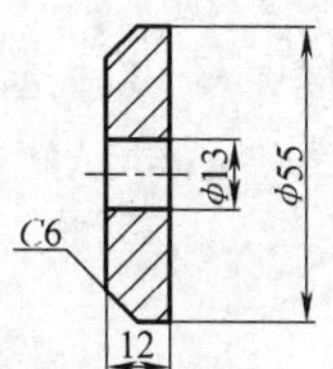

图 6-21　挡块

3. 绘制如图 6-22 所示回转体两视图。

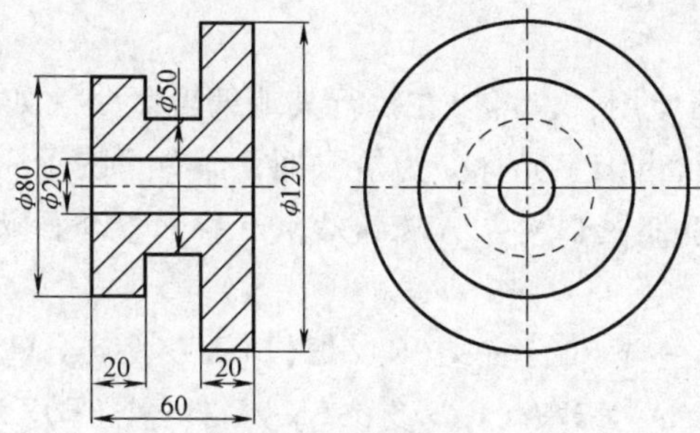

图 6-22　回转体

第7章　图形编辑

在绘制复杂图形时，只使用绘图命令或绘图工具效率会很低，借助图形编辑命令将极大地提高绘图效率。AutoCAD 提供了丰富的对象编辑工具，能够帮助用户合理地构造和组织图形，简化绘图操作，保证绘图的准确性，从而提高绘图效率。

7.1　选择对象

选择对象进行编辑时，AutoCAD 提供了多种选择对象的方法，如单击选择对象、用选择窗口选择对象、用选择线选择对象等。AutoCAD 可以把选择的多个对象组成整体（如编组），进行整体编辑与修改。

7.1.1　选择对象的方法

选择对象时除了单击拾取对象的方式外，AutoCAD 还提供了很多其他选择对象的方式。

执行方式

• 命令行：SELECT

SELECT 命令可以单独使用，也可以在执行其他编辑命令（如偏移、修剪等）时由系统自动调用，此时光标的形状由十字光标变为拾取框，命令行提示：

选择对象：　‖用拾取框选取对象，选择结束后结束命令；或在命令行输入?。

命令行提示：

需要点或窗口(W)/上一个(L)/窗交(C)/框(BOX)/全部(ALL)/栏选(F)/圈围(WP)/圈交(CP)/编组(G)/添加(A)/删除(R)/多个(M)/前一个(P)/放弃(U)/自动(AU)/单个(SI)/子对象(SU)/对象(O)

根据提示信息，输入其中的大写字母即可指定对象选择模式。

1)【窗口（W)】选项：自左上向右下绘制一个矩形区域（由两点确定）来选择对象，以实线方式显示矩形边框。整体均位于这个矩形窗口内的对象将被选中，不在该窗口内或者只有部分在该窗口内的对象则不被选中，如图 7-1 所示。

2)【上一个（L)】选项：选择最近一次创建的可见对象。对象必须在当前空间（模型

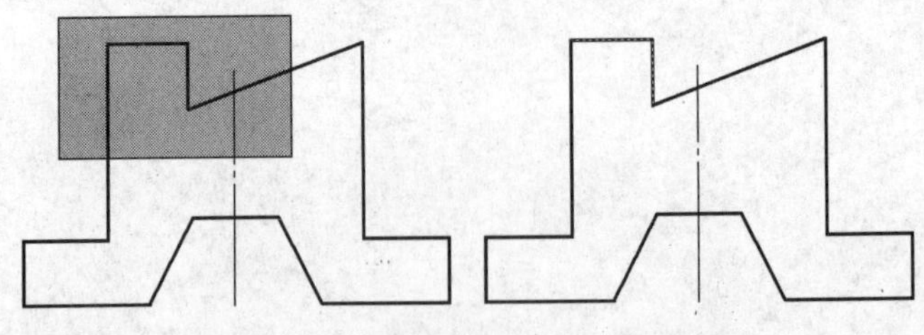

图 7-1　使用【窗口】方式选择对象

空间或图纸空间）中，并且一定不要将对象的图层设定为冻结或关闭状态。

3)【窗交（C)】选项：自右下向左上绘制一个矩形区域（由两点确定）来选择对象，以虚线方式显示矩形边框。全部位于窗口之内或者与窗口边界相交的对象都将被选中，如图 7-2 所示。

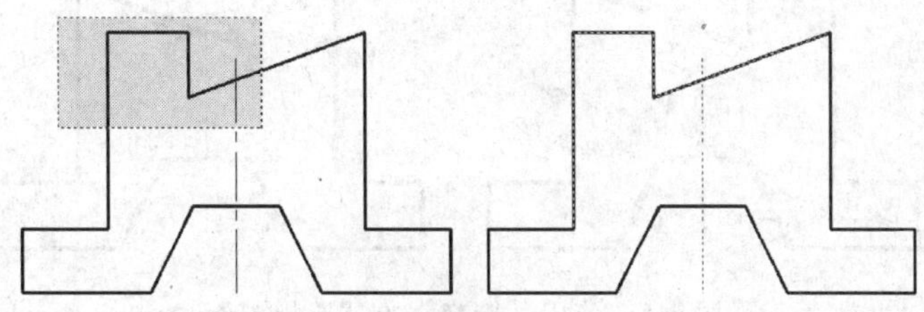

图 7-2　使用【窗交】方式选择对象

4)【框（BOX)】选项：由【窗口】和【窗交】两种方式组合的一个单独选项。从左到右设置拾取框的两角点，则执行【窗口】方式；从右到左设置拾取框的两角点，则执行【窗交】方式。

5)【全部（ALL)】选项：选取图形中没有被锁定、关闭或冻结的层上的所有对象。

6)【栏选（F)】选项：通过待选对象周围的点定义一条开放的多点栅栏（多段直线并可以自身相交）来选择对象。所有与栅栏线相接触的对象均会被选中，如图 7-3 所示。

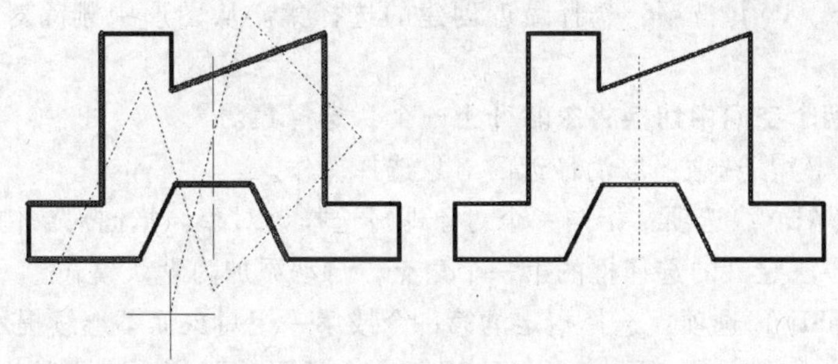

图 7-3　使用【栏选】方式选择对象

7)【圈围（WP)】选项：通过在待选对象周围指定点来定义一个不规则的封闭多边形作为窗口来选取对象。完全包围在多边形中的对象将被选中，如图 7-4 所示。

注：多边形可以是任何形状，但不能自身相交或相切。

8)【圈交（CP)】选项：通过在待选对象周围指定点来定义一个不规则的封闭多边作

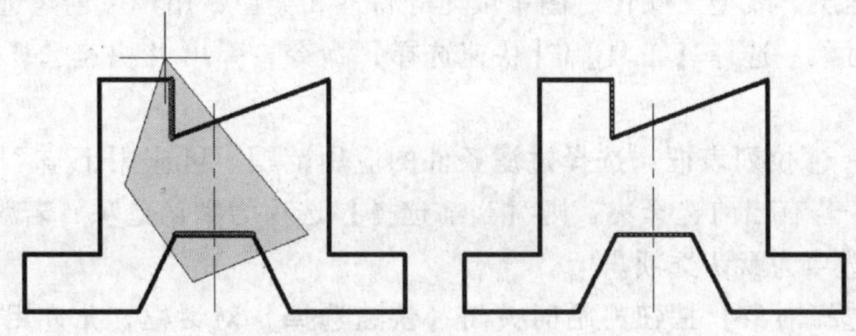

图 7-4　使用【圈围】方式选择对象

为窗交方式窗口来选取对象。所有在多边形内或与多边形相交的对象都将会被选中，如图7-5所示。

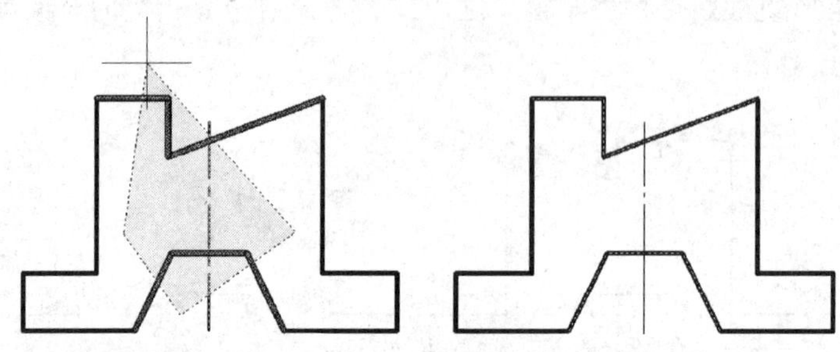

图7-5　使用【圈交】方式选择对象

9）【编组（G）】选项：在一个或多个命名或未命名的编组中选择所有对象。指定未命名编组时，请确定包括星号（*），如输入*a3；可以使用LIST命令以显示编组的名称。

10）【添加（A）】选项：可以使用任何对象选择方法将选定对象添加到选择集。

11）【删除（R）】选项：可以使用任何对象选择方法从当前选择集（而不是图中）中删除对象。删除模式的替换模式是在选择单个对象时按下Shift键，或者是使用【自动】选项。

12）【多个（M）】选项：选取多个对象（但不亮显）从而加快对象选取。

13）【前一个（P）】选项：选择最近创建的选择集。从图形中删除对象将清除【上一个】选项设置。

注：如果在两个空间中切换将忽略【上一个】选择集。

14）【放弃（U）】选项：取消最近的对象选择操作。

15）【自动（AU）】选项：指向一个对象即可选择该对象。指向对象内部或外部的空白区，将形成框选方法定义的选择框的第一个角点，自动添加为默认模式。

16）【单个（SI）】选项：选择指定的第一个或第一组对象而不继续提示进一步选择。

17）【子对象（SU）】选项：使用户可以逐个选择原始形状，这些形状是复合实体的一部分或三维实体上的顶点、边和面。可以选择这些子对象中的一个，也可以创建多个子对象的选择集，并且选择集可以包含多种类型的子对象。

18）【对象（O）】选项：结束选择子对象的功能。

7.1.2　快速选择

根据对象的图层、线型、颜色、图案填充等特性和类型，用户可创建选择集来选择具有某些共同特性的对象。选择【工具】|【快速选择】命令，弹出【快速选择】对话框，如图7-6所示。

1）【应用到】下拉列表框：选择过滤条件的应用范围。可应用于整个图形，也可应用到当前选择集中。若有当前选择集，则【当前选择】选项为默认选项；若没有当前选择集，则【整个图形】选项为默认选项。

注：单击【选择对象】按钮将临时关闭【快速选择】对话框，允许用户选择要对其应用过滤条件的对象。选择完毕后按Enter键结束选择并回到【快速选择】对话框中，同时

AutoCAD 会将【应用到】下拉列表框中的选项设置为【当前选择】。

2）【对象类型】下拉列表框：指定要过滤的对象类型。若当前没有选择集，在该下拉列表框中将包含 AutoCAD 所有可用的对象类型；如果已有一个选择集，则包含所选对象的对象类型。

3）【特性】列表框：用于指定作为过滤条件的对象特性。

4）【运算符】下拉列表框：用于控制过滤的范围。

注：运算符包括 =、< >、>、<、*、全部选择等。其中 > 和 < 操作符对某些对象特性是不可用的，* 操作符仅对可编辑的文本起作用。

5）【值】下拉列表框：用于设置过滤的特性值。

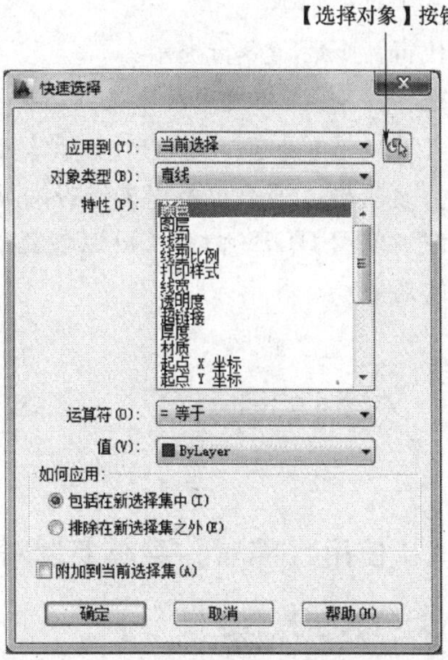

图 7-6 【快速选择】对话框

6）【如何应用】选项组：选择其中的【包括在新选择集中】单选按钮，则由满足过滤条件的对象构成选择集；选择【排除在新选择集之外】单选按钮，则由不满足过滤条件的对象构成选择集。

7）【附加到当前选择集】复选框：用于指定由 QSELECT 命令所创建的选择集是追加到当前选择集中，还是替代当前选择集。

注：只有在选择【如何应用】选项组中的【包括在新选择集中】单选按钮，并且【附加到当前选择集】复选框未被选中时，【选择对象】按钮才可用。

7.2 删除与恢复对象

1. 放弃与重做对象

执行方式

- 下拉菜单：【编辑】|【放弃】/【重做】
- 命令行：UNDO/REDO
- 工具栏：和

注：UNDO 对一些命令和系统变量无效，包括用以打开、关闭或保存窗口或图形、显示信息、更改图形显示、重生成图形或以不同格式输出图形的命令及系统变量。REDO 可恢复单个 UNDO 或 U 命令放弃的效果。REDO 必须紧跟随在 U 或 UNDO 命令之后。

2. 删除与恢复对象

执行方式

- 下拉菜单：【修改】|【删除】
- 命令行：ERASE

• 工具栏：

执行命令后命令行提示：

选择对象： ‖使用对象选择方法选取要删除的对象，选择完成后确认。

若在【选项】对话框的【选择】选项卡中，选择【选择模式】选项组中的【先选择后执行】复选框，那么也可以先选择对象，然后单击【删除】按钮将其删除。

注：使用 OOPS 命令，可以恢复最后一次使用【打断】、【块定义】和【删除】等命令删除的对象。

7.3 复制对象

7.3.1 使用【编辑】菜单复制对象

(1)【剪切】命令

执行方式

• 下拉菜单：【编辑】|【剪切】

• 命令行：CUTCLIP

• 工具栏：

• 快捷键：Ctrl + X

• 快捷菜单：无命令处于活动状态时在绘图区域单击鼠标右键，然后在弹出的快捷菜单中选择【剪贴板】|【剪切】命令

所选择对象从当前图形上剪切到剪贴板上，并从原图形中消失。

(2)【复制】命令

执行方式

• 下拉菜单：【编辑】|【复制】

• 命令行：COPYCLIP

• 工具栏：

• 快捷键：Ctrl + C

• 快捷菜单：无命令处于活动状态时在绘图区域单击鼠标右键，然后在弹出的快捷菜单中选择【剪贴板】|【复制】命令

所选择对象从当前图形上复制到剪贴板上，原图形保持不变。

(3)【带基点复制】命令

执行方式

• 下拉菜单：【编辑】|【带基点复制】

• 命令行：COPYBASE

• 快捷键：Ctrl + Shift + C

• 快捷菜单：无命令处于活动状态时在绘图区域单击鼠标右键，然后在弹出的快捷菜单中选择【剪贴板】|【带基点复制】命令

（4）【粘贴】命令

执行方式

- 下拉菜单：【编辑】|【粘贴】
- 命令行：PASTECLIP
- 工具栏：
- 快捷键：Ctrl + V
- 快捷菜单：无命令处于活动状态时在绘图区域单击鼠标右键，然后在弹出的快捷菜单中选择【剪贴板】|【粘贴】命令

执行上述命令后，保存在剪贴板上的对象被粘贴到当前图形中。

（5）【粘贴为块】命令

执行方式

- 下拉菜单：【编辑】|【粘贴为块】
- 命令行：PASTEBLOCK
- 快捷键：Ctrl + Shift + V
- 快捷菜单：无命令处于活动状态时在绘图区域单击鼠标右键，然后在弹出的快捷菜单中选择【剪贴板】|【粘贴为块】命令

将复制到剪贴板的对象作为块粘贴到图形中指定的插入点。

（6）【粘贴到原坐标】命令

执行方式

- 下拉菜单：【编辑】|【粘贴到原坐标】
- 命令行：PASTEORIG
- 快捷菜单：无命令处于活动状态时在绘图区域单击鼠标右键，然后在弹出的快捷菜单中选择【剪贴板】|【粘贴到原坐标】命令

使用原坐标将剪贴板中的对象粘贴到当前图形中。

注：复制到剪贴板的对象将被粘贴到当前图形中，其粘贴位置与原始图形中使用的坐标相同。但仅当剪贴板包含来自除当前图形以外图形的 AutoCAD 数据时，此命令才可用。

7.3.2　使用【修改】菜单复制对象

执行方式

- 下拉菜单：【修改】|【复制】
- 命令行：COPY
- 工具栏：

执行命令后命令行提示：

选择对象：　‖使用对象选择方法选取要复制的对象，选择完成后确认。

或者先选择要复制的对象，然后在绘图区域单击鼠标右键并在弹出的快捷菜单中选择【复制选择】命令。若复制模式为【多个】，则命令行提示：

当前设置：　复制模式 = 多个

指定基点或［位移(D)/模式(O)］<位移>：　　‖指定基点。

指定第二个点或［阵列(A)］<使用第一个点作为位移>：‖输入 A，确认。
输入要进行阵列的项目数：‖输入项目数，确认。
指定第二个点或［布满(F)］：

1）复制模式有【单个】与【多个】之分，可以创建单个或多个副本。

2）位移是通过指定的两点定义一个矢量，指定复制对象的放置离原位置有多远以及以哪个方向放置。

3）阵列项目数是指在线性阵列中排列的副本数量。其中【布满】是在原始选择集和最终副本之间布满其他副本。

【例 7-1】 绘制如图 7-7 所示图形。图中 A 点坐标是（100,100）。

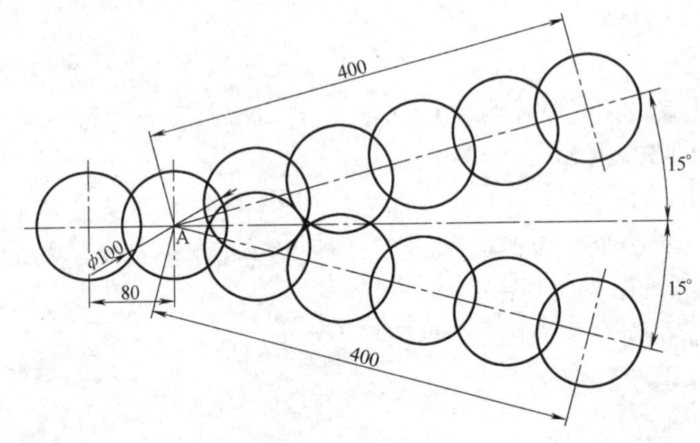

图 7-7　绘制图形 1

1）以点 A（100,100）为圆心绘制 ϕ100 圆。

2）极轴设置，极轴角为 15°，附加角 -15°。

3）对象捕捉设置，选择圆心。

4）打开【极轴】和【对象捕捉】。

5）启动【复制】命令。

选择对象：‖选取圆，选择完成后确认。
当前设置：复制模式 = 多个
指定基点或［位移(D)/模式(O)］<位移>：‖直接确认。
指定位移 <100.0000, 100.0000, 0.0000>：‖输入 -80,0，确认。
完成如图 7-8 所示图形。

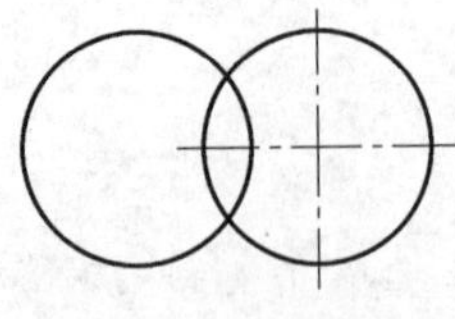

图 7-8　绘制图形 2

6）再启动【复制】命令。

选择对象：‖选取圆，选择完成后确认。
当前设置：复制模式 = 多个

指定基点或［位移(D)/模式(O)］<位移>:　‖ 选取圆心 A 为基点。
指定第二个点或［阵列(A)］<使用第一个点作为位移>: ‖ 输入 A,确认。
输入要进行阵列的项目数:　‖ 输入 6,确认。
指定第二个点或［布满(F)］:　‖ 拖动鼠标,显示如图 7-9 所示路径时输入 80,确认。

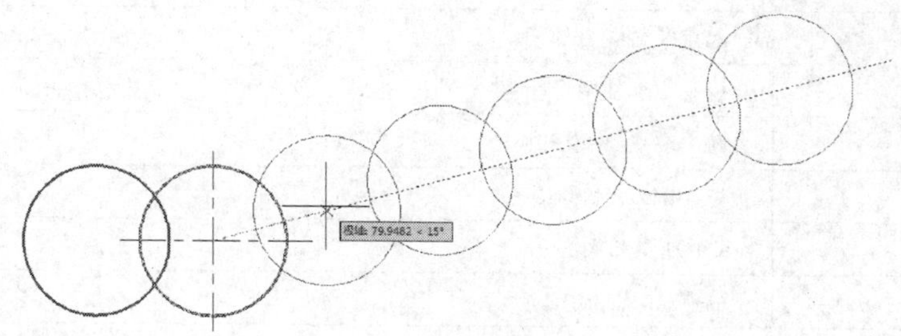

图 7-9　绘制图形 3

指定第二个点或［阵列(A)/退出(E)/放弃(U)］<退出>:　‖ 输入 A,确认。
输入要进行阵列的项目数或［6］:　‖ 确认。
指定第二个点或［布满(F)］:　‖ 输入 F,确认。
指定第二个点或［阵列(A)］　‖ 拖动鼠标,显示如图7-10 所示路径时输入 400,确认。
指定第二个点或［阵列(A)/退出(E)/放弃(U)］<退出>:　‖ 确认并结束命令。

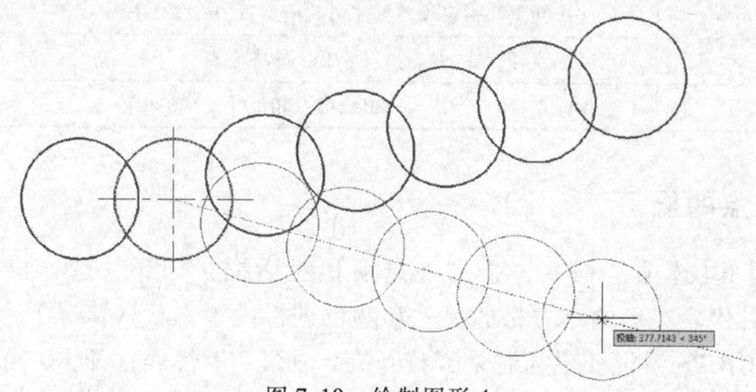

图 7-10　绘制图形 4

7.4　使用夹点编辑图形

无命令处于活动状态时，被选定的对象将显示出若干个小方框，这些小方框用来标记被选中对象的特征点，也就是对象上的控制点，称为夹点，如图 7-11 所示。

对不同的对象来说，用以控制其特征的夹点的位置和数量也不相同。AutoCAD 中常见对象的夹点特征见表 7-1。

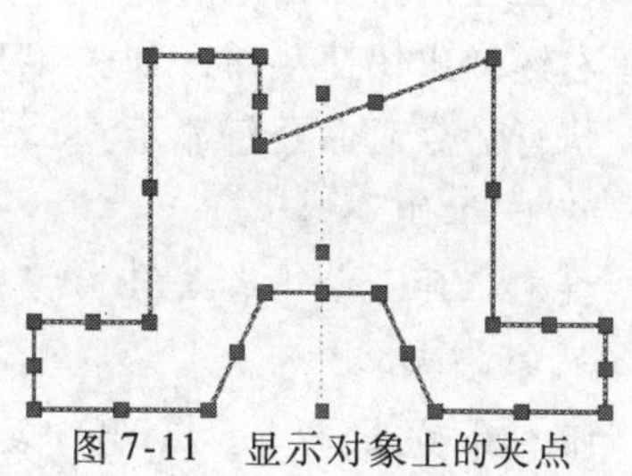

图 7-11　显示对象上的夹点

表 7-1　常见对象的夹点特征

对象类型	夹点特征
直线	两个端点和中点
多段线	直线段的两端点、圆弧段的中点和两端点
构造线	控制点以及线上的邻近两点
射线	起点及射线上的一个点
多线	控制线上的两个端点
圆弧	两个端点、中点和圆心
圆	4 个象限点和圆心
椭圆	4 个顶点和中心
椭圆弧	端点、中点和中心点
区域填充	各个顶点
文字	插入点和第二个对齐点（如果有的话）
段落文字	各顶点
属性	插入点
形	插入点
三维网络	网格上的各个顶点
三维面	周边点
线性标注、对齐标注	尺寸线和尺寸界线的端点，尺寸文字的中心点
角度标注	尺寸线端点和指定尺寸标注弧的端点，尺寸文字的中心点
半径标注、直径标注	半径或直径标注的端点，尺寸文字的中心点
坐标标注	被标注点，用户指定的引出线端点和尺寸文字的中心点

7.4.1　控制夹点的显示

执行【工具】|【选项】命令，弹出【选项】对话框，打开【选择集】选项卡，如图 7-12所示。可以对代表夹点的小方格的尺寸和颜色进行设置，默认情况下，夹点始终是打开的。也可以通过 GRIPS 系统变量控制是否打开夹点功能，1 代表打开，0 代表关闭。

7.4.2　使用夹点编辑对象

使用夹点可以对对象进行拉伸、移动、旋转、缩放及镜像等操作，是一种集成的编辑模式，方便快捷，非常实用。

在无任何命令活动时选中对象，显示其夹点，单击其中某个夹点，将激活该夹点，单击鼠标右键弹出快捷菜单，如图 7-13 所示。

执行命令后命令行显示：

＊＊ 拉伸 ＊＊

指定拉伸点或［基点(B)/复制(C)/放弃(U)/退出(X)］：　　‖直接确认。

＊＊ 移动 ＊＊

指定移动点 或［基点(B)/复制(C)/放弃(U)/退出(X)］：　　‖直接确认。

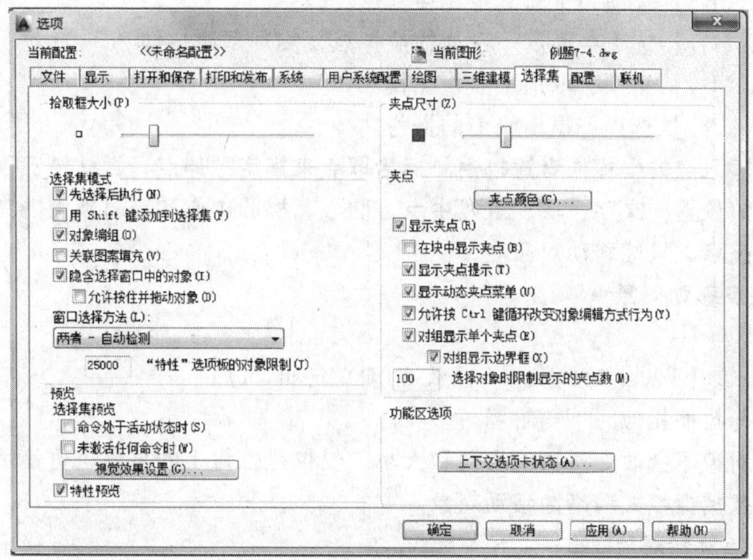

图 7-12　设置夹点的显示

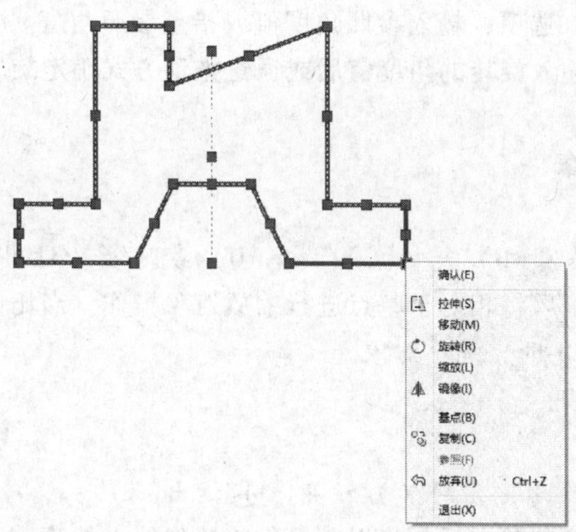

图 7-13　夹点编辑

＊＊ 旋转 ＊＊

指定旋转角度或 [基点(B)/复制(C)/放弃(U)/参照(R)/退出(X)]:　‖直接确认。

＊＊ 比例缩放 ＊＊

指定比例因子或 [基点(B)/复制(C)/放弃(U)/参照(R)/退出(X)]:　‖直接确认。

＊＊ 镜像 ＊＊

指定第二点或 [基点(B)/复制(C)/放弃(U)/退出(X)]:　‖直接确认,命令再次循环出现。

1. 使用夹点拉伸对象

＊＊ 拉伸 ＊＊

指定拉伸点或 [基点(B)/复制(C)/放弃(U)/退出(X)]:

1）【基点（B）】选项：重新确定拉伸基点。

2）【复制（C）】选项：确定一系列的拉伸点，实现多次拉伸。

3）【放弃（U）】选项：取消上一次操作。

4）【退出（X）】选项：退出当前的操作。

注：通过输入点的坐标或者直接用鼠标拾取点来指定拉伸点，默认情况下，将把对象拉伸或移动到新的位置。文字、块、直线中点、圆心、椭圆中心和点对象上的夹点不能拉伸对象；对于这些夹点，只能移动对象。

2. 使用夹点移动对象

＊＊ 移动 ＊＊

指定移动点或[基点(B)/复制(C)/放弃(U)/退出(X)]：

选项功能与拉伸相似，不再解释。

注：移动对象不会改变对象的方向和大小，仅仅是位置上的平移，可使用捕捉模式、坐标、夹点和对象捕捉模式精确地移动对象。

3. 使用夹点旋转对象

＊＊ 旋转 ＊＊

指定旋转角度或［基点(B)/复制(C)/放弃(U)/参照(R)/退出(X)］：

其中，【参照（R）】选项：输入参照角度值或指定参照角度。

注：默认情况下，输入旋转的角度值后或通过拖动方式确定旋转角度后，即可将对象绕基点旋转指定的角度。

4. 使用夹点缩放对象

＊＊ 比例缩放 ＊＊

指定比例因子或［基点(B)/复制(C)/放弃(U)/参照(R)/退出(X)］：

确定缩放的比例因子后将相对于基点进行缩放对象操作。当比例因子大于 1 时，放大对象；当比例因子介于 0 ~ 1 时，缩小对象。

5. 使用夹点镜像对象

＊＊ 镜像 ＊＊

指定第二点或［基点(B)/复制(C)/放弃(U)/退出(X)］：

在夹点编辑模式下确定基点后，将以基点作为镜像线上的第一个点，新指定的点为镜像线上的第二个点。

7.4.3　多功能夹点

对于直线、多段线、圆弧、椭圆弧、样条曲线和图案填充对象等二维对象，当光标悬停在其夹点上时，将显示特定于对象（有时为特定于夹点）的编辑选项菜单，如图 7-14 所示。单击其中某一选项，按命令行提示操作即可。

注：锁定图层上的对象不显示夹点。选择多个共享重合夹点的对象时，可以使用夹点模式编辑这些对象；但是，任何特定于对象或夹点的选项将不可用。

【例 7-2】 使用夹点编辑绘制如图 7-15 所示图形。图中 A 点坐标是（100，100）。

1）打开【正交】。

2）启动【多边形】命令，绘制五边形。

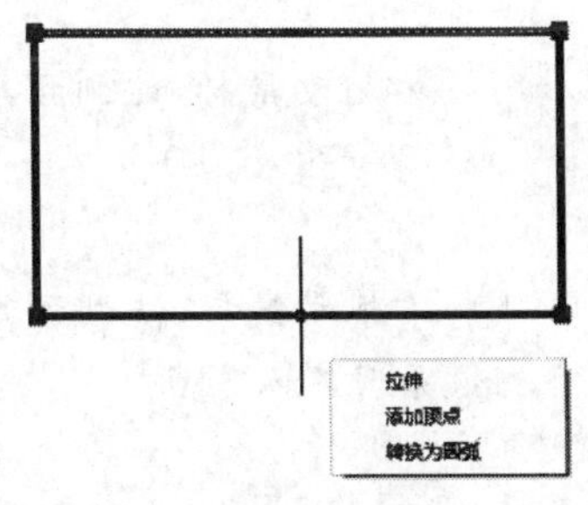

图 7-14　多功能夹点

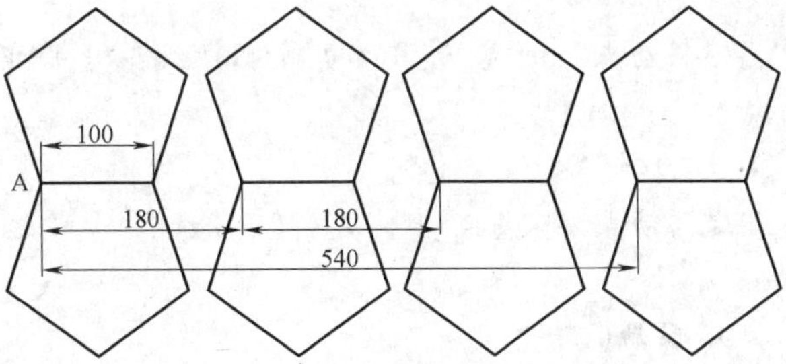

图 7-15　绘制平面图形

输入侧面数 <4>：　‖ 输入 5，确认。

指定正多边形的中心点或［边(E)］：　‖ 输入 E，确认。

指定边的第一个端点：　‖ 输入(100,100)，确认。

指定边的第二个端点：　‖ 向右拖动鼠标，显示预期路径时输入 100，确认。

3）选中五边形，激活左下角顶点，单击鼠标右键，在弹出的快捷菜单中选择【镜像】，如图 7-16 所示。

＊＊ 镜像 ＊＊

指定第二点或［基点(B)/复制(C)/放弃(U)/退出(X)］：　‖ 输入 C，确认。

＊＊ 镜像(多重)＊＊

指定第二点或［基点(B)/复制(C)/放弃(U)/退出(X)］：　‖ 向右拖动鼠标，达到预期效果时单击鼠标左键，结束命令。

4）选中两个五边形，激活两者共有的左顶点，单击鼠标右键，在弹出的快捷菜单中选择【移动】，如图 7-17 所示。

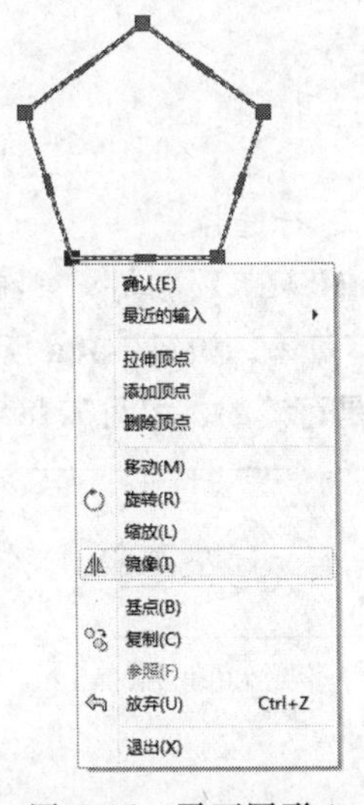

图 7-16　平面图形 1

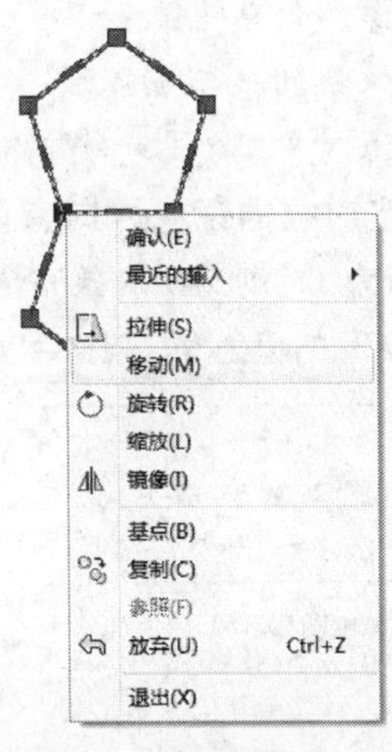

图 7-17　平面图形 2

＊＊ 移动 ＊＊

指定移动点 或［基点(B)/复制(C)/放弃(U)/退出(X)］：　‖ 输入 C，确认。

＊＊ 移动(多个)＊＊

指定移动点 或［基点(B)/复制(C)/放弃(U)/退出(X)］： ‖向右拖动鼠标,达到预期效果时输入180。

＊＊ 移动(多个)＊＊

指定移动点 或［基点(B)/复制(C)/放弃(U)/退出(X)］： ‖向右拖动鼠标,达到预期效果时输入360；

＊＊ 移动(多个)＊＊

指定移动点 或［基点(B)/复制(C)/放弃(U)/退出(X)］： ‖向右拖动鼠标,达到预期效果时输入540;结束命令。

7.5 使用【修改】菜单命令编辑图形

AutoCAD 的【修改】菜单为用户提供了多种实用的编辑命令，下面介绍各命令的使用。

7.5.1 镜像对象

镜像对象是指将对象以镜像线进行对称复制。

执行方式

- 下拉菜单:【修改】|【镜像】
- 命令行：MIRROR
- 工具栏：

执行命令后命令行显示：

选择对象： ‖选取要镜像的对象,选择完成后确认。

或者先选择要进行镜像的对象再启动命令,命令行显示：

指定镜像线的第一点： ‖指定点。

指定镜像线的第二点： ‖指定点。

要删除源对象吗?［是(Y)/否(N)］ <N>： ‖根据需要进行选择。

注：文字对象的镜像方向有两种，可以使用系统变量 MIRRTEXT 控制。系统变量 MIRRTEXT 的值为 1，则文字对象完全镜像，镜像出来的文字变得不可读，如图 7-18a 所示；系统变量 MIRRTEXT 的值为 0，则文字对象不镜像，镜像出来的文字是可读的，如图 7-18c 所示。

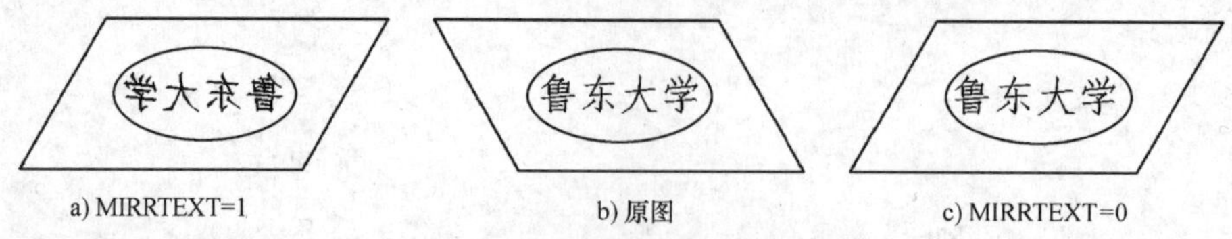

a) MIRRTEXT=1　　b) 原图　　c) MIRRTEXT=0

图 7-18　文字对象的镜像方向

7.5.2 偏移对象

偏移对象是指对指定的直线、圆弧、圆等对象进行偏移复制，创建平行线或等距离分布图形。

注：利用【偏移】命令复制对象时，对直线段、构造线、射线作偏移是平行复制；对圆弧作偏移后，新圆弧与旧圆弧同心且具有同样的包含角，但新圆弧的长度发生改变；对圆或椭圆作偏移后，新圆、新椭圆与旧圆、旧椭圆有同样的圆心，但新圆的半径或新椭圆的轴长发生变化。

执行方式

- 下拉菜单：【修改】|【偏移】
- 命令行：OFFSET
- 工具栏：

执行命令后命令行显示：

当前设置：删除源 = 否　图层 = 源　OFFSETGAPTYPE = 0

指定偏移距离或［通过(T)/删除(E)/图层(L)］<通过>：

1）【指定偏移距离】选项：在距现有对象指定的距离处复制出对象。

2）【通过（T）】选项：指定一个通过点，经过通过点复制对象。

3）【删除（E）】选项：偏移源对象后将其删除。

4）【图层（L）】选项：确定将偏移对象创建在当前图层上还是源对象所在的图层上。

注：系统变量 OFFSETGAPTYPE 用以控制偏移多段线时处理线段之间的潜在间隙的方式。系统变量 OFFSETGAPTYPE 为 0 时，将线段延伸到投影交点，如图 7-19a 所示；系统变量 OFFSETGAPTYPE 为 1 时，将线段在其投影交点处进行圆角，每个圆弧段的半径等于偏移距离，如图 7-19b 所示；系统变量 OFFSETGAPTYPE 为 2 时，将线段在其投影交点处进行倒角，在原始对象上从每个倒角到其相应顶点的垂直距离等于偏移距离，如图 7-19c 所示。

a) OFFSETGAPTYPE=0　b) OFFSETGAPTYPE=1　c) OFFSETGAPTYPE=2

图 7-19　偏移对象

7.5.3　阵列对象

阵列对象是指创建以阵列模式排列的对象的副本，有 3 种类型。

1. 矩形阵列

矩形阵列将对象副本分布到行、列和标高的任意组合。

执行方式

- 下拉菜单：【修改】|【阵列】|【矩形阵列】
- 命令行：ARRAYRECT
- 工具栏：

执行命令后命令行显示：

选择对象： ‖选取要阵列的对象，选择完成后确认。

类型 = 矩形 关联 = 是

选择夹点以编辑阵列或［关联(AS)/基点(B)/计数(COU)/间距(S)/列数(COL)/行(R)/层(L)/退出(X)］<退出>：

1)【关联（AS)】：指定阵列中的对象是关联的，还是独立的。

2)【基点（B)】：定义阵列基点和基点夹点的位置。

3)【计数（COU)】：指定行数和列数并使用户在移动光标时可以动态观察结果。其中【表达式】是基于数学公式或方程式导出值。

4)【间距（S)】：指定行间距和列间距并使用户在移动光标时可以动态观察结果。其中【单位单元】是通过设置等同于间距的矩形区域的每个角点来同时指定行间距和列间距。【列间距】用于指定从每个对象的相同位置测量的每列之间的距离。【行间距】用于指定从每个对象的相同位置测量的每行之间的距离。

5)【列数（COL)】：用于编辑列数和列间距。其中【全部】指定从开始和结束对象上的相同位置测量的起点和终点列之间的总距离。

6)【行（R)】：用于指定阵列中的行数、它们之间的距离以及行之间的增量标高。其中【全部】指定从开始和结束对象上的相同位置测量的起点和终点行之间的总距离。其中【增量标高】用于设置每个后续行增大或减小的标高。

7)【层（L)】：指定三维阵列的层数和层间距。

8)【退出（X)】：退出命令。

2. 路径阵列

路径阵列沿路径或部分路径均匀地分布对象副本，路径可以是直线、多段线、三维多段线、样条曲线、螺旋、圆弧、圆或椭圆。

- 下拉菜单：【修改】|【阵列】|【路径阵列】
- 命令行：ARRAYPATH
- 工具栏：

执行命令后命令行显示：

选择对象： ‖选取要阵列的对象，选择完成后确认。

类型 = 路径 关联 = 是

选择路径曲线： ‖指定用于阵列路径的对象。

选择夹点以编辑阵列或［关联(AS)/方法(M)/基点(B)/切向(T)/项目(I)/行(R)/层(L)/对齐项目(A)/Z 方向(Z)/退出(X)］<退出>：

与矩形阵列相同功能的选项就不再介绍了。

1)【方法（M)】：用于控制如何沿路径分布项目。其中【定数等分】将指定数量的项目沿路径的长度均匀分布。【测量】将以指定的间隔沿路径分布项目。

2)【切向（T)】：用于指定阵列中的项目如何相对于路径的起始方向对齐。

其中【两点】指定表示阵列中的项目相对于路径的切线的两个点，这两个点的矢量建立阵列中第一个项目的切线。【对齐项目】设置【普通】是根据路径曲线的起始方向调整第一个项目的 Z 方向。

3）【项目（I）】：根据【方法】的设置，指定项目数或项目之间的距离。

注：当【方法】为【定数等分】时，【沿路径的项目数】可用，使用值或表达式指定阵列中的项目数。当【方法】为【定距等分】时，【沿路径的项目之间的距离】可用，使用值或表达式指定阵列中的项目的距离。默认情况下，使用最大项目数填充阵列，这些项目使用输入的距离填充路径。如果需要可以指定一个更小的项目数，也可以启用【填充整个路径】，以便在路径长度更改时调整项目数。

4）【对齐项目（A）】：用于指定是否对齐每个项目以与路径的方向相切，控制阵列中的其他项目是否保持相对于第一个项目相切或平行。

5）【Z 方向（Z）】：用于控制是否保持项目的原始 Z 方向或沿三维路径自然倾斜项目。

3. 环形阵列

环形阵列围绕中心点或旋转轴在环形阵列中均匀分布对象副本。

- 下拉菜单：【修改】|【阵列】|【环形阵列】
- 命令行：ARRAYPOLAR
- 工具栏：

执行命令后命令行显示：

选择对象： ‖选取要阵列的对象，选择完成后确认。

类型 = 极轴 关联 = 是

指定阵列的中心点或［基点(B)/旋转轴(A)］：

选择夹点以编辑阵列或［关联(AS)/基点(B)/项目(I)/项目间角度(A)/填充角度(F)/行(R)/层(L)/旋转项目(ROT)/退出(X)］ <退出>：

1）【阵列的中心点】：是指分布阵列项目所围绕的点，旋转轴是当前 UCS 的 Z 轴。

2）【旋转轴（A）】：指定由两个指定点定义的自定义旋转轴。

3）【项目（I）】：用值或表达式指定阵列中的项目数。当在表达式中定义填充角度时，结果值中的（＋或－）数学符号不会影响阵列的方向。

4）【项目间角度（A）】：使用值或表达式指定项目之间的角度。

5）【填充角度（F）】：使用值或表达式指定阵列中第一个和最后一个项目之间的角度。

6）【旋转项目（ROT）】：控制在排列项目时是否旋转项目。

【例 7-3】 使用【阵列】命令绘制如图 7-20 所示图形。

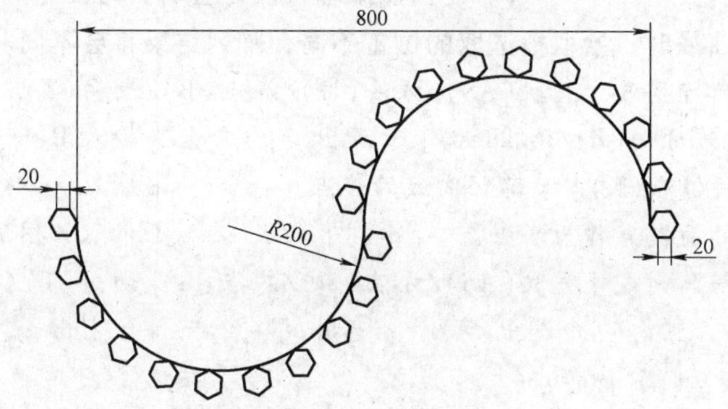

图 7-20 绘制平面图形

1）启动【圆弧】命令，绘制图 7-20 所示路径。

指定圆弧的起点或［圆心(C)］：　‖输入(50,100)，确认。

指定圆弧的第二个点或［圆心(C)/端点(E)］：　‖输入 C，确认。

指定圆弧的圆心：　‖输入@200,0，确认。

指定圆弧的端点或［角度(A)/弦长(L)］：　‖输入@200,0，确认并结束命令。

2）重复【圆弧】命令。

指定圆弧的起点或［圆心(C)］：　‖直接按 Enter 键。

指定圆弧的端点：　‖输入@400,0，确认并结束命令。

3）启动【正多边形】命令。

输入侧面数 <4>：　‖输入 6，确认。

指定正多边形的中心点或［边(E)］：　‖抓取已绘制路径的左端点。

输入选项［内接于圆(I)/外切于圆(C)］<I>：　‖直接按 Enter 键。

指定圆的半径：　‖输入 20，确认。

4）重复【正多边形】命令。

输入侧面数 <6>：　‖直接按 Enter 键。

指定正多边形的中心点或［边(E)］：　‖抓取已绘制路径的右端点。

输入选项［内接于圆(I)/外切于圆(C)］<I>：　‖直接按 Enter 键。

指定圆的半径：　‖输入 20，确认。

得到如图 7-21 所示图形。

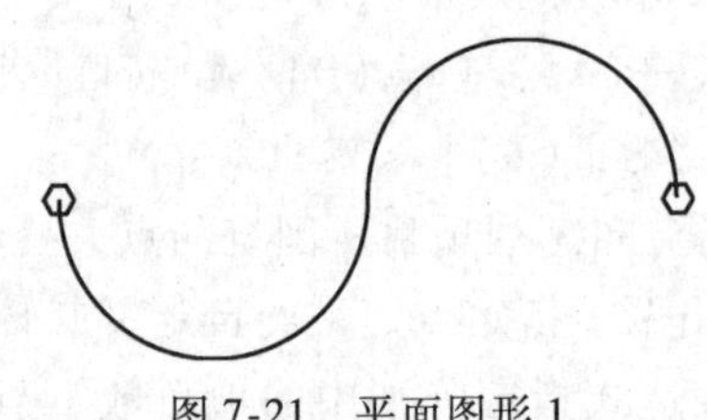

图 7-21　平面图形 1

5）启动【路径矩阵】命令。

选择对象：　‖抓取已绘制的左侧六边形。

选择对象：找到 1 个　‖按 Enter 键确认。

类型 = 路径　关联 = 是

选择路径曲线：　‖选取左侧圆弧路径靠近左端点的任意位置。

注：选择路径曲线时，拾取框选取的位置不同，阵列结果将会不同。

选择夹点以编辑阵列或［关联(AS)/方法(M)/基点(B)/切向(T)/项目(I)/行(R)/层(L)/对齐项目(A)/Z 方向(Z)/退出(X)］<退出>：　‖输入 B，确认。

指定基点或［关键点(K)］<路径曲线的终点>：　‖输入 K，确认。

指定源对象上的关键点作为基点：　‖抓取如图 7-22 所示 A 点。

选择夹点以编辑阵列或［关联(AS)/方法(M)/基点(B)/切向(T)/项目(I)/行(R)/层(L)/对齐项目(A)/Z 方向(Z)/退出(X)］<退出>：　‖按 Enter 键结束命令。

6）重复【路径矩阵】命令。

选择对象：　‖抓取已绘制的右侧六边形。

选择对象：找到 1 个 ‖按 Enter 键确认。

类型 = 路径 关联 = 是

选择路径曲线： ‖选取右侧圆弧路径靠近右端点的任意位置。

选择夹点以编辑阵列或［关联(AS)/方法(M)/基点(B)/切向(T)/项目(I)/行(R)/层(L)/对齐项目(A)/Z 方向(Z)/退出(X)］<退出>： ‖输入 B，确认。

指定基点或［关键点(K)］<路径曲线的终点>： ‖输入 K，确认。

指定源对象上的关键点作为基点： ‖抓取如图 7-22 所示 B 点。

选择夹点以编辑阵列或［关联(AS)/方法(M)/基点(B)/切向(T)/项目(I)/行(R)/层(L)/对齐项目(A)/Z 方向(Z)/退出(X)］<退出>： ‖按 Enter 键结束命令。

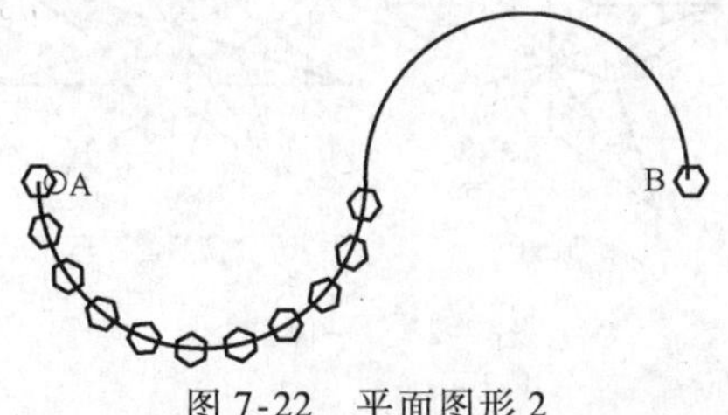

图 7-22 平面图形 2

7.5.4 移动对象

移动对象是对象的重定位，对象的位置发生了改变，但方向和大小不改变。

执行方式

- 下拉菜单：【修改】|【移动】
- 命令行：MOVE
- 工具栏：

执行命令后命令行显示：

选择对象： ‖选取要移动的对象，选择完成后确认。

指定基点或［位移(D)］<位移>： ‖指定基点。

指定第二个点或 <使用第一个点作为位移>： ‖指定点。

注：在前面已经介绍过，"位移"是使用坐标指定相对距离和方向。通过指定的两点定义一个矢量，指示复制对象的放置离原位置有多远以及以哪个方向放置。若选择【使用第一个点作为位移】选项，那么所给出的基点坐标值就被作为偏移量，也就是将图形相对于该点移动由基点设定的偏移量。

7.5.5 旋转对象

旋转对象是指将对象绕基点旋转指定的角度。

执行方式

- 下拉菜单：【修改】|【旋转】
- 命令行：ROTATE
- 工具栏：

执行命令后命令行显示：

UCS 当前的正角方向:ANGDIR = 逆时针　ANGBASE = 0

选择对象:　‖选取要旋转的对象,选择完成后确认。

指定基点:　‖指定基点(也就是旋转中心)。

指定旋转角度或 [复制(C)/参照(R)] <0>:　‖根据需要进行操作。

注：使用系统变量 ANGDIR 和 ANGBASE 可以设置旋转时的正方向和 0°方向。用户也可以选择【格式】|【单位】命令，在弹出的【图形单位】对话框中设置它们的值。

【例 7-4】 使用【旋转】命令将如图 7-23a 所示图形变换为图 7-23b 所示图形。

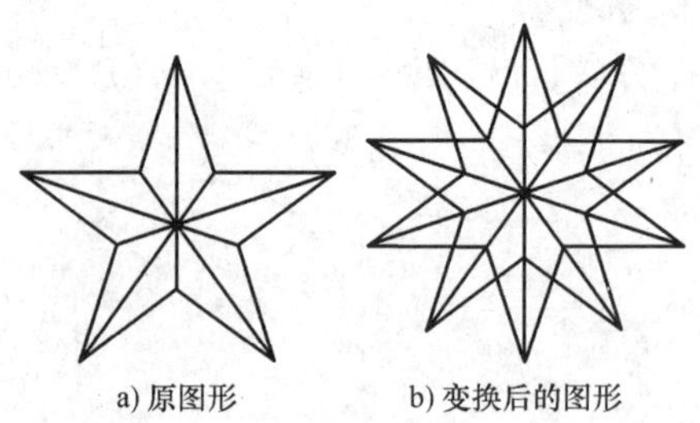

图 7-23　平面图形

UCS 当前的正角方向：ANGDIR = 逆时针　ANGBASE = 0

选择对象:　‖选取全部对象,选择完成后确认。

指定基点:　‖抓取图形中心点。

指定旋转角度或 [复制(C)/参照(R)] <0>:　‖输入 C,确认。

旋转一组选定对象。

指定旋转角度或 [复制(C)/参照(R)] <0>:　‖输入 36,确认。

7.5.6　缩放对象

缩放对象是指将对象按指定的比例因子相对于基点进行尺寸缩放。

执行方式

- 下拉菜单:【修改】|【缩放】
- 命令行：SCALE
- 工具栏：

执行命令后命令行显示:

选择对象:　‖选取要缩放的对象,选择完成后确认。

指定基点:　‖指定基点(也就是缩放中心)。

指定比例因子或 [复制(C)/参照(R)]:　‖根据需要进行操作。

注：缩放对象时的【参照 (R)】选项，需要依次输入参照长度的值和新的长度值，AutoCAD 根据参照长度与新长度的值自动计算比例因子 (比例因子 = 新长度值/参照长度值)，然后进行缩放。

【例 7-5】 使用【缩放】命令将如图 7-24a 所示图形变换为图 7-24b 所示图形。

选择对象:　‖选取全部对象,选择完成后确认。

指定基点:　‖抓取图形中心点。

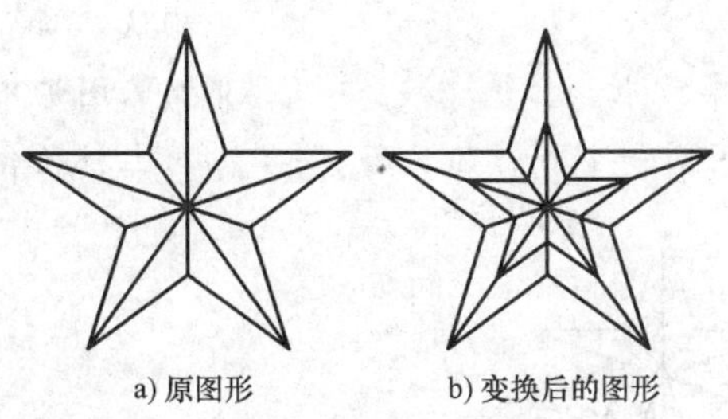

图 7-24　平面图形

指定比例因子或［复制(C)/参照(R)］:　　‖输入C,确认。

缩放一组选定对象。

指定旋转角度或［复制(C)/参照(R)］<0>:‖输入0.5,确认。

7.5.7　拉伸对象

使用交叉窗口方式或者交叉多边形方式选择对象，根据图形对象在选择框中的位置，会移动全部位于选择窗口之内的对象，而拉伸（或压缩）与选择窗口边界相交的对象。

执行方式

- 下拉菜单:【修改】|【拉伸】
- 命令行: STRETCH
- 工具栏:

执行命令后命令行显示:

以交叉窗口或交叉多边形选择要拉伸的对象...

选择对象:　　‖选取要拉伸的对象,选择完成后确认。

指定基点或［位移(D)］<位移>:　　‖指定基点(也就是拉伸点)。

指定第二个点或 <使用第一个点作为位移>:‖根据需要进行操作。

注：对于直线、圆弧、区域填充和多段线等对象，若其所有部分均在选择窗口内，那么它们将被移动，如果只有一部分在选择窗口内，则遵循以下拉伸规则：

1）直线位于窗口外的端点不动，位于窗口内的端点移动。

2）圆弧与直线类似，但在圆弧改变的过程中，圆弧的弦高保持不变，调整圆心的位置和圆弧起始角、终止角的值。

3）区域填充位于窗口外的端点不动，位于窗口内的端点移动。

4）多段线与直线或圆弧相似，但两端的宽度、切线方向及曲线拟合信息均不改变。

5）对于其他对象，如果其定义点位于选择窗口内，对象发生移动，否则不动。其中圆对象的定义点为圆心，形和块对象的定义点为插入点，文字和属性定义的定义点为字符串基线的左端点。

【例 7-6】　使用【拉伸】命令将如图 7-25a 所示图形变换为图 7-25b 所示图形。

以交叉窗口或交叉多边形选择要拉伸的对象...

选择对象:　　‖以交叉窗口选取图形的上半部分(如图 7-26 所示,下部两端点是不动的,一定要在交叉窗口外),选择完成后确认。

指定基点或［位移(D)］<位移>：　‖抓取图形中心点。

指定第二个点或 <使用第一个点作为位移>：　‖向上拉伸合适距离后确认。

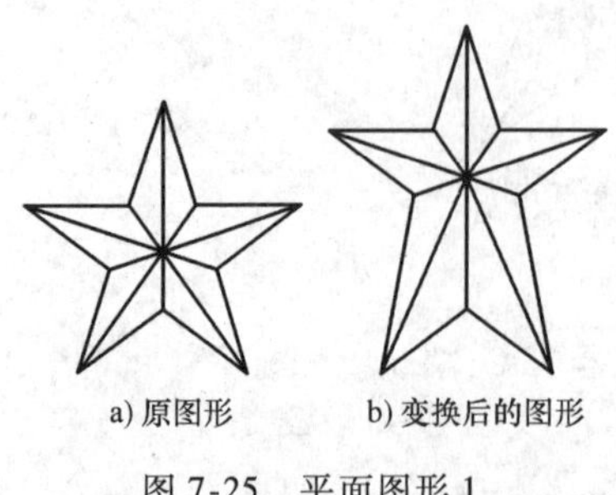

图 7-25　平面图形 1

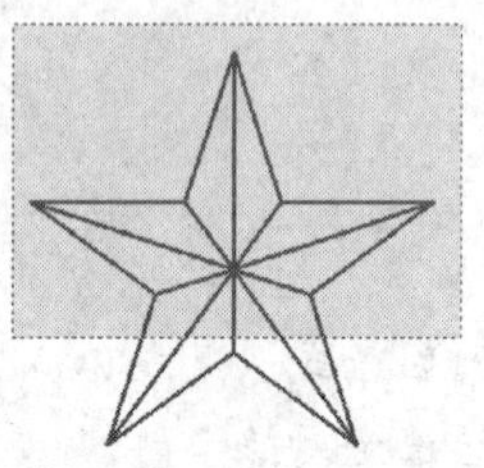

图 7-26　平面图形 2

7.5.8　拉长对象

拉长对象是指修改线段或者圆弧的长度。

执行方式

- 下拉菜单：【修改】|【拉长】
- 命令行：LENGTHEN

执行命令后命令行显示：

选择对象或［增量(DE)/百分数(P)/全部(T)/动态(DY)］：

‖根据需要输入选项确认，并根据命令行提示进行相应操作。

选择要修改的对象或［放弃(U)］：　‖用拾取框单击对象的修改端。

1）【增量（DE）】选项：以增量方式修改对象的长度。长度增量为正值时，拉长对象的长度；长度增量为负值时，缩短对象的长度。其中【角度（A）】选项是通过指定圆弧的包含角增量来修改圆弧的长度。

2）【百分数（P）】选项：以相对于原长度的百分比来修改直线或者圆弧的长度。

3）【全部（T）】选项：以给定直线新的总长度或圆弧的新包含角来改变长度。

4）【动态（DY）】选项：允许用户动态地改变圆弧或者直线的长度。

默认情况下，如果先选择对象，确认后系统会显示出当前选中对象的长度、包含角等信息，命令行显示：

选择对象或［增量(DE)/百分数(P)/全部(T)/动态(DY)］：

‖根据需要输入选项确认，并根据命令行提示进行相应操作。

选择要修改的对象或［放弃(U)］：　‖用拾取框单击对象的修改端。

7.5.9　修剪对象

执行方式

- 下拉菜单：【修改】|【修剪】
- 命令行：TRIM

• 工具栏：

执行命令后命令行显示：

当前设置:投影 = UCS,边 = 延伸

选择剪切边...

选择对象或 <全部选择>：　　　　　‖选择作为剪切边界的对象,选择完成后确认。

选择要修剪的对象,或按住 Shift 键选择要延伸的对象,或

[栏选(F)/窗交(C)/投影(P)/边(E)/删除(R)/放弃(U)]：

注：直线、圆弧、圆、椭圆或椭圆弧、多段线、样条曲线、构造线、射线以及文字等对象可以作为剪切边界，而且剪切边也可以同时作为被剪边。默认情况下，选择要修剪的对象(即选择被剪边)，系统将以剪切边为界，将被剪切对象上位于拾取点一侧的部分剪切掉。

1)【投影 (P)】选项：指定执行修剪的空间。修剪三维空间中的两个对象，可将对象投影到某一平面上执行修剪操作。

2)【边 (E)】选项：确定对象是在另一对象的延长边处进行修剪，还是仅在三维空间中与该对象相交的对象处进行修剪。【延伸 (E)】选项，沿自身自然路径延伸剪切边，使它与三维空间中的对象相交；【不延伸 (N)】选项，指定对象只在三维空间中与其相交的剪切边处修剪。

3)【删除 (R)】选项：删除选定的对象。此选项提供了一种用来删除不需要的对象的简便方式，而无须退出 TRIM 命令。

7.5.10　延伸对象

执行方式

• 下拉菜单：【修改】|【延伸】

• 命令行：EXTEND

• 工具栏：

【延伸】命令的使用方法和【修剪】命令的使用方法相似，可以延长指定的对象与另一对象相交或外观相交。

注：【修剪】和【延伸】命令可以相互调用。【延伸】命令活动时，如果在按 Shift 键的同时选择对象，则执行【修剪】命令；同理，【修剪】命令活动时，如果在按 Shift 键的同时选择对象，则执行【延伸】命令。

7.5.11　打断

1. 打断于点

打断于点是指将对象在一点处断开成两个对象。

执行方式

• 工具栏：

执行命令后命令行显示：

选择对象：　　　　　‖选择要打断的对象。

指定第二个打断点 或 [第一点(F)]：_f

指定第一个打断点： ‖选择打断点。

注：【打断于点】命令的有效对象包括直线、开放的多段线和圆弧，不能在一点打断闭合对象，例如圆。

2. 打断对象

执行方式

- 下拉菜单：【修改】|【打断】
- 命令行：BREAK
- 工具栏：

执行命令后命令行显示：

选择对象： ‖选择要打断的对象。

指定第二个打断点 或［第一点(F)］： ‖默认情况下以选择对象时的拾取点作为第一个打断点，这时指定第二个打断点；或输入F，重新确定第一个打断点

指定第一个打断点： ‖确定第一个打断点。

指定第二个打断点： ‖确定第二个打断点。

注：对圆使用【打断】命令时，将按逆时针方向删除圆上第一个打断点到第二个打断点之间的部分，从而将圆转换成圆弧。如图7-27所示，使用【打断】命令时，先后单击点A、B和B、A产生的效果是不同的。

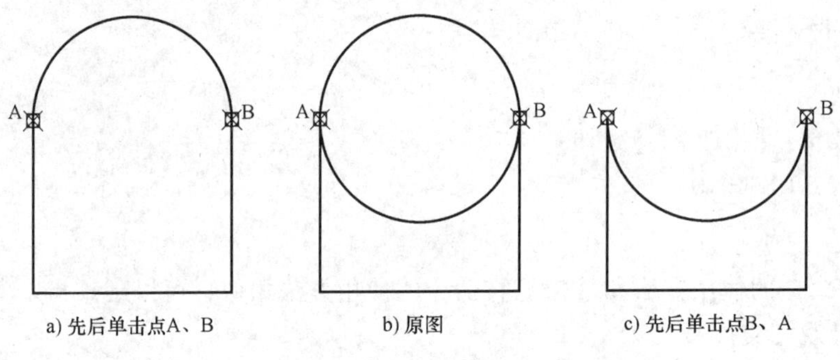

图7-27 打断图形

7.5.12 合并对象

合并对象是指在其公共端点处将对象合并以形成一个完整的对象，构造线、射线和闭合的对象无法合并。

执行方式

- 下拉菜单：【修改】|【合并】
- 命令行：JOIN
- 工具栏：

执行命令后命令行显示：

选择源对象或要一次合并的多个对象： ‖选择单个源对象，选择完成后确认。

注：单个源对象只能够选择一条直线、开放的多段线、圆弧、椭圆弧或开放的样条曲

线等。

选择要合并到源的对象: ‖选择要合并的对象。

注:若一次选择多个要合并的对象,而不指定源对象,遵循的规则和生成的对象类型如下所示:

1)合并共线可产生直线对象,直线的端点之间可以有间隙。

2)合并具有相同圆心和半径的共面圆弧可产生圆弧或圆对象。圆弧的端点之间可以有间隙,以逆时针方向进行加长。如果合并的圆弧形成完整的圆,会产生圆对象。

3)将样条曲线、椭圆圆弧或螺旋合并在一起或合并到其他对象可产生样条曲线对象,这些对象可以不共面。

4)合并共面直线、圆弧、多段线或三维多段线可产生多段线对象。

5)合并不是弯曲对象的非共面对象可产生三维多段线。

7.5.13 倒角

【倒角】命令用于为对象绘制倒角。

执行方式

- 下拉菜单:【修改】|【倒角】
- 命令行:CHAMFER
- 工具栏:

执行命令后命令行显示:

(【修剪】模式)当前倒角距离 1 = 3.0000,距离 2 = 5.0000

选择第一条直线或[放弃(U)/多段线(P)/距离(D)/角度(A)/修剪(T)/方式(E)/多个(M)]:

选择第二条直线,或按住 Shift 键选择直线以应用角点或[距离(D)/角度(A)/方法(M)]:

默认情况下,将对所选择的两条直线进行倒角。所选择的两条直线必须相邻,然后按当前的倒角大小对这两条直线修倒角,如图 7-28 所示。选项功能如下:

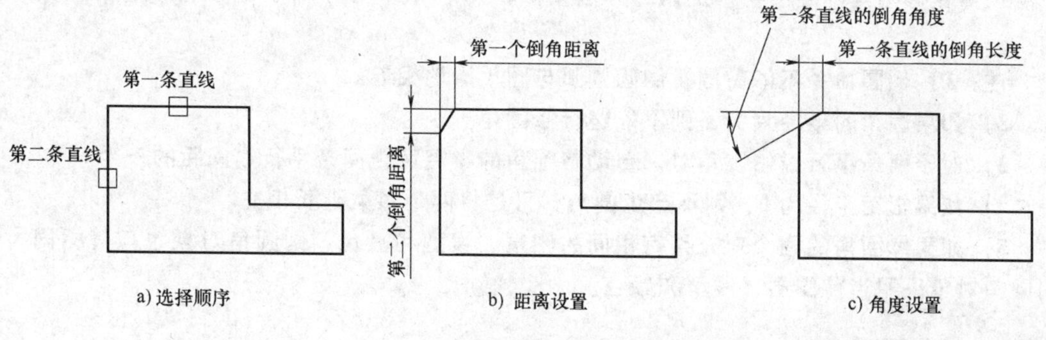

图 7-28 设置倒角

1)【放弃(U)】选项:恢复在命令中执行的上一个操作。

2)【多段线(P)】选项:对整个二维多段线倒角。在相交多段线的每个多段线顶点倒角,倒角将成为多段线的新线段。如果多段线包含的线段过短以至于无法容纳倒角距离,则不对这些线段倒角。

3）【距离（D）】选项：设置倒角至选定边端点的距离。如果将两个距离均设定为零，将会延伸或修剪两条直线，以使它们终止于同一点。

4）【角度（A）】选项：用第一条线的倒角距离和第二条线的角度设定倒角距离。

5）【修剪（T）】选项：控制是否将选定的边修剪到倒角直线的端点，如图 7-29 所示。

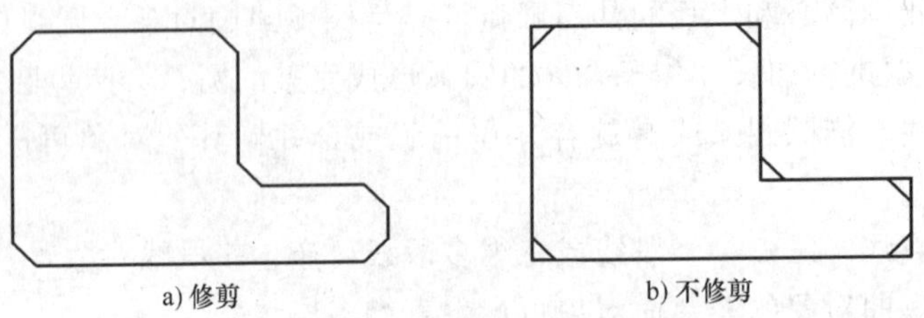

图 7-29 选择修剪与不修剪的对比

6）【方式（E）】选项：控制使用两个距离还是一个距离和一个角度来创建倒角。

7）【多个（M）】选项：为多组对象的边倒角。

7.5.14 圆角

可以对圆弧、圆、椭圆、椭圆弧、直线、多段线、射线、样条曲线和构造线执行圆角操作，还可以对三维实体和曲面执行圆角操作。如果选择网格对象执行圆角操作，可以选择在继续进行操作之前将网格转换为实体或曲面。

执行方式

- 下拉菜单：【修改】|【圆角】
- 命令行：FILLET
- 工具栏：

执行命令后命令行显示：

当前设置：模式 = 不修剪，半径 = 0.0000

选择第一个对象或［放弃(U)/多段线(P)/半径(R)/修剪(T)/多个(M)］：

为对象修圆角的方法与修倒角的方法相似，其中【半径（R）】选项可设置圆角的半径大小。

注：1）倒圆命令不修剪圆，倒圆圆弧与圆平滑地相连。

2）如果圆角的半径太大，则不能进行修圆角。

3）对于两条平行线修圆角时，自动将圆角的半径定为两条平行线间距的一半。

4）如果指定半径为 0，则不产生圆角，只是将两个对象延长相交。

5）如果修圆角的两个对象具有相同的图层、线型和颜色，则圆角对象也与其相同；否则圆角对象采用当前图层、线型和颜色。

7.5.15 分解对象

对于多段线、块、图案填充和尺寸等对象，它们是由多个对象组成的组合对象。如果用户需要对单个成员进行编辑，就需要先将它分解开。

执行方式

• 下拉菜单:【修改】|【分解】

• 命令行: EXPLODE

• 工具栏:

选择需要分解的对象后确认，就可分解图形并结束该命令。

7.6　实例

绘制如图 7-30 所示螺杆（千斤顶零部件）。

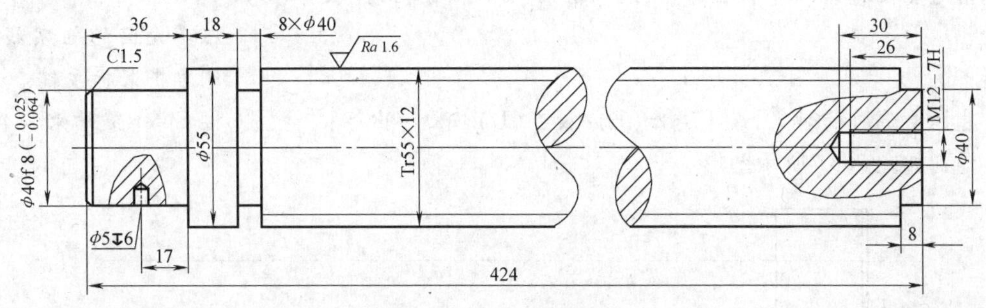

图 7-30　螺杆

（1）创建图层

创建图层，并将中心线层置为当前。

（2）绘制中心线

1）打开【正交】，启动【直线】命令。

指定第一个点:　‖ 输入起点坐标(50,100),确认。

指定下一点或 [放弃(U)]:　‖ 向右拖动鼠标,显示预期路径时输入 305,确认并结束命令。

2）重复【直线】命令。

指定第一个点:　‖ 按住 Shift 键的同时单击鼠标右键,在弹出的快捷菜单中选择【自】。

指定第一个点: _from 基点:　‖ 抓取刚绘制的中心线左端点。

指定第一个点: _from 基点: <偏移>:　‖ 输入@24, −25,确认。

指定下一点或 [放弃(U)]:　‖ 向上拖动鼠标,显示预期路径时输入 18,确认并结束命令。

（3）绘制主要轮廓

1）将可见轮廓线层置为当前。

2）在【对象捕捉】设置中选择【端点】和【交点】，打开【对象捕捉】和【对象追踪】。

3）启动【直线】命令。

指定第一个点:　‖ 按住 Shift 键的同时单击鼠标右键,在弹出的快捷菜单中选择【自】。

指定第一个点： _from 基点：　　　　‖ 抓取刚绘制的中心线左端点。
指定第一个点： _from 基点：<偏移>：‖ 输入@5,20,确认。
指定下一点或［放弃(U)］：　　　　‖ 向下拖动鼠标,显示预期路径时输入40,确认。
指定下一点或［闭合(C)/放弃(U)］： ‖ 向右拖动鼠标,显示预期路径时输入36,确认。
指定下一点或［闭合(C)/放弃(U)］： ‖ 向上拖动鼠标,显示预期路径时输入40,确认。
指定下一点或［闭合(C)/放弃(U)］： ‖ 输入C,确认并结束命令。

4）启动【偏移】命令。

指定偏移距离或［通过(T)/删除(E)/图层(L)］<通过>：　‖ 输入1.5,确认。
选择要偏移的对象,或［退出(E)/放弃(U)］<退出>：　　‖ 拾取最左面的粗实线。
指定要偏移的那一侧上的点,或［退出(E)/多个(M)/放弃(U)］<退出>：
‖ 在最左面的粗实线的右侧单击鼠标左键。
选择要偏移的对象,或［退出(E)/放弃(U)］<退出>：　　‖ 按Enter键结束命令

得到如图7-31所示图形。

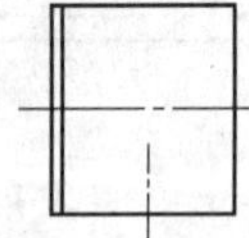

图7-31　主要轮廓1

5）启动【倒角】命令。

(【修剪】模式)当前倒角距离1 = 0.0000,距离2 = 0.0000
选择第一条直线或［放弃(U)/多段线(P)/距离(D)/角度(A)/修剪(T)/方式(E)/多个(M)］：　‖ 输入D,确认。
指定 第一个 倒角距离 <0.0000>：　‖ 输入1.5,确认。
指定 第二个 倒角距离 <1.5000>：　‖ 直接按Enter键。
选择第一条直线或［放弃(U)/多段线(P)/距离(D)/角度(A)/修剪(T)/方式(E)/多个(M)］：　‖ 输入M,确认。
选择第一条直线或［放弃(U)/多段线(P)/距离(D)/角度(A)/修剪(T)/方式(E)/多个(M)］：　‖ 拾取最上面的粗实线。
选择第二条直线,或按住Shift键选择直线以应用角点或［距离(D)/角度(A)/方法(M)］：　‖ 拾取最左面的粗实线。
选择第一条直线或［放弃(U)/多段线(P)/距离(D)/角度(A)/修剪(T)/方式(E)/多个(M)］：　‖ 拾取最左面的粗实线。
选择第二条直线,或按住Shift键选择直线以应用角点或［距离(D)/角度(A)/方法(M)］：　‖ 拾取最下面的粗实线。
选择第一条直线或［放弃(U)/多段线(P)/距离(D)/角度(A)/修剪(T)/方式(E)/多个(M)］：　‖ 结束命令。

6）启动【直线】命令。

指定第一个点：　　　　‖ 抓取已绘制图形的右上角点。

指定下一点或［放弃(U)］：‖向上拖动鼠标，显示预期路径时输入7.5，确认。
指定下一点或［闭合(C)/放弃(U)］：‖向右拖动鼠标，显示预期路径时输入18，确认。
指定下一点或［闭合(C)/放弃(U)］：‖向下拖动鼠标，显示预期路径时输入55，确认。
指定下一点或［闭合(C)/放弃(U)］：‖向左拖动鼠标，显示预期路径时输入18，确认。
指定下一点或［闭合(C)/放弃(U)］：‖抓取已绘制图形的右下角点，结束命令。
得到如图7-32所示图形。

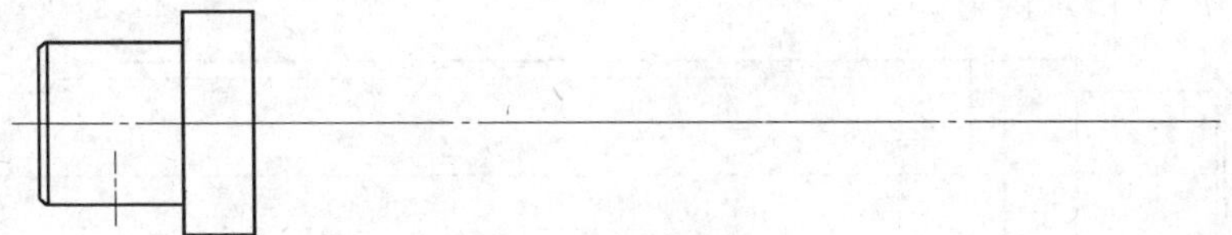

图7-32　主要轮廓2

7）重复【直线】命令。
指定第一个点：‖追踪已绘制图形的右上角点，向下拖动鼠标，显示预期路径时输入7.5，确认。
指定下一点或［放弃(U)］：‖向右拖动鼠标，显示预期路径时输入8，确认。
指定下一点或［闭合(C)/放弃(U)］：‖向下拖动鼠标，显示预期路径时输入20，确认。
指定下一点或［闭合(C)/放弃(U)］：‖结束命令。
得到如图7-33所示图形。

图7-33　主要轮廓3

8）重复【直线】命令。
指定第一个点：‖抓取已绘制图形的右上角点。
指定下一点或［放弃(U)］：‖向上拖动鼠标，显示预期路径时输入7.5，确认。
指定下一点或［闭合(C)/放弃(U)］：‖向右拖动鼠标，显示预期路径时输入225，确认。
指定下一点或［闭合(C)/放弃(U)］：‖向下拖动鼠标，显示预期路径时输入7.5，确认。
指定下一点或［闭合(C)/放弃(U)］：‖向右拖动鼠标，显示预期路径时输入8，确认。
指定下一点或［闭合(C)/放弃(U)］：‖向下拖动鼠标，显示预期路径时输入20，确认。
指定下一点或［闭合(C)/放弃(U)］：‖结束命令。
得到如图7-34所示图形。

图7-34　主要轮廓4

9）将细实线层置为当前。

10）启动【直线】命令。

指定第一个点：‖ 追踪图 7-34 中的 A 点，向下拖动鼠标，显示预期路径时输入 4.125，确认。

指定下一点或［放弃(U)］：‖ 向右拖动鼠标，显示预期路径时输入 225，确认。

指定下一点或［闭合(C)/放弃(U)］：‖ 结束命令。

得到如图 7-35 所示图形。

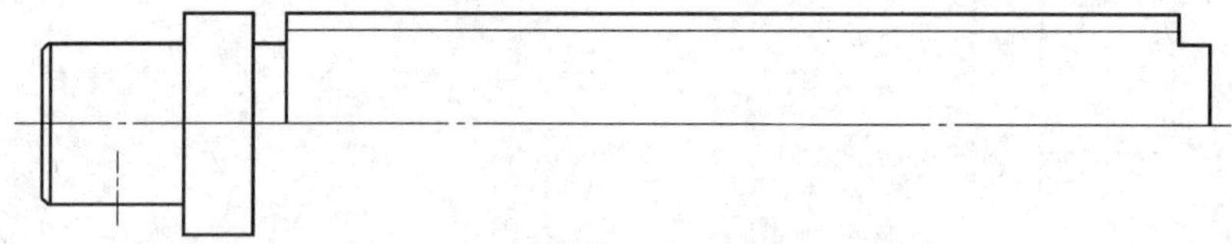

图 7-35　主要轮廓 5

11）启动【镜像】命令。

选择对象：‖ 选取要镜像的图形对象。

选择对象：指定对角点：找到 8 个

选择对象：‖ 确认。

指定镜像线的第一点：‖ 拾取水平中心线的左端点。

指定镜像线的第二点：‖ 拾取水平中心线的右端点。

要删除源对象吗？［是(Y)/否(N)］<N>：‖ 直接按 Enter 键，结束命令。

12）启动【样条曲线】命令。

绘制如图 7-36 所示样条（【样条曲线】命令在第 5 章有详细介绍，这里不再赘述）。

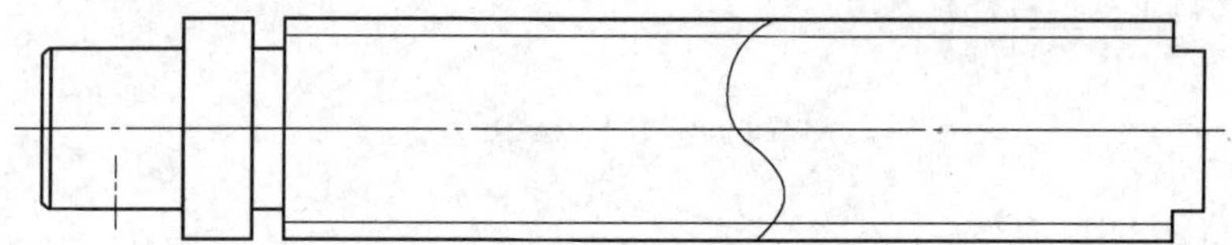

图 7-36　主要轮廓 6

13）启动【修改】【复制】命令。

选择对象：‖ 选取要复制的样条。

选择对象：找到 1 个

选择对象：‖ 按 Enter 键确认。

当前设置：复制模式 = 多个

指定基点或［位移(D)/模式(O)］<位移>：‖ 选取需要的控制点。

指定第二个点或［阵列(A)］<使用第一个点作为位移>：‖ 在合适的地方点取。

指定第二个点或［阵列(A)/退出(E)/放弃(U)］<退出>：‖ 直接按 Enter 键结束命令。

得到如图 7-37 所示图形。

14）启动【修剪】命令。

当前设置：投影 = UCS，边 = 延伸

选择剪切边...

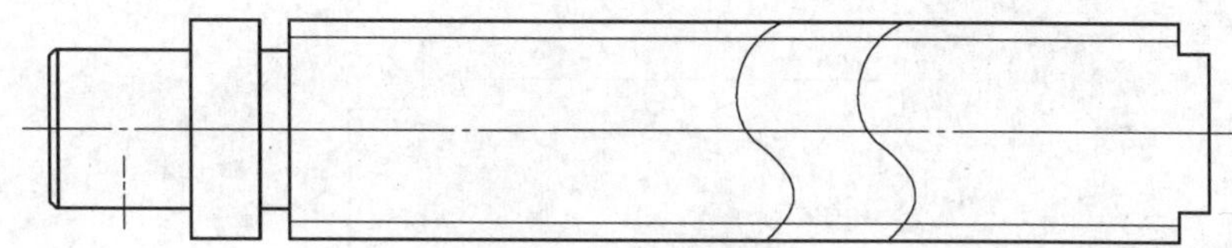

图7-37　主要轮廓7

选择对象：　　　　　　　　　　‖选取图7-37中两条样条曲线中的任意一条。
选择对象或 <全部选择>： 找到1个
选择对象：　　　　　　　　　　‖选取图7-37中两条样条曲线中的另一条。
选择对象：找到1个，总计2个
选择对象：　　　　　　　　　　‖确认。
选择要修剪的对象，或按住Shift键选择要延伸的对象，或
[栏选(F)/窗交(C)/投影(P)/边(E)/删除(R)/放弃(U)]： ‖选取图7-37中两条样条曲线之间需要修剪掉的部分，修剪全部完成后结束命令。

15）利用【样条曲线】命令绘制其他样条曲线，得到如图7-38所示图形。

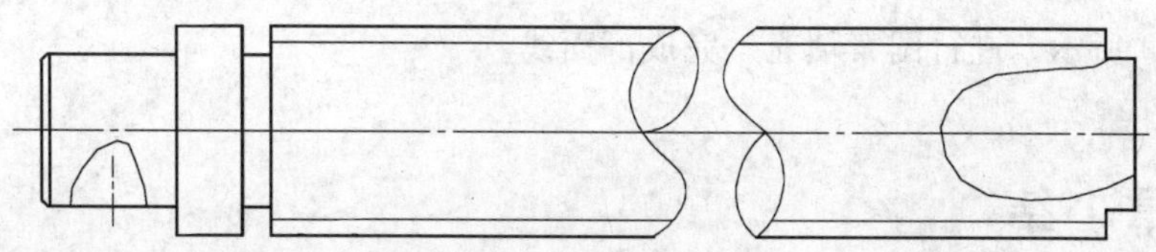

图7-38　主要轮廓8

16）启动【延伸】命令，根据投影关系，将图7-38右侧轮廓线延伸。
当前设置：投影=UCS，边=延伸
选择边界的边...
选择对象：　　　　　　　　　　‖选择图7-39中样条曲线。
选择对象或 <全部选择>： 找到1个
选择对象：　　　　　　　　　　‖确认。
选择要延伸的对象，或按住Shift键选择要修剪的对象，或
[栏选(F)/窗交(C)/投影(P)/边(E)/放弃(U)]：
‖选择图7-39中右上方的垂直轮廓线A。
选择要延伸的对象，或按住Shift键选择要修剪的对象，或
[栏选(F)/窗交(C)/投影(P)/边(E)/放弃(U)]：
‖选择图7-39中右下方的垂直轮廓线B。
选择要延伸的对象，或按住Shift键选择要修剪的对象，或
[栏选(F)/窗交(C)/投影(P)/边(E)/放弃(U)]：‖ 结束命令。

(4) 绘制左下角盲孔

绘制如图7-30所示左下角盲孔。类似结构的绘制在第6章实例中有详细介绍，而且图形简单，这里不再赘述。

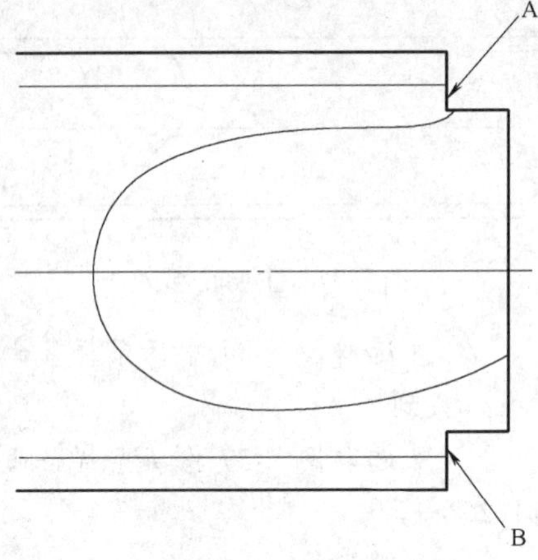

图 7-39 主要轮廓 9

（5）绘制右端螺纹孔

绘制如图 7-30 所示右端螺纹孔。螺纹的绘制在第 5 章实例中有详细介绍，而且有了前面的绘图练习，这里不会形成难点，不再赘述。

（6）进行图案填充并完成剖面线

如图 7-30 所示，进行图案填充，完成剖面线。

7.7 本章小结

本章主要介绍用于图形编辑的命令，在操作过程中要随时注意命令行提示，对象选取的顺序也要注意，选取顺序不同将会出现不同的结果。例如【打断】命令，将按逆时针方向删除圆上从第一个打断点到第二个打断点之间的部分，从而将圆转换成圆弧。

习 题

1. 绘制如图 7-40 所示的图形。
2. 绘制如图 7-41 所示的图形（$R=1.5D$，$R_1=D$，$e=2D$，$m=0.8D$，R 由作图决定）。

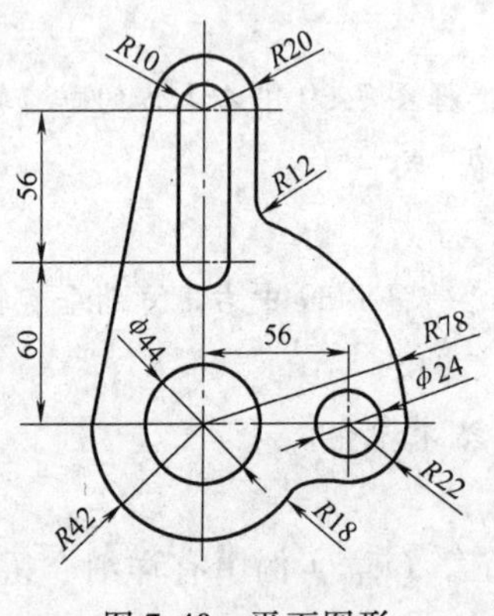

图 7-40 平面图形

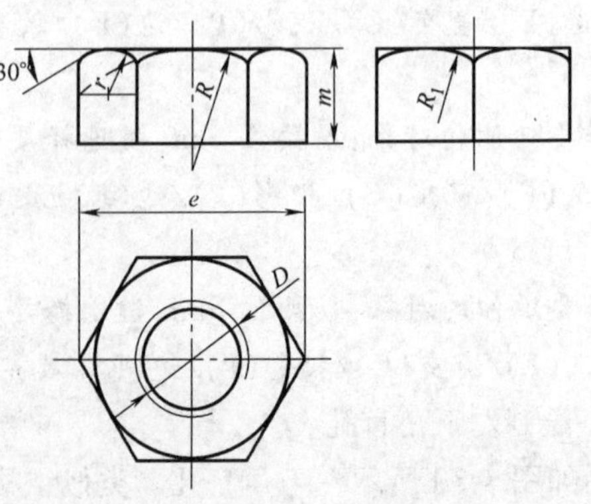

图 7-41 螺母简化画法

3. 绘制如图 7-42 所示的图形。

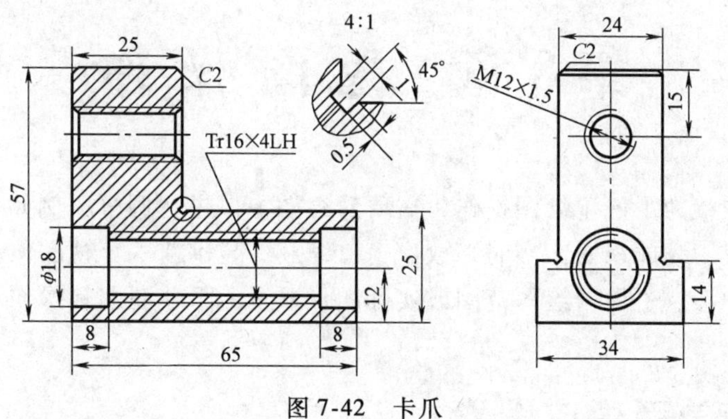

图 7-42　卡爪

第8章　视图操作

在绘图过程中，为了便于绘图操作，需要对绘图窗口进行调整。例如，可以根据需要进行重画、重新生成、缩放视图、实时缩放、窗口缩放、显示前一个视图、动态缩放、按比例缩放、重设视图中心点、根据绘图范围或实际图形显示、平移视图等操作。

8.1　重画与重新生成图形

8.1.1　重画

执行方式

- 下拉菜单：【视图】|【重画】
- 命令行：REDRAWALL（透明命令）

注：许多命令可以透明使用，即可以在某一命令执行过程中，同时执行另外一个命令。

在绘图和编辑过程中，屏幕上常常留些临时标记，会使当前图形画面显得混乱，这时就可以使用【重画】命令来清除这些临时标记。

8.1.2　重新生成

1. 重生成

执行方式

- 下拉菜单：【视图】|【重生成】
- 命令行：REGEN（透明命令）

重生成与重画在本质上是不同的。利用【重生成】命令可重生成屏幕，此时系统从磁盘中调用当前图形的数据，比【重画】命令执行速度慢，更新屏幕花费时间较长。执行【重生成】命令前后效果比较如图8-1所示。

【例8-1】　执行【重生成】命令效果。

先画一个直径为100的圆，执行【视图】|【缩放】|【范围】命令调整视口，然后将此圆删除。再画一个直径为0.5的小圆，执行【视图】|【缩放】|【窗口】命令，将图形放大，效果如图8-1a所示。执行【重生成】命令后，效果如图8-1b所示。

2. 全部重生成

执行方式

- 下拉菜单：【视图】|【全部重生成】
- 命令行：REGENALL（透明命令）

【全部重生成】命令可以同时更新多个视口显示，操作与【重生成】命令类似。执行【全部重生成】命令前后效果比较如图8-2所示。

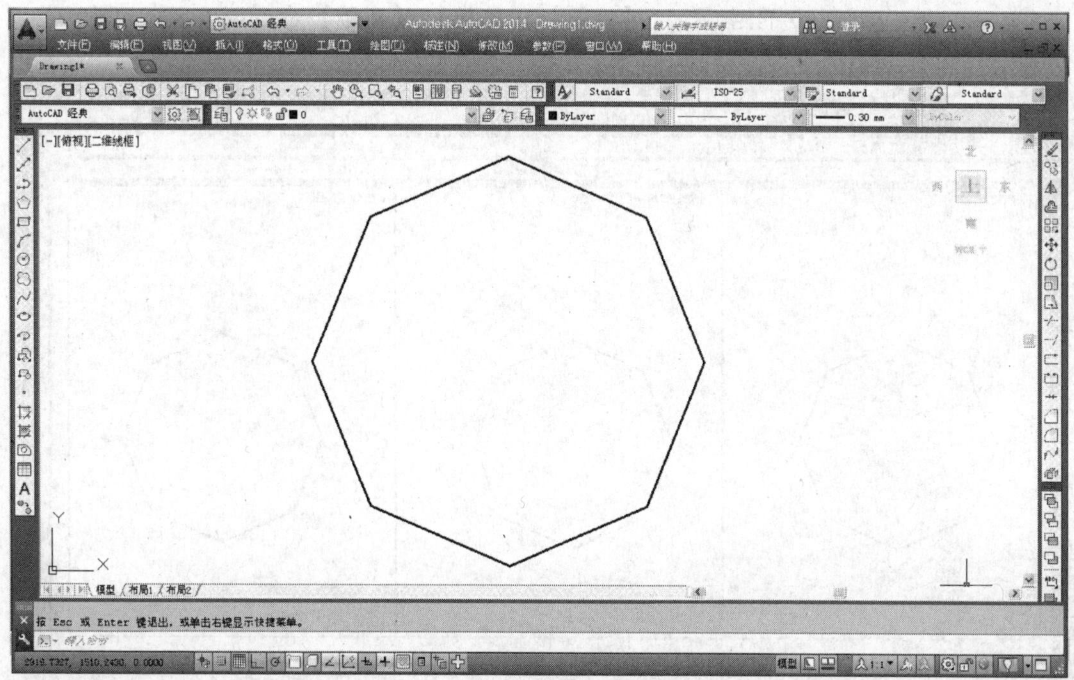

a) 执行【重生成】命令前

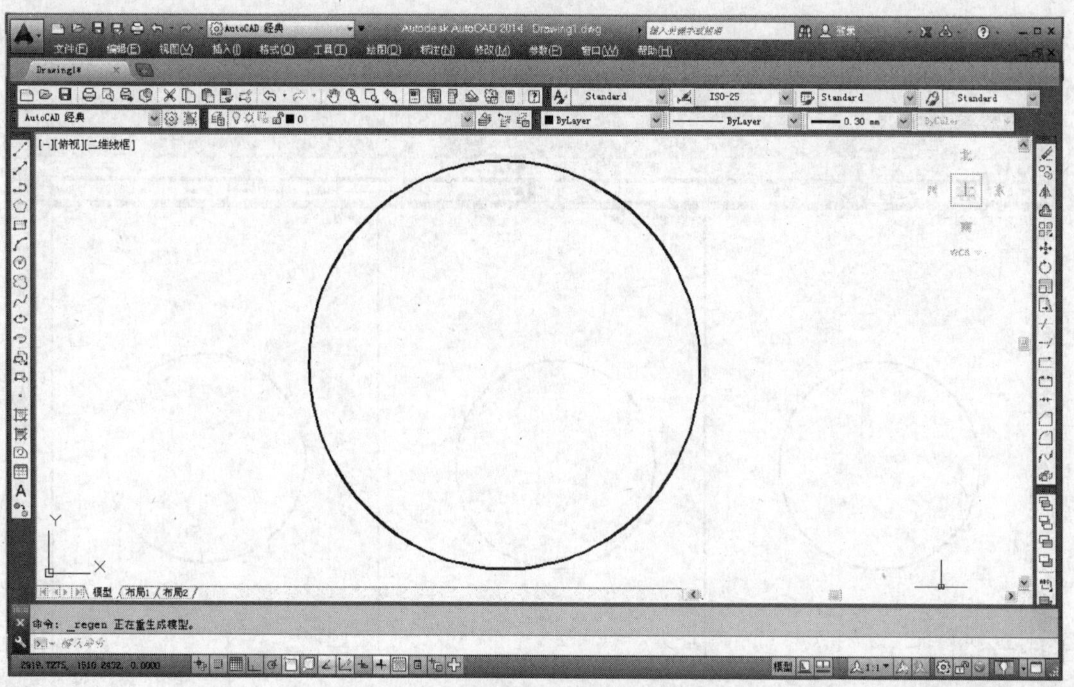

b) 执行【重生成】命令后

图 8-1　执行【重生成】命令前后效果比较

【例 8-2】 执行【全部重生成】命令效果。

先画一个直径为 100 的圆，执行【视图】|【缩放】|【范围】命令调整视口，然后将此

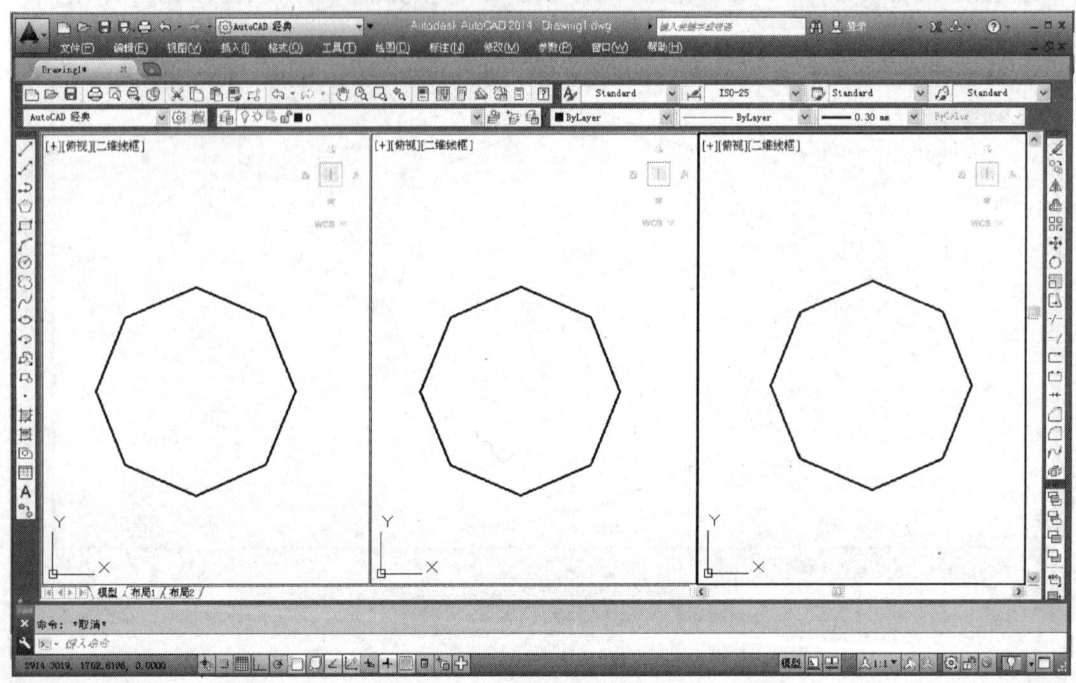

a) 执行【全部重生成】命令前

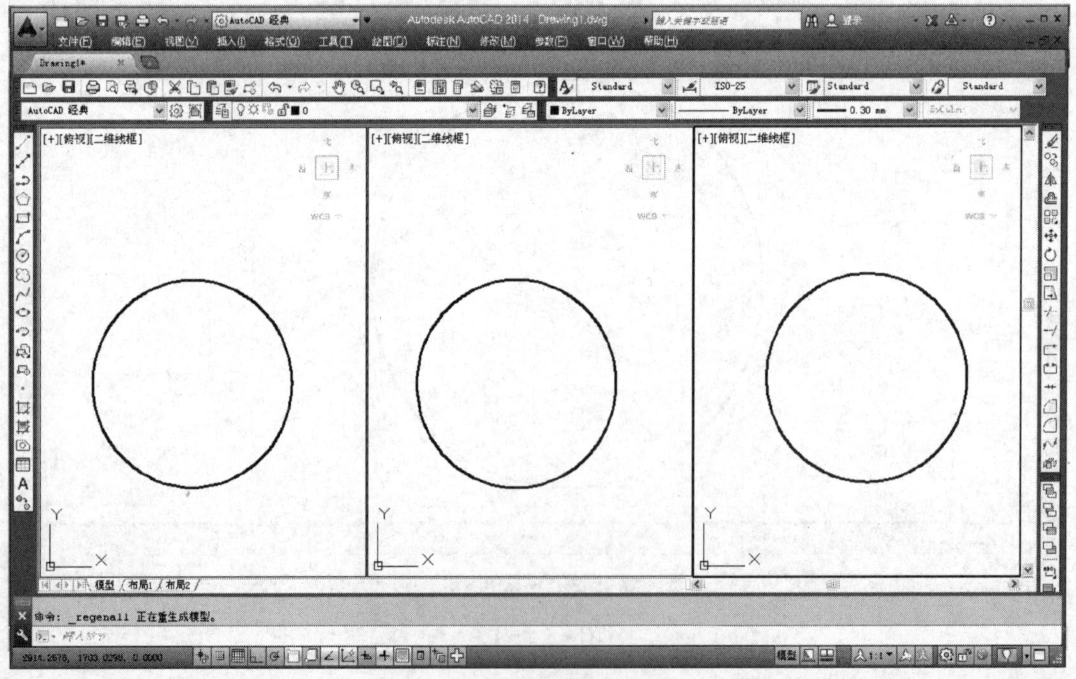

b) 执行【全部重生成】命令后

图 8-2　执行【全部重生成】命令前后效果比较

圆删除。其次，将视口调整为 3 个视口。再画一个直径为 0.5 的小圆，执行【视图】|【缩放】|【窗口】命令，将图形放大，效果如图 8-2a 所示。执行【全部重生成】命令后，效果如图 8-2b 所示。

8.2 缩放视图

在绘图过程中经常需要改变图形的显示比例，图 8-3 是缩放视图示例（端盖（千斤顶零部件））。

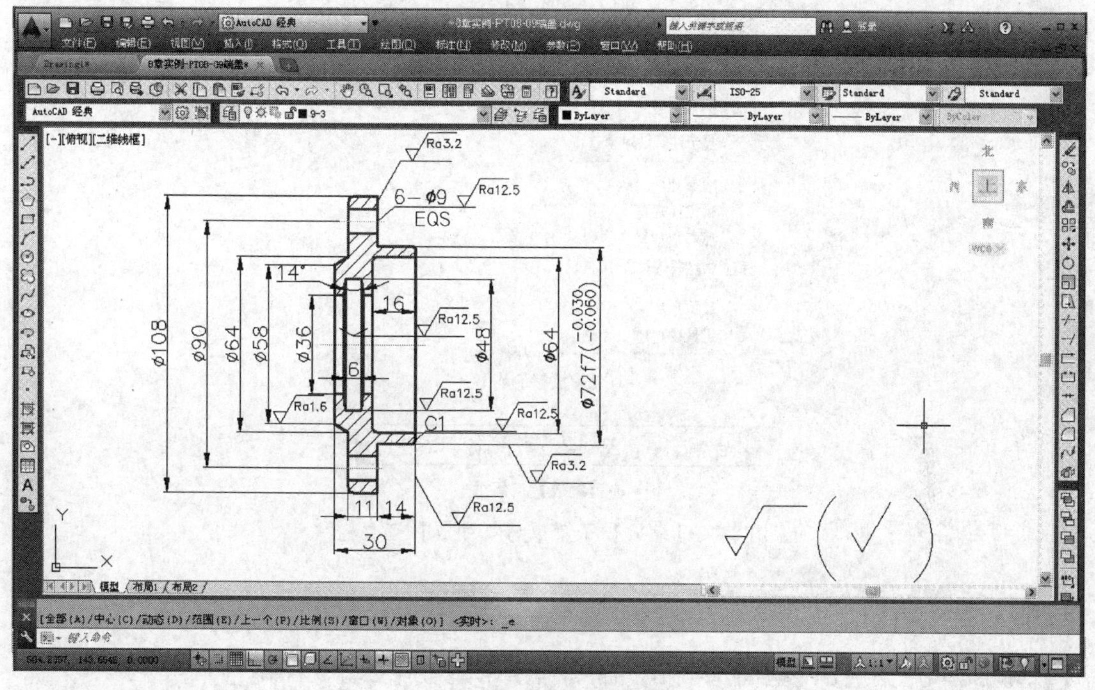

图 8-3　缩放视图示例

图 8-3 的图形中某些细节看不清楚，此时就需放大图形，AutoCAD 2014 控制图形显示的方法有：利用下拉菜单【视图】|【缩放】的子菜单（见图 8-4a）和【缩放】工具栏（见图 8-4b），以及【标准】工具栏上的 （实时缩放）、 （窗口缩放）和 （缩放上一个）按钮来完成这些操作。

在命令行中输入 ZOOM 命令，按 Enter 键，命令行显示提示信息如图 8-5 所示。

下面分别以【实时】、【窗口】、【上一个】、【动态】、【比例】、【圆心】、【全部】命令为例，进行缩放操作介绍。

8.2.1 实时缩放

执行方式

- 下拉菜单：【视图】|【缩放】|【实时】

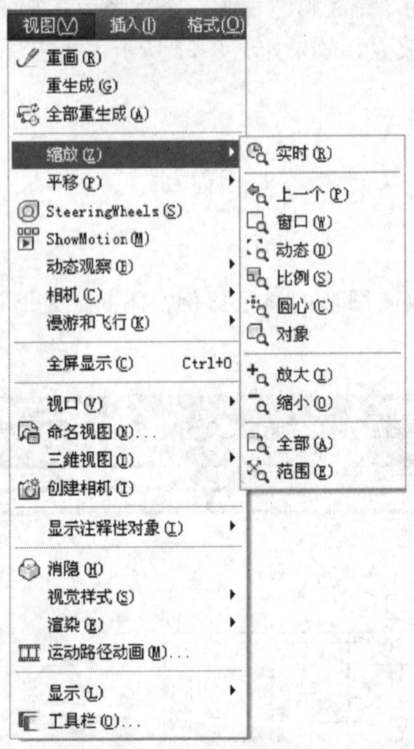

a)【缩放】子菜单

b)【缩放】工具栏

图 8-4 【缩放】子菜单与【缩放】工具栏

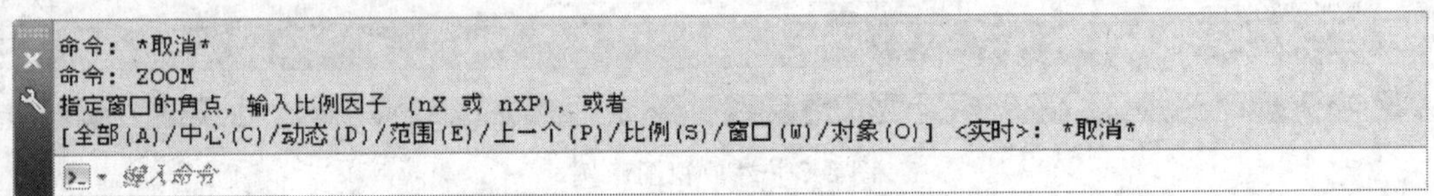

图 8-5 命令行提示信息

- 命令行：ZOOM（透明命令）
- 工具栏：
- 快捷菜单：缩放(Z)

执行【实时】缩放命令后，按住鼠标左键，拖动鼠标，即可进行放大或缩小图形的操作。按 Esc 键或 Enter 键来结束实时缩放操作，也可利用快捷菜单中的【退出】命令结束实时缩放操作。

8.2.2 窗口缩放

执行方式

- 下拉菜单：【视图】|【缩放】|【窗口】

• 命令行：ZOOM | W（透明命令）

• 工具栏：

执行【窗口】命令后，命令行显示如下提示信息：

命令：'_ZOOM

指定窗口的角点，输入比例因子(nX 或 nXP)，或者

[全部(A)/中心(C)/动态(D)/范围(E)/上一个(P)/比例(S)/窗口(W)/对象(O)] <实时>：_w

指定第一个角点：

通过鼠标选择矩形窗口的第一角点位置后，命令行显示如下提示信息：

指定对角点：

确定对角点位置后，AutoCAD 2014 将由两个角点确定的矩形窗口区域放大，充满视口。放大效果如图 8-6 所示。

8.2.3 显示前一个视图

执行方式

• 下拉菜单：【视图】|【缩放】|【上一个】

• 命令行：ZOOM | P（透明命令）

• 工具栏：

连续执行【上一个】命令将依次返回前一个视图。

8.2.4 动态缩放

执行方式

• 下拉菜单：【视图】|【缩放】|【动态】

• 命令行：ZOOM | D（透明命令）

• 工具栏：

【动态】命令通过拾取框来确定要显示的图形区域。执行该命令后屏幕上会出现如图 8-7所示的动态缩放屏幕模式。

图 8-7 中有 3 个方框，各方框的作用如下。

1）选取视图框（黑色框的中心处有一个“×”），用于选取要在屏幕上放大显示的图形区域。

2）绿色虚线框表示当前在屏幕上显示的图形区域。

3）蓝色虚线框表示图纸的范围，该范围是用 LIMITS 命令设置的边界，或者是图形实际占据的矩形区域。

8.2.5 按比例缩放

执行方式

• 下拉菜单：【视图】|【缩放】|【比例】

• 命令行：ZOOM | S（透明命令）

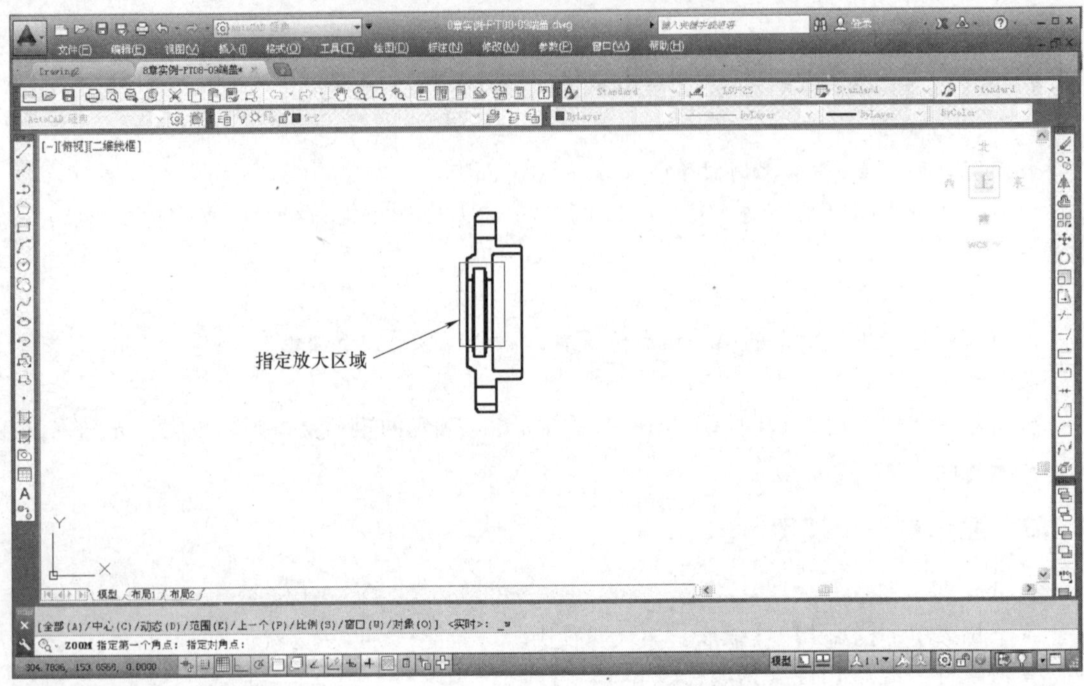

a) 放大前

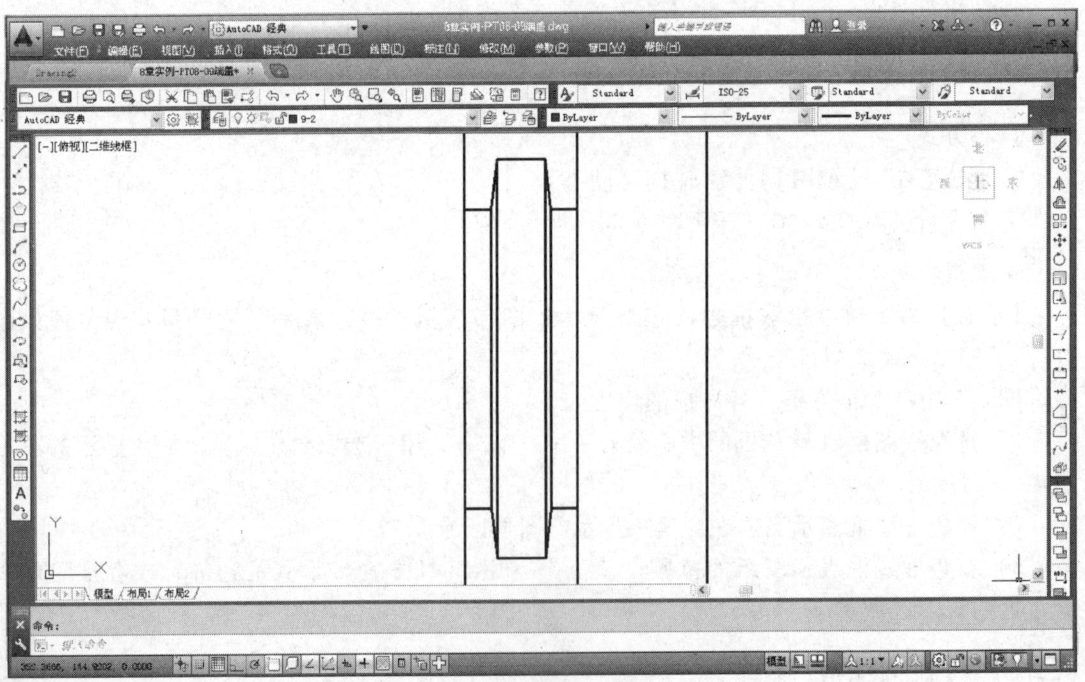

b) 放大后

图 8-6 【窗口】缩放效果

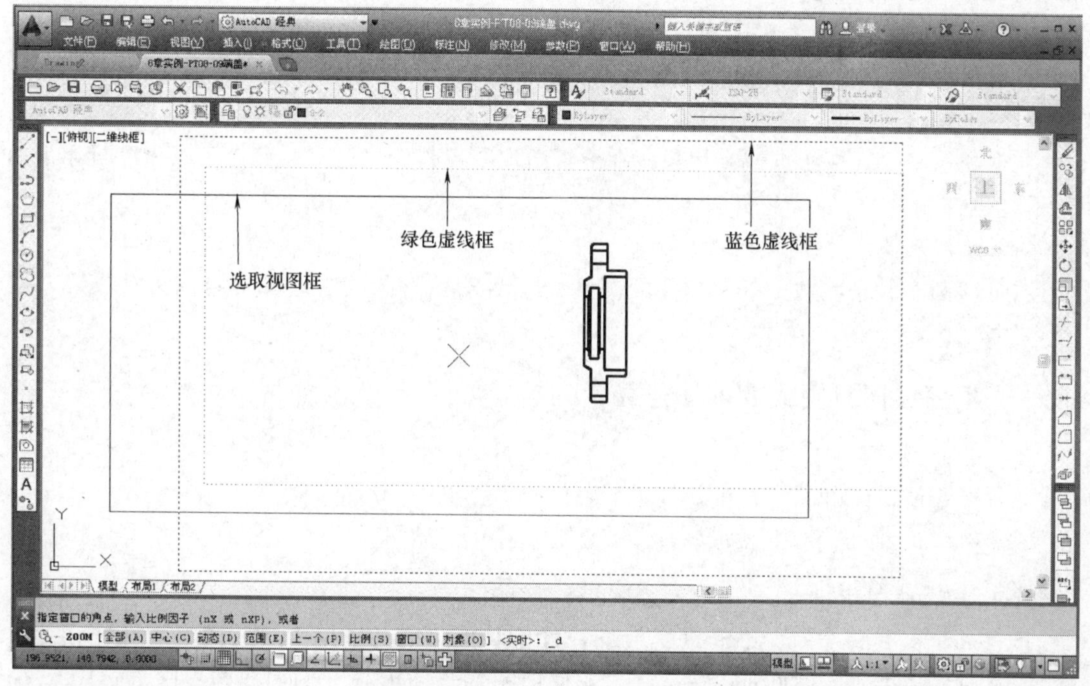

图 8-7　动态缩放屏幕模式

- 工具栏：

执行【比例】命令后，命令行提示如下信息：

命令：'_ZOOM

指定窗口的角点，输入比例因子(nX 或 nXP)，或者

[全部(A)/中心(C)/动态(D)/范围(E)/上一个(P)/比例(S)/窗口(W)/对象(O)] <实时>：_s

输入比例因子(nX 或 nXP)：

如果输入的比例值是一个具体的数值，将按照输入的比例值实现图形的实际尺寸绝对缩放；如果在输入的比例值后面加 X，图形相对于当前图形显示进行缩放；如果在比例值后面加 XP，图形则相对于图纸空间单位缩放。

8.2.6　重设视图中心点

执行方式

- 下拉菜单：【视图】|【缩放】|【圆心】
- 命令行：ZOOM | C（透明命令）
- 工具栏：

执行【圆心】命令时，要求在绘图屏幕上指定一点作为显示中心点，此时命令行显示如下提示信息：

命令：'_ZOOM

指定窗口的角点,输入比例因子(nX 或 nXP),或者

[全部(A)/中心(C)/动态(D)/范围(E)/上一个(P)/比例(S)/窗口(W)/对象(O)] <实时>: _c

指定中心点:

在命令行中输入中心点或利用鼠标在屏幕拾取一点作为中心点，确定后，命令行显示如下提示信息:

输入比例或高度 <135.3961>:

执行【圆心】命令时，如果指定的高度大于当前图形的高度，图形将放大；反之，则图形将缩小。

8.2.7 根据绘图范围或实际图形显示

执行方式

- 下拉菜单:【视图】|【缩放】|【全部】
- 命令行: ZOOM | A (透明命令)
- 工具栏:

执行【全部】命令时，缩放以显示所有可见对象和视觉辅助工具，调整绘图区域的大小，以适应图形中所有可见对象的范围，或适应视觉辅助工具(例如栅格界限(LIMITS 命令))的范围，取两者中较大者，如图 8-8 所示。

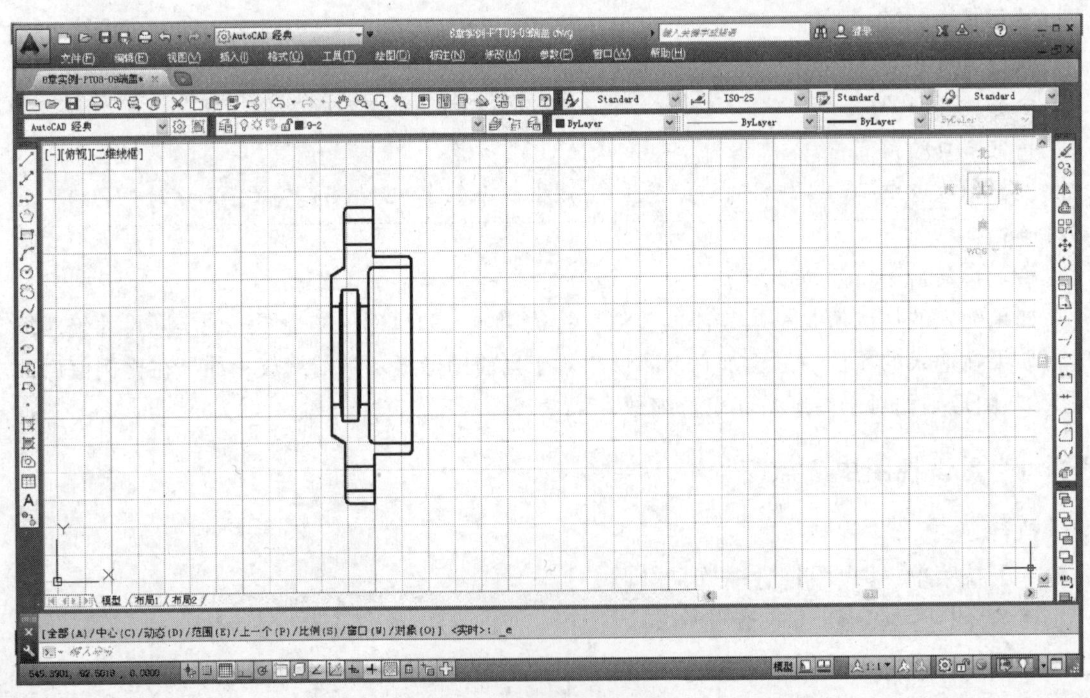

a)【全部】缩放前

图 8-8 【全部】缩放效果

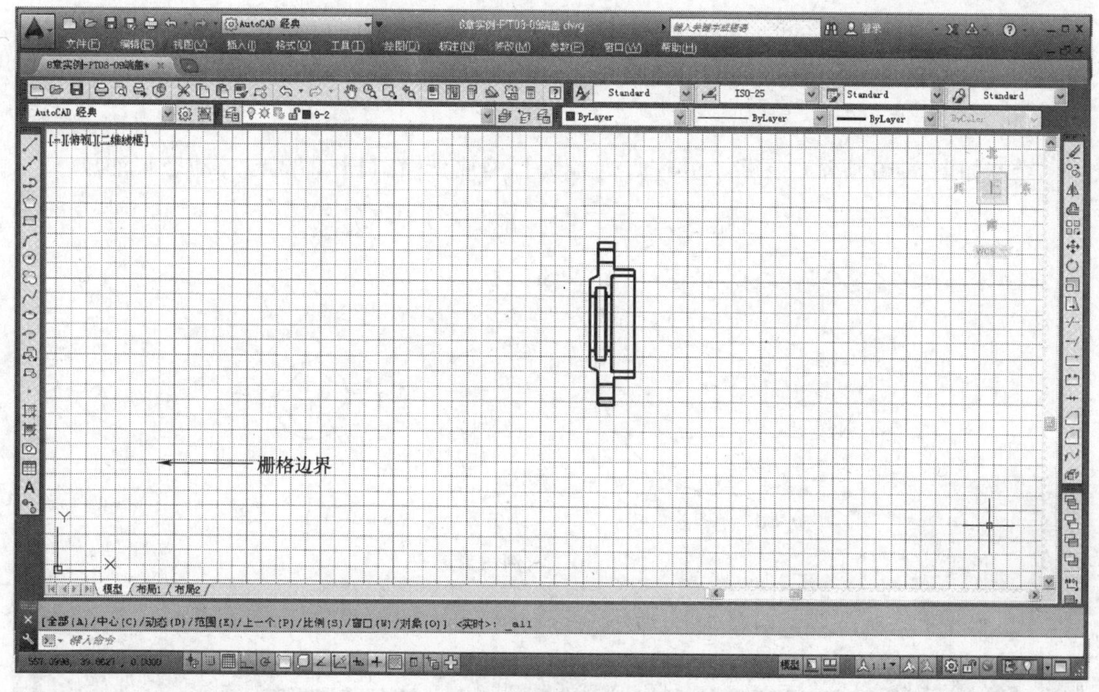

b) 【全部】缩放后

图 8-8 【全部】缩放效果（续）

8.3　平移视图

在绘图过程中，有时需要移动整个图形，使得图形的特定部分位于屏幕中央。利用【平移】命令和菜单【视图】|【平移】下的子菜单（见图 8-9a）可实现此操作，或单击鼠标右键，AutoCAD 会弹出如图 8-9b 所示的快捷菜单。

执行方式

- 下拉菜单：【视图】|【平移】|【实时】
- 命令行：PAN（透明命令）
- 工具栏：

注：PAN 命令只改变视图，不改变图形中对象的位置或放大比例。

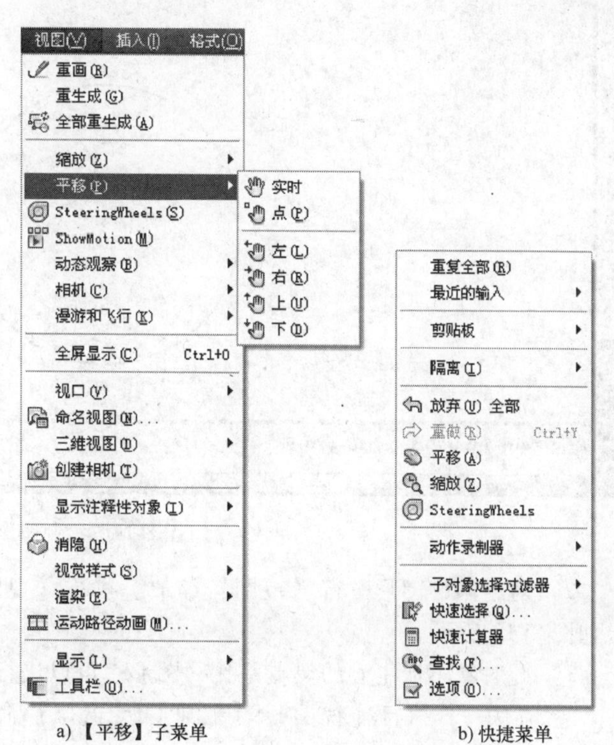

a) 【平移】子菜单　　b) 快捷菜单

图 8-9 【平移】子菜单和快捷菜单

8.4 实例

绘制如图 8-10 所示的图形，并进行【范围】缩放、【窗口】缩放与【动态】缩放。

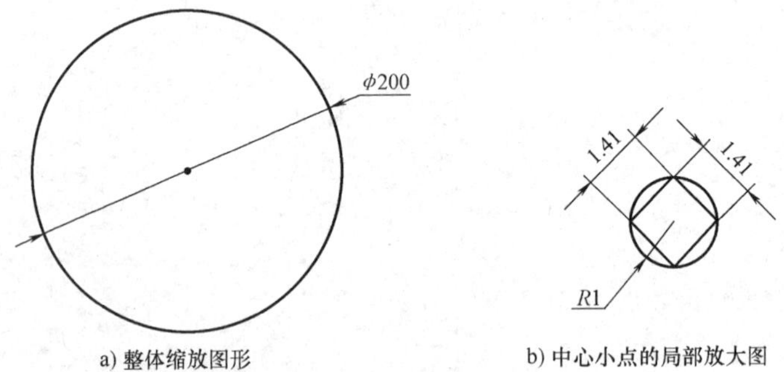

a) 整体缩放图形　　b) 中心小点的局部放大图

图 8-10　实例图形

1）按要求绘制图形，如图 8-11 所示。

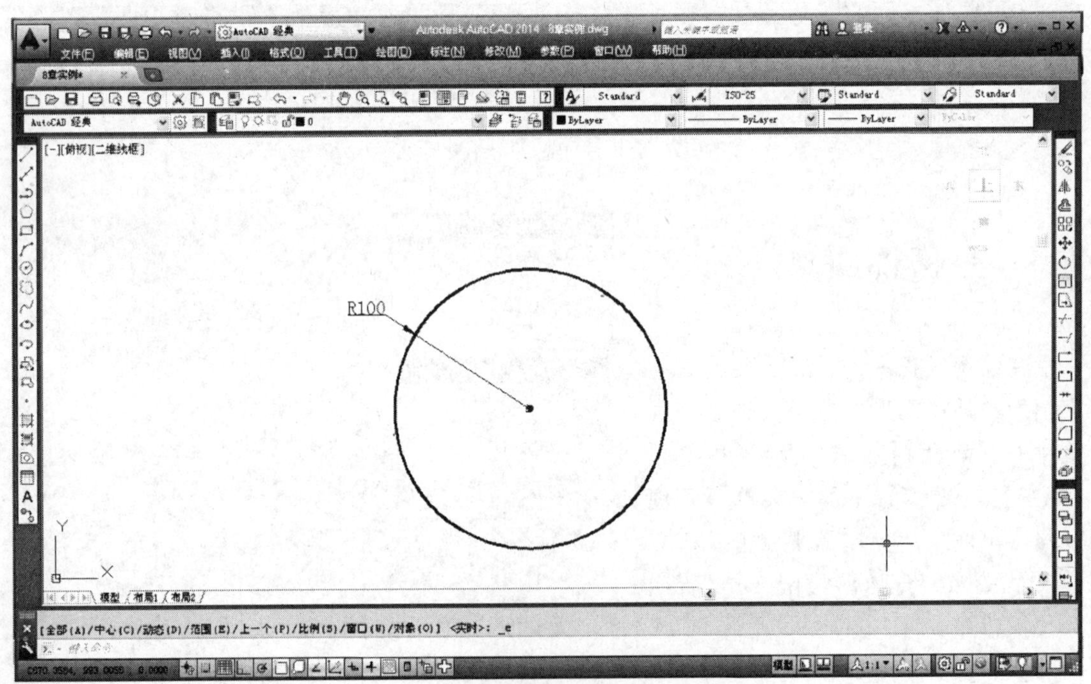

图 8-11　绘制图形

2）对绘制的图形进行【范围】缩放。执行【视图】|【缩放】|【范围】命令，最终效果如图 8-12 所示。

3）此时看不清中心的黑点是什么图形，可以进行【窗口】缩放。

① 方法一，执行【视图】|【缩放】|【窗口】命令，用窗口套取小圆，如图 8-13a 所示，最终效果如图 8-13b 所示。

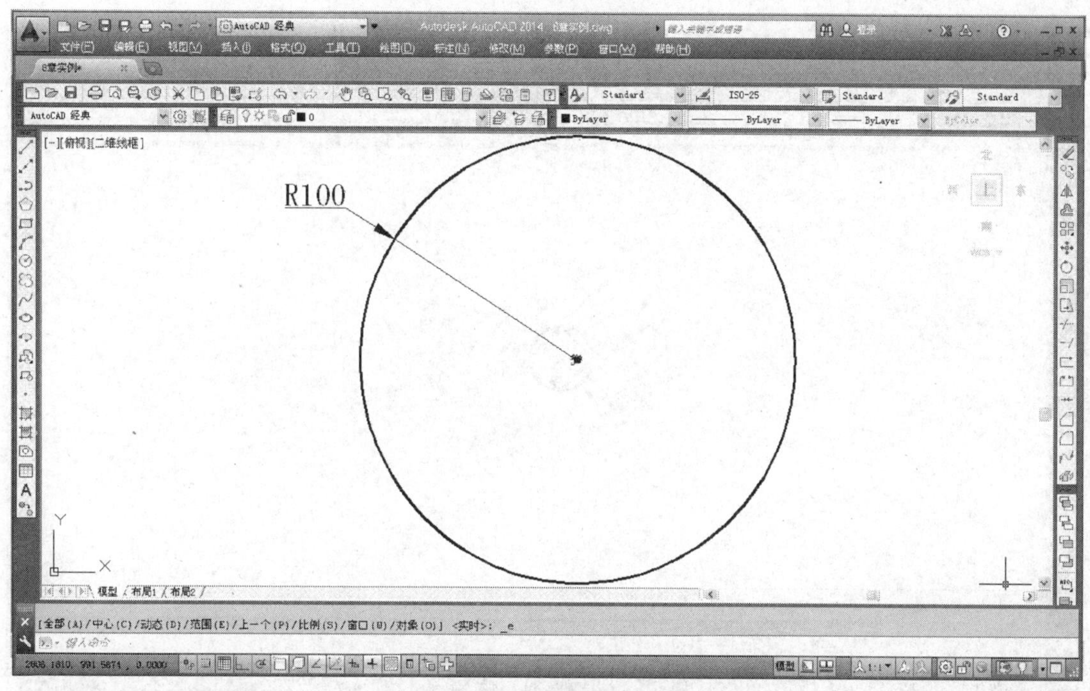

图 8-12 【范围】缩放效果

② 方法二，使用【动态】缩放。操作步骤如下：

a. 将图 8-13 进行【范围】缩放。

b. 执行【视图】|【缩放】|【动态】。

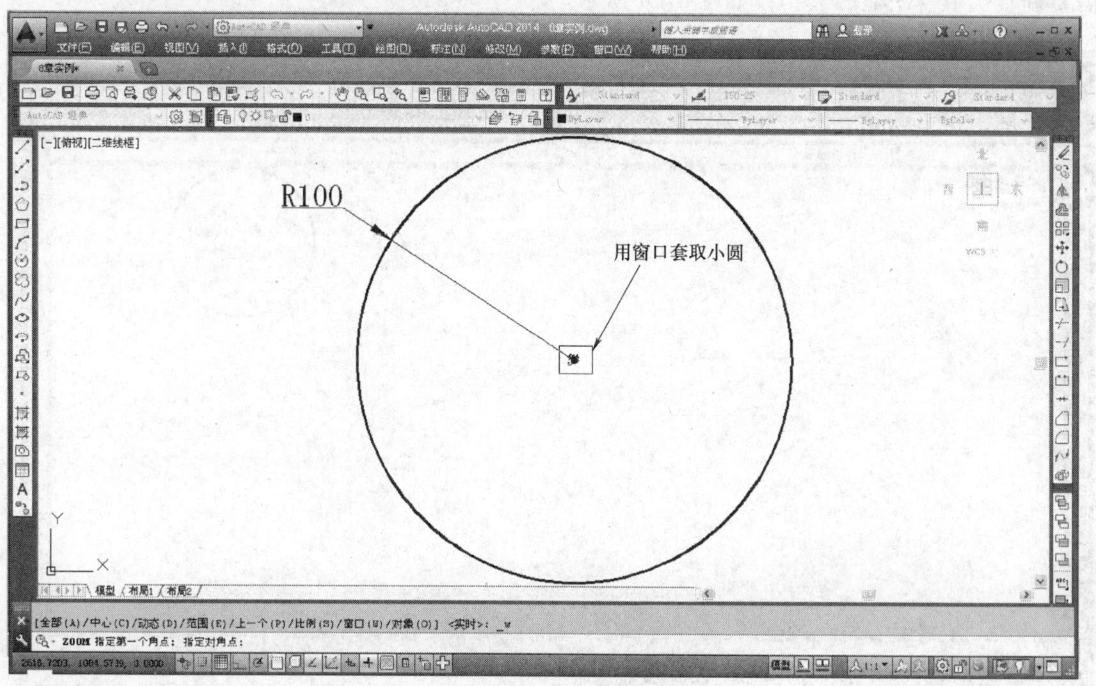

a) 用窗口套取小圆

图 8-13 【窗口】缩放效果

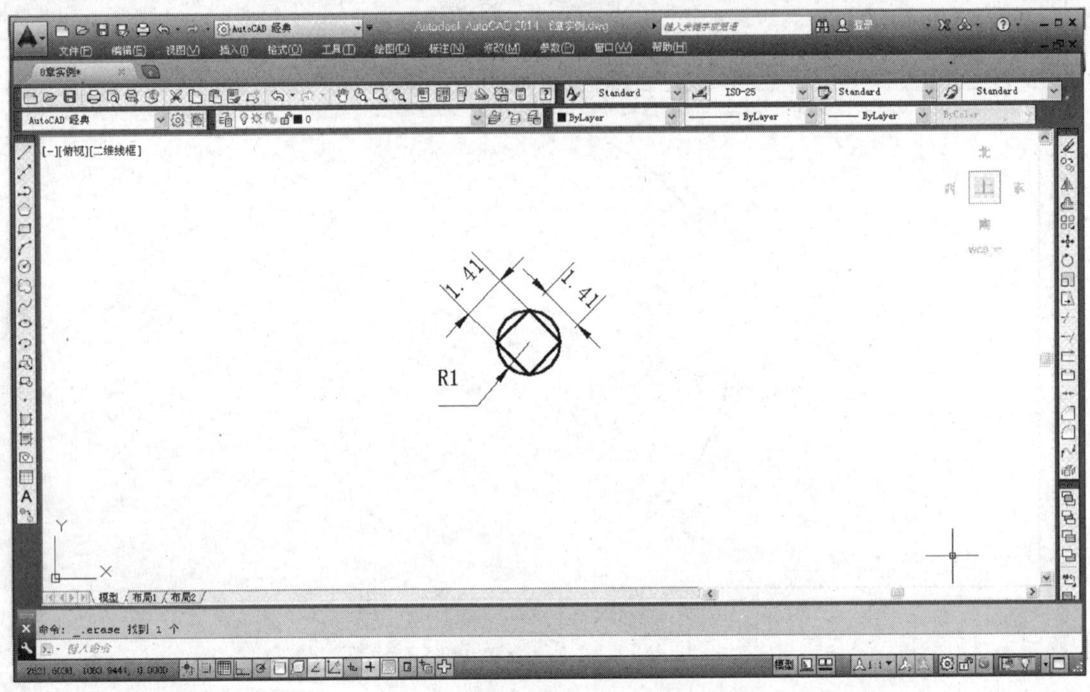

b) 使用【窗口】缩放后的效果

图 8-13　【窗口】缩放效果（续）

c. 确定选取视图框的大小。单击鼠标左键，当选取视图框出现箭头时，拖动鼠标，按需要调整选取视图框的大小，如图 8-14 所示。

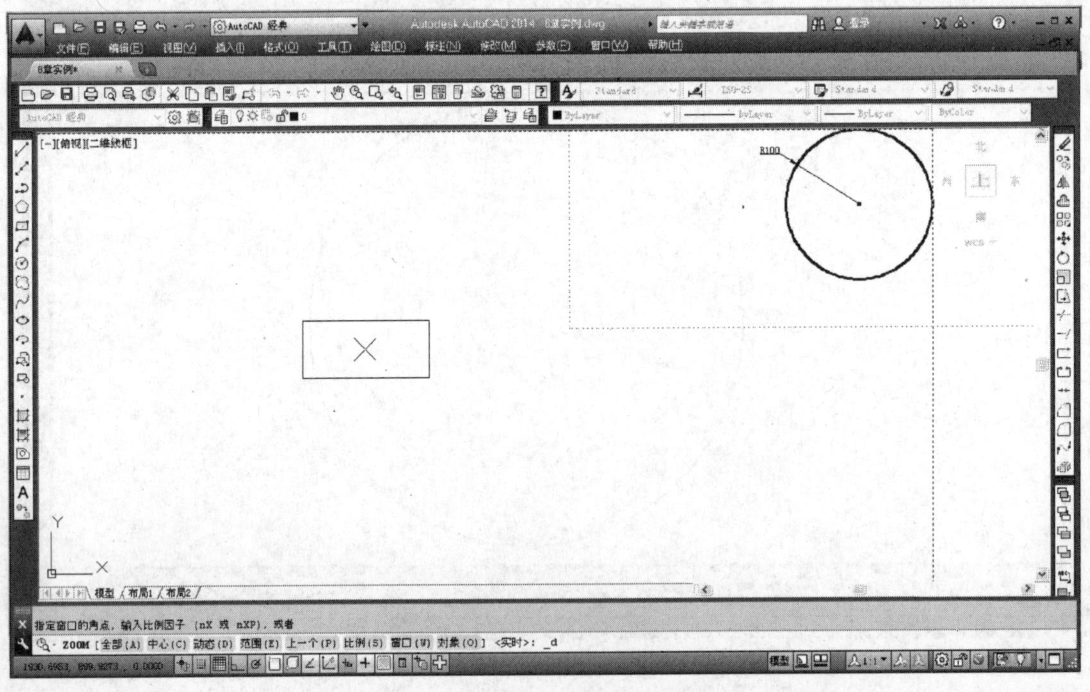

图 8-14　调整选取视图框的大小

4）单击鼠标左键，使用调整好的选取视图框来选择要缩放的对象，再次单击鼠标左键，并按 Enter 键确认，图形显示如图 8-15 所示。

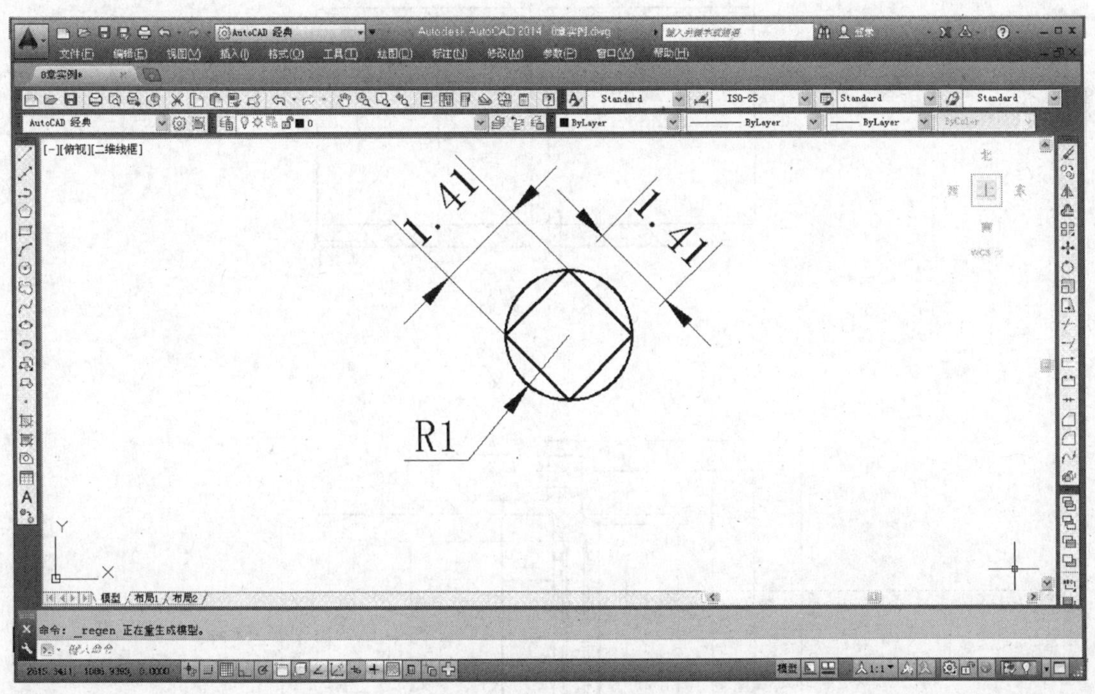

图 8-15 【动态】缩放效果

注：使用调整好的选取视图框选择缩放的对象后，务必要按 Enter 键确认。

8.5　本章小结

本章主要介绍 AutoCAD 2014 视图操作，包括重画、重新生成、缩放视图、实时缩放、窗口缩放、显示前一个视图、动态缩放、按比例缩放、重设视图中心点、根据绘图范围或实际图形显示、平移视图等操作。重点是在进行绘图操作时，应合理使用这些操作，以方便绘图。

习　　题

1. 绘制 $R=1$ 的圆、圆弧，然后对图形进行缩放，利用【重画】、【重生成】等命令，比较重画、重生成前后图形的变化。

2. 绘制如图 8-16 所示的套筒（千斤顶零部件）图形，进行【动态】缩放操作。

3. 以图 8-17（源文件见图 8-17. dwg）所示端盖（千斤顶零部件）为例，进行【动态】缩放、【实时】缩放和【平移】等操作。

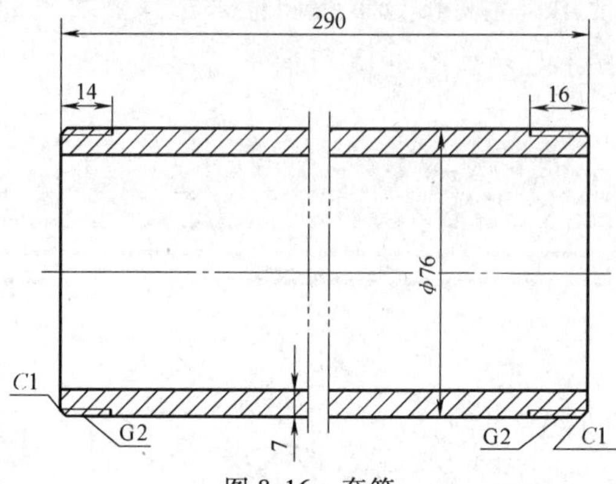

图 8-16　套筒

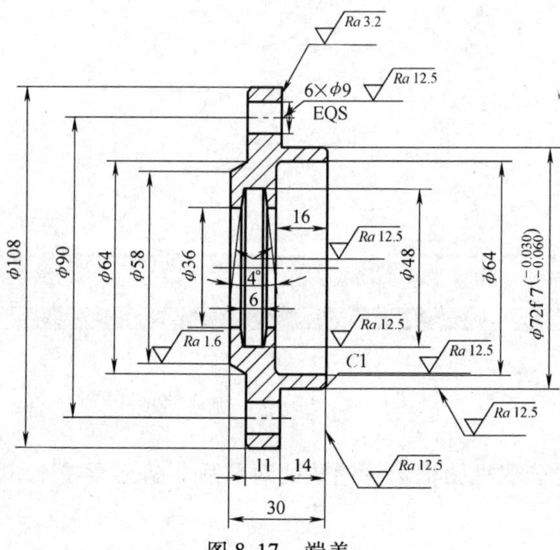

图 8-17　端盖

第 9 章　文本、尺寸标注与表格

当绘制完图形后，往往需要进行尺寸标注、表格设计，以及技术要求填写等工作。本章将进行文字样式及字体、单行文本、多行文本、尺寸标注概述、创建标注样式、表格的介绍。

9.1　文字样式及字体

9.1.1　文字样式

文字样式的设置包括字体、文字高度及特殊效果等，使用【文字样式】命令来创建或修改文字样式。

执行方式

- 下拉菜单：【格式】|【文字样式】
- 命令行：STYLE
- 工具栏：A

执行该命令后，弹出如图 9-1 所示的【文字样式】对话框。

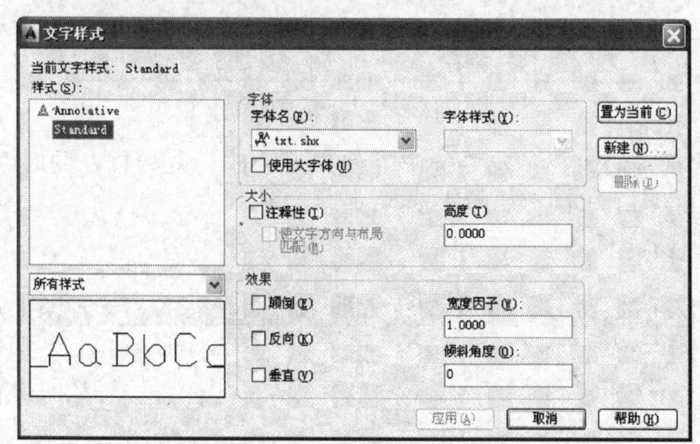

图 9-1　【文字样式】对话框

9.1.2　字体

（1）【样式】列表框

【样式】列表框显示所有已经定义的文字样式，如图 9-2 所示。创建新的文字样式时，可以单击【新建】按钮。

（2）【字体】下拉列表框

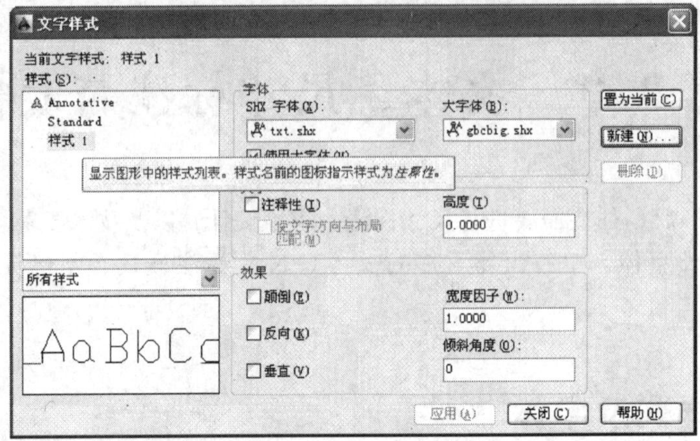

图 9-2　选择文字样式

使用【字体】下拉列表框可以选择合适的字体，如图 9-3 所示。

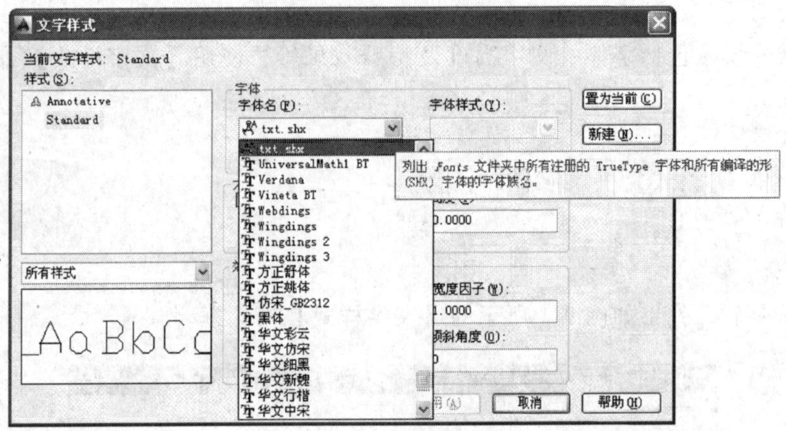

图 9-3　设置字体

当使用文字出现乱码时，一定要选中【使用大字体】复选框，同时在【大字体】下拉列表框中选择 gbcbig. shx 字体，如图 9-4 所示。

(3)【大小】选项组

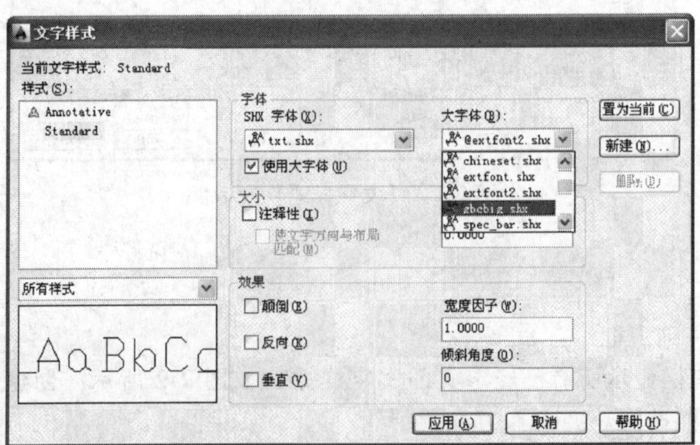

图 9-4　使用大字体

在【大小】选项组的【高度】文本框中输入数值，可以定义文字的高度，如图 9-5 所示。如果此时为 0，在输入文字时，命令行中会出现有关文字高度的提示。

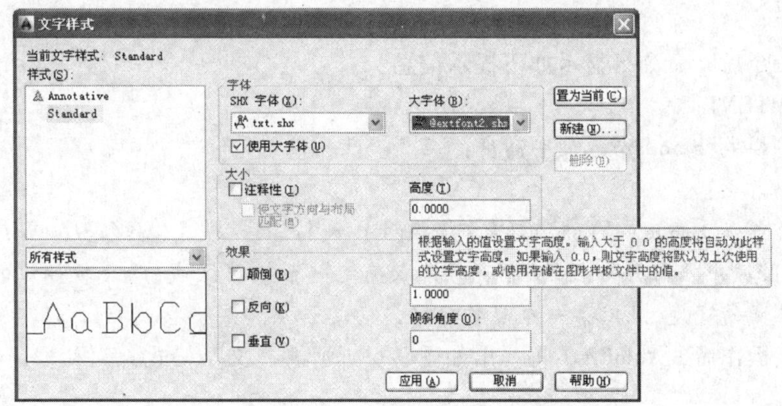

图 9-5　设置字体高度

9.2　单行文本

执行方式

- 下拉菜单：【绘图】|【文字】|【单行文字】
- 命令行：TEXT
- 工具栏：AI

执行该命令后，命令行显示如下提示信息：

命令：_TEXT

当前文字样式： Standard　文字高度： 2.5000　注释性： 否　对正： 左

指定文字的起点 或 [对正(J)/样式(S)]：

其中各项的含义如下。

1)【对正（J）】选项：当在命令行中输入 J 后（不区分大小写），命令行显示如下提示信息：

输入选项 [左(L)/居中(C)/右(R)/对齐(A)/中间(M)/布满(F)/左上(TL)/中上(TC)/右上(TR)/左中(ML)/正中(MC)/右中(MR)/左下(BL)/中下(BC)/右下(BR)]：

2)【样式（S）】选项：确定标注文字时所用的文字样式。

指定文字的起点后，系统会提示：

指定高度 <2.5000>：2.5

指定文字的旋转角度 <0>：

9.3　多行文本

执行方式

- 下拉菜单：【绘图】|【文字】|【多行文字】
- 命令行：MTEXT
- 工具栏：A

执行该命令后，命令行显示如下提示信息：

命令：_MTEXT

当前文字样式:Standard　文字高度： 2.5　注释性： 否

指定第一角点：

指定对角点或［高度(H)/对正(J)/行距(L)/旋转(R)/样式(S)/宽度(W)/栏(C)］：

(在绘图区域中拾取另一点,以这两对角点确定一个矩形区域,以后所标注的文本行宽度即为该矩形区域的宽度,且以第一个点作为文本的起始点。)

完成以上操作后，AutoCAD 将弹出如图 9-6 所示的【文字格式】对话框。

图 9-6 【文字格式】对话框

9.4 尺寸标注简介

9.4.1 组成

尺寸界线、尺寸线、尺寸箭头和尺寸文本 4 部分组成一个完整的尺寸，如图 9-7 所示。

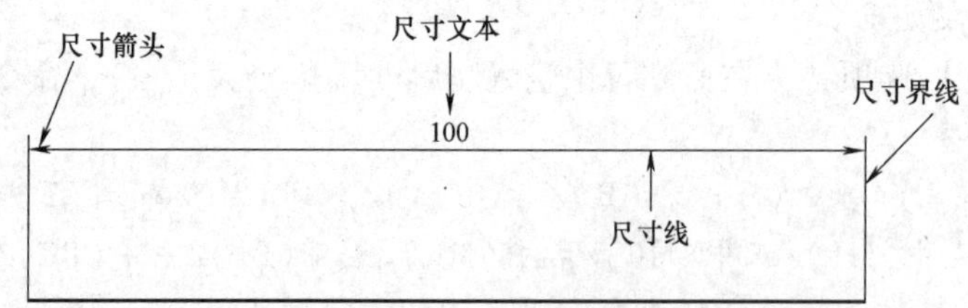

图 9-7 尺寸标注的组成

1）尺寸文本：是实际测量值。可附加公差、前缀和后缀等，也可以自行指定文字或取消文字。

2）尺寸线：表明标注的范围。

3）尺寸箭头：表明测量的开始和结束位置。

4）尺寸界线：从被标注的对象延伸到尺寸线。可以利用轮廓线、轴线或对称中心线作为尺寸界线。图 9-8a 所示为利用轮廓线作为尺寸界线示例，图 9-8b 所示为利用中心线作为尺寸界线示例。

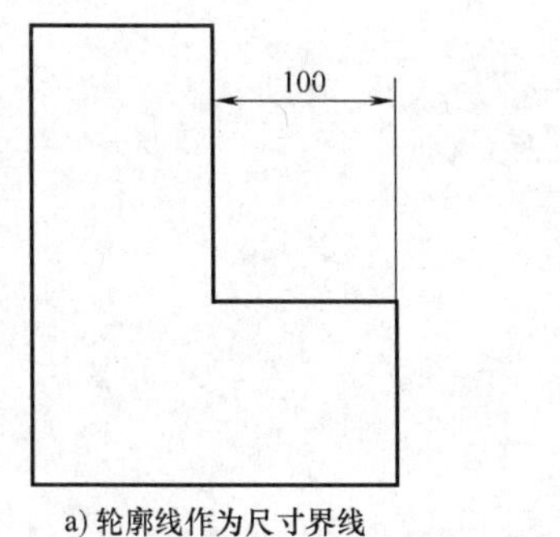

a) 轮廓线作为尺寸界线

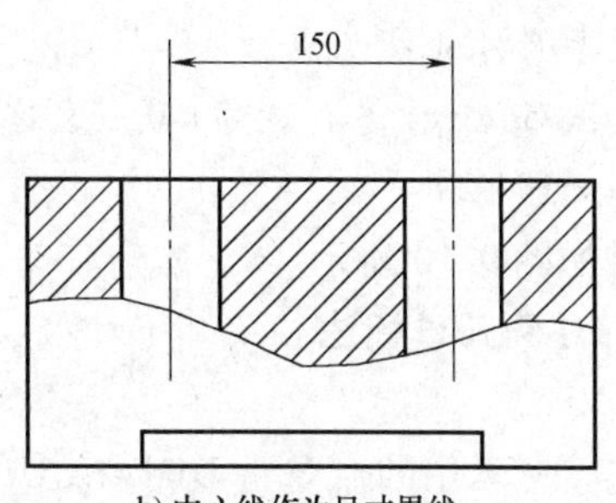

b) 中心线作为尺寸界线

图9-8 利用轮廓线、轴线或对称中心线作为尺寸界线

9.4.2 类型与步骤

尺寸标注的类型包括：线性、对齐、弧长、坐标、半径、折弯、直径、角度、基线、连续、多重引线、公差、圆心标记。【标注】工具栏如图9-9所示。

图9-9 【标注】工具栏

1. 线性标注和对齐标注

(1) 线性标注

线性标注用于标注线性尺寸。

执行方式

- 下拉菜单：【标注】|【线性】
- 命令行：DIMLINEAR
- 工具栏：

执行该命令后，命令行显示如下提示信息：

命令：_DIMLINEAR

指定第一个尺寸界线原点或 <选择对象>：

指定第二条尺寸界线原点：

指定尺寸线位置或[多行文字(M)/文字(T)/角度(A)/水平(H)/垂直(V)/旋转(R)]：

标注文字 =100

标注结果如图9-10所示。

(2) 对齐标注

对齐标注用于斜线或斜面的尺寸标注。

执行方式

- 下拉菜单：【标注】|【对齐】
- 命令行：DIMALIGNED
- 工具栏：

执行该命令后，命令行显示如下提示信息：

命令：_DIMALIGNED

指定第一个尺寸界线原点或 <选择对象>：

指定第二条尺寸界线原点：

指定尺寸线位置或[多行文字(M)/文字(T)/角度(A)]：

标注文字 =141.58

标注结果如图 9-10 所示。

2. 角度标注和弧长标注

(1) 角度标注

标注角度尺寸常用的命令是 DIMANGULAR。

执行方式：

- 下拉菜单：【标注】|【角度】
- 命令行：DIMANGULAR
- 工具栏：

执行该命令后，命令行显示如下提示信息：

命令：_DIMANGULAR

选择圆弧、圆、直线或 <指定顶点>：

指定标注弧线位置或 [多行文字(M)/文字(T)/角度(A)/象限点(Q)]：

标注文字 =180

标注结果如图 9-11 所示。

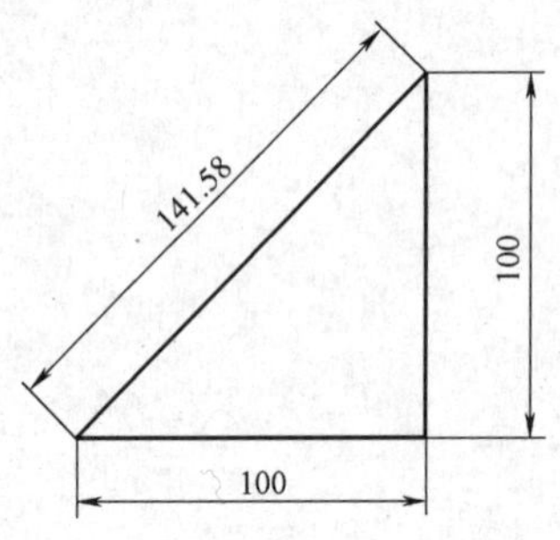

图 9-10　线性标注与对齐标注

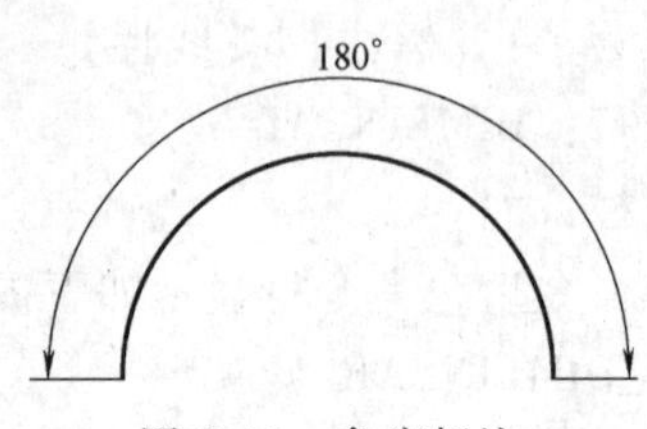

图 9-11　角度标注

(2) 弧长标注

执行方式

- 下拉菜单：【标注】|【弧长】
- 命令行：DIMARC
- 工具栏：

执行该命令后，命令行显示如下提示信息：

命令：_DIMARC

选择弧线段或多段线圆弧段：

指定弧长标注位置或 [多行文字(M)/文字(T)/角度(A)/部分(P)/引线(L)]：

标注文字 =314.16

标注结果如图 9-12 所示。

3. 基线标注和连续标注

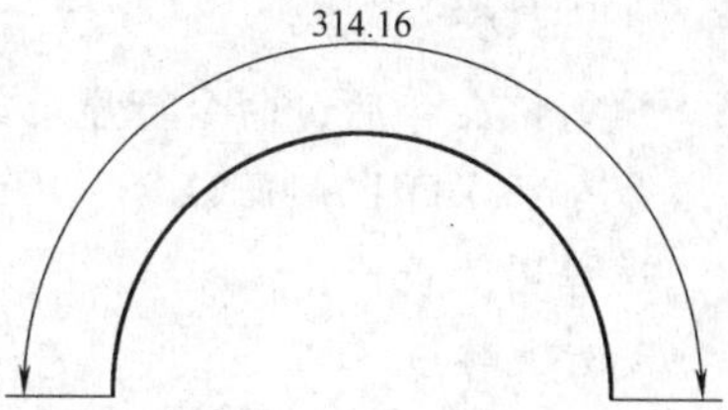

(1) 基线标注

执行方式

- 下拉菜单：【标注】|【基线】
- 命令行：DIMBASELINE
- 工具栏：

执行该命令后，命令行显示如下提示信息：

命令：_DIMBASELINE

指定第二条尺寸界线原点或［放弃(U)/选择(S)］<选择>：

标注文字 =　　　　　　　　　　　　　　　　　　　//按 Enter 键结束

图 9-12　弧长标注

标注结果如图 9-13 所示。

(2) 连续标注

连续标注是指首尾相连的尺寸标注。

执行方式

- 下拉菜单：【标注】|【连续】
- 命令行：DIMCONTINUE
- 工具栏：

执行该命令后，命令行显示如下提示信息：

命令：_DIMCONTINUE

指定第二条尺寸界线原点或［放弃(U)/选择(S)］<选择>：

标注文字 =

指定第二条尺寸界线原点或［放弃(U)/选择(S)］<选择>：

标注结果如图 9-14 所示。

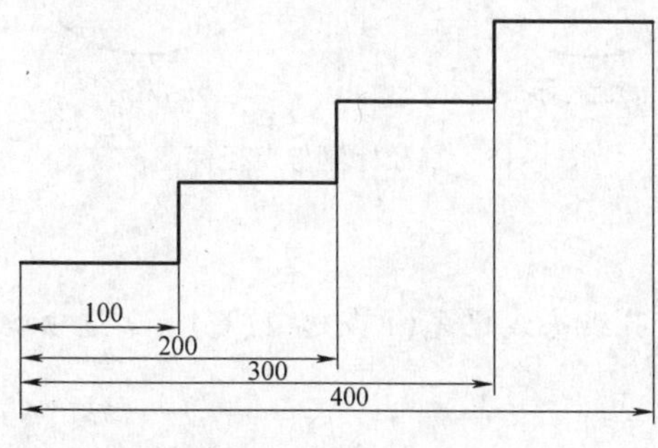

图 9-13　基线标注

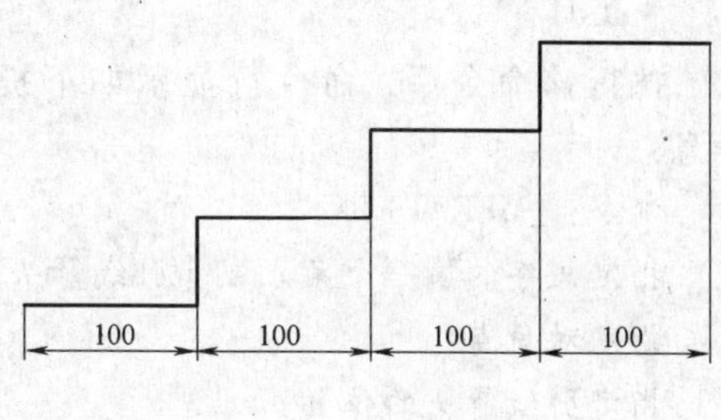

图 9-14　连续标注

注：在进行基线标注与连续标注时，一定要先进行线性标注。

4. 直径标注和半径标注

(1) 直径标注

执行方式

- 下拉菜单：【标注】|【直径】
- 命令行：DIMDIAMETER

• 工具栏：⃠

执行该命令后，命令行显示如下提示信息：

命令：_DIMDIAMETER

选择圆弧或圆：

标注文字 =

指定尺寸线位置或［多行文字(M)/文字(T)/角度(A)］：

标注结果如图 9-15a 所示。

(2) 半径标注

执行方式

• 下拉菜单：【标注】|【半径】

• 命令行：DIMRADIUS

• 工具栏：

执行该命令后，命令行显示如下提示信息：

命令：_DIMRADIUS

选择圆弧或圆：

标注文字 =

指定尺寸线位置或［多行文字(M)/文字(T)/角度(A)］：

标注结果如图 9-15b 所示。

5. 多重引线标注

多重引线标注就是画出一条引线，在引线末端添加多行旁注或说明来标注对象。

执行方式

• 下拉菜单：【标注】|【多重引线】

• 命令行：MLEADER

• 工具栏：

执行该命令后，命令行显示如下提示信息：

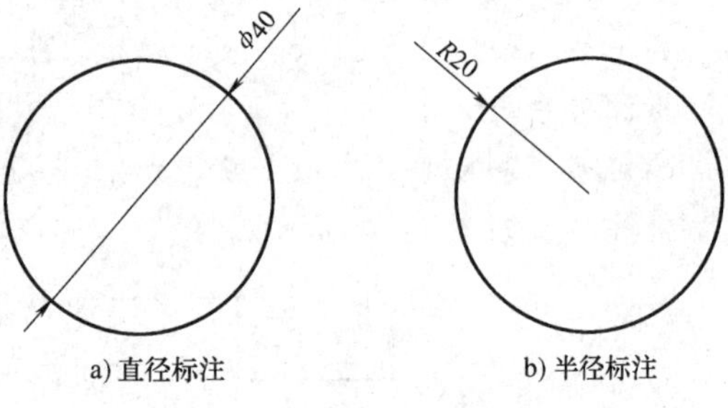

图 9-15 直径标注与半径标注

命令：_MLEADER

指定文字的第一个角点或［引线箭头优先(H)/引线基线优先(L)/选项(O)］<选项>：

指定对角点：

指定引线箭头的位置：

标注结果如图 9-16 所示。

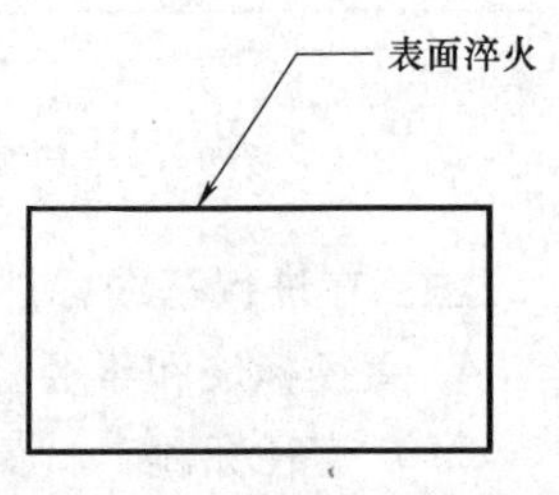

图 9-16 多重引线标注

6. 公差标注

执行方式

• 下拉菜单：【标注】|【公差】

• 命令行：TOLERANCE

• 工具栏：

执行该命令后，将弹出如图 9-17 所示的【形位公差】对话框。

注：按照国家标准，形位公差应改为几何公差。由于本书所用软件中使用了形位公差，为保证正文与图统一，本书仍使用形位公差一词。

单击【形位公差】对话框中的【符号】选项中的黑框，将弹出如图 9-18 所示的【特征符号】对话框。可在该对话框中设置特征符号。

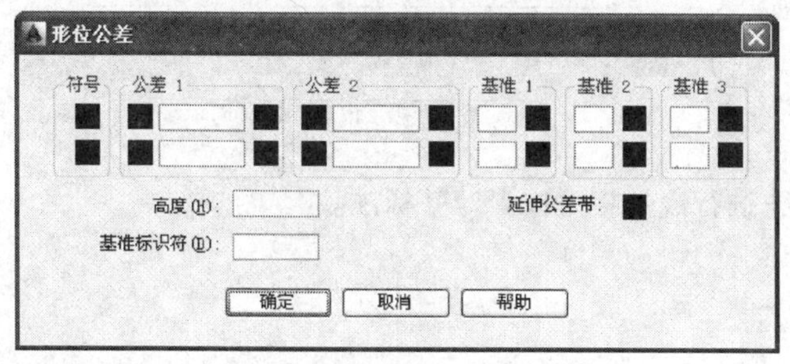

图 9-17　【形位公差】对话框

图 9-18　【特征符号】对话框

注：单击【特征符号】对话框中的白色方框，将退出【特征符号】对话框。

7. 折弯标注和折弯线性标注

（1）折弯标注

执行方式

- 下拉菜单：【标注】|【折弯】
- 命令行：DIMJOGGED
- 工具栏：

执行该命令后，命令行显示如下提示信息：

命令：_DIMJOGGED

选择圆弧或圆：

指定图示中心位置：

标注文字 =

指定尺寸线位置或 [多行文字(M)/文字(T)/角度(A)]：

指定折弯位置：

标注结果如图 9-19 所示。

（2）折弯线性标注

执行方式

- 下拉菜单：【标注】|【折弯线性】
- 命令行：DIMJOGLINE
- 工具栏：

执行该命令后，命令行显示如下提示信息：

命令：_DIMJOGLINE

选择要添加折弯的标注或 [删除(R)]：

指定折弯位置（或按 Enter 键）：

标注结果如图 9-20 所示。

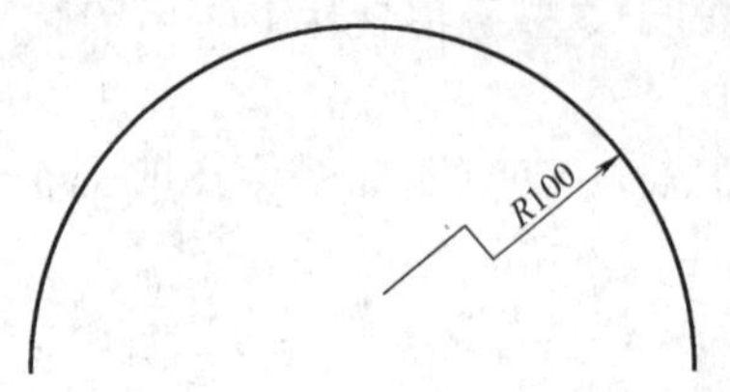

图 9-19 折弯标注

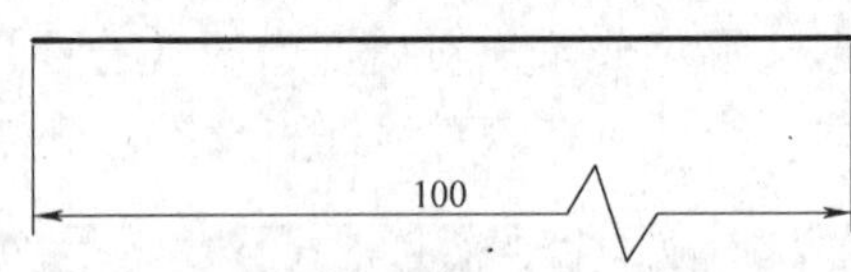

图 9-20 折弯线性标注

注：使用折弯线性标注前一定要先进行线性标注或者对齐标注。

8. 快速标注与其他类型标注

(1) 快速标注

执行方式

- 下拉菜单：【标注】|【快速标注】
- 命令行：QDIM
- 工具栏：

执行该命令后，命令行显示如下提示信息：

命令：_QDIM
关联标注优先级 = 端点
选择要标注的几何图形：找到 1 个
选择要标注的几何图形：找到 1 个,总计 2 个
选择要标注的几何图形：找到 1 个,总计 3 个
选择要标注的几何图形：
指定尺寸线位置或［连续(C)/并列(S)/基线(B)/坐标(O)/半径(R)/直径(D)/基准点(P)/编辑(E)/设置(T)］<连续>：

标注结果如图 9-21 所示。

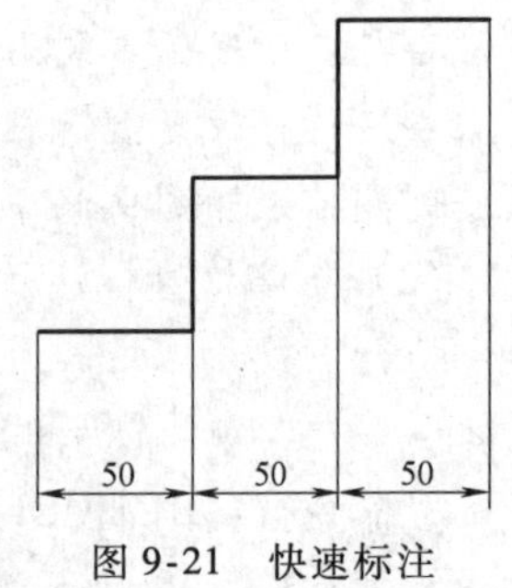

图 9-21 快速标注

(2) 标注间距

执行方式

- 下拉菜单：【标注】|【标注间距】
- 命令行：DIMSPACE
- 工具栏：

执行该命令后，命令行显示如下提示信息：

命令：_DIMSPACE
选择基准标注：
选择要产生间距的标注：找到 1 个
选择要产生间距的标注：找到 1 个,总计 2 个
选择要产生间距的标注：
输入值或［自动(A)］<自动>：20

标注结果如图 9-22 所示。

注：在图 9-22 中，图 9-22b 使用了标注间距，间距值为 20。

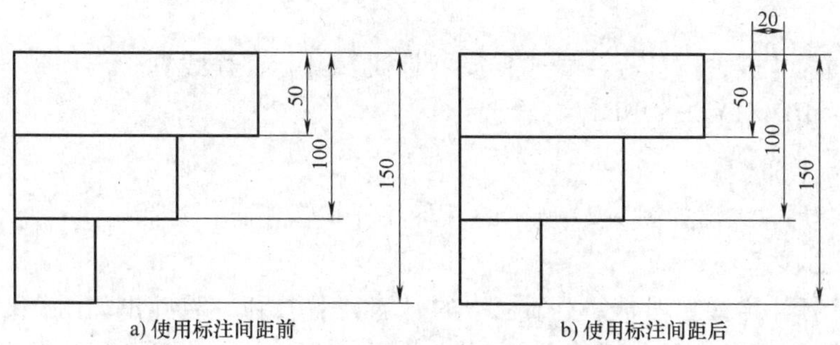

a) 使用标注间距前　　b) 使用标注间距后

图 9-22　标注间距

(3) 标注打断

执行方式

- 下拉菜单：【标注】|【标注打断】
- 命令行：DIMBREAK
- 工具栏：

执行该命令后，命令行显示如下提示信息：

命令：_DIMBREAK

选择要添加/删除折断的标注或 [多个(M)]：

选择要折断标注的对象或 [自动(A)/手动(M)/删除(R)] <自动>：m

指定第一个打断点：　<对象捕捉 关>

指定第二个打断点：

1 个对象已修改

标注结果如图 9-23 所示。

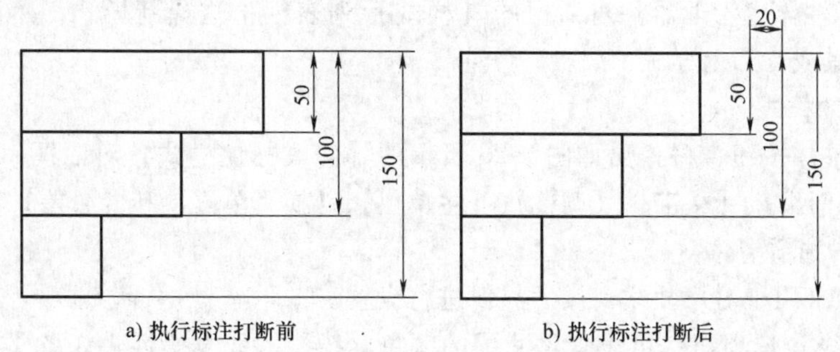

a) 执行标注打断前　　b) 执行标注打断后

图 9-23　标注打断

注：进行标注打断时一定要先有标注。当命令行中出现“<选择要折断标注的对象或 [自动 (A)/手动 (M)/删除 (R)] <自动>：m>”时，选择要折断的尺寸，本例中尺寸 150 执行标注打断。

9.5　创建标注样式

进行标注前一定进行标注样式的创建，使得标注符合图纸的要求。

执行方式

- 下拉菜单:【格式】|【标注样式】或【标注】|【标注样式】
- 命令行: DIMSTYLE/DDIM
- 工具栏:

执行该命令后，弹出如图 9-24 所示的【标注样式管理器】对话框。

1. 新建标注样式

1）单击【标注样式管理器】对话框中的【新建】按钮，将弹出如图 9-25 所示的【创建新标注样式】对话框。用户可在【新样式名】文本框中输入自己的标注样式名称。

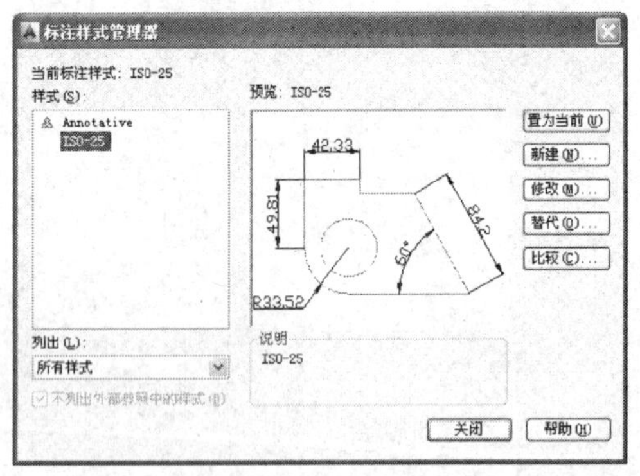

图 9-24 【标注样式管理器】对话框

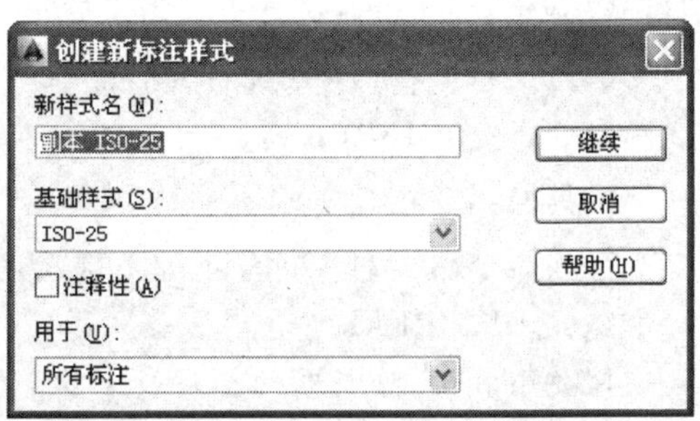

图 9-25 【创建新标注样式】对话框

2）单击【继续】按钮，用户可对新样式进行符合自己要求的设置。完成设置后，单击【继续】按钮，用于对新样式进行符合自己要求的设置。完成设置后，就可以得到一个自定义的标注样式。

3）在【标注样式管理器】对话框的【样式】列表框中选择新样式，然后单击【置为当前】按钮使其成为当前样式。

2. 修改标注样式

单击【修改】按钮，将弹出如图 9-26 所示的【修改标注样式】对话框。该对话框包括【线】、【符号和箭头】、【文字】、【调整】、【主单位】、【换算单位】和【公差】7 个选项卡。

（1）【线】选项卡

【线】选项卡用于对尺寸线、尺寸界线进行设置。

1）【尺寸线】选项组：可设置尺寸线的颜色、线型、线宽等属性，各主要选项的功能如下。

①【超出标记】微调框：该选项决定了尺寸线超出尺寸界线的长度。如果尺寸线两端是箭头，则此选项无效。当尺寸线两端被设置为倾斜、建筑标记、小点和无标记等样式时，该选项才被激活。

②【基线间距】微调框：设置基线标注中各个尺寸线之间的距离。

③【隐藏】区域：其中的两个复选框分别指定第一、二条尺寸线是否被隐藏。

2）【尺寸界线】选项组：主要是对尺寸界线的颜色、线型和线宽进行设置。

①【超出尺寸线】微调框：指定尺寸界线在尺寸线上方伸出的距离。

②【起点偏移量】微调框：指定尺寸界线到定义该标注的原点的偏移距离。

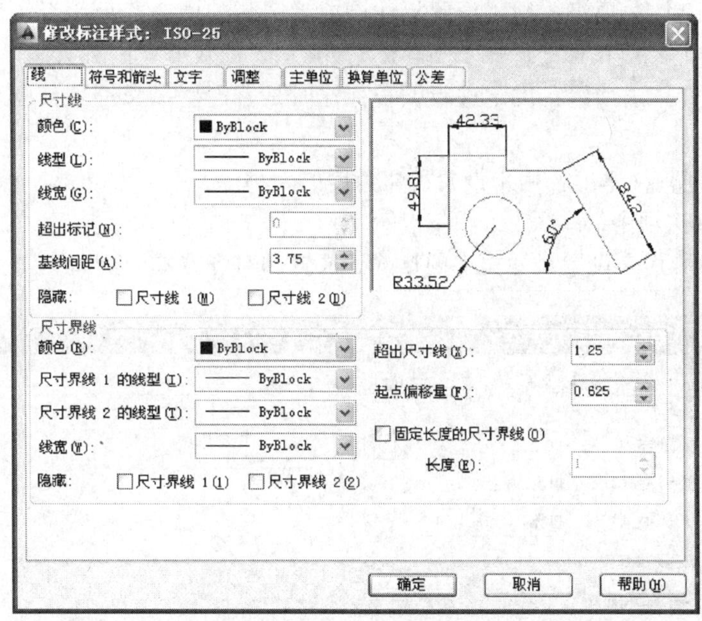

图 9-26　【修改标注样式】对话框

(2)【符号和箭头】选项卡（见图 9-27）

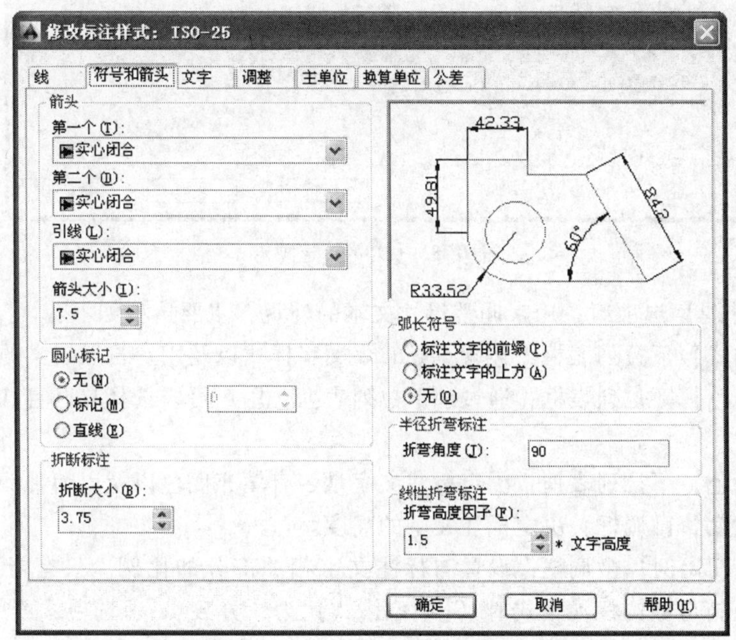

图 9-27　【符号和箭头】选项卡

1）【箭头】选项组：该选项组提供了控制尺寸箭头的选项。

①【第一个】、【第二个】下拉列表框：用于选择尺寸线两端箭头的样式。

②【引线】下拉列表框：用于设置引线标注的箭头样式。

③【箭头大小】微调框：用来设置箭头的大小。

2)【圆心标记】选项组：用于设置标注圆或者圆弧的圆心标记是否出现，以及中心线的出现与否。

3)【弧长符号】选项组：决定进行弧长标注时是否产生弧长符号，以及在什么位置放置弧长符号。

4)【折弯角度】文本框：用来设置折弯角度的大小。

(3)【文字】选项卡

【文字】选项卡用来设置尺寸文字的格式、放置和对齐方式，如图 9-28 所示。

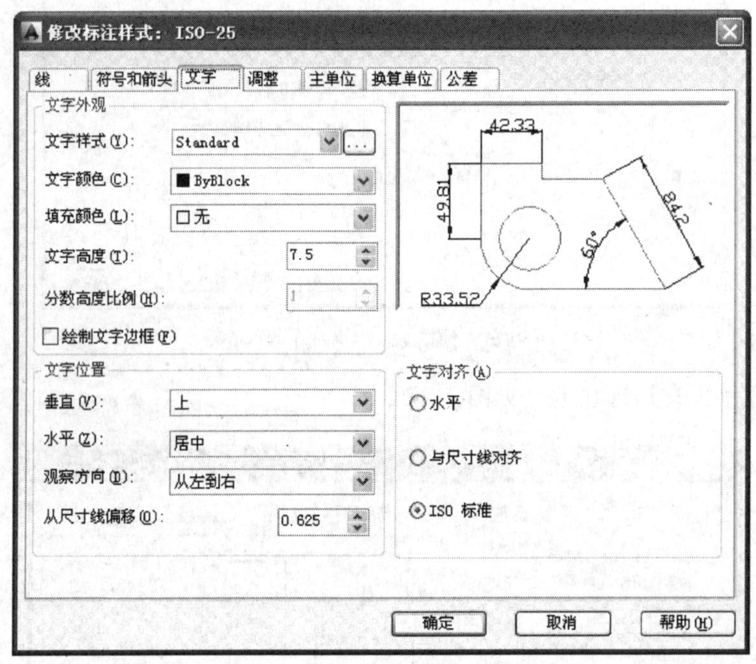

图 9-28 【文字】选项卡

1)【文字外观】选项组：用来调整尺寸文本的外观，主要选项如下。

①【文字样式】下拉列表框：包含 Standard 文字样式以及用户自己定义的文字样式。

②【文字颜色】下拉列表框：通过该下拉列表框，用户可以选择自己喜欢的颜色作为文字的颜色。

③【填充颜色】下拉列表框：决定标注文字是否有填充底色以及以何种颜色进行填充。

④【文字高度】微调框：决定标注文字的高度。

⑤【分数高度比例】微调框：设置与标注文字相关部分的比例。只有当选择了【主单位】选项卡中支持分数的标注格式时（【单位格式】为：分数），该选项才可用。

⑥【绘制文字边框】复选框：选中该复选框，会在尺寸文本的周围绘制一个边框。

2)【文字位置】选项组：用来控制文字的位置。

①【垂直】下拉列表框：用来设置文字相对尺寸线的垂直位置。可以在【居中】、【上】、【外部】、【JIS】、【下】之间选择。其中【JIS】是按照日本工业标准放置标注文本。

②【水平】下拉列表框：设置文字相对于尺寸线和尺寸界线的水平位置。

③【从尺寸线偏移】微调框：设置文字与尺寸线之间的距离。

3）【文字对齐】选项组：用来设置文字的对齐方式。

①【水平】单选按钮：标注文字水平放置。

②【与尺寸线对齐】单选按钮：文字角度与尺寸线角度保持一致。

③【ISO 标准】单选按钮：当文字在尺寸界线内时，文字与尺寸线对齐；当文字在尺寸界线外时，文字水平排列。不同选项时的标注效果，如图 9-29 所示。

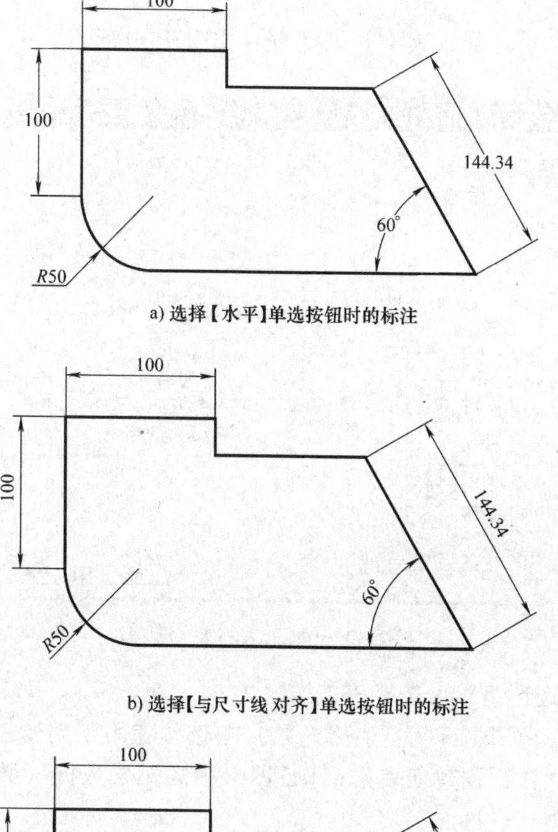

a) 选择【水平】单选按钮时的标注

b) 选择【与尺寸线对齐】单选按钮时的标注

c) 选择【ISO标准】单选按钮时的标注

图 9-29　在【文字对齐】选项组选择不同选项时的标注效果

9.6　表格

AutoCAD 2014 可以创建不同类型的表格，也可调用其他软件生成的表格。

9.6.1　创建表格

执行方式

- 下拉菜单：【绘图】|【表格】
- 命令行：TABLE
- 工具栏：

执行该命令后，弹出【插入表格】对话框，如图 9-30 所示。

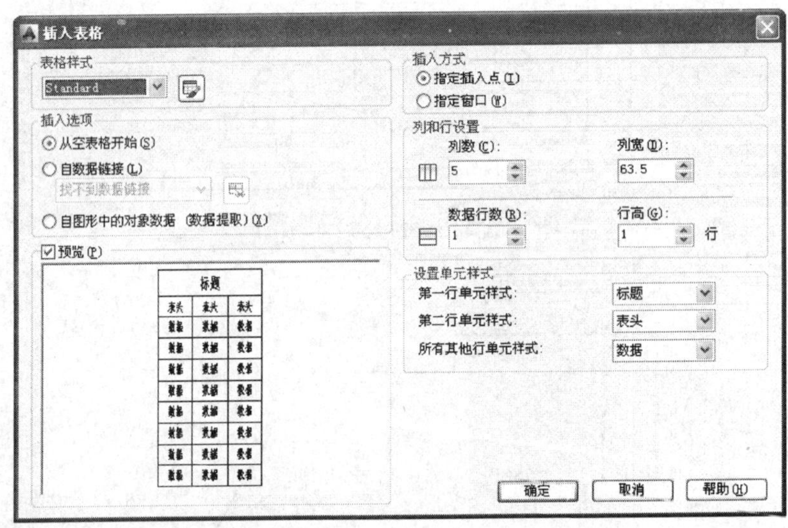

图 9-30　【插入表格】对话框

1)【表格样式】选项组：可选择表格样式。

2)【插入选项】选项组：【从空表格开始】单选按钮用于创建表格；【自数据链接】单选按钮通过从外部导入数据创建新表格；【自图形中的对象数据（数据提取）】单选按钮通过提取图形中的数据创建表格。

3)【插入方式】选项组：包括【指定插入点】和【指定窗口】两种方式。

4)【列和行设置】选项组：实现对表格行与列的设置。

5)【设置单元样式】选项组：实现对第一行、第二行和所有其他行单元样式的设置。每个下拉列表框都有【标题】、【表头】、【数据】3 个选项。

9.6.2　创建表格样式

执行方式

- 下拉菜单：【格式】|【表格样式】
- 命令行：TABLESTYLE
- 工具栏：

执行该命令后，弹出【表格样式】对话框，如图 9-31 所示。

单击【表格样式】对话框中的【新建】按钮，弹出【创建新的表格样式】对话框，可在【新样式名】文本框中输入所需的样式名，如图 9-32 所示。

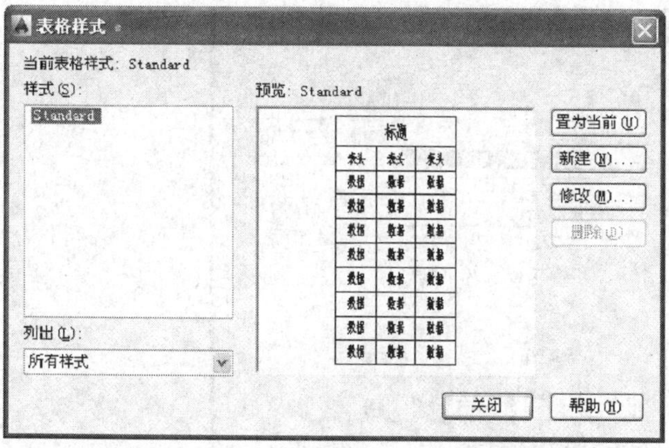

图 9-31　【表格样式】对话框

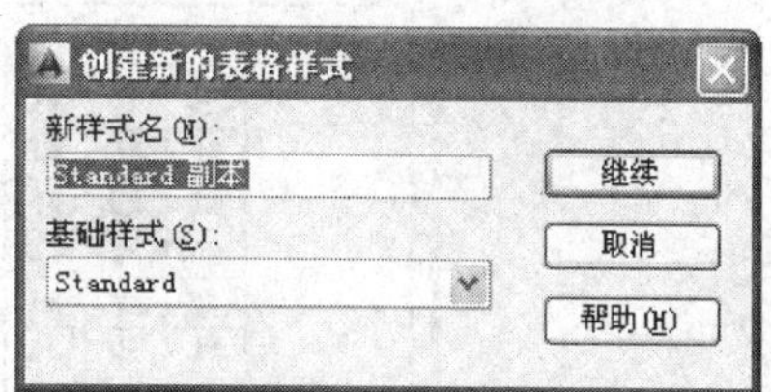

图 9-32　【创建新的表格样式】对话框

单击【创建新的表格样式】对话框中的【继续】按钮，弹出【新建表格样式】对话框，如图 9-33 所示。

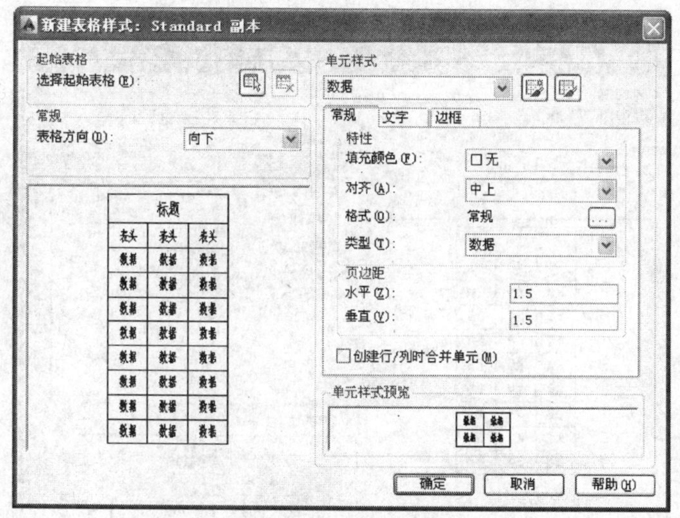

图 9-33　【新建表格样式】对话框

1）【起始表格】选项组：可选择已有的表格来创建一个新的表格样式。

2）【表格方向】下拉列表框：用于确定表格是向上还是向下生成。

3）【单元样式预览】区域：可预览新的表格样式。

4）【单元样式】下拉列表框：包括【标题】、【表头】、【数据】、【创建新单元样式】和【管理单元样式】等选项，如图 9-34 所示。

5）【常规】选项卡：可对新建表格样式进行填充颜色、对齐方式、格式、类型、页边距设置。选中【创建行/列时合并单元】复选框可以进行行或列的合并，但标题与表头不被合并。

6）【文字】选项卡：可对表格中的文字进行设置，如图 9-35 所示。

7）【边框】选项卡：可对表格的边框进行设置，如图 9-36 所示。

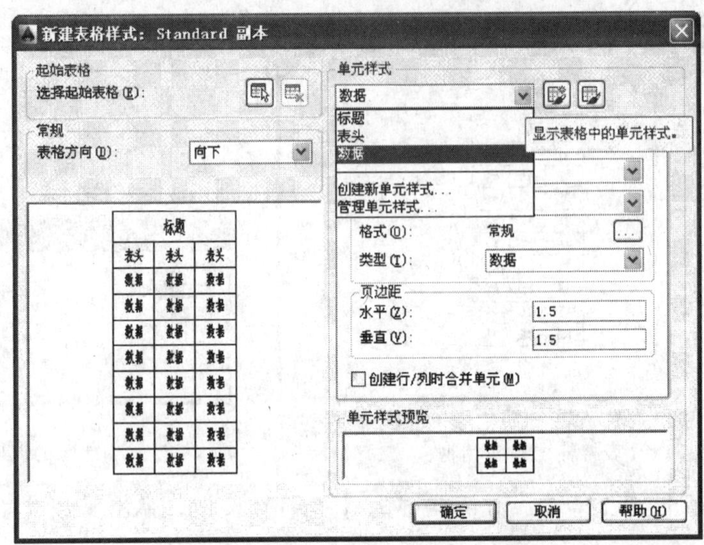

图 9-34 【单元样式】下拉列表框

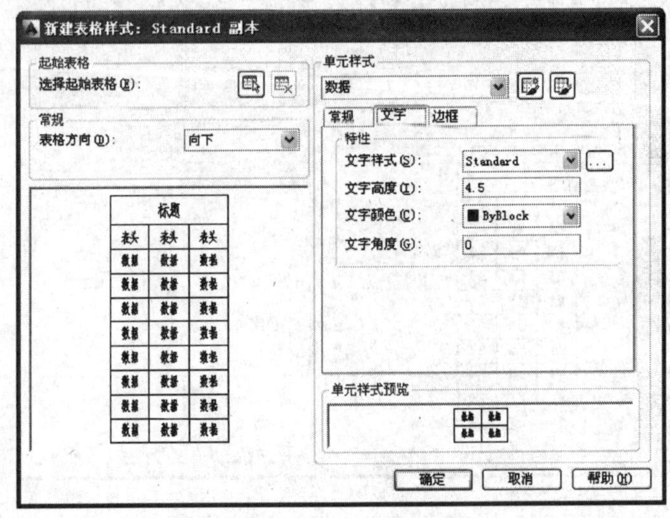

图 9-35 【文字】选项卡

9.6.3 编辑表格和表格单元

当创建新表格后，可通过快捷菜单来编辑表格与表格单元。快捷菜单如图 9-37 所示，可进行剪切、复制、删除、移动、缩放和旋转等操作。选中表格时，可以使用鼠标对夹点进行拖动。

选中表格单元时，其快捷菜单如图 9-38 所示。主要命令介绍如下。

1）【对齐】命令：设置表格单元的对齐方式。

2）【边框】命令：对单元格边框的线宽、颜色等特性进行设置。

3）【匹配单元】命令：用源对象（当前表格单元）匹配目标对象（要匹配的表格单元），此时光标变成刷子形状，单击目标对象就可以进行匹配。

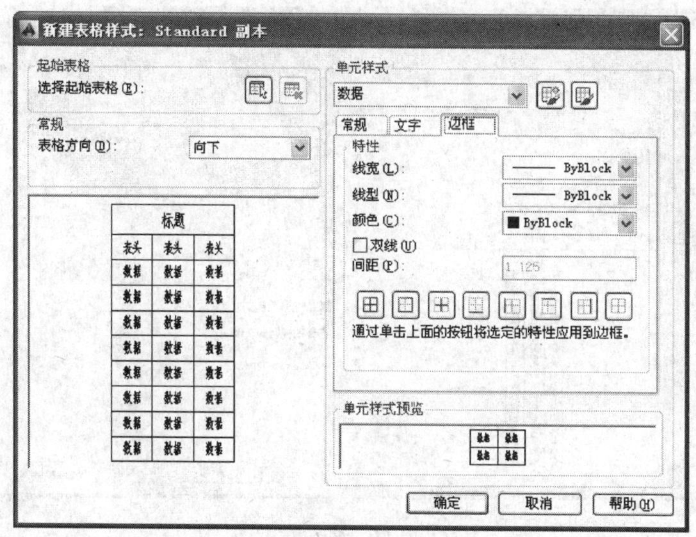

图 9-36　【边框】选项卡

4)【插入点】命令：根据需要，可以将块、字段或公式插入到表格中。

5)【合并】命令：可以对连续的表格单元进行合并。

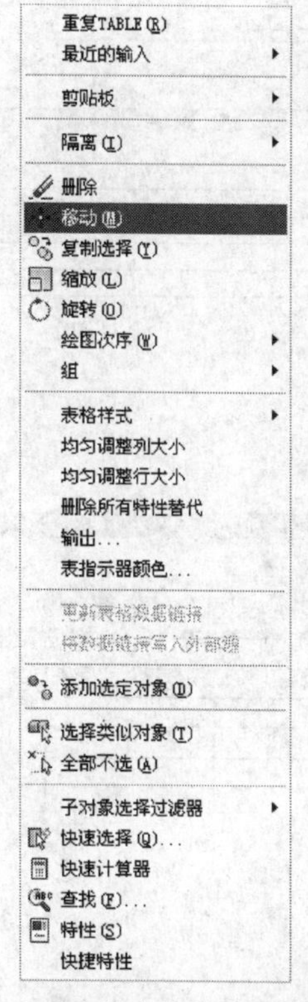

图 9-37　选中整个表格时的快捷菜单

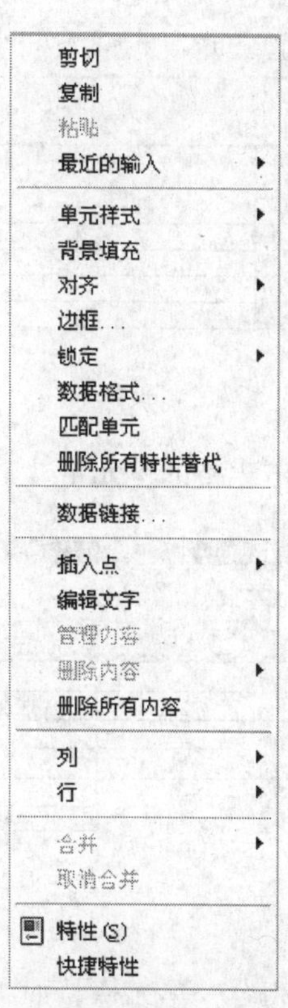

图 9-38　选中表格单元时的快捷菜单

【例 9-1】　生成表格的操作过程。

1）执行【绘图】|【表格】命令，按图 9-39 所示生成表格。

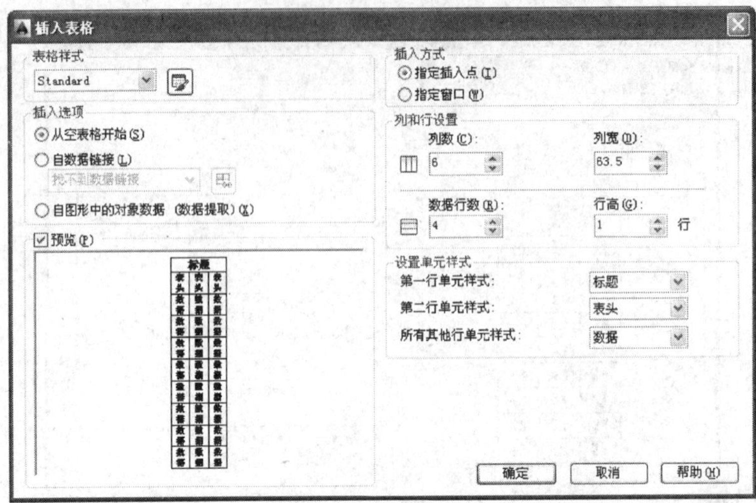

图 9-39　插入表格

2）输入表头，如图 9-40 所示。

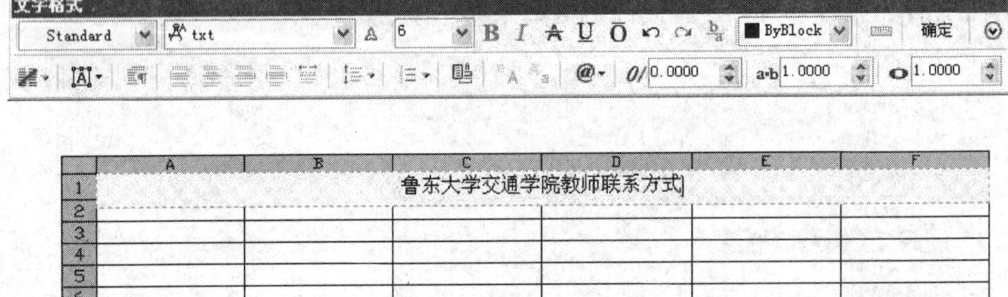

图 9-40　输入表头

3）双击表格的单元格，输入相关的信息，如图 9-41 所示。

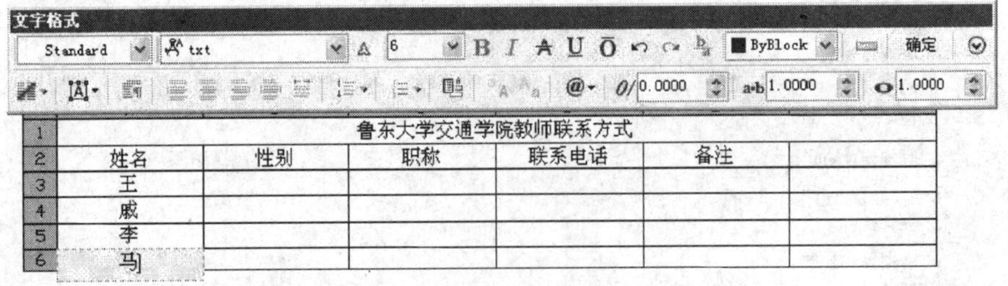

图 9-41　输入相关信息

4）按列合并单元格，如图 9-42 所示。

5）按列合并单元格后的效果如图 9-43 所示。

6）选择在单元格下方插入一行，如图 9-44 所示。

7）选择在单元格下方插入一行后的效果如图 9-45 所示。

表格
口无
按行/列
全部
按行
按列
鲁东大学交通学院教师联系方式
姓名
性别
职称
联系电话
备注
王
戚
李
马

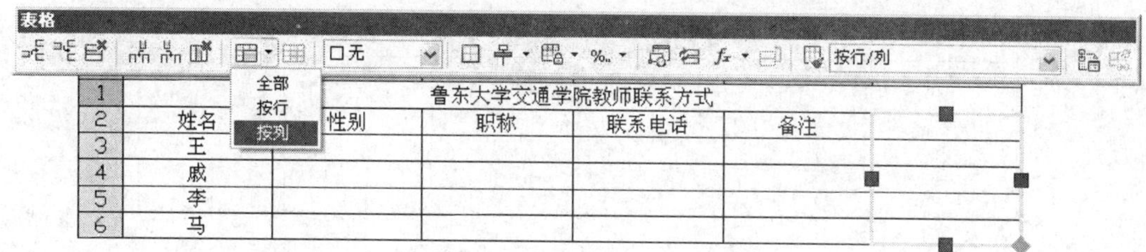

图 9-42　按列合并单元格

鲁东大学交通学院教师联系方式
姓名
性别
职称
联系电话
备注
王
戚
李
马

图 9-43　按列合并单元格后的效果

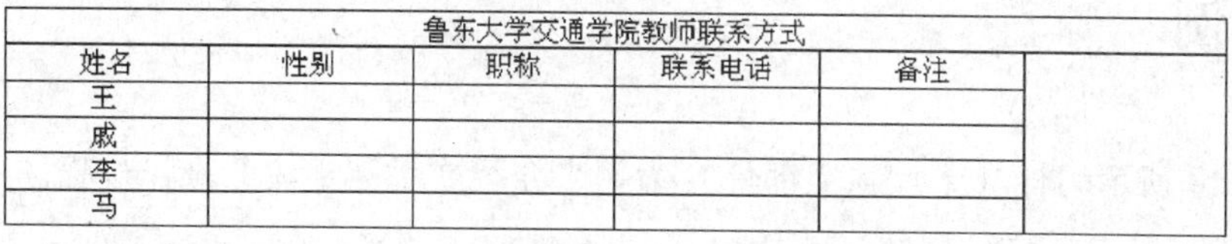

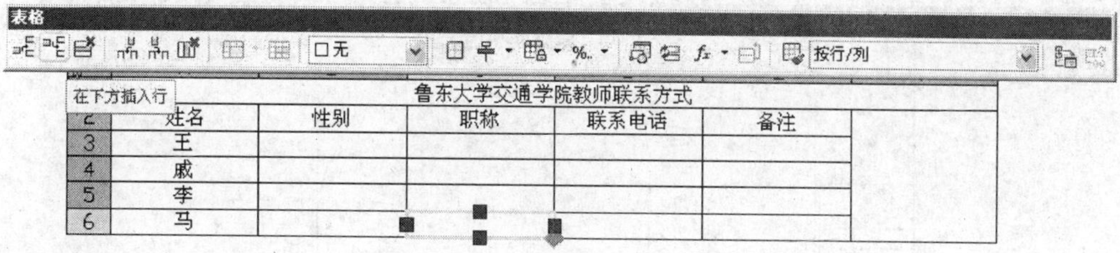

表格
口无
按行/列
在下方插入行
鲁东大学交通学院教师联系方式
姓名
性别
职称
联系电话
备注
王
戚
李
马

图 9-44　在单元格下方插入一行

鲁东大学交通学院教师联系方式
姓名
性别
职称
联系电话
备注
王
戚
李
马

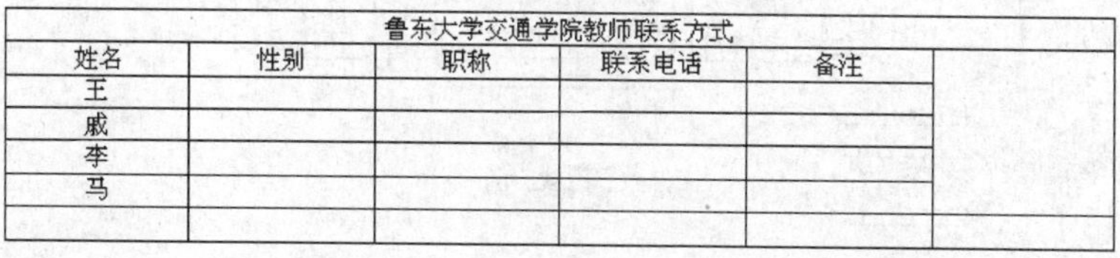

图 9-45　在单元格下方插入一行后的效果

8）按行合并单元格，如图 9-46 所示。

表格
口无
按行/列
全部
按行
按列
鲁东大学交通学院教师联系方式
姓名
性别
职称
联系电话
备注
王
戚
李
马

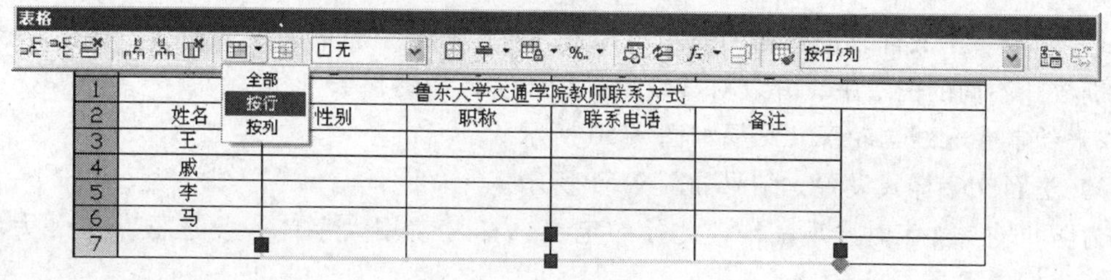

图 9-46　按行合并单元格

9）按行合并单元格后的效果如图 9-47 所示。

鲁东大学交通学院教师联系方式					
姓名	性别	职称	联系电话	备注	
王					
戚					
李					
马					

图 9-47　按行合并单元格后的效果

9.7　实例

以图 9-48 所示蜗杆（千斤顶零部件）为例来介绍文字与标注的操作过程。

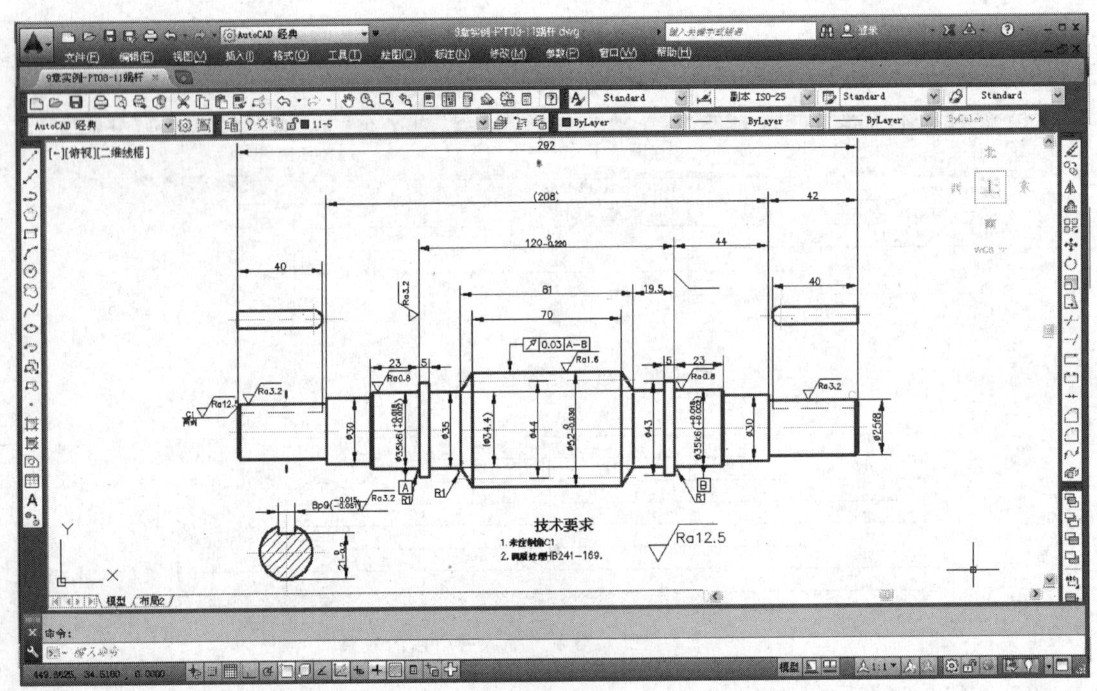

图 9-48　蜗杆

1）新建一个文件，进行相关的图层设置。将中心线、轮廓线、剖面线、标注、技术要求分别放在不同的图层中，并且对其线型进行设置，如图 9-49 所示。

2）绘制中心线与轮廓，结果如图 9-50 所示。

3）进行文字样式设置，结果如图 9-51 所示。

为防止输入文字时出现乱码，此处一定要选择【使用大字体】复选框，在【大字体】下拉列表框中选择 gbcbig. shx。

4）进行标注样式设置，结果如图 9-52 所示。

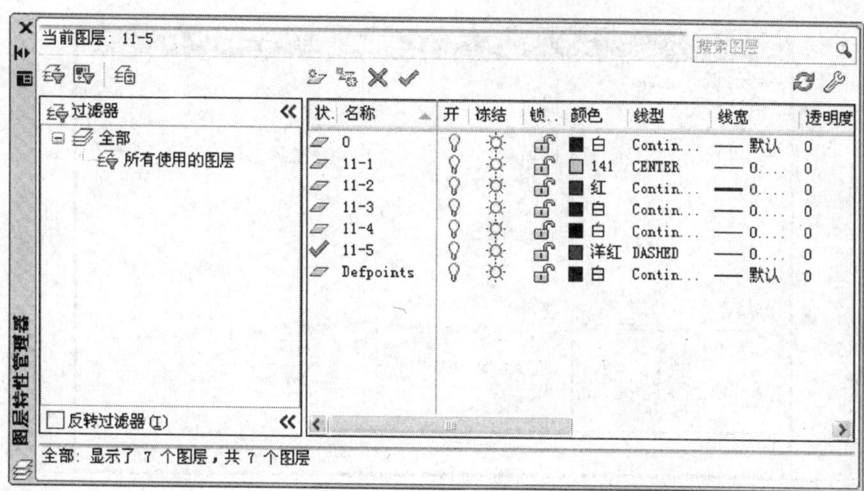

图 9-49　图层设置

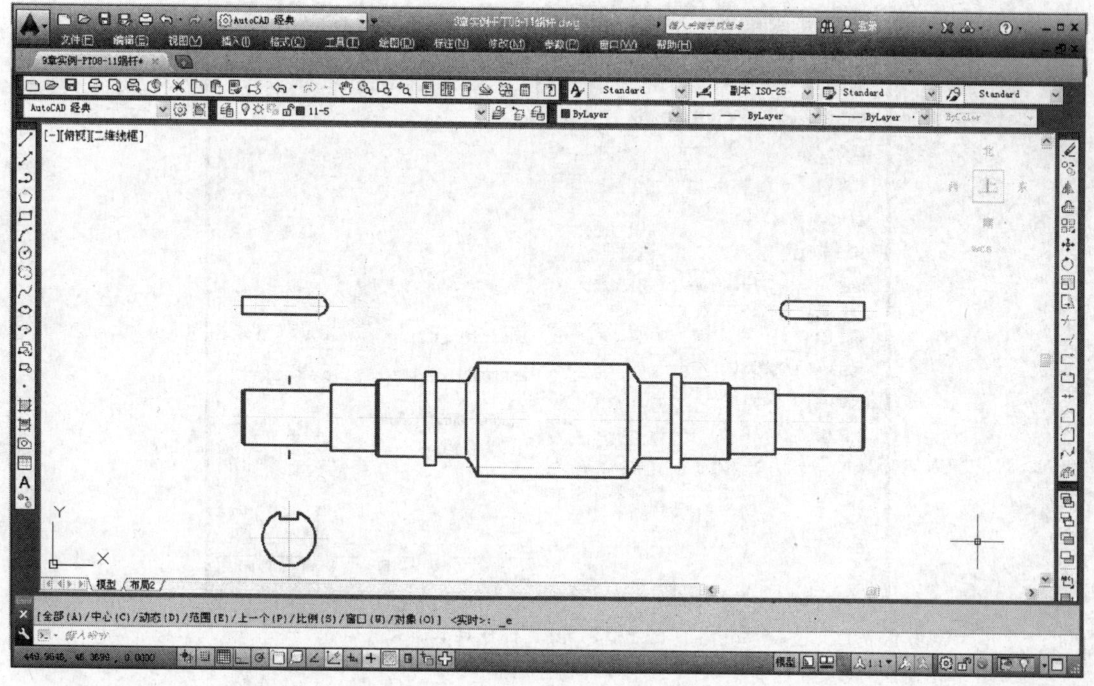

图 9-50　绘制中心线与轮廓

5）进行标注。

① 执行【标注】|【线性】命令，在命令行中输入 M，系统弹出【文字格式】对话框，如图 9-53 所示。

在【文字格式】对话框中，将光标移至默认值 35 前输入“%%C”，系统会自动生成符号 ϕ，在 35 后输入 k。将光标移至默认值 35k 后输入“(+0.018^+0.002)”，按住鼠标左键拖动鼠标，将需要堆叠的文本选中，此时【文字格式】对话框中的堆叠符号才会亮显，

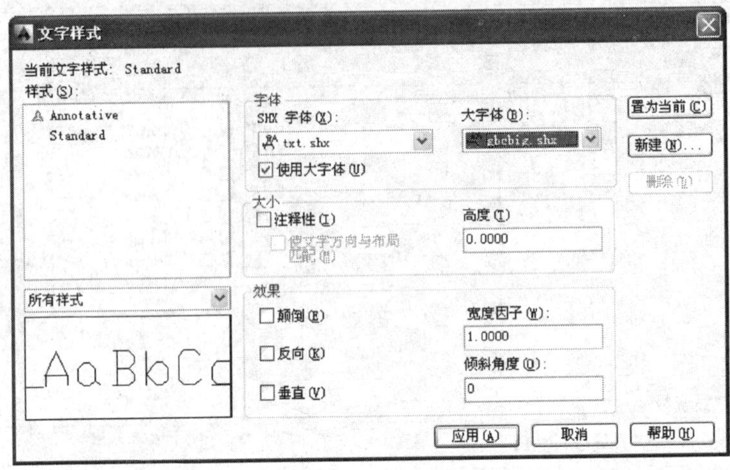

图 9-51　设置文字样式

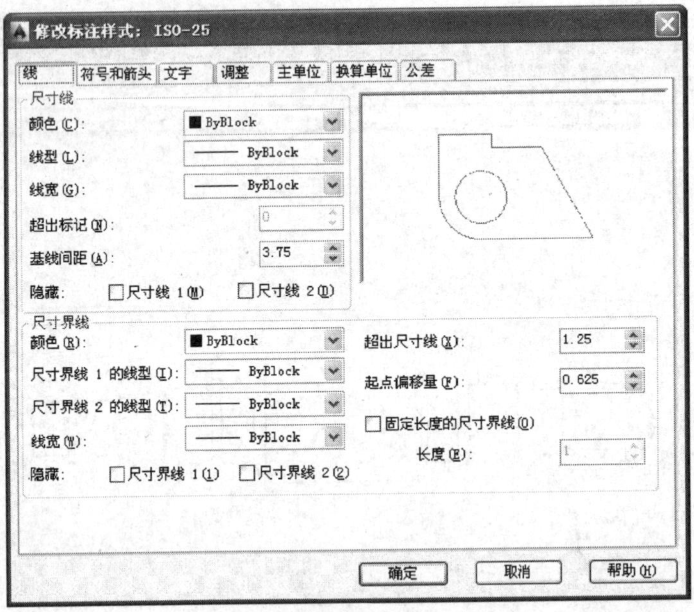

图 9-52　设置标注样式

单击【文字格式】对话框中的【堆叠】按钮，然后加上括号，结果如图 9-54 所示。

单击【确定】按钮，结果如图 9-55 所示。

② 标注形位公差。

在命令行中输入 QLEADER 命令。命令行提示如下信息。

命令：QLEADER

指定第一个引线点或［设置(S)］<设置>：S

按 Enter 键，弹出【引线设置】对话框，按图 9-56 所示内容进行设置（选择【公差】单选按钮），同时要进行箭头设置。

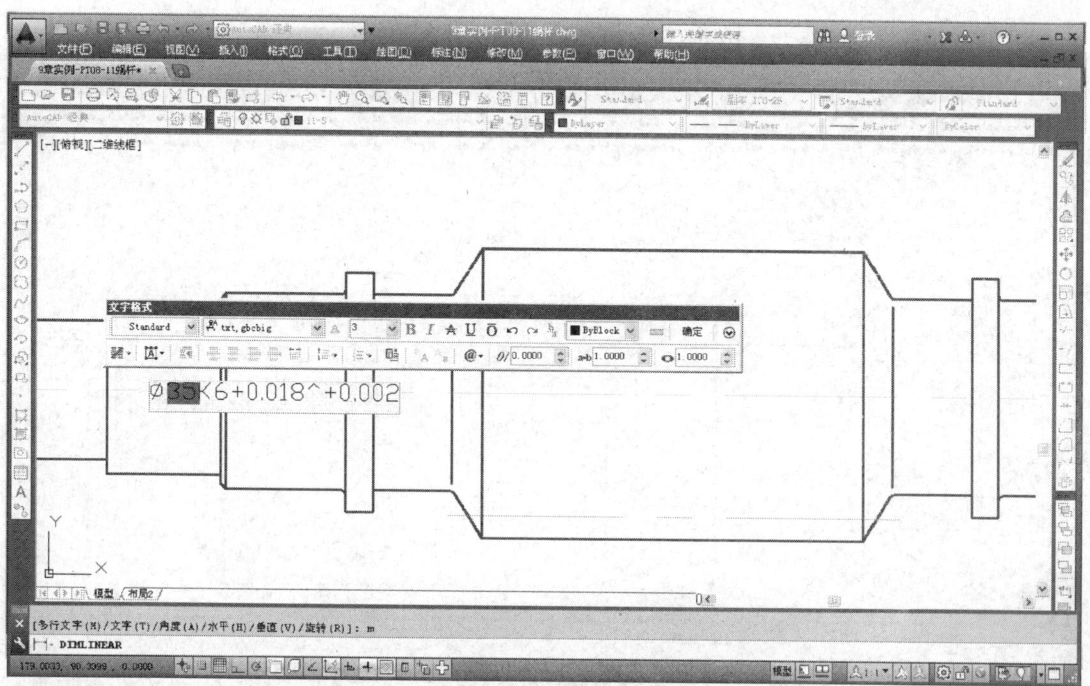

图 9-53 在【文字格式】对话框中输入相关内容

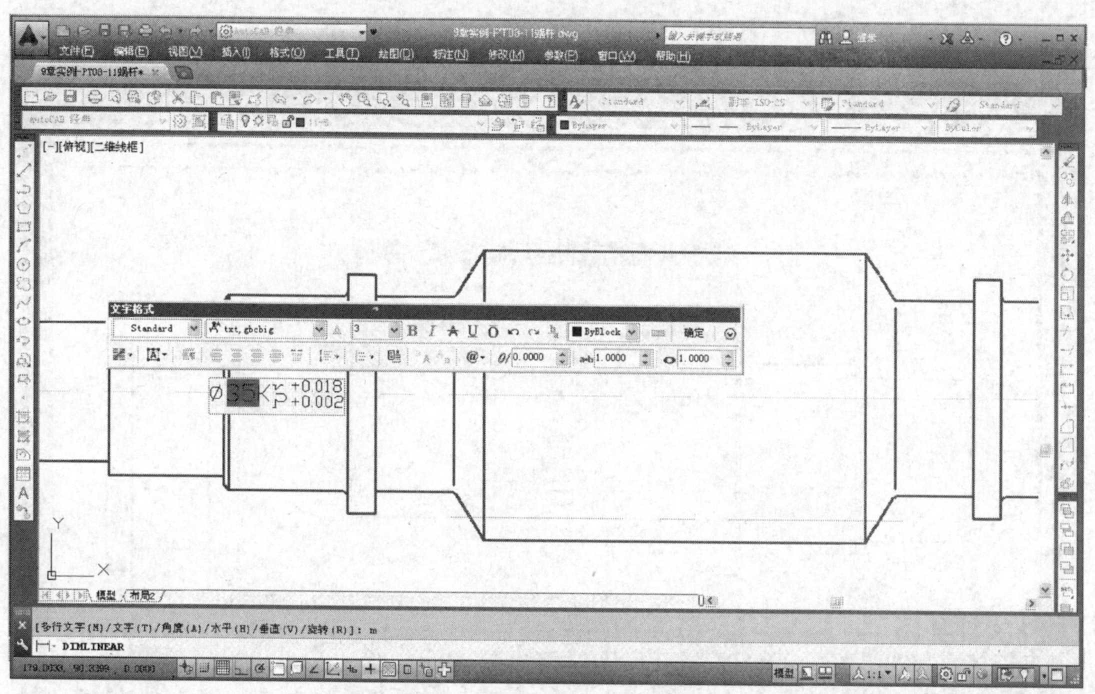

图 9-54 进行堆叠处理

单击【确定】按钮，放置引线。单击鼠标左键，会弹出如图 9-57 所示的【形位公差】对话框，并进行相关设置。

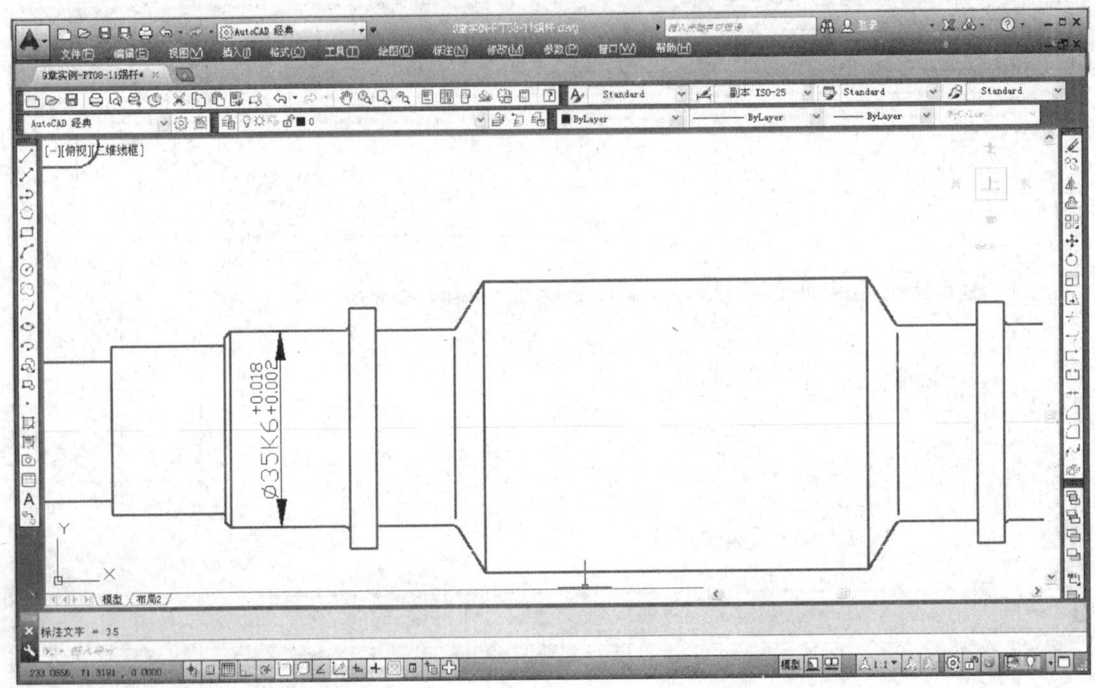

图 9-55 尺寸标注

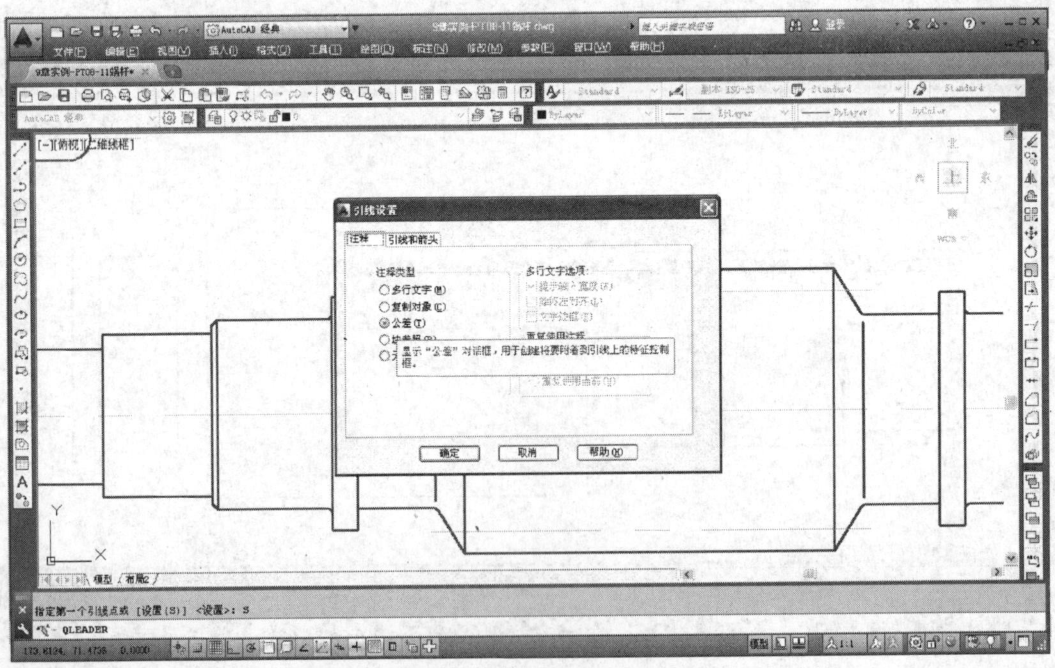

图 9-56 【引线设置】对话框

单击【确定】按钮，结果如图 9-58 所示。

③ 进行其他尺寸标注，结果如图 9-59 所示。

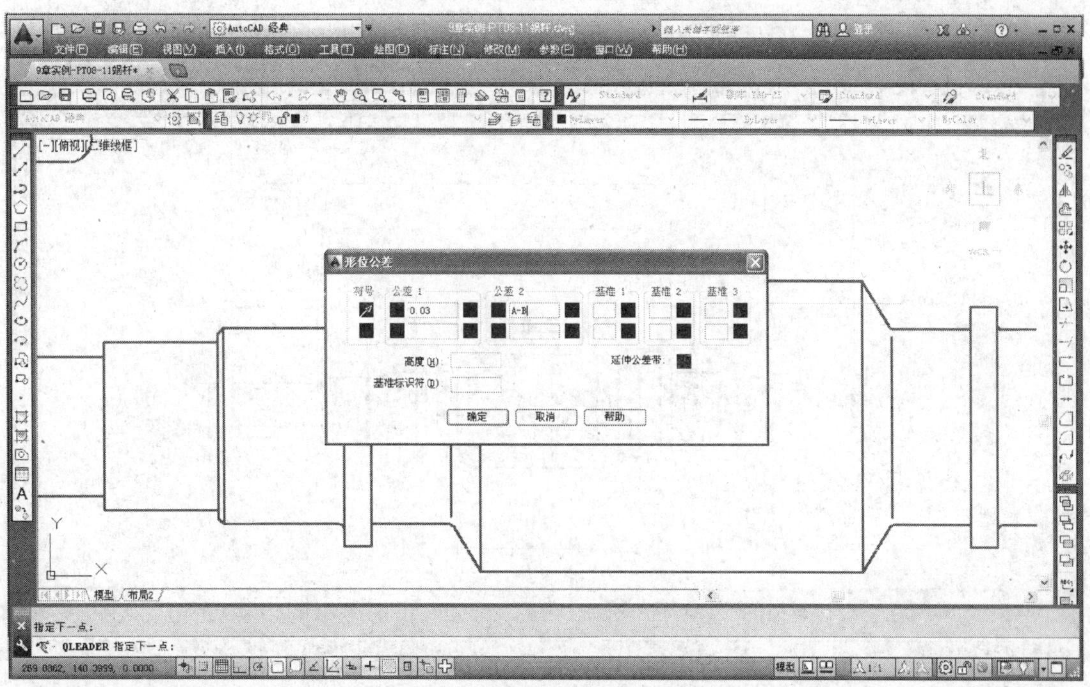

图 9-57　设置【形位公差】对话框

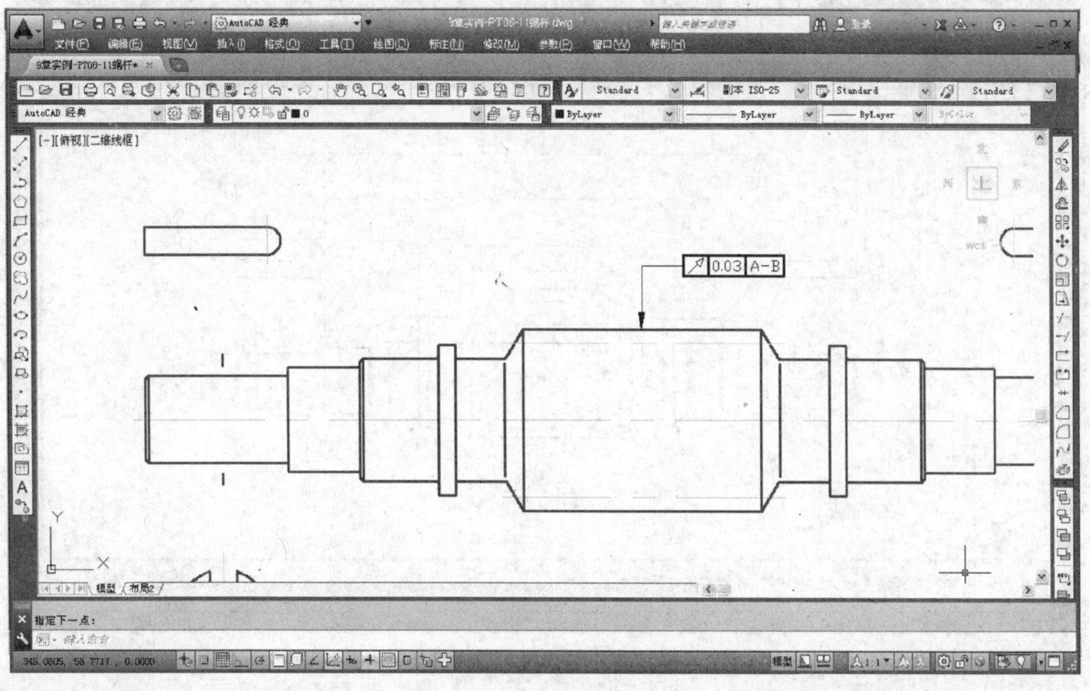

图 9-58　标注形位公差

6）使用多行文字进行文字输入，执行【绘图】|【文字】|【多行文字】命令，结果如图 9-60 所示。

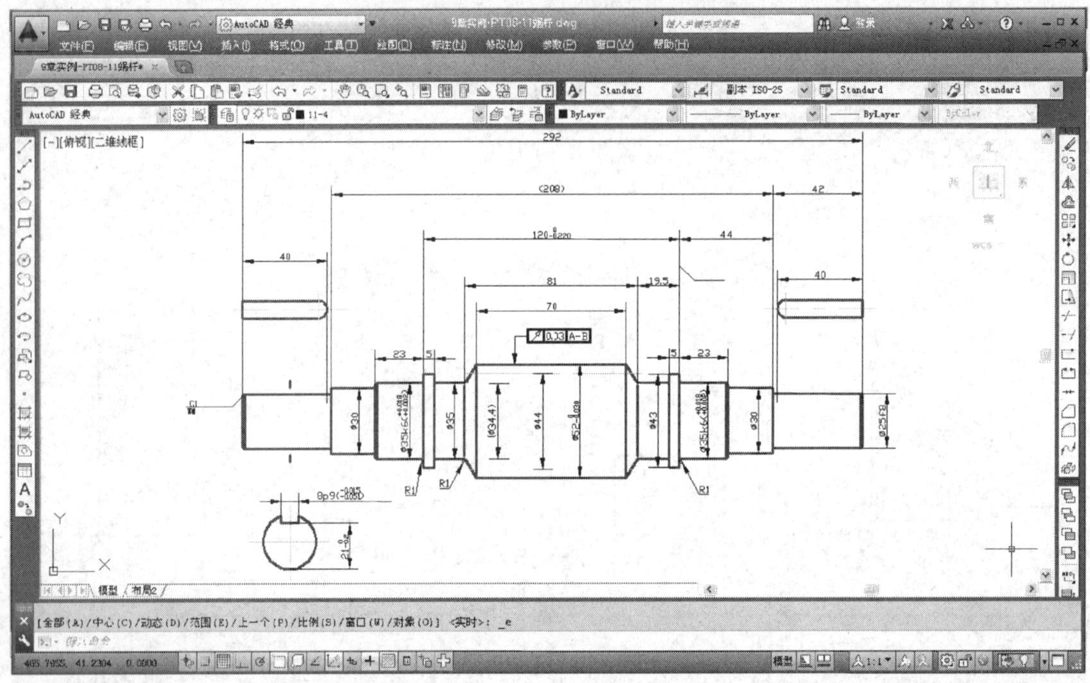

图 9-59　进行其他尺寸标注

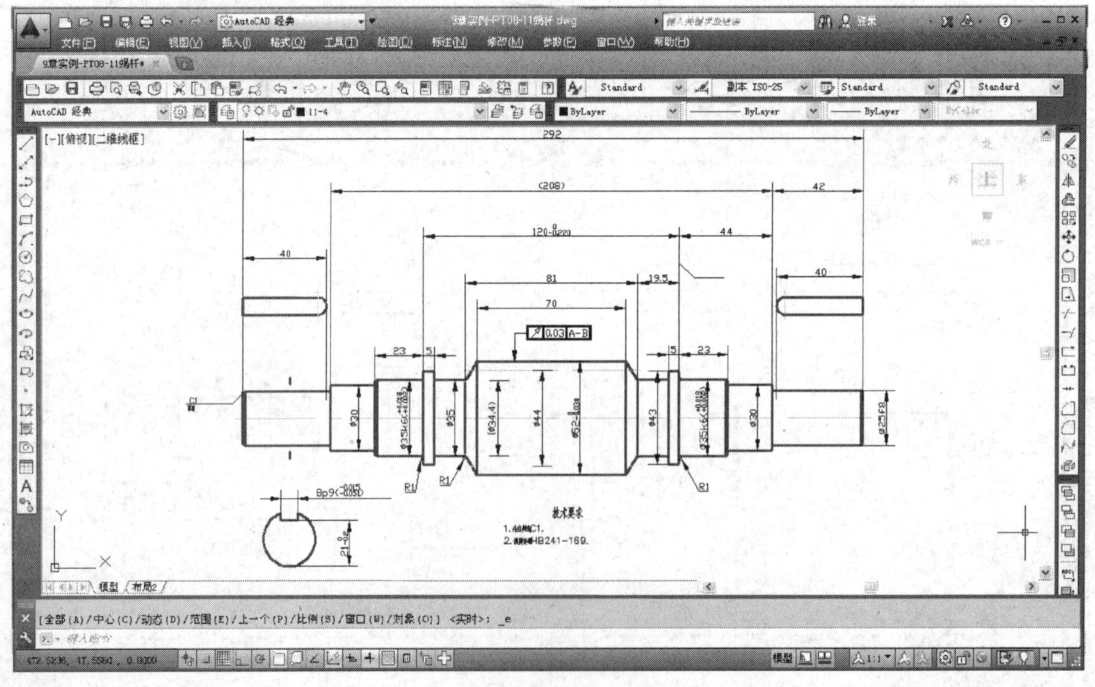

图 9-60　输入技术要求

7）进行图案填充与粗糙度标注，如图 9-61 所示。

注：这里的粗糙度符号可以定义为块进行插入，有关块的内容将在第 10 章详细讲述。也可以直接绘制图形，输入相关数据来完成。

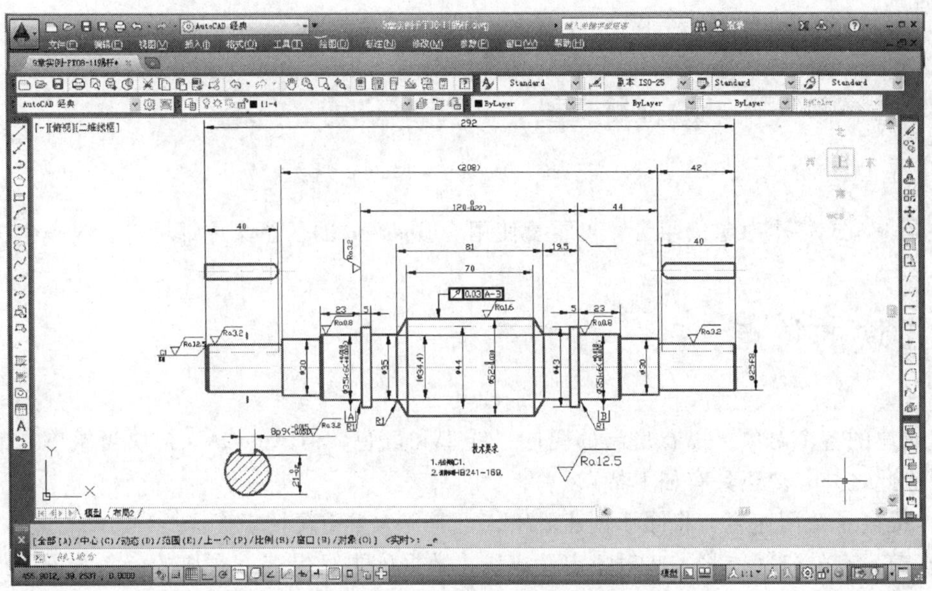

图 9-61　图案填充与粗糙度标注

9.8　本章小结

本章主要介绍文字样式及字体、单行文本、多行文本、尺寸标注简介、创建标注样式、表格等内容。进行文字输入、标注时，一定要先进行各自的样式的设置。在一个 dwg 格式的文件中可以有多个样式，比如进行标注时需要两个或者两个以上的标注样式时，可以设置多个标注样式，但是在进行标注时一定要将符合要求的标注样式置为当前样式。

习　　题

1. 练习堆叠的标注方法。
2. 标注时，如何使用 QLEADER 命令？
3. 绘制并标注如图 9-62 所示的套管帽（千斤顶零部件）。

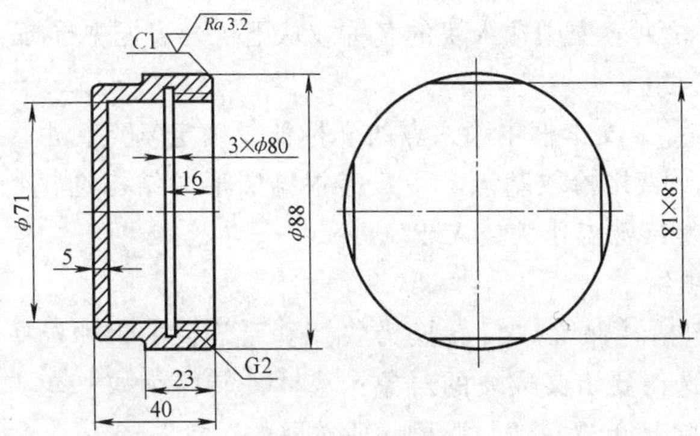

图 9-62　套管帽

第10章 块 设 定

块是一个或多个对象的组合，可重复使用。dwg 格式的任意文件都可以看成一个块。

10.1 块的特点

组成块的各个对象可以有自己的图层、线型和颜色，但 AutoCAD 把块当做单一的对象处理。除此之外，块还具有如下特点。

1）提高了绘图速度。将图形创建成块，可避免大量重复性工作。

2）节省存储空间。将一些对象定义成块，数据库中只保存一次块的定义数据。插入该块时不再重复保存块的数据，只保存块名和插入参数，因此可以缩小文件大小。

3）便于修改图形。如果修改了块的定义，用该块复制出的图形都会自动更新，具有关联性。

4）加入属性。AutoCAD 允许为块创建文字属性，可在插入的块中显示或不显示这些属性，也可以从图中提取这些信息并将它们传送到数据库中。

10.2 块定义

执行方式

- 下拉菜单：【绘图】|【块】|【创建】
- 命令行：BLOCK
- 工具栏：

执行该命令后，会弹出如图 10-1 所示的【块定义】对话框。

（1）【名称】下拉列表框

可在【名称】下拉列表框中输入块的名称或从下拉列表框中选择。

（2）【基点】选项组

可以直接在 X、Y、Z 文本框中输入点的坐标值，确定基点；也可利用选项组中的【拾取点】按钮在绘图区域直接拾取基点。一般需根据图形的结构选择特征点作为基点，通常选取对称中心、圆心等特殊点作为插入点。

（3）【对象】选项组

【对象】选项组包括【保留】、【转换为块】和【删除】3 种选择。选择【保留】单选按钮，则保留显示所选的要定义成块的对象；选择【转换为块】单选按钮，则选取的对象转换成块；选择【删除】单选按钮，则删除所选取的对象图形。

（4）【方式】选项组

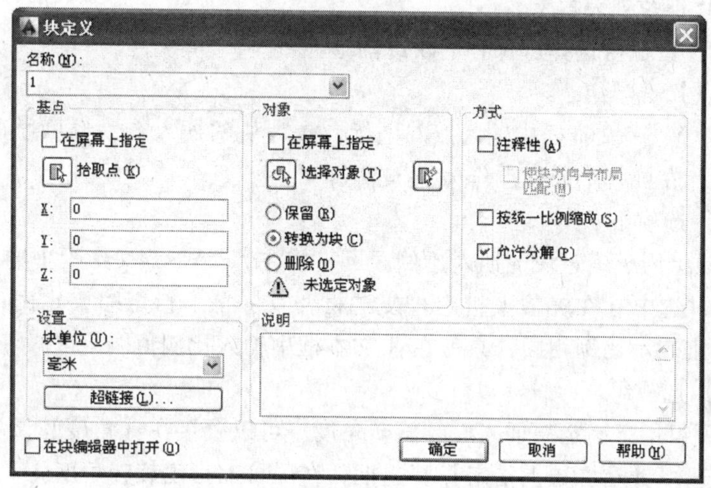

图 10-1 【块定义】对话框

在【方式】选项组中，选中【允许分解】复选框，则允许定义的块被分解。

(5)【说明】列表框

如果在【说明】列表框中输入了说明文字，使用设计中心查找块时，控制面板中会显示文字，便于他人使用。

10.3　插入块

执行方式

- 下拉菜单：【插入】|【块】
- 命令行：INSERT
- 工具栏：

执行【插入】|【块】命令，会弹出如图 10-2 所示的【插入】对话框。

【插入】对话框中各主要选项的含义如下。

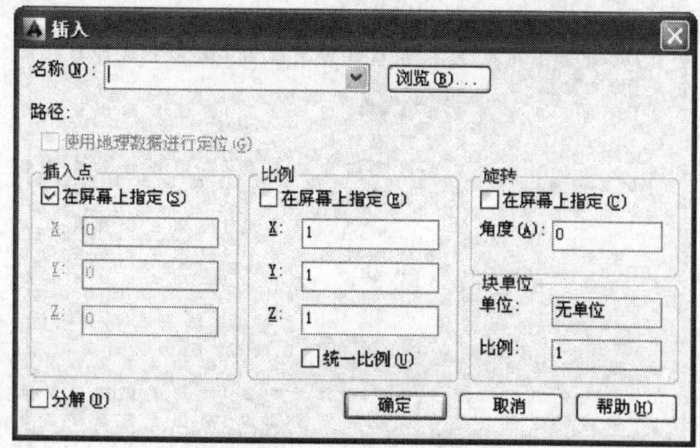

图 10-2 【插入】对话框

（1）【名称】下拉列表框

单击【浏览】按钮可选择已保存的块或图形。

（2）【插入点】选项组

可直接在 X、Y、Z 文本框中输入点的坐标，作为块的插入点；也可通过选中【在屏幕上指定】复选框，在屏幕上捕捉点作为插入点。

（3）【比例】选项组

【比例】选项组用于确定块的插入比例。可直接在 X、Y、Z 文本框中输入块在 3 个方向的比例；也可通过选中【在屏幕上指定】复选框，在屏幕上指定缩放比例；若选中【统一比例】复选框，则表示比例相同，只需在 X 文本框中输入比例值。

（4）【旋转】选项组

【旋转】选项组用于确定块插入时的旋转角度。可以直接在【角度】文本框中输入角度值；也可以通过选中【在屏幕上指定】复选框，在屏幕上指定旋转角度。

（5）【分解】复选框

【分解】复选框用于确定是否将插入的块分解成组成块的各基本对象，便于选取相关对象。

10.4 块的属性

块的属性是块的组成部分，是附着在块上的文本信息，它与块相关联。

执行方式

- 下拉菜单：【绘图】|【块】|【定义属性】
- 命令行：ATTDEF

执行【绘图】|【块】|【定义属性】命令，会弹出如图 10-3 所示的【属性定义】对话框。

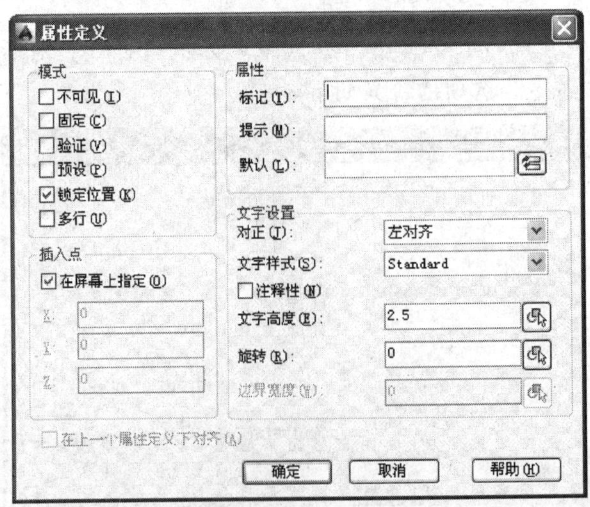

图 10-3 【属性定义】对话框

该对话框中各主要选项的含义如下。

(1)【模式】选项组

【模式】选项组用于设置属性的模式。

1)【不可见】复选框：控制属性值是否可见。

2)【固定】复选框：选中该复选框表示属性为固定值，即为常量。如果不将属性设为固定值，插入块时则可以输入任意值。

3)【验证】复选框：确定对属性值校验与否。选中该复选框，插入块时，对已输入的属性值再给出一次提示，校验所输入的属性值是否正确。否则不要求用户校验。

4)【预设】复选框：确定是否将属性值直接预设成它的默认值。选中该复选框，插入块时，AutoCAD 把在【属性定义】对话框的【默认】文本框中输入的默认值自动设置成实际属性值，不再要求用户输入新值。反之，用户可以输入新属性值。

5)【锁定位置】复选框：确定属性是否可以相对于块的其余部分进行移动。

6)【多行】复选框：确定属性是单行属性还是多行属性。

(2)【属性】选项组

【属性】选项组用于确定属性的标记以及提示属性的默认值。【标记】文本框中的内容用于标识属性，可使用除“!”和空格外的任何字符，为必填项。【提示】文本框中的内容为在屏幕中显示的提示。【默认】文本框中的内容为输入属性的默认值。

(3)【插入点】选项组

【插入点】选项组用于确定属性值的插入点。确定该插入点后，将以该点为参考点，按照在【文字设置】选项组中的【对正】下拉列表框中确定的文字排列方式放置属性值。用户可直接在 X、Y、Z 文本框中输入点的坐标，也可以选中【在屏幕上指定】复选框，在屏幕上拾取一点作为插入点。

(4)【文字设置】选项组

【文字设置】选项组用于设置属性文字的格式。

1)【对正】下拉列表框：用于设置属性文字相对于参照点的排列形式。

2)【文字样式】下拉列表框：确定属性文字的文字样式，从相应的下拉列表框中选择即可，如图 10-4 所示。

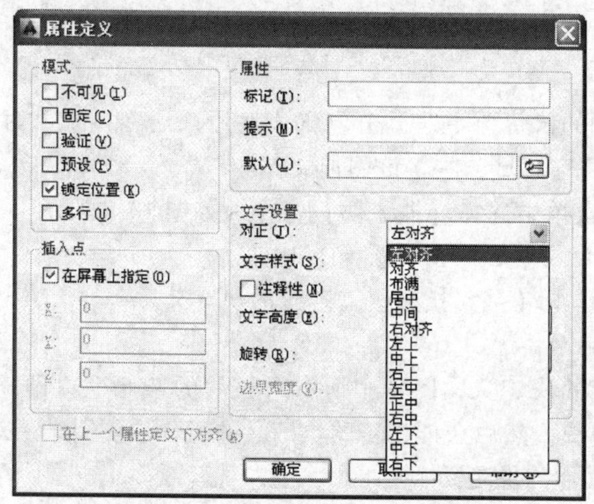

图 10-4 【文字样式】下拉列表框

3）【文字高度】文本框：用于确定属性文字的高度。

4）【旋转】文本框：用于确定属性文字行的旋转角度。用户可直接在对应的文本框中输入高度值，也可以单击其后的按钮，在图形屏幕上确定。

10.5 块的分解

执行方式

- 下拉菜单：【修改】|【分解】
- 命令行：EXPLODE
- 工具栏：

EXPLODE 命令将插入的块分解成组成块的各个基本对象。执行 EXPLODE 命令后，选择块对象，将所选块分解。

10.6 修改块定义

修改块定义有两种方法。

1）在当前图形中修改块定义。

2）修改原图形中的块定义并将其重新插入到当前图形中。

选择哪种方法取决于是仅在当前图形中进行修改，还是同时在原图形中进行修改。

1. 在当前图形中修改块定义

要修改块定义，请按以下步骤创建新的块定义，但要输入现有块定义的名称。

1）在【标准】工具栏（见图 10-5）上单击【设计中心】按钮，弹出【设计中心】对话框，如图 10-6 所示。

图 10-5 【标准】工具栏

2）在图 10-6 左侧的树状图中，单击包含该块原来所在图形文件的文件夹，如图 10-7 所示。在图 10-7 右侧内容区域，右击该图形文件。

3）在弹出的快捷菜单中选择【插入块】命令，如图 10-8 所示。

4）在【插入】对话框中，单击【确定】按钮。

5）在警告框中，单击【是】按钮覆盖现有的块定义。

6）按 Esc 键退出命令。

此操作将替换现有的块定义，图形中所有对该块的参照也立即随之更新。若要节省时间，可以插入并分解原块，然后在创建新的块定义的过程中使用结果对象。

2. 更新来自图形文件的块定义

修改原图形时，通过插入图形文件的方法在当前图形中创建的块定义不会自动更新。可

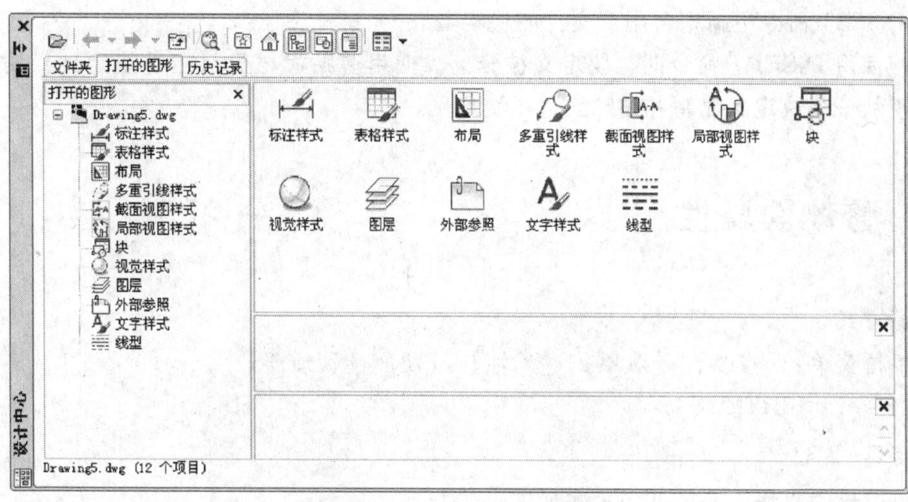

图 10-6　【设计中心】对话框

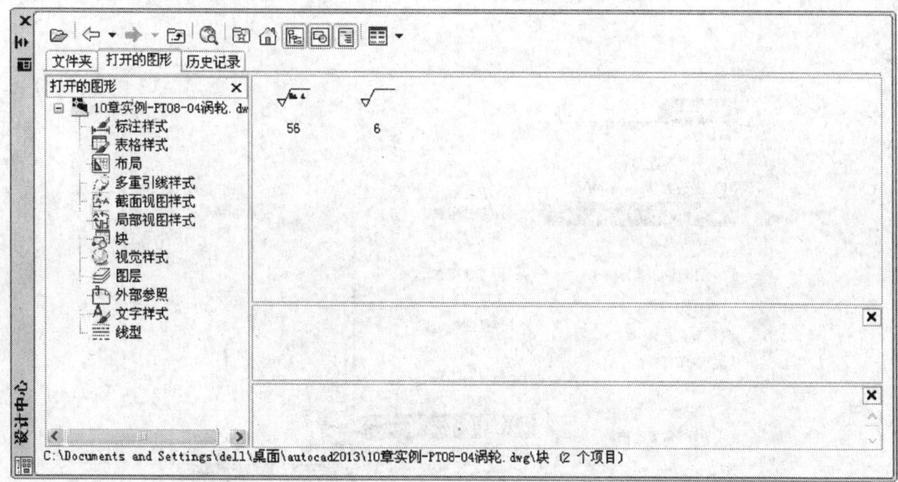

图 10-7　选择图形文件

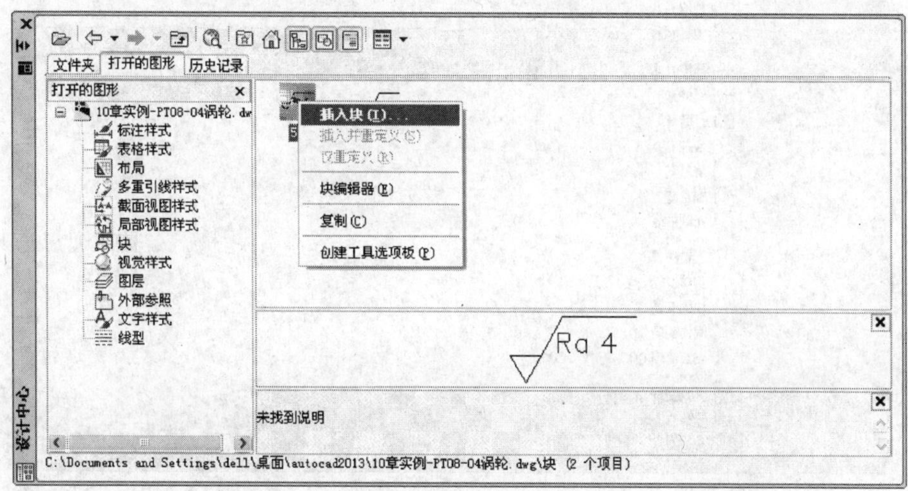

图 10-8　选择【插入块】命令

以使用 INSERT 命令更新来自图形文件的块定义。

注：使用 INSERT 命令时，块定义被分离。使用剪贴板将显示在【块定义】对话框中的块说明从一个块定义复制并粘贴到另一块定义。

10.7　修改块属性

执行方式

- 下拉菜单：【修改】|【对象】|【属性】|【块属性管理器】
- 命令行：BETTMAN
- 工具栏：

编辑为块定义指定的属性的步骤如下。

1）在【修改】菜单中，选择【对象】|【属性】|【块属性管理器】命令，如图 10-9 所示。

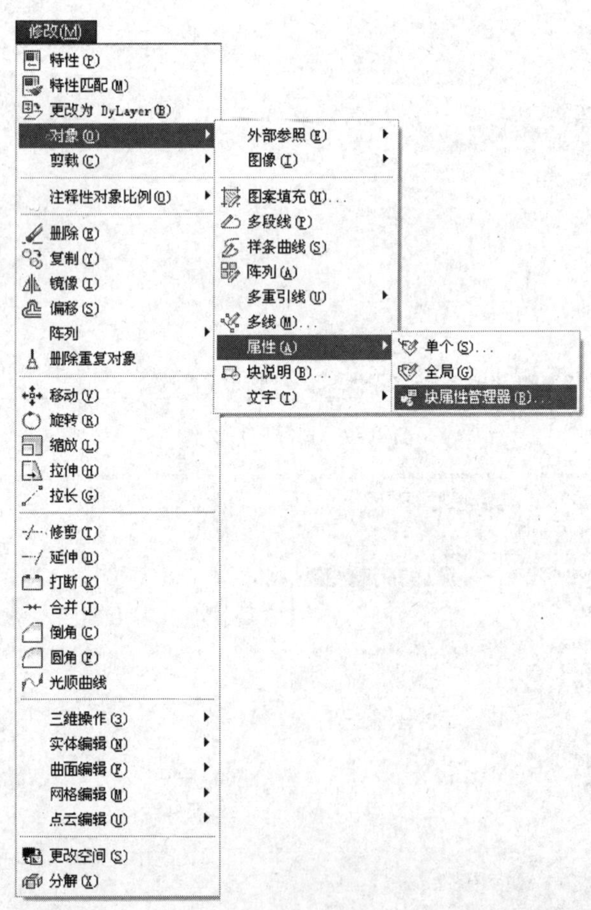

图 10-9　选择【块属性管理器】命令

2）在弹出的【块属性管理器】对话框（见图 10-10）中，从【块】下拉列表框中选择一个块，或者单击【选择块】按钮并在绘图区域中选择一个块。

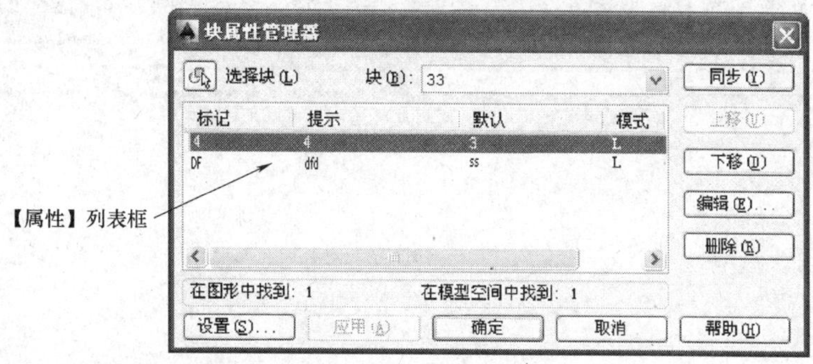

图 10-10 【块属性管理器】对话框

3）在【属性】列表中双击要编辑的属性，或者选择该属性并单击【编辑】按钮。

4）在弹出的【编辑属性】对话框（见图 10-11）中，对所需的属性进行修改，然后单击【确定】按钮。

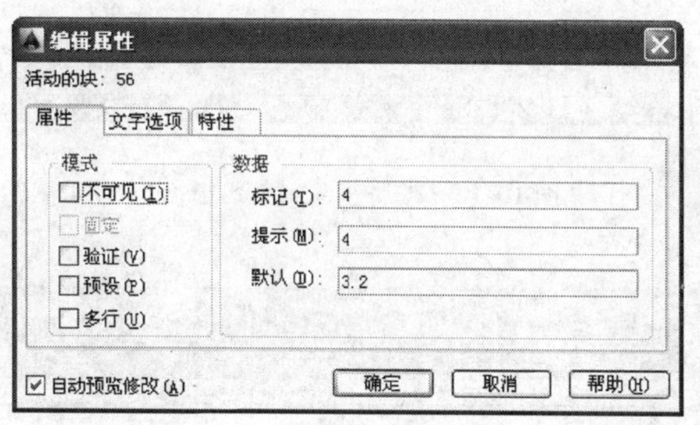

图 10-11 【编辑属性】对话框

用【编辑属性】对话框可修改以下项目。

①【属性】选项卡：定义指定的值在绘图区域是否可见以及如何将值指定给属性。

②【文字选项】选项卡：定义属性文字在图形中的显示。

③【特性】选项卡：定义属性所在的图层和属性的颜色、线宽和线型。

默认情况下，所作的属性更改在当前图形中应用于现有的所有块参照。

10.8 实例

下面以表面粗糙度符号为例，来说明块的属性定义方法，如图 10-12 所示。

1）绘制表面粗糙度图形，如图 10-13 所示。

2）进行文字样式设置，如图 10-14 所示。注意，一定要选择【使用大字体】复选框，并在【大字体】下拉列表框中选择 gbcbig. shx，否则输入汉字时可能会出现乱码。

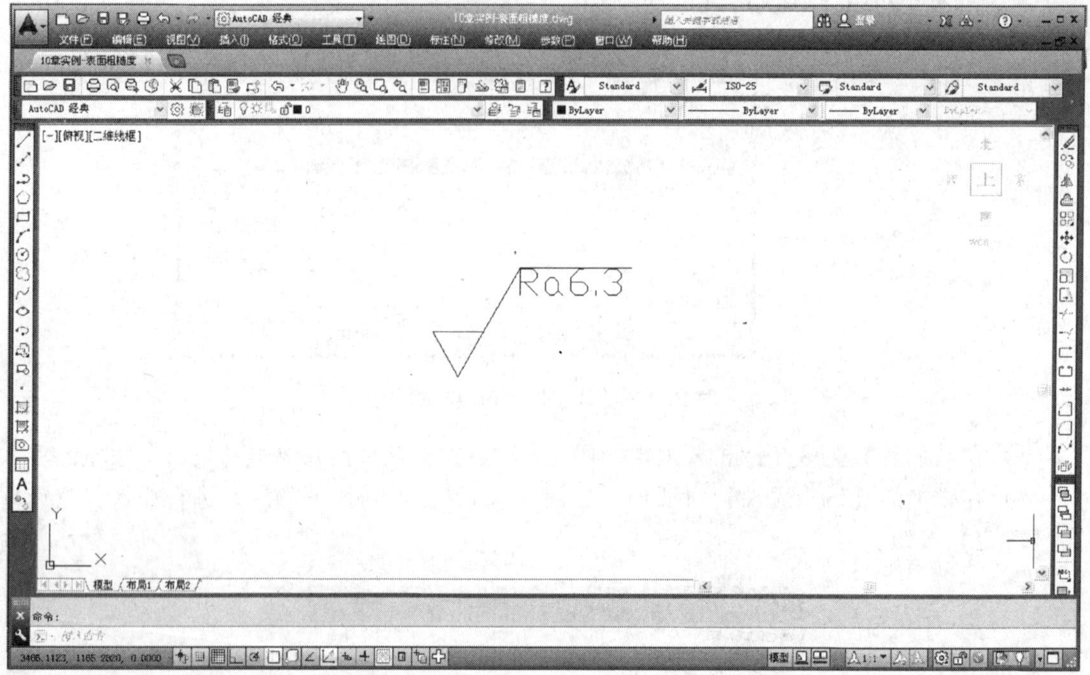

图 10-12　带属性的表面粗糙度块

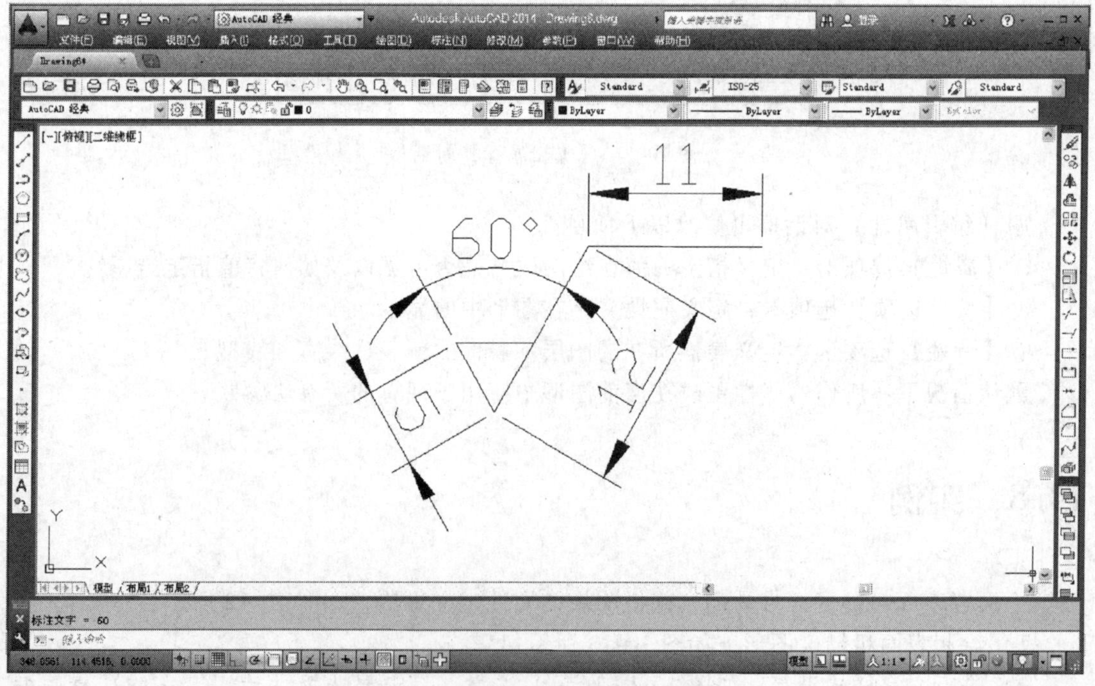

图 10-13　绘制表面粗糙度图形

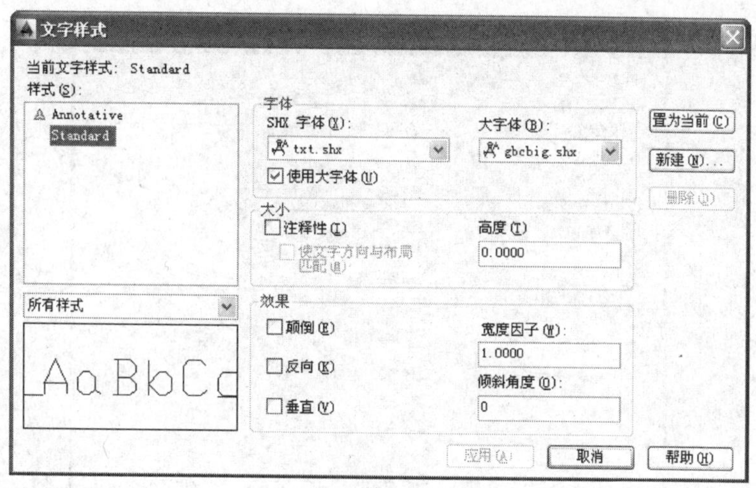

图 10-14 设置文字样式

3）进行【定义属性】命令操作，如图 10-15 所示。

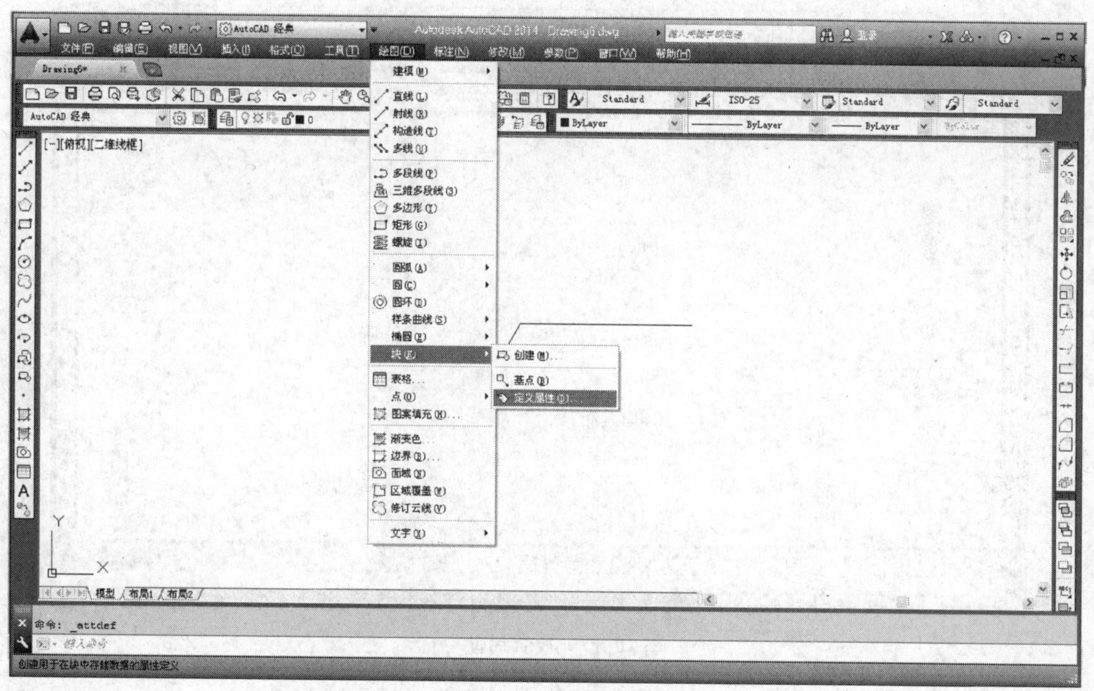

图 10-15 选择【定义属性】命令

4）在弹出的【属性定义】对话框中进行设置，如图 10-16 所示。

5）单击【确定】按钮，此时光标上出现“表面粗糙度”字样，在表面粗糙度符号的适当位置单击鼠标左键，如图 10-17 所示。

6）将上图的表面粗糙度符号及属性标记创建为块，执行【绘图】|【块】|【创建】命令，如图 10-18 所示。

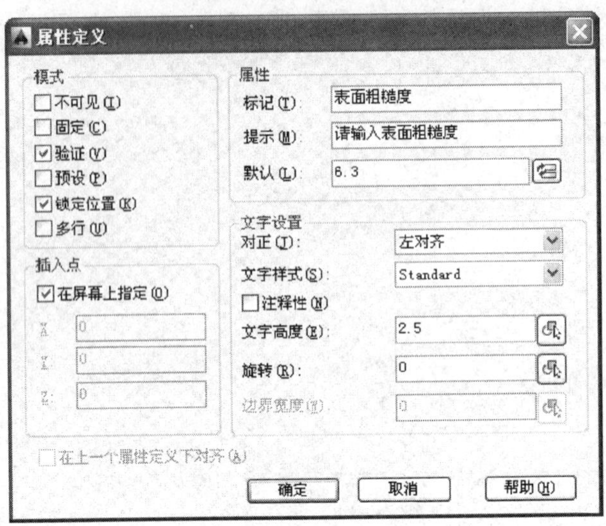

图 10-16　【属性定义】对话框

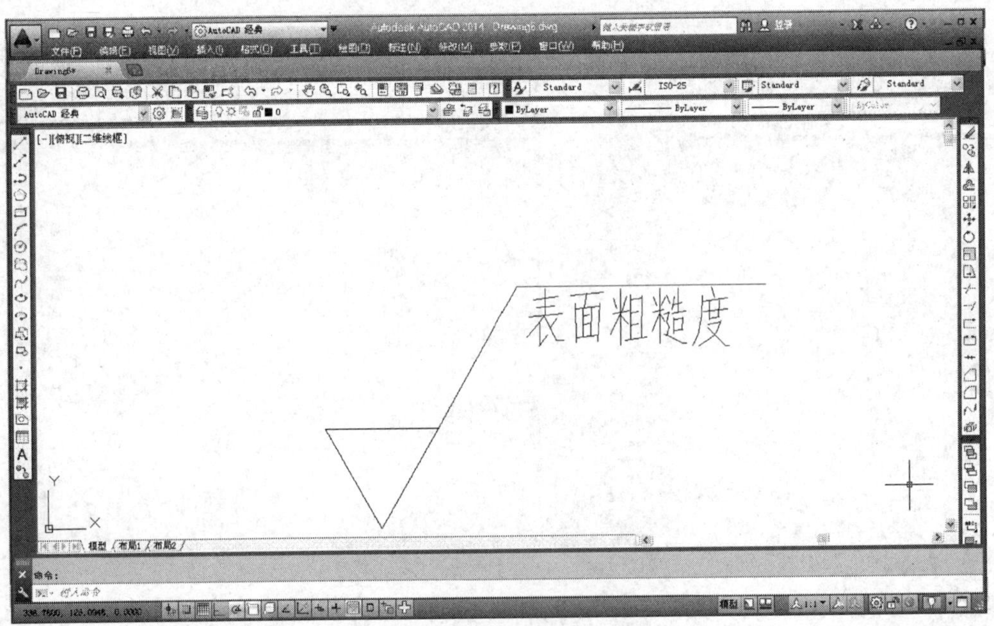

图 10-17　放置属性标记

注：选择对象时一定要将图形以及属性标记全部选中。

7）单击【确定】按钮，弹出【编辑属性】对话框，如图 10-19 所示。

单击【确定】按钮，完成创建。

8）插入时可以在命令行输入新的表面粗糙度数值，如果直接按 Enter 键，表面粗糙度的数值为定义属性时设置的数值。

命令行提示信息如下：

命令：_INSERT

指定插入点或［基点(B)/比例(S)/旋转(R)］:

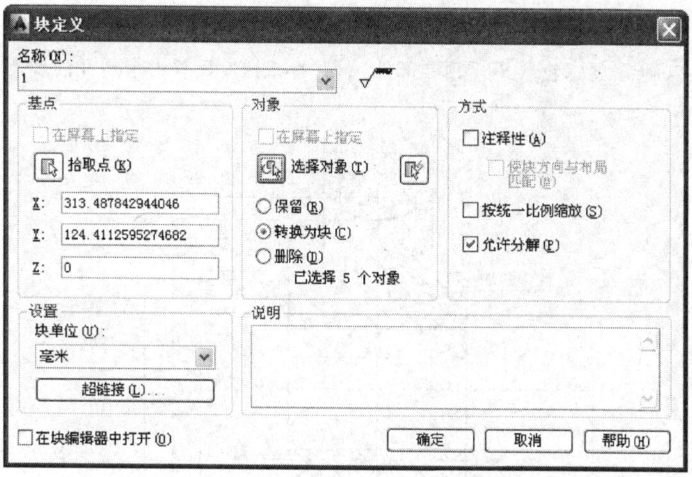

图 10-18　创建带属性的块

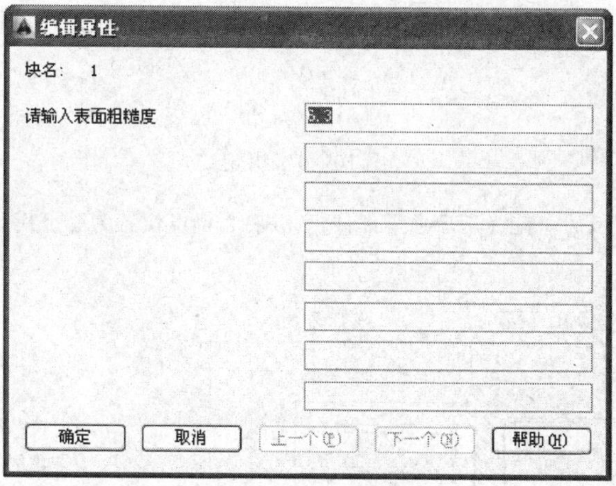

图 10-19　【编辑属性】对话框

输入属性值

请输入表面粗糙度 <6. 3 >：Ra6. 3

验证属性值

请输入表面粗糙度 <Ra6. 3 >：

最终插入的块如图 10-12 所示。

10.9　本章小结

本章主要介绍了如何定义块、编辑块及定义带属性的块等操作。定义块可以减少对内存的使用，便于进行类似画法的操作，减少工作量，提高效率。

习　题

1. 绘制如图 10-20 所示的蜗轮（千斤顶零部件），并将粗糙度设置为带属性的块插入图中。

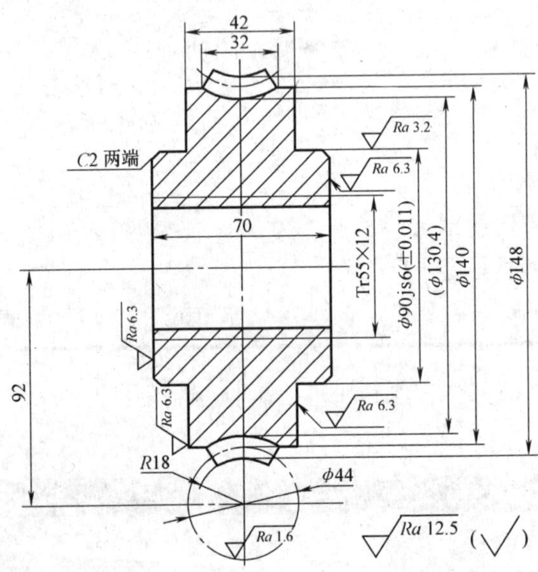

图 10-20　蜗轮

2. 绘制如图 10-21 所示的上盖（千斤顶零部件），并将粗糙度设置为验证模式的带属性的块。

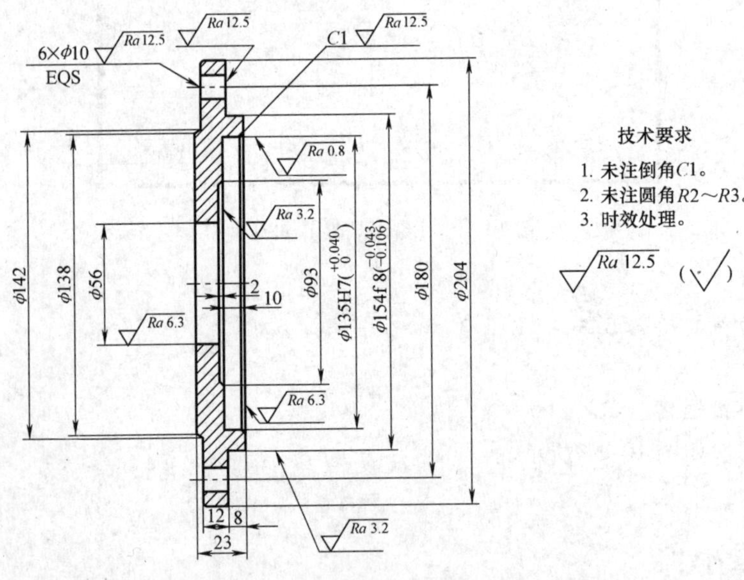

图 10-21　上盖

3. 绘制如图 10-22 所示标题栏，按照图 10-22 中表所示内容定义属性，然后将标题栏定义为块，并在标题栏中填写给定的属性信息。

<table>
<tr><td>序号</td><td colspan="2">名　称</td><td>件数</td><td colspan="2">材料</td><td>备注</td></tr>
<tr><td colspan="3" rowspan="2">变速箱齿轮小轴</td><td>比例</td><td>1∶2</td><td colspan="2" rowspan="2">图　号</td></tr>
<tr><td>件数</td><td>4</td></tr>
<tr><td>制图</td><td></td><td>日期</td><td>重量</td><td></td><td colspan="2">共3张　第2张</td></tr>
<tr><td>描图</td><td></td><td>2012/09</td><td colspan="4" rowspan="2">××大学××学院</td></tr>
<tr><td>审核</td><td></td><td></td></tr>
</table>

图10-22　标题栏

第 11 章　螺旋千斤顶箱体绘制实例

下面以螺旋千斤顶箱体为例，系统讲解绘图的一般过程，最后效果如图 11-1 所示。

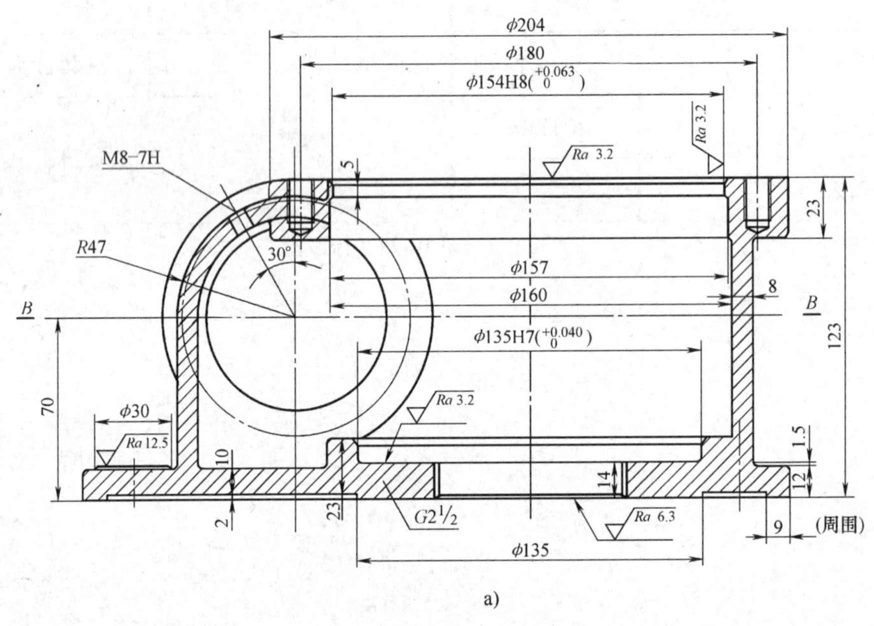

a)

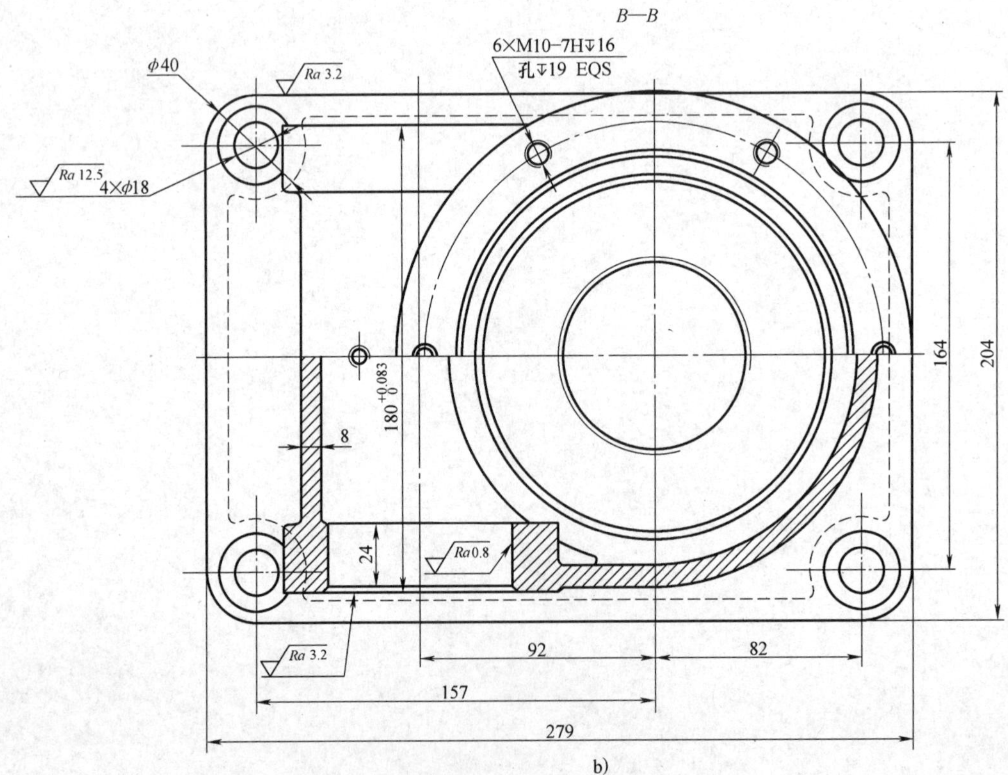

b)

图 11-1　螺旋千斤顶箱体

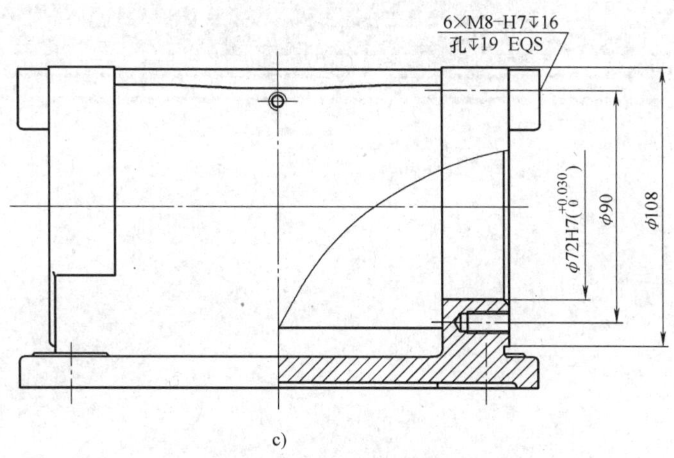

c)

图 11-1　螺旋千斤顶箱体（续）

1）进行图层设置，相关设置如图 11-2 所示。

当前图层：0　　搜索图层

过滤器：全部 / 所有使用的图层

状.	名称	开	冻结	锁...	颜色	线型	线宽	透明度	打
✔	0				白	Continuous	默认	0	Co
	中心线层				141	CENTER	0.25 毫米	0	Co
	轮廓层				红	Continuous	0.30 毫米	0	Co
	填充层				白	Continuous	0.25 毫米	0	Co
	标注层				白	Continuous	0.25 毫米	0	Co
	虚线层				洋红	DASHED	0.25 毫米	0	Co
	Defpoints				白	Continuous	默认	0	Co

反转过滤器(I)

全部：显示了 7 个图层，共 7 个图层

图层特性管理器

图 11-2　图层设置

2）绘制中心线，如图 11-3 所示。

注：在绘制中心线时，一定要熟练使用【修改】|【偏移】命令，这样可以提高绘图效率。

3）绘制轮廓线。

① 粗绘轮廓线时，一定要把握先整体后局部的原则，最后进行倒圆角操作，如图 11-4 所示。

② 完成轮廓线的绘制，如图 11-5 所示。

4）进行文字样式设置，如图 11-6 所示。

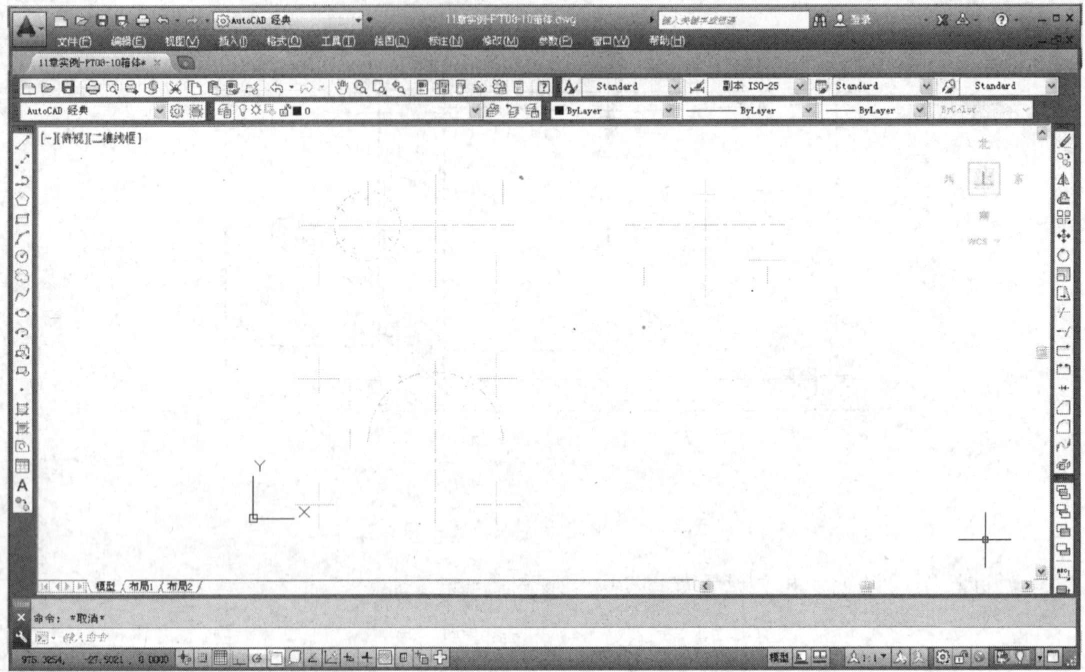

图 11-3　绘制中心线

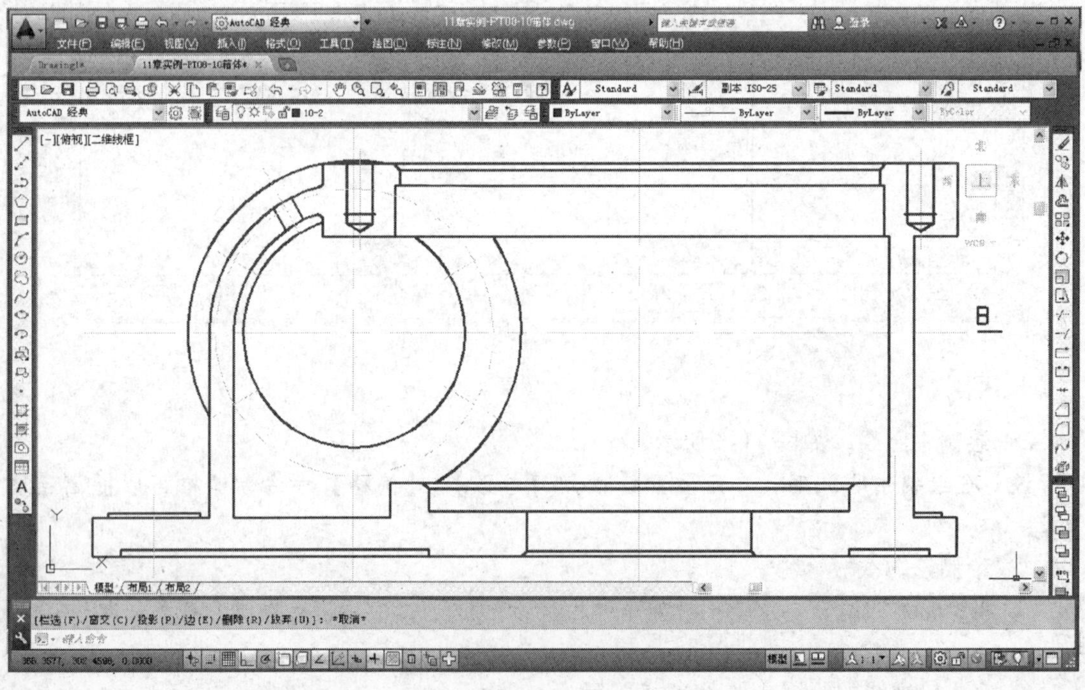

图 11-4　粗绘轮廓线

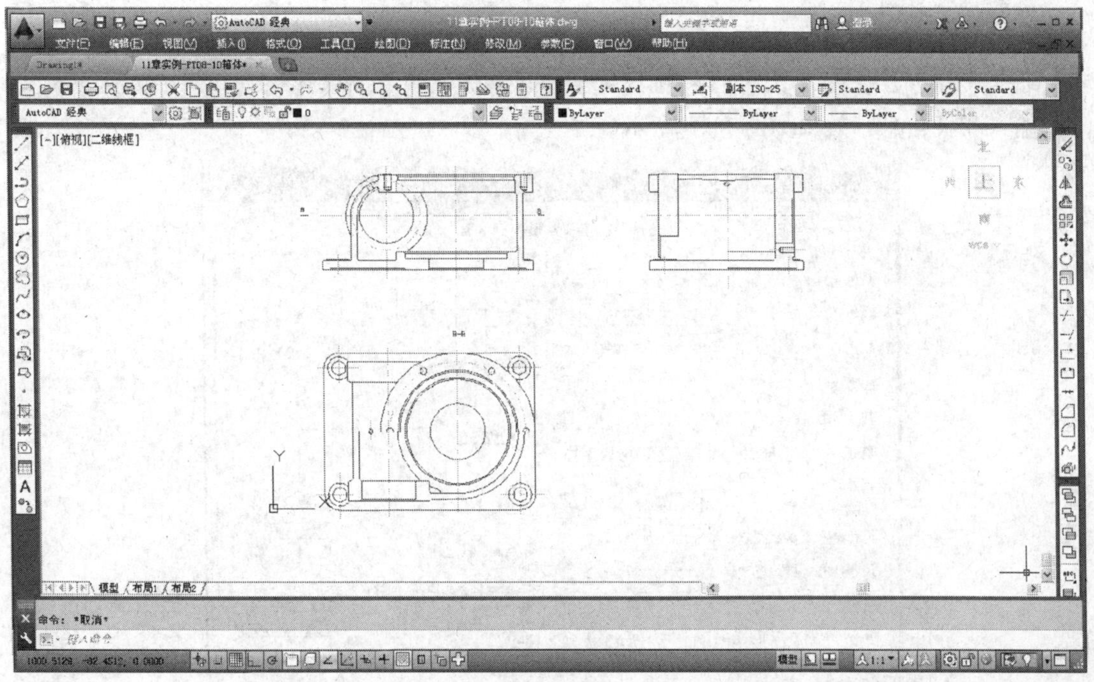

图 11-5　完成轮廓线的绘制

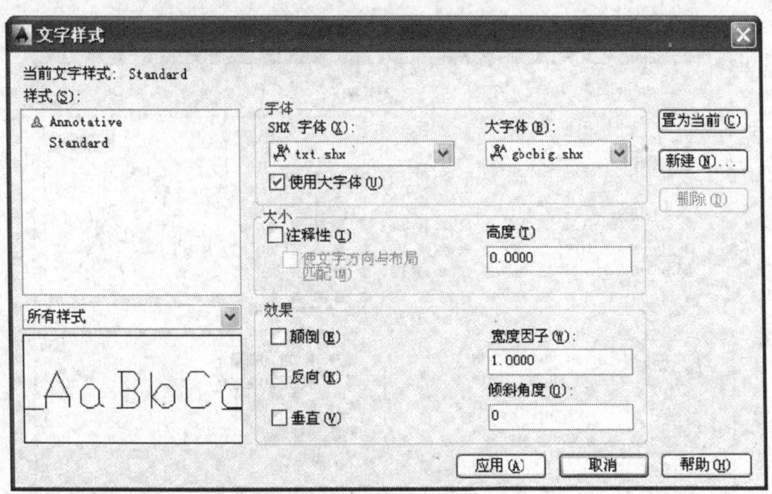

图 11-6　设置文字样式

5）进行标注样式设置。基线间距设置为 8（见图 11-7a），箭头大小设置为 5（见图 11-7b），文字高度设置为 5（见图 11-7c），小数分隔符采用句号（见图 11-7d）。

6）进行标注。

① 进行 $6\times M\phi 10$-7H↧16 标注，执行【标注】|【直径】命令，命令行显示如下提示信息：

命令：_DIMDIAMETER
选择圆弧或圆：
标注文字 = 10
指定尺寸线位置或 [多行文字(M)/文字(T)/角度(A)]：m
输入相关信息，效果如图 11-8 所示。

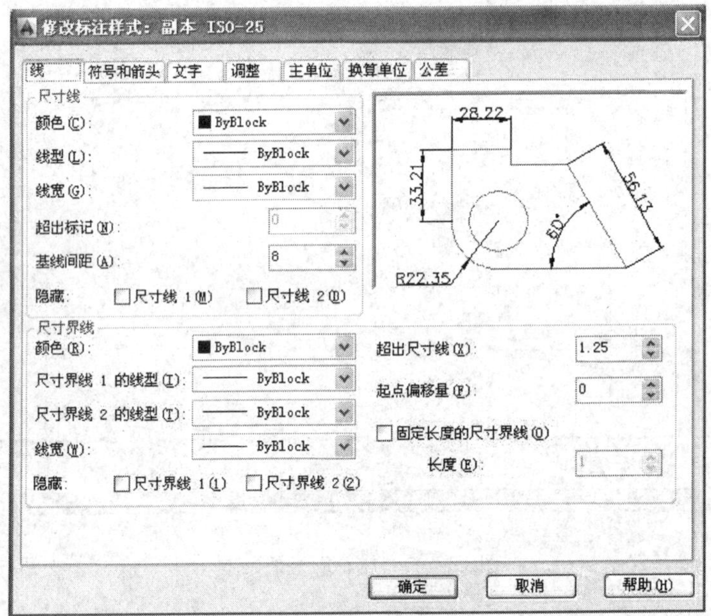

a)【线】选项卡设置

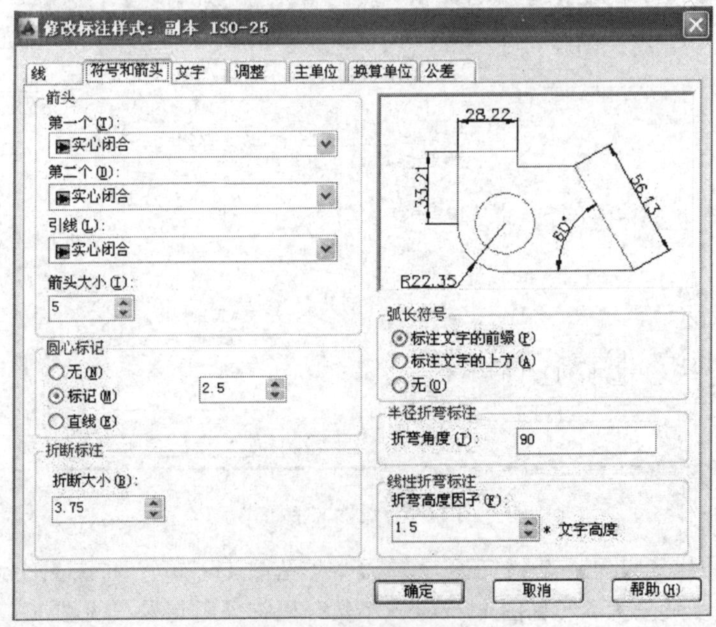

b)【符号和箭头】选项卡设置

图 11-7　设置标注样式

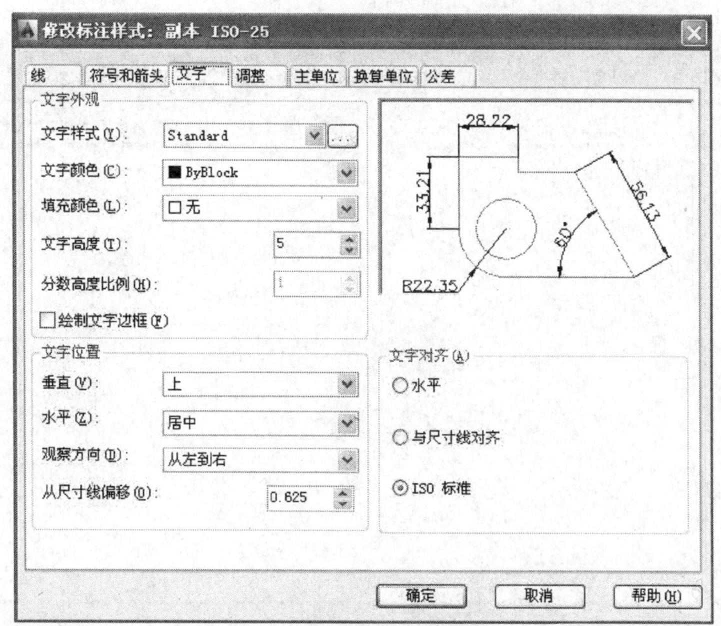

c)【文字】选项卡设置

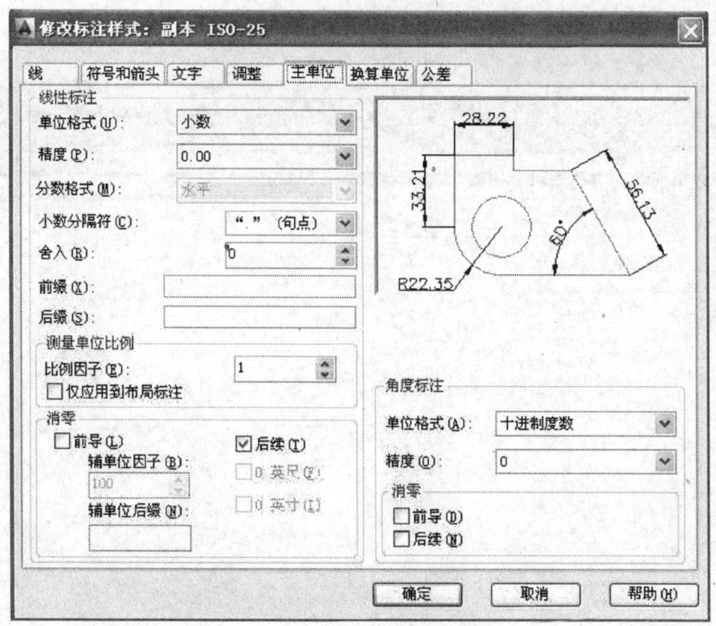

d)【主单位】选项卡设置

图 11-7　设置标注样式（续）

② 添加多行文本，执行【绘图】|【多行文字】命令，效果如图 11-9 所示。

③ 完成标注，效果如图 11-10 所示。

④ 由于本例中的粗糙度较多，所以需将粗糙度符号设置为带属性的块。然后单击【绘图】工具栏中的【插入块】按钮，效果如图 11-11 所示。

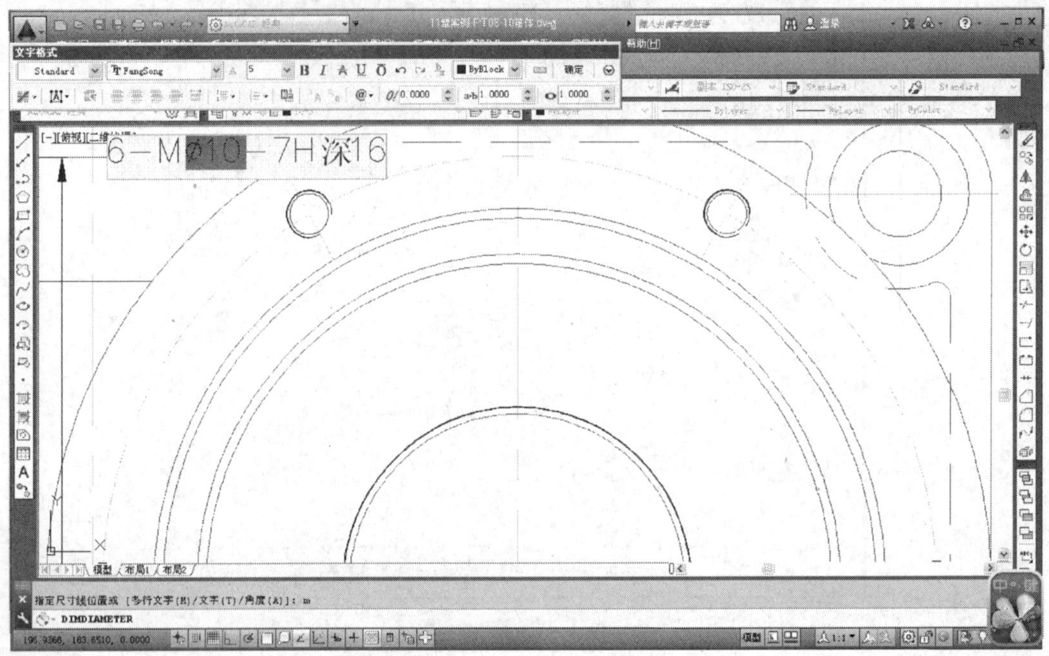

图 11-8　多行文字标注

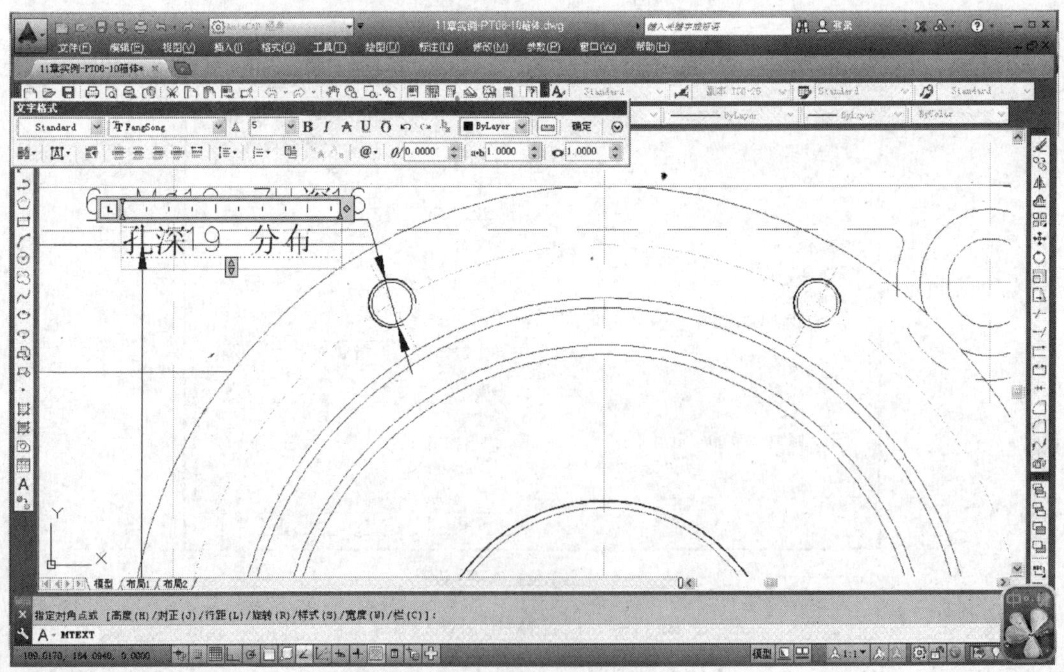

图 11-9　添加标注文字

⑤ 完成插入块，效果如图 11-12 所示。

⑥ 完成所有的标注，如图 11-13 所示。

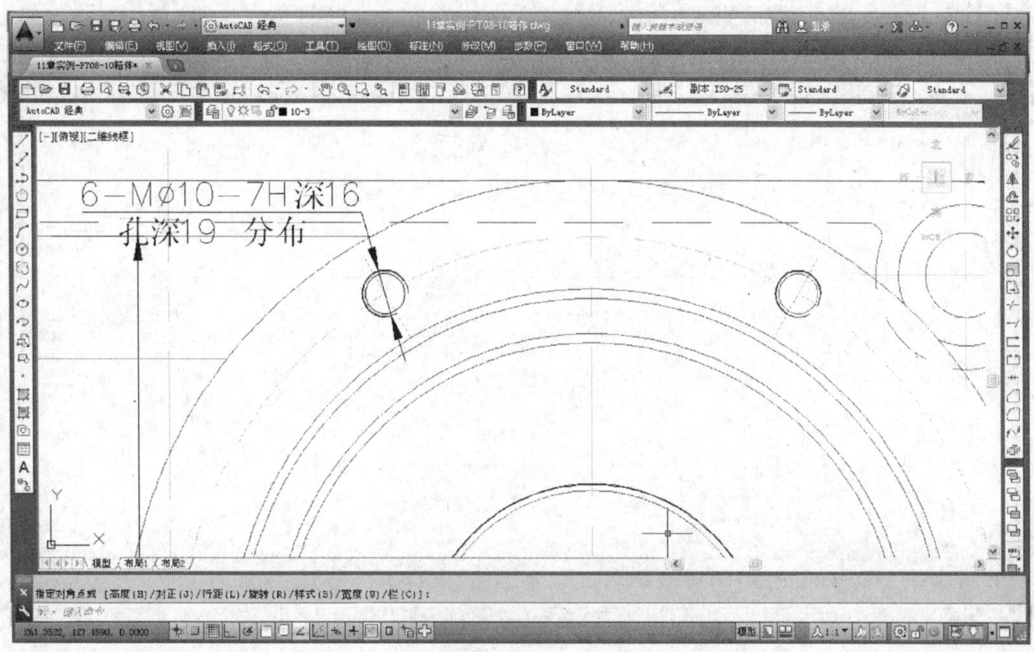

图 11-10　完成 ϕ10 标注

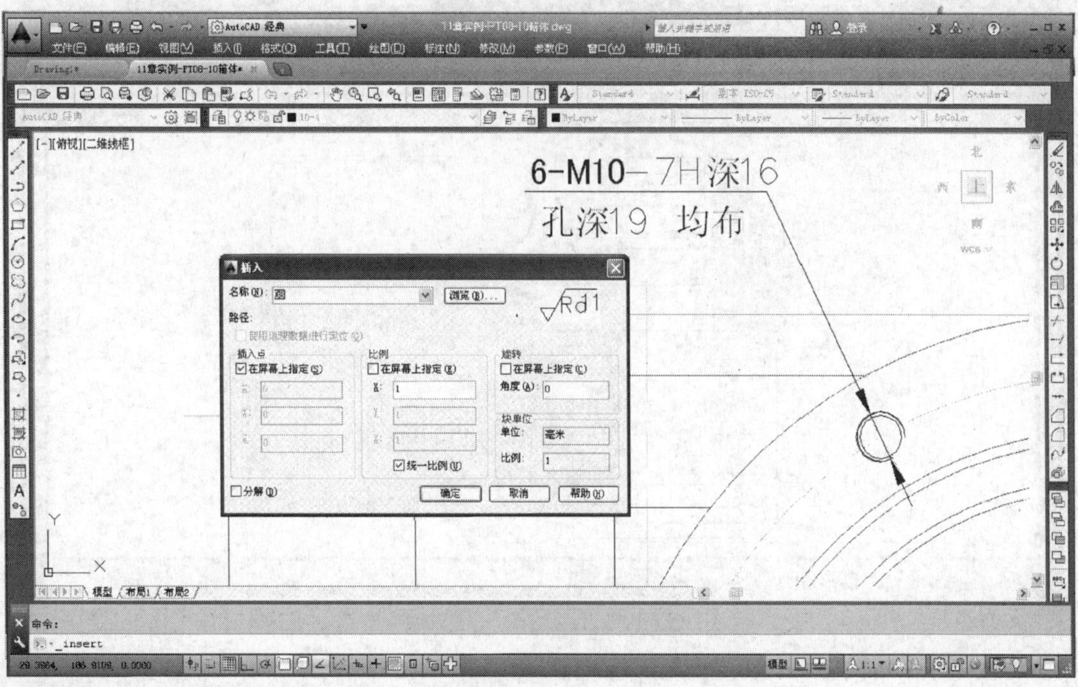

图 11-11　插入块

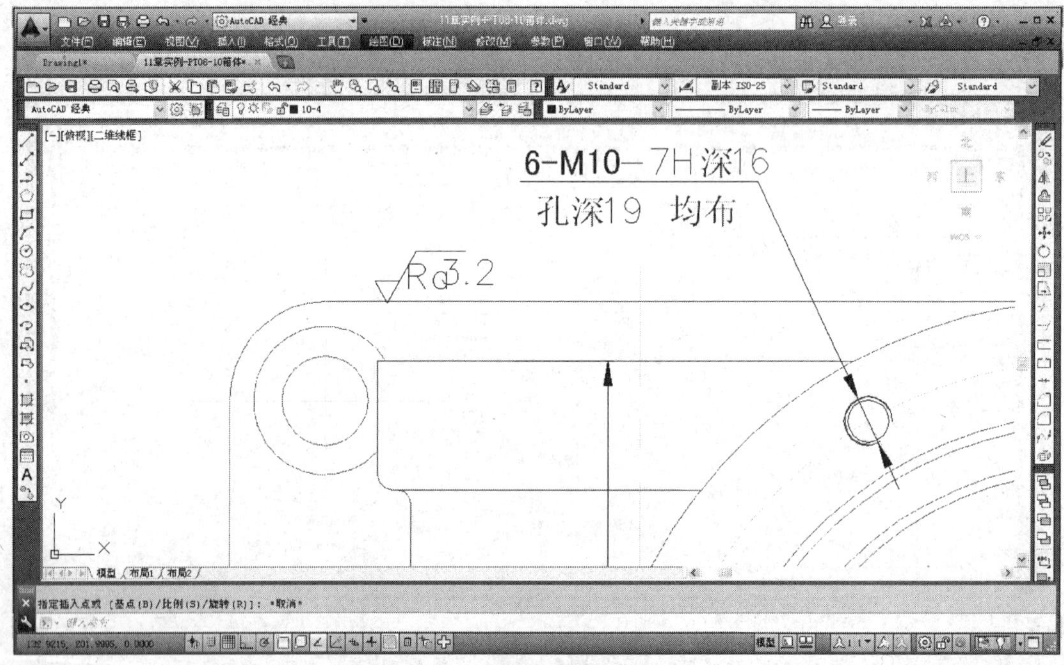

图 11-12　完成插入块的效果图

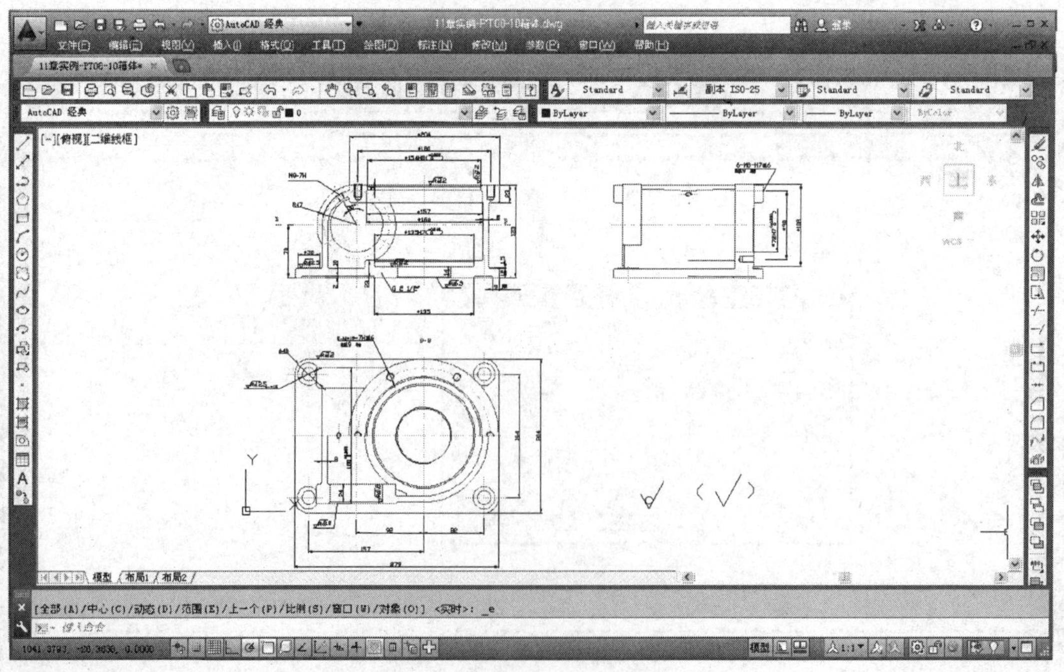

图 11-13　最终标注

7）进行图案填充。单击【绘图】工具栏中的【图案填充】按钮，弹出【图案填充和渐变色】对话框，如图 11-14 所示。

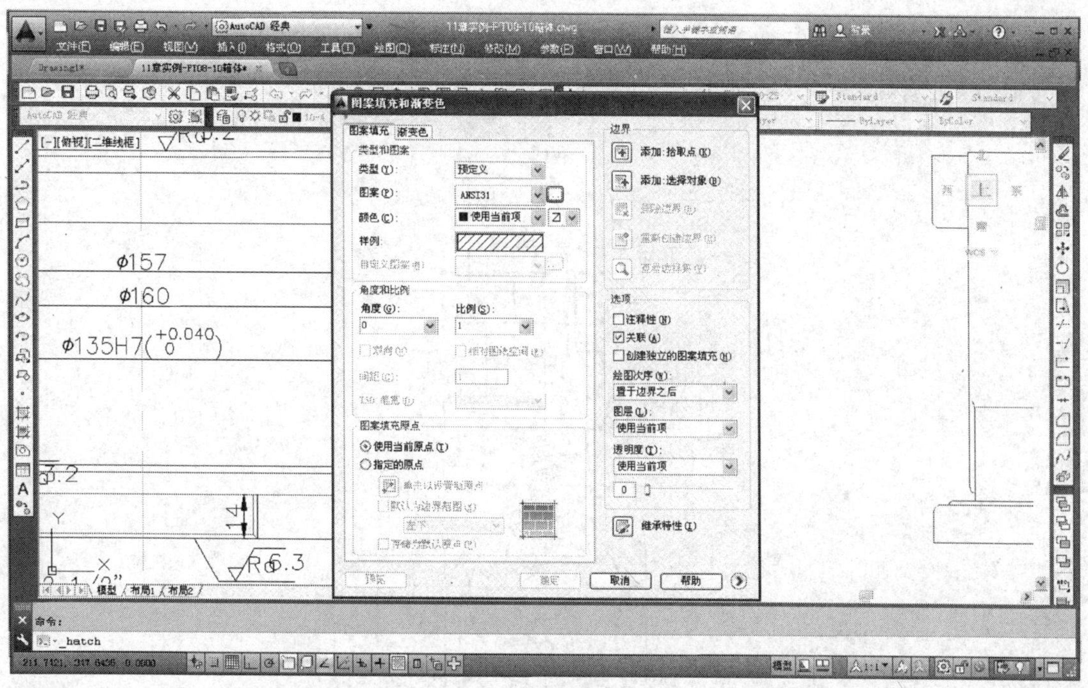

图 11-14　进行图案填充

完成图案填充后的效果如图 11-15 所示。

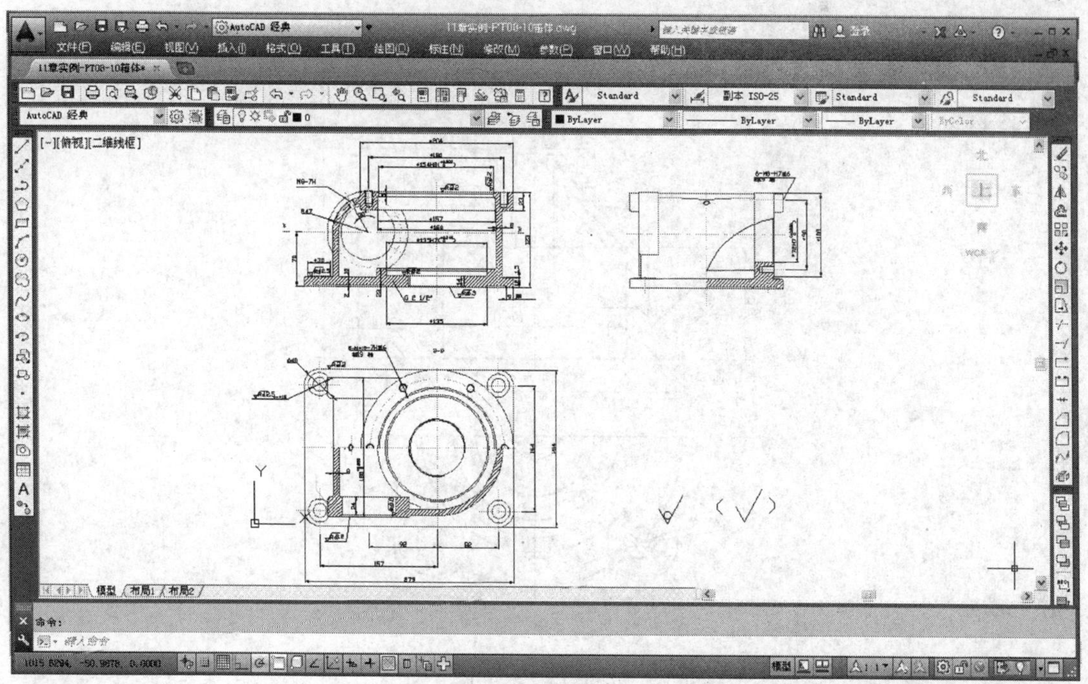

图 11-15　完成图案填充的效果图

8）绘制虚线，如图 11-1 所示。

9）保存文件。

习　　题

1. 绘制并标注如图 11-16 所示图形。

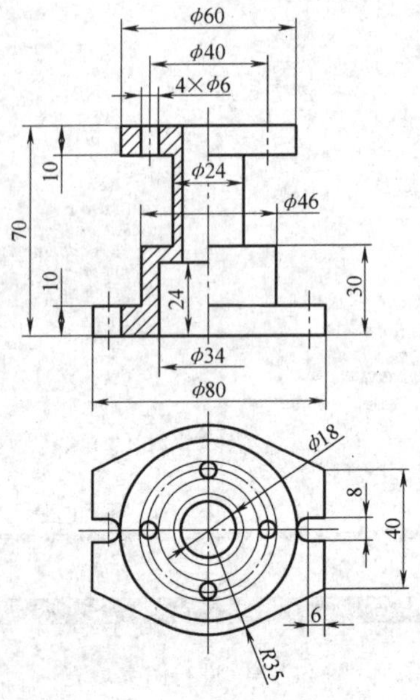

图 11-16　连接件

2. 绘制并标注如图 11-17 所示图形。

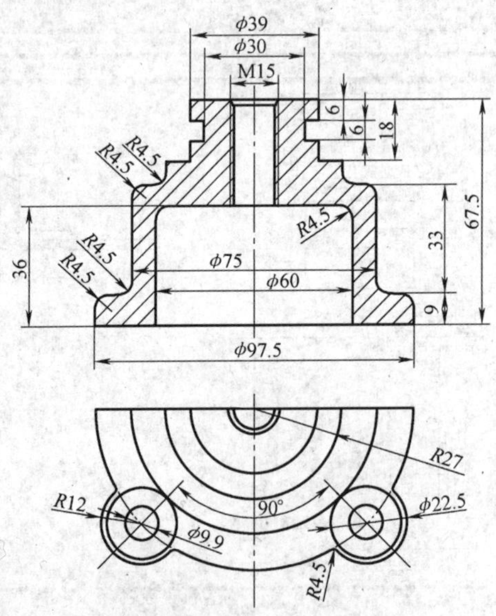

图 11-17　法兰座

第12章　三维图形绘制

在工程领域中，三维图形的应用已经越来越广泛。计算机辅助制造技术、计算机辅助工程技术、计算机辅助工艺、动画仿真技术、三维打印等，都是以三维图形为基础的。

12.1　三维绘图基础

12.1.1　常用术语

以下是创建三维实体模型时使用的一些基本术语。

1）XY平面：它是由X轴垂直于Y轴组成的一个平面，此时Z轴的坐标是0。

2）Z轴：Z轴是三维坐标系的第三轴，它总是垂直于XY平面。

3）高度：是指Z轴上的坐标值。

4）厚度：是指Z轴方向上的长度。

5）相机位置：在观察三维模型时，相机的位置相当于视点。

6）目标点：当用户眼睛通过照相机看某物体的时候，聚焦在一个清晰的点上，该点就是所谓的目标点。

7）视线：假想的线，它是将视点和目标点连接起来的线。

8）和XY平面的夹角：即视线与其在XY平面的投影线之间的夹角。

9）XY平面角度：即视线在XY平面的投影线与X轴之间的夹角。

12.1.2　三维建模工作空间

工作空间又称工作界面，是经过分组和组织的菜单、工具栏、选项板和功能区控制面板组成的集合，使用户可以在自定义的、面向任务的绘图环境中工作。使用工作空间时，只会显示与任务相关的菜单、工具栏和选项板。

三维建模工作空间中仅包含与三维建模相关的工具栏、菜单、选项板和功能区。三维建模不需要的界面和选项会被隐藏，使得用户的工作屏幕区域最大化。从传统工作界面切换到三维建模工作空间的方法如下。

执行方式

- 下拉菜单：【工具】|【工作空间】|【三维建模】
- 状态栏：

通过下拉菜单切换到三维建模工作空间后，将显示如图12-1所示工作界面，即三维建模工作空间。如果单击状态栏上的【切换工作空间】按钮，则系统弹出如图12-2所示的工作空间切换快捷菜单，选择【三维建模】命令后，也会显示如图12-1所示工作界面。下面介绍 AutoCAD 2014 三维建模工作界面的主要组成部分。

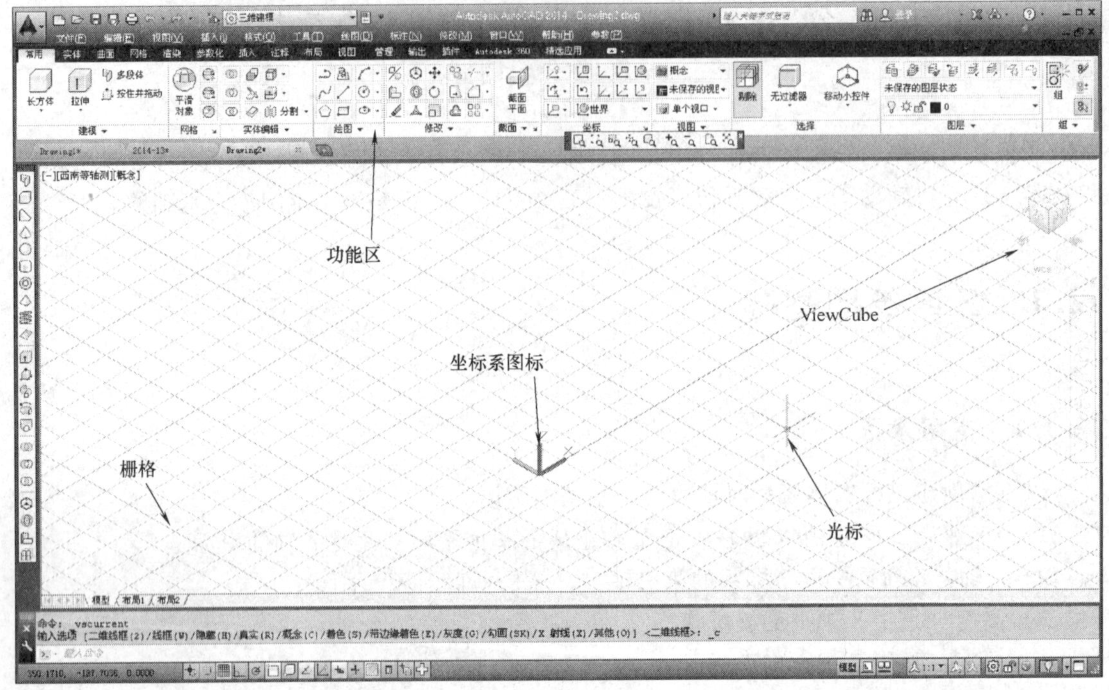

图 12-1　三维建模工作界面

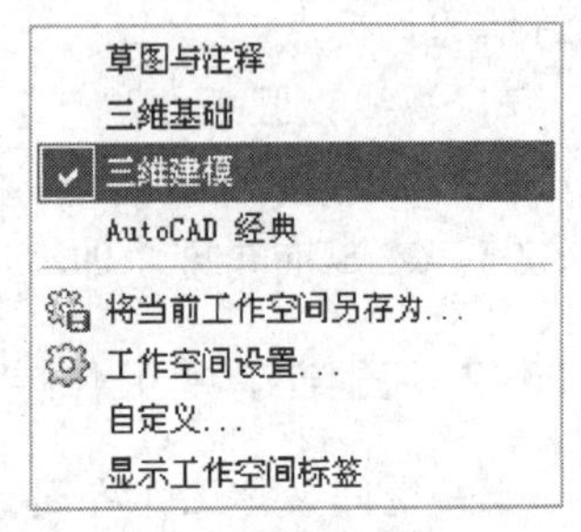

图 12-2　工作空间切换快捷菜单

1）光标：由分别与 X 轴、Y 轴和 Z 轴平行的短线组成的三维光标。

2）坐标系图标：坐标系显示为三维图标，系统默认显示在当前坐标系的原点位置，而不是显示在绘图区域的左下角位置。

3）栅格：显示栅格线，并且在主栅格线之间又细分了子栅格线。

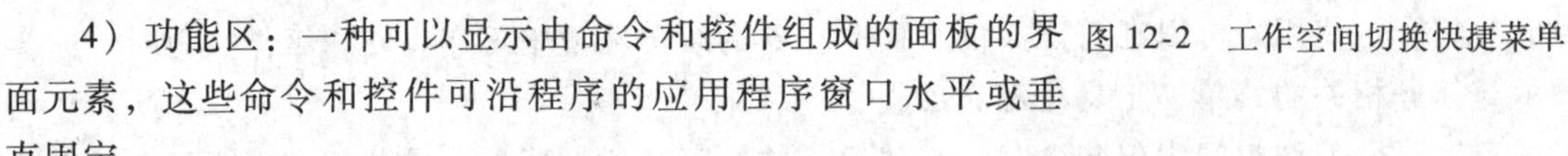

4）功能区：一种可以显示由命令和控件组成的面板的界面元素，这些命令和控件可沿程序的应用程序窗口水平或垂直固定。

5）ViewCube：是一个三维导航工具，利用它可以方便地将视图按不同的方位显示。

12.1.3　三维坐标系

在 AutoCAD 中，要创建和观察三维图形，需要使用三维坐标系。在绘制三维图形的过程中，根据绘制图形的要求，需要对用户坐标系进行设置和变更，因此，正确地建立用户坐标系是建立三维模型的关键。

AutoCAD 2014 使用的是笛卡儿坐标系，有两种类型。一种是由系统默认提供的坐标系，即世界坐标系（WCS）。世界坐标系又称通用坐标系或绝对坐标系。对于二维绘图来说，世界坐标系足以满足要求。另一种是用户坐标系（UCS），用户根据自己的需要，为了更好地创建三维模型而设定坐标系。

1）右手法则与坐标系。右手法则：伸出右手，除大拇指外其余四指沿 X 轴方向向 Y 轴方向握，则大拇指所指的方向为 Z 轴方向。通过右手法则可以确定直角坐标系 Z 轴的正方向和绕轴线旋转的正方向。

2）在 AutoCAD 2014 中输入坐标时可采用绝对坐标和相对坐标两种格式。

- 绝对坐标格式：X，Y，Z
- 相对坐标格式：@X，Y，Z

3）AutoCAD 2014 可以用柱坐标和球坐标定义点的位置。柱面坐标系类似于二维极坐标输入，由该点在 XY 平面的投影点到 Z 轴的距离、该点与坐标原点的连线在 XY 平面的投影与 X 轴的夹角及该点沿 Z 轴到坐标原点的距离来定义。

- 绝对坐标形式：XY 距离 <角度，沿 Z 轴到坐标原点的距离
- 相对坐标形式：@XY 距离 <角度，沿 Z 轴到坐标原点的距离

【例 12-1】 柱坐标实例如图 12-3 所示。

绝对坐标（25 <45，35）表示在 XY 平面的投影点距离 Z 轴 25 个绘图单位，该点的投影与原点在 XY 平面的连线相对于 X 轴的夹角为 45°，沿 Z 轴距离原点 35 个绘图单位的一个点。

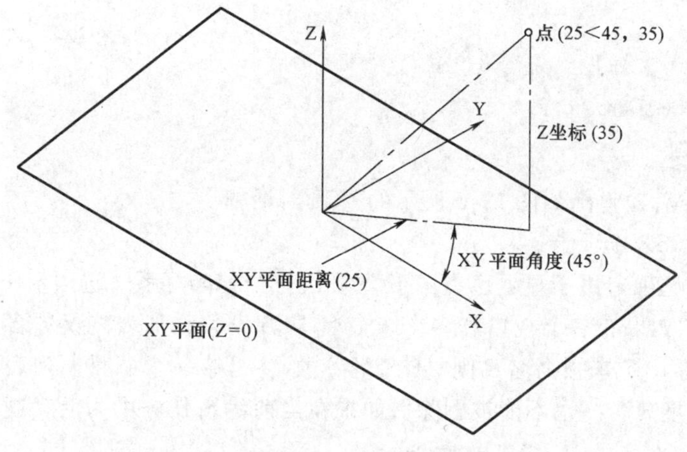

图 12-3　柱坐标

球面坐标系中，三维球坐标的输入也类似于二维极坐标的输入。球面坐标系由坐标点到原点的距离、该点与坐标原点的连线在 XY 平面内的投影与 X 轴的夹角，以及该点与坐标原点的连线与 XY 平面的夹角来定义。

- 绝对坐标格式：XYZ 距离 <XY 平面内投影角度 <与 XY 平面夹角
- 相对坐标格式：@XYZ 距离 <XY 平面内投影角度 <与 XY 平面夹角

【例 12-2】 球坐标如图 12-4 所示。

坐标（25 <45 <60）表示该点距离原点为 25 个绘图单位，与原点的连线的投影在 XY 平面内与 X 轴成 45°夹角，连线与 XY 平面成 60°夹角。

12.1.4　用户坐标系

用户坐标系（UCS）是可移动的坐标系。它是一种用于二维图形和三维建模的基本

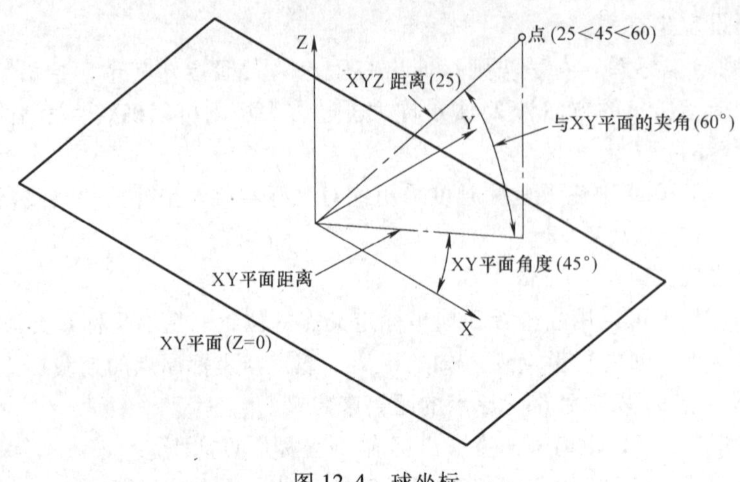

图 12-4　球坐标

工具。

可以通过 UCS 图标查看当前 UCS 的位置和方向。通过单击【UCS 图标】并使用其夹点或使用 UCS 命令，可以操纵 UCS，如图 12-5 所示。

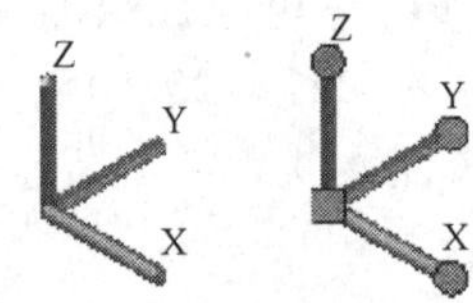

图 12-5　坐标系图标及夹点

执行方式

- 下拉菜单：【工具】|【命令 UCS】
- 命令行：UCSMAN
- 工具栏：

执行上述命令后，弹出如图 12-6 所示的 UCS 对话框。

(1)【命名 UCS】选项卡

【命名 UCS】选项卡用于显示已有的 UCS 和设置当前坐标系。选项卡中列出了当前图形中定义的坐标系。如果有多个视口和多个未命名 UCS 设置，列表将仅包含当前视口的未命名 UCS。如果当前 UCS 未被命名，则【未命名】始终是第一个条目。列表中始终包含【世界】，它既不能被重命名，也不能被删除。如果在当前编辑任务中为活动视口定义了其他坐标系，则下一条目为【上一个】。重复选择【上一个】和【置为当前】，可逐步返回到这些坐标系。

要向此列表中添加 UCS 名称，可使用 UCS 命令的【保存】选项。

在【命名 UCS】选项卡中，用户可以将世界坐标系、上一个使用的 UCS 或某一命名的 UCS 设置为当前坐标系。具体方法是：从列表框中选择某一坐标系，然后单击【置为当前】按钮。还可以将之前未命名的坐标系命名或重命名某个已创建的坐标系。具体方法是：选中要修改名称的坐标

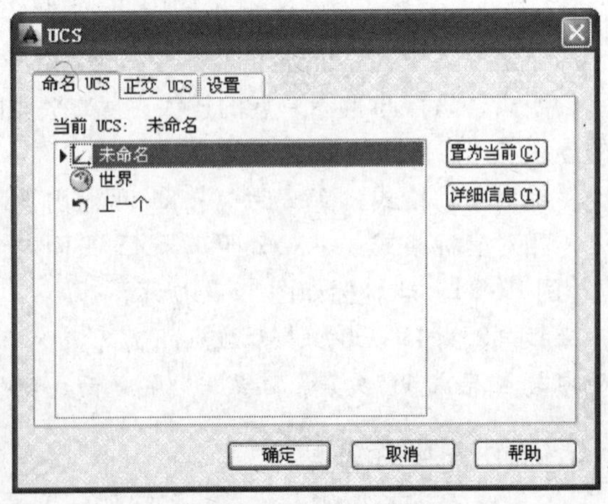

图 12-6　UCS 对话框

系，单击鼠标右键，在弹出的快捷菜单中选择【重命名】命令后在对应位置输入 UCS 的新名称即可，如图 12-7 所示。还可以利用快捷菜单，删除自定义 UCS。

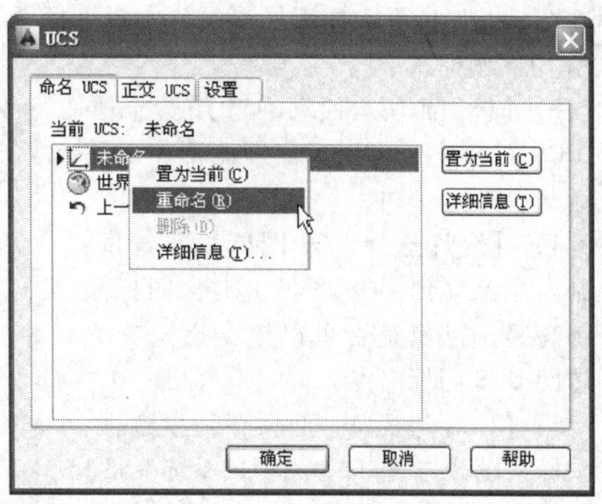

图 12-7 重命名 UCS

在如图 12-7 所示中，可以利用选项卡中的【详细信息】按钮，了解指定坐标系相对于某一坐标系的详细信息。具体步骤是：单击【详细信息】按钮，弹出如图 12-8 所示的【UCS 详细信息】对话框，该对话框显示选定 UCS 的坐标轴和原点的相关信息。默认情况下，原点与 X、Y 和 Z 轴的值是相对于世界坐标系计算出来的。

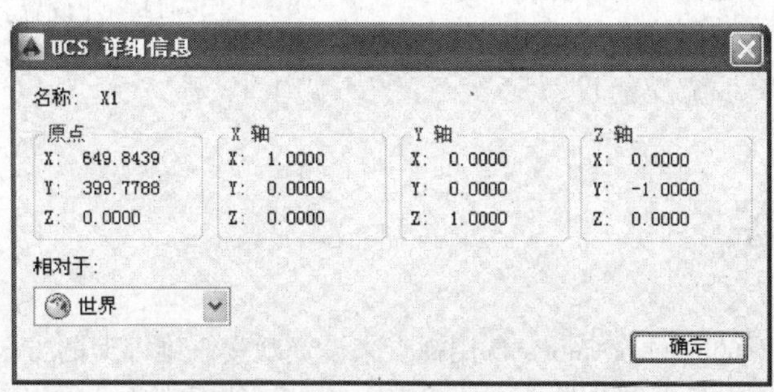

图 12-8 【UCS 详细信息】对话框

（2）【正交 UCS】选项卡

【正交 UCS】选项卡（见图 12-9）用于将 UCS 设置成某一正交模式。其中【深度】列用来定义用户坐标系的 XY 平面上的正投影与通过用户坐标系原点的平行平面之间的距离。双击【深度】列弹出如图 12-10 所示对话框，在【顶端深度】文本框中输入值或单击【选择新原点】按钮 以指定新的深度或新的原点。

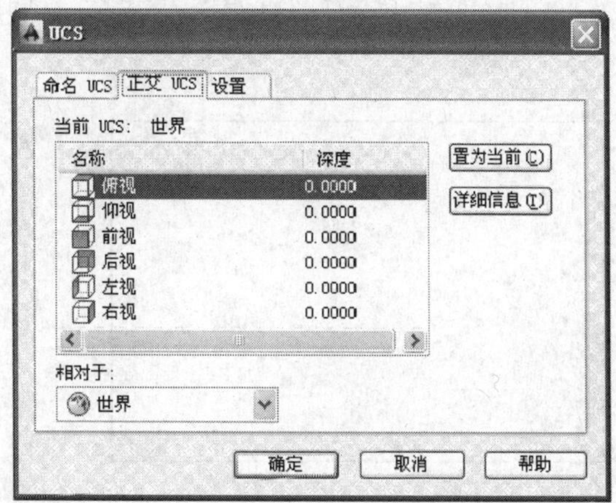

图 12-9 【正交 UCS】选项卡

（3）【设置】选项卡

【设置】选项卡（见图 12-11）用于显示和修改与视口一起保存的 UCS 图标设置和 UCS 设置。

1）【开】复选框：显示当前视口中的 UCS 图标。

2）【显示于 UCS 原点】复选框：在当前视口中当前坐标系的原点处显示

图 12-10 【正交 UCS 深度】对话框

UCS 图标。如果不选择该复选框，或者坐标系原点在视口中不可见，则将在视口的左下角显示 UCS 图标。

3）【应用到所有活动视口】复选框：将 UCS 图标设置应用到当前图形中的所有活动视口。

4）【允许选择 UCS 图标】复选框：控制当光标移到 UCS 图标上时，图标是否将亮显，以及是否可以单击以选择它并访问 UCS 图标夹点。

5）【UCS 与视口一起保存】复选框：将坐标系设置与视口（UCSVP 系统变量）一起保存。如果不选择此复选框，视口将反映当前视口的 UCS。

6）【修改 UCS 时更新平面视图】复选框：修改视口中的坐标系时恢复平面视图。（UCSFOLLOW 系统变量）。

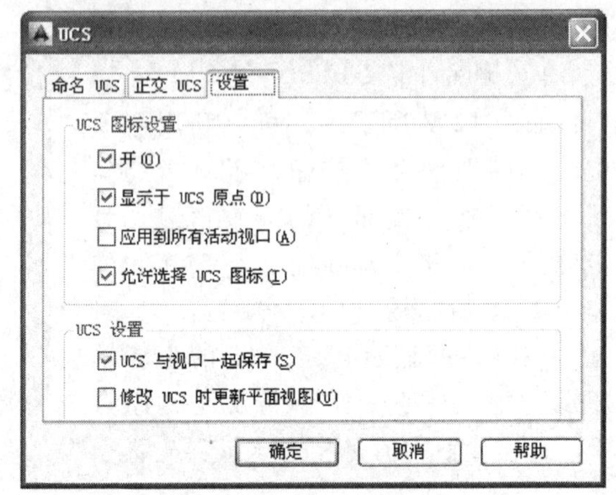

图 12-11　【设置】选项卡

12.2　设置视点

视点是指观察图形的方向。AutoCAD 用视点来设置观察三维模型的方向。例如，绘制三维图形时，如果使用平面坐标系，即 Z 轴垂直于屏幕，此时只能看到物体在 XY 平面上的投影，如图 12-12 所示。如果调整视点至东南等轴测，则可看到一个三维图形，如图 12-13 所示。

图 12-12　平面坐标系

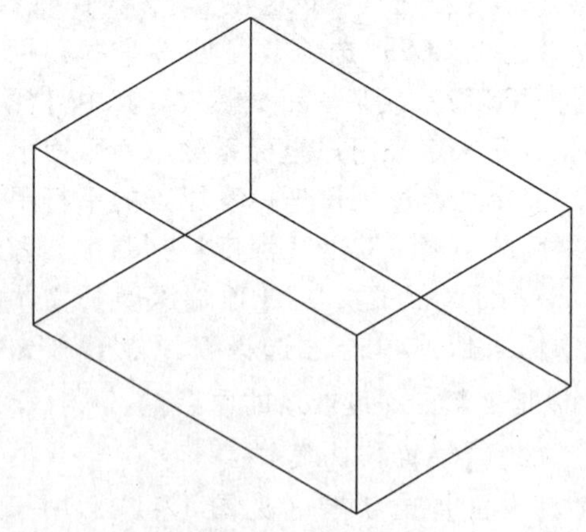

图 12-13　东南等轴测

在 AutoCAD 中，可以使用【视点预设】、【视点】命令等多种方法来设置视点。

12.2.1　使用【视点预设】对话框设置视点

执行方式

- 下拉菜单：【视图】|【三维视图】|【视点预设】

- 命令行：DDVPOINT

执行上述命令后，弹出【视点预设】对话框，为当前视口设置视点，如图 12-14 所示。

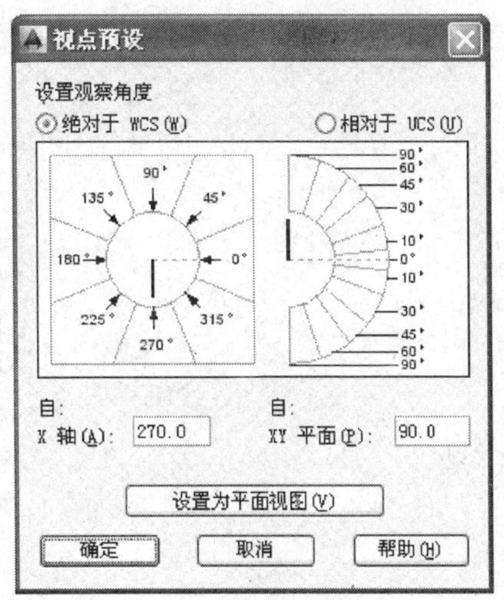

图 12-14　【视点预设】对话框

通过该对话框可以相对于世界坐标系（WCS）或用户坐标系（UCS）设定查看方向。对话框中的左图用于设置原点和视点之间的连线在 XY 平面的投影与 X 轴正向的夹角；右图中的半圆形图用于设置该连线与投影线之间的夹角，在图上直接单击拾取即可。也可以直接在【X 轴】、【XY 平面】两个文本框中输入相应的角度。对话框中部分选项含义如下。

1）【X 轴】文本框：指定与 X 轴的角度。

2）【XY 平面】文本框：指定与 XY 平面的角度。

也可以使用样例图像来指定查看角度。黑针指示新角度，灰针指示当前角度。通过选择圆或半圆的内部区域来指定一个角度。如果选择了边界外面的区域，那么就舍入到在该区域显示的角度值。如果选择了内弧或内弧中的区域，角度将不会舍入，结果可能是一个分数。

3）【设置为平面视图】按钮：设定查看角度以相对于选定坐标系显示平面视图（XY 平面）。

单击【设置为平面视图】按钮，可以设置为平面视图。默认状态下，观察角度是相对于 WCS 坐标系的。选择【相对于 UCS】单选按钮，可相对于 UCS 坐标系定义角度。

12.2.2　使用罗盘设置视点

执行方式

- 下拉菜单：【视图】|【三维视图】|【视点】
- 命令行：VPOINT

该命令用于设置图形的三维可视化观察方向。执行上述命令后，显示如图 12-15 所示图形。可以在该图中为当前视口设置视点。该视点均是相对于 WCS 坐标系的，这时可通过屏幕上显示的罗盘定义视点。在图 12-15 所示的三轴架和坐标球中，三轴架的 3 个轴分别代表 X、Y 和 Z 轴的正方向。当光标在坐标球中移动时，三维坐标系通过绕 Z 轴旋转可调整 X、Y 轴的方向。坐标球的中心为北极（0，0，n），相当于视点位于 Z 轴正方向；内环为赤道（n，n，0）；整个外环为南极（0，0，-n）。当光标位于内环之内时，相当于视点位于上半球体；当光标位于内环与外环之间时，相当于视点位于下半球体。要选择观察方向，将光标移动到球体上的某个位置并单击鼠标即可。

12.2.3　设置特殊视点

执行方式

- 下拉菜单：【视图】|【三维视图】|【俯视】

执行上述命令后，可以设置俯视视点。用同样的方式可以设置仰视、左视、右视、主

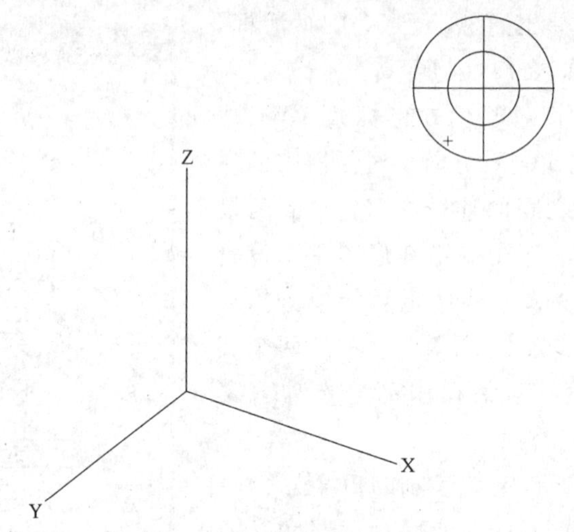

图 12-15　坐标球与三轴架

视、后视、西南等轴测、东南等轴测、东北等轴测、西北等轴测特殊视点。

12.2.4　ViewCube

执行方式

- 下拉菜单:【视图】|【显示】|【ViewCube】|【开】

ViewCube 是一个三维导航工具，在三维视觉样式中处理图形时显示，如图 12-16 所示。用户可以用它在模型的标准视图和等轴测视图之间进行切换。ViewCube 工具显示后，将在窗口一角以不活动状态显示在模型上方。尽管 ViewCube 工具处于不活动状态，但在视图发生更改时仍可提供有关模型当前视点的直观反映。将光标悬停在 ViewCube 工具上方时，该工具会变为活动状态；可以使用 ViewCube 工具切换至其中一个可用的预设视图，滚动当前视图或更改至模型的主视图。

在 ViewCube 上单击鼠标右键，系统弹出如图 12-17 所示快捷菜单。选择【ViewCube 设置】命令，弹出【ViewCube 设置】对话框，如图 12-18 所示。在该对话框中，用户可根据需要更改 ViewCube 设置。

图 12-16　ViewCube 工具

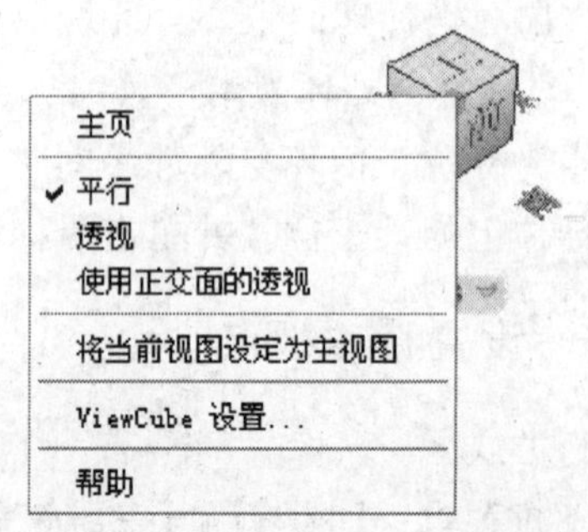

图 12-17　ViewCube 工具的快捷菜单

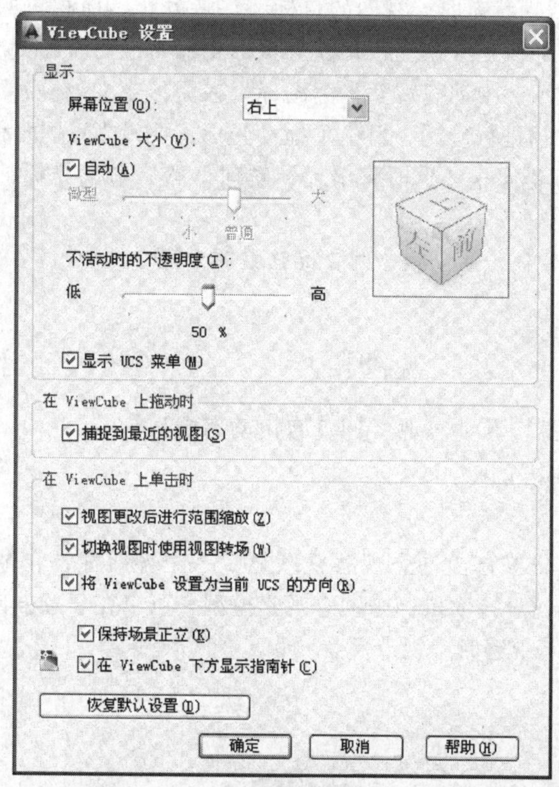

图 12-18　【ViewCube 设置】对话框

12.3　观察三维图形

在三维中绘图时，用户经常想要显示不同的视图以便能够在图形中以不同的角度和方向查看和验证三维效果。AutoCAD 为用户提供了多种三维观察工具，使用这些三维观察和导航工具，可以在图形中导航、从不同的角度、高度和距离查看图形中的对象、为指定视图设置相机以及创建动画以便与其他人共享设计。用户还可以围绕三维模型进行动态观察、回旋、漫游和飞行，设置相机、缩放和平移等。AutoCAD 2014 有受约束的动态观察、自由动态观察、连续动态观察和控制盘观察 4 种三维导航模式。

12.3.1　受约束的动态观察

执行方式

- 下拉菜单：【视图】|【动态观察】|【受约束的动态观察】
- 命令行：3DORBIT
- 工具栏：

该命令在三维空间中旋转视图，但仅限于水平动态观察和垂直动态观察。使用时首先选择要使用 3DORBIT 查看的一个或多个对象，如果要查看整个图形，则不选择对象。

当 3DORBIT 处于活动状态时，视图的目标将保持静止，而相机的位置（或视点）将围绕目标移动。但看起来好像三维模型正在随着鼠标光标的拖动而旋转。

执行该命令时，显示三维动态观察光标图标。在图形中向左或向右拖动光标，可沿 XY 平面进行旋转；要沿 Z 轴进行旋转，可上下拖动光标；要沿 XY 平面和 Z 轴进行不受约束的动态观察，可按住 Shift 键不松，这时将出现导航球，然后拖动光标，将使用【自由动态观察】模式来动态观察对象。

注：3DORBIT 命令处于活动状态时，无法编辑对象。

12.3.2 自由动态观察

执行方式

- 下拉菜单：【视图】|【动态观察】|【自由动态观察】
- 命令行：3DFORBIT
- 工具栏：

执行上述命令后，三维自由动态观察视图显示一个导航球，它被 4 个小圆分成 4 个区域，如图 12-19 所示。通过拖动鼠标来动态观察模型，可以在任意方向上进行动态观察。沿 XY 平面和 Z 轴进行动态观察时，视点不受约束。

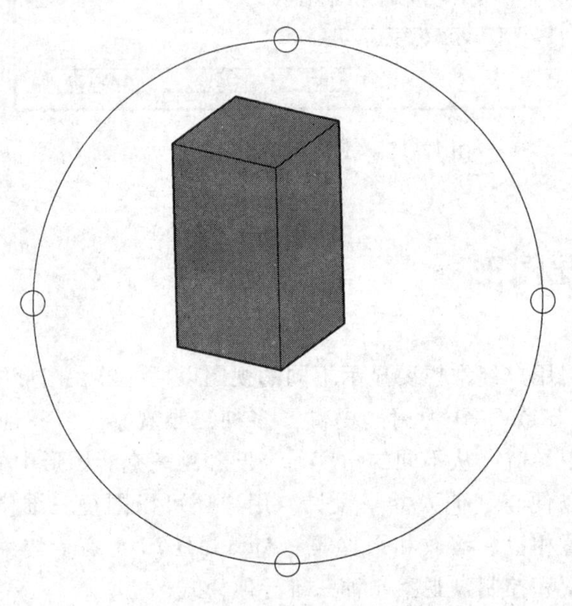

图 12-19 导航球

在视口中单击鼠标右键，在弹出的快捷菜单中选择【退出】命令，或者按 Esc 键退出【自由动态观察】命令。

在自由动态观察时，查看目标的点被固定，用户可以利用鼠标控制相机位置，使其绕观察对象旋转，得到动态的观测效果。当鼠标在导航球的不同位置进行拖动时，鼠标的表现形式是不同的，视图的旋转方向也不同。视图的旋转由鼠标的位置和光标的表现形式决定，鼠标在不同位置时，光标的表现形式说明如下。

1) ：在导航球内部。此时在绘图区域中单击鼠标左键并拖动光标，则可围绕对象自由移动。就像光标抓住环绕对象的球体并围绕目标点对其进行拖动一样。用此方法可以在水平、垂直或对角方向上拖动。

2）：在导航球外部。此时单击鼠标左键并围绕导航球拖动光标，将使视图围绕延长线通过导航球的中心并垂直于屏幕的轴旋转，称为“卷动”。

3）：当光标在导航球左右两边的小圆上移动时，光标的形状变为水平椭圆。从这些点开始单击鼠标左键并拖动光标将使视图围绕通过导航球中心的垂直轴或 Y 轴旋转。

4）：当光标在导航球上下两边的小圆上移动时，光标的形状变为垂直椭圆。从这些点开始单击鼠标左键并拖动光标将使视图围绕通过导航球中心的水平轴或 X 轴旋转。

在三维视图的交互控制方式下，用户可以通过【其他导航模式】菜单（见图 12-20）进行其他操作和设置。

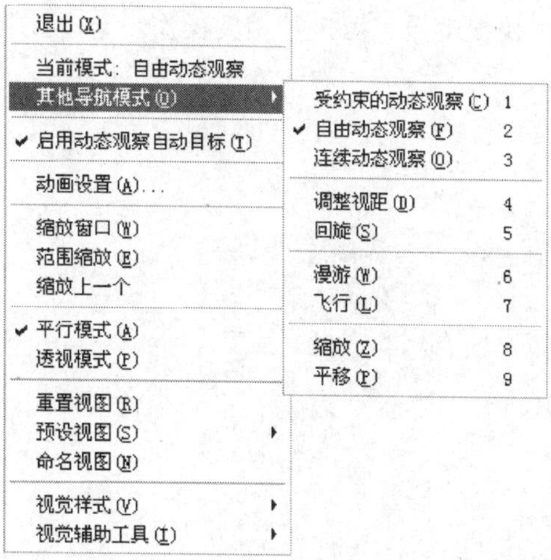

图 12-20　【其他导航模式】菜单

12.3.3　连续动态观察

执行方式

- 下拉菜单：【视图】|【动态观察】|【连续动态观察】
- 命令行：3DCORBIT
- 工具栏：

该命令启用交互式三维视图并将对象设置为连续运动。启动该命令之前，可以查看整个图形，或者选择一个或多个对象。在绘图区域中单击鼠标左键并沿任意方向拖动鼠标，将使对象沿正在拖动的方向开始移动。释放鼠标左键后，对象将在指定的方向上继续运动。为光标移动设置的速度决定了对象的旋转速度。可通过再次单击鼠标左键并拖动鼠标来改变连续动态观察的方向。在绘图区域中单击鼠标右键并从弹出的快捷菜单中选择，也可以修改连续动态观察的显示。例如，可以选择【形象化辅助工具】|【栅格】命令，来向视图中添加栅格，而不退出连续动态观察。

12.3.4　控制盘

执行方式

- 下拉菜单：【视图】|【SteeringWheels】
- 命令行：NAVSWHEEL
- 状态栏：

控制盘将多个常用导航工具结合到一个单一界面中。控制盘是追踪菜单，控制盘随鼠标一起移动，划分为不同部分（称为按钮）。控制盘上的每个按钮代表一种导航工具，如图 12-21 所示。

选择控制盘上的工具与选择典型命令不同。按住按钮并拖动以使用所需的导航工具。松开鼠标按钮，返回到控制盘并切换导航工具。单击控制盘上的 按钮，弹出如图 12-22 所示的快捷菜单，可进行相关操作。单击控制盘上的 按钮，则关闭控制盘。

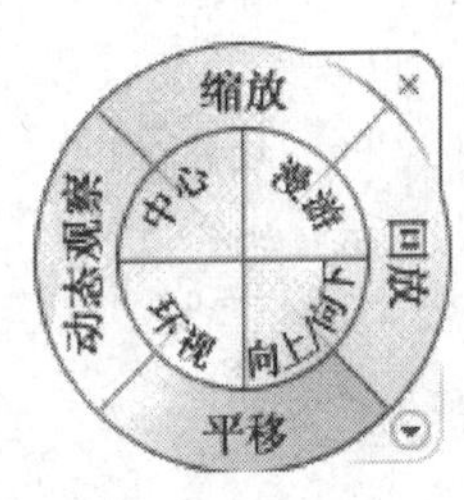

图 12-21　SteeringWheels

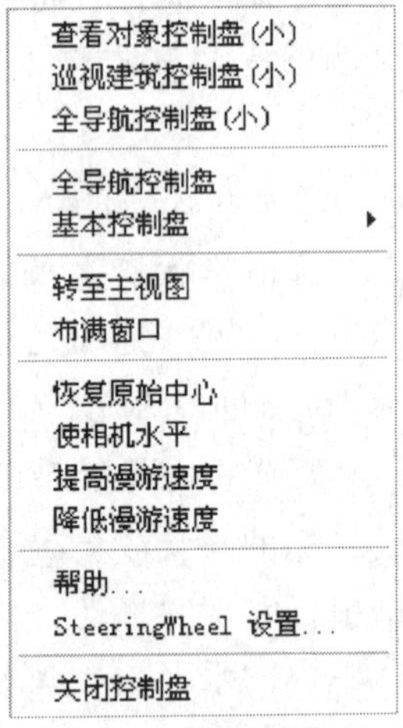

图 12-22　控制盘的快捷菜单

12.4　视觉样式

用 AutoCAD 进行三维造型时，用户可以控制三维模型的视觉样式，即显示效果。视觉样式是一组设置，用来控制视口中边和着色的显示。一旦应用了视觉样式或更改了其设置，就可以在视口中查看效果。AutoCAD 2014 提供了 10 种默认视觉样式，分别是二维线框、线框、消隐、真实、概念、着色、带边缘着色、灰度、勾画和 X 射线视觉样式。

12.4.1　二维线框

执行方式

- 下拉菜单：【视图】|【视觉样式】|【二维线框】
- 工具栏：

在【二维线框】视觉样式下，三维模型显示用直线和曲线表示模型边界，光栅和 OLE 对象、线型和线宽均可见。即使系统变量 COMPASS 设为开，在二维线框视图中也不显示坐标球，如图 12-23 所示。

12.4.2　线框

执行方式

- 下拉菜单：【视图】|【视觉样式】|【线框】
- 工具栏：

选择此样式后，三维模型将显示为用直线和曲线表示边界的对象。这时 UCS 为一个着色的三维图标。光栅和 OLE 对象、线型和线宽均不可见。当系统变量 COMPASS 设为开时，可以显示坐标球，并能显示已使用材质颜色，如图 12-24 所示。

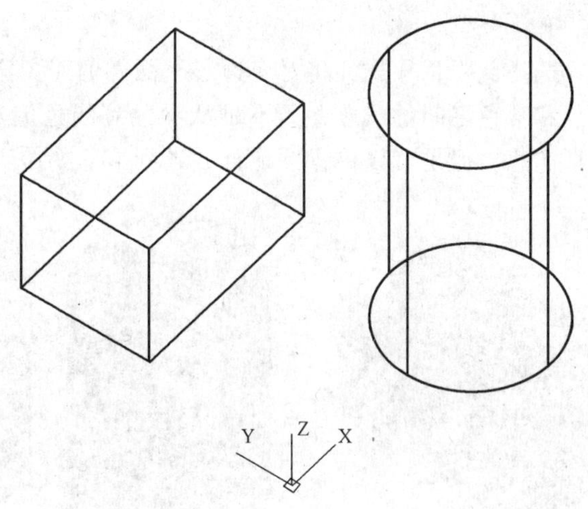

图 12-23　以【二维线框】样式显示的模型

12.4.3　消隐

执行方式

下拉菜单：【视图】|【视觉样式】|【消隐】

• 工具栏：

选择此样式后，将显示用三维线框表示的对象并隐藏表示后向面的所有线条，如图 12-25 所示。

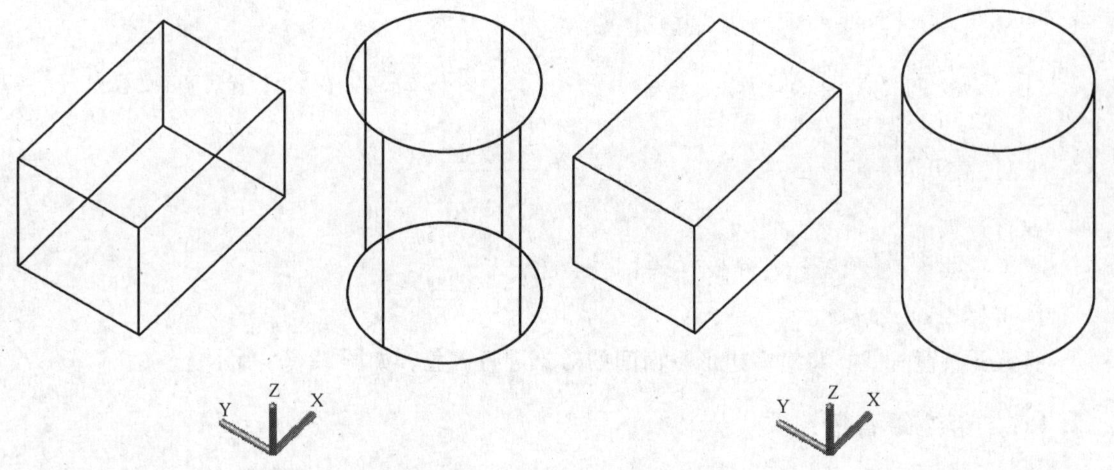

图 12-24　以【线框】样式显示的模型　　图 12-25　以【消隐】样式显示的模型

12.4.4　真实

执行方式

• 下拉菜单：【视图】|【视觉样式】|【真实】

• 工具栏：

选择此视觉样式，将对多边形平面间的对象进行着色，并使对象的边平滑。同时，将显示出已附着到对象的材质，如图 12-26 所示。

12.4.5　概念

执行方式

• 下拉菜单：【视图】|【视觉样式】|【概念】

• 工具栏：

选择此视觉样式，将对多边形平面间的对象进行着色，并使对象的边平滑。着色样式为冷色和暖色之间的过渡，而不是从深色到浅色的过渡。以【概念】样式显示的模型效果缺乏真实感，但是可以更方便地查看其细节，如图 12-27 所示。

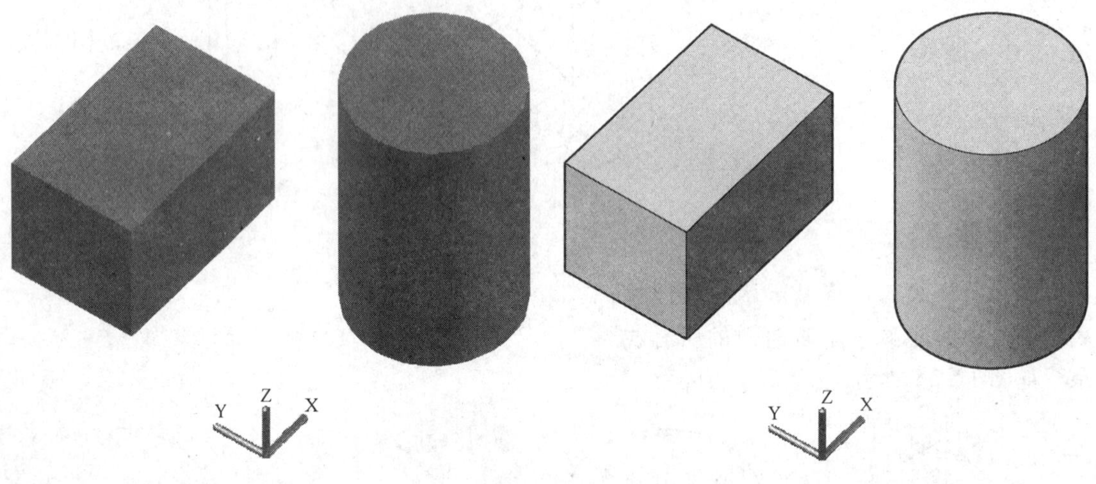

图 12-26　以【真实】样式显示的模型　　　　图 12-27　以【概念】样式显示的模型

12.4.6　着色

执行方式

• 下拉菜单：【视图】|【视觉样式】|【着色】

• 工具栏：

选择此视觉样式，将对多边形平面间的对象进行着色，如图 12-28 所示。

12.4.7　带边缘着色

执行方式

• 下拉菜单：【视图】|【视觉样式】|【带边缘着色】

• 工具栏：

选择此视觉样式，将对多边形平面间的对象进行着色，并显示出线框，如图 12-29 所示。

图 12-28　以【着色】样式显示的模型

12.4.8　灰度

执行方式

• 下拉菜单：【视图】|【视觉样式】|【灰度】

• 工具栏：

选择此视觉样式，将利用单色面颜色模式形成灰度效果，如图 12-30 所示。

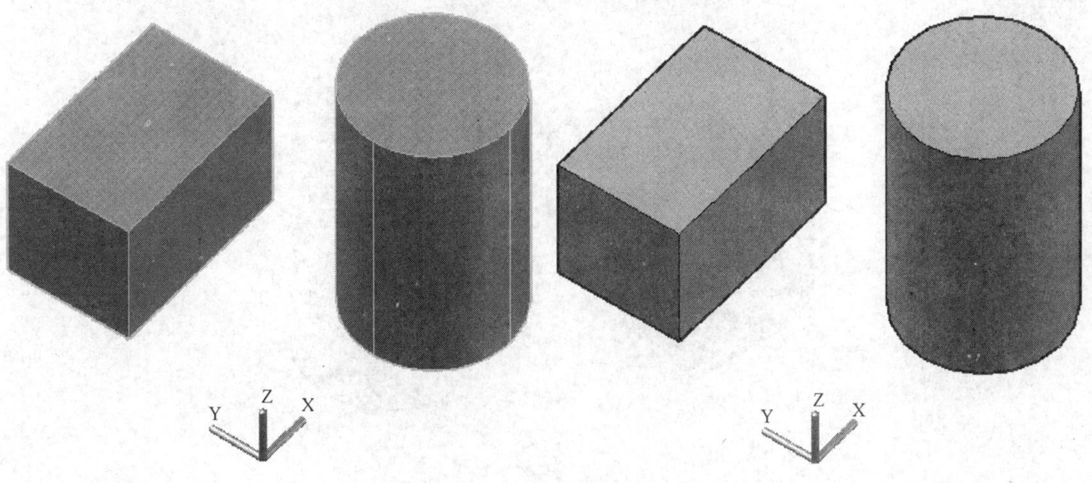

图 12-29　以【带边缘着色】样式显示的模型　　　　图 12-30　以【灰度】样式显示的模型

12.4.9　勾画

执行方式

- 下拉菜单：【视图】|【视觉样式】|【勾画】
- 工具栏：

选择此视觉样式，将显示人工绘制的草图的效果，如图 12-31 所示。

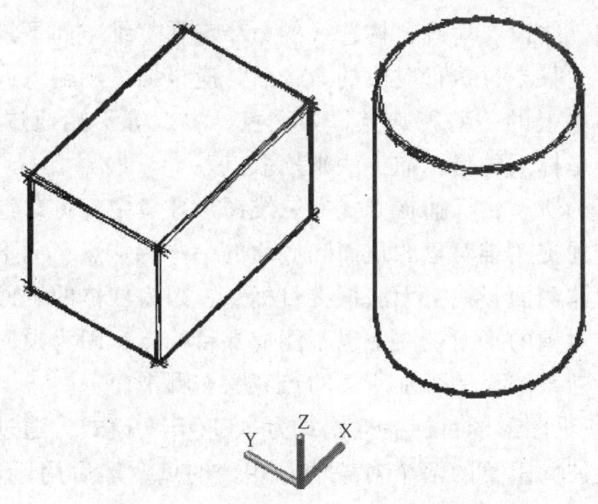

图 12-31　以【勾画】样式显示的模型

12.4.10　X 射线

执行方式

- 下拉菜单：【视图】|【视觉样式】|【X 射线】
- 工具栏：

选择此视觉样式，将会更改各表面的透明性，使对应的表面具有透明效果，如图 12-32 所示。

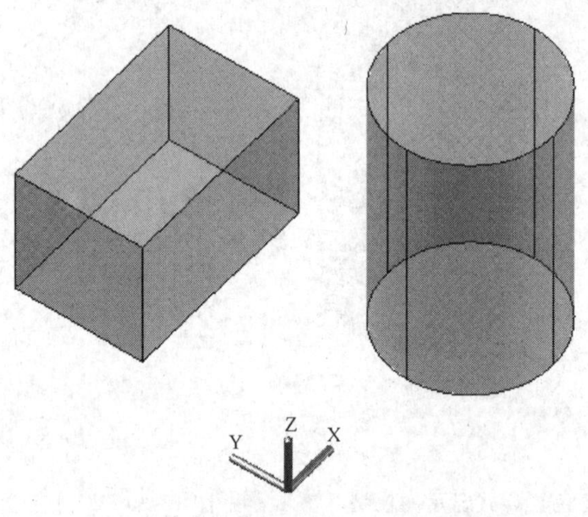

图 12-32　以【X 射线】样式显示的模型

12.5　绘制简单三维图形

12.5.1　绘制点、线段、射线、构造线

在三维空间绘制点、线段、射线、构造线的命令与在二维空间下绘制二维点、线段、射线和构造线的命令相同，只不过执行对应的命令后，应根据提示输入或捕捉三维空间点。

由于在三维图形对象上的一些特殊点，如交点、中点等不能通过输入坐标的方法来实现，因此可以采用三维坐标下的目标捕捉法来拾取点。

在二维图形方式下的所有目标捕捉方式在三维图形环境中都可以继续使用。不同之处在于，在三维环境下只能捕捉三维对象的顶面和底面的一些特殊点，而不能捕捉柱体等实体侧面的特殊点，即在柱状体侧面竖线上无法捕捉目标点，因为柱体的侧面上的竖线只是帮助显示的模拟曲线。在三维对象的平面视图中也不能捕捉目标点，因为顶面上的任意一点都对应着底面上的一点，此时，系统无法辨别所选的点究竟在哪个面上。

在 AutoCAD 中，三维图形的目标捕捉模式为 APPOINT 模式。通过该模式可选择当前视图中具有不同高度，且彼此重叠的两个对象明显相交的点，然后用所选择对象的最小 Z 值作为交点的 Z 坐标。

12.5.2　绘制其他二维图形

在三维空间绘制圆、圆弧、椭圆、矩形及正多边形的命令与在二维空间下的命令相同。

在三维空间绘制这些图形有两种方法。方法一：利用动态 UCS 功能，在已有的三维实体的平面上创建其他对象。方法二：首先建立 UCS，使 UCS 的 XY 平面与所要绘制的二维图形所在的平面重合或平行，然后在新创建的 UCS 中执行相应的二维绘图命令，按绘制二维图形的方式绘图。为方便绘图，可以通过建立对应的平面视图，使当前 UCS 的 XY 平面与计算机屏幕重合。

12.5.3　绘制三维螺旋线

执行方式

- 下拉菜单：【绘图】|【螺旋】
- 命令行：HELIX
- 工具栏：

执行上述命令后，命令行显示如下提示信息：

圈数 = 3.0000　　扭曲 = CCW

指定底面的中心点：　　‖指定螺旋线的中心点。

注：底面与动态 UCS 或当前 UCS 的 XY 平面平行。

指定底面半径或［直径（D）］<160>：　　‖输入螺旋线的底面半径或直径，输入 100。

指定顶面半径或［直径（D）］<100.0000>：　　‖输入螺旋线的顶面半径或直径，输入 50。

指定螺旋高度或［轴端点（A）/圈数（T）/圈高（H）/扭曲(W)］<500>：

‖输入螺旋高度值，输入 200。

部分选项说明如下。

1）【指定螺旋高度】选项：输入螺旋线的高度，然后按 Enter 键。也可通过拖动鼠标动态确定螺旋线的高度。

2）【轴端点（A）】选项：指定螺旋线的另一端点位置。选择该选项后，命令行提示如下：

指定轴端点：

指定轴端点后，所绘制的螺旋线的轴线将沿螺旋线底面中心点和轴端点的连线方向，即螺旋线底面不再与当前 UCS 的 XY 平面平行。

3）【圈数（T）】选项：指定螺旋线的圈数（默认值为 3，最大值为 500）。选择该选项后，命令行提示如下：

输入圈数：　　‖输入螺旋线的圈数。

4）【圈高（H）】选项：圈高即圈间距，又称节距，是螺旋线旋转一圈后，沿轴向移动的距离。选择该选项后，命令行提示如下：

指定圈间距：　　‖输入圈间距。

5）【扭曲（W）】选项：用来指定螺旋线的旋转方向。选择该选项后，命令行提示如下：

输入螺旋的扭曲方向［顺时针（CW）/逆时针（CCW）］<CCW>：　　‖指定螺旋的方向。

执行结果如图 12-33 所示。

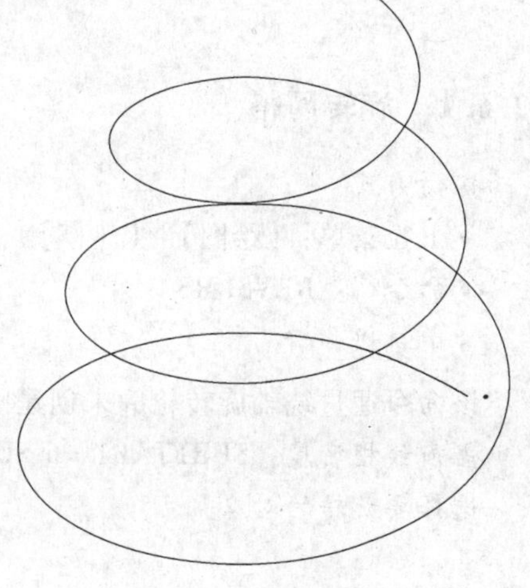

图 12-33　螺旋线

12.5.4 绘制平面曲面

执行方式

- 下拉菜单：【绘图】|【建模】|【曲面】|【平面】
- 命令行：PLANESURF
- 工具栏：

执行上述命令后，命令行显示如下提示信息：

指定第一个角点或［对象（O）］<对象>：‖指定平面曲面的第一个角点，或通过已有对象生成平面曲面。选择图12-34a中4条直线

执行结果如图12-34b所示。

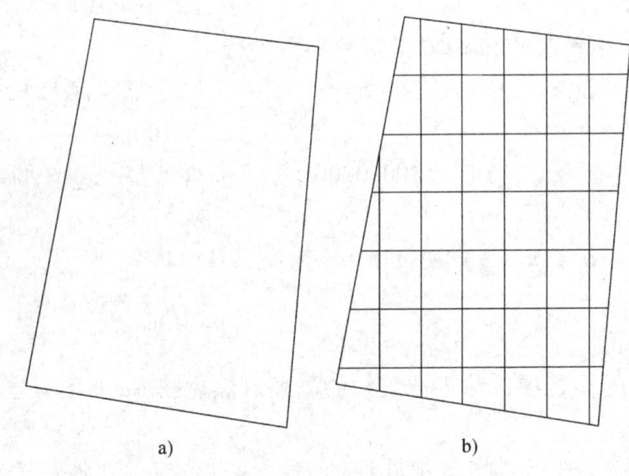

图12-34 平面曲面

12.6 绘制三维网格

12.6.1 旋转网格

执行方式

- 下拉菜单：【绘图】|【建模】|【网格】|【旋转网格】
- 命令行：REVSURF
- 工具栏：

该命令通过绕轴旋转轮廓来创建网格。执行上述命令后，命令行显示如下提示信息：

当前线框密度：SURFTAB1 = 6 SURFTAB2 = 6

选择要旋转的对象：‖选择已绘制好的直线、圆弧、圆，或二维、三维多段线。

选择定义旋转轴的对象：‖选择已绘制好的用作旋转轴的

直线或是开放的二维、三维多段线，用于选择旋转轴的点会影响旋转的方向。

指定起点角度 <0>：　‖输入值或按 Enter 键。

指定包含角度（+ = 逆时针，- =顺时针）<360>：‖输入值或按 Enter 键。

其中各选项说明如下。

1）【指定起点角度】选择：起点角度如果设置为非零值，平面将从生成路径曲线位置的某个偏移处开始旋转。

2）【指定包含角度】选择：包含角用来指定网格绕旋转轴延伸的距离。包含角是路径曲线绕轴旋转所扫过的角度。输入一个小于整圆的包含角可以避免生成闭合的圆。

3）系统变量 SURFTAB1 和 SURFTAB2 用来控制生成网格的密度。SURFTAB1 指定在旋转方向上绘制的网格线的数目，SURFTAB2 指定对绘制的网格线数目进行几等分。

图 12-35 为利用 REVSURF 命令绘制的花瓶。

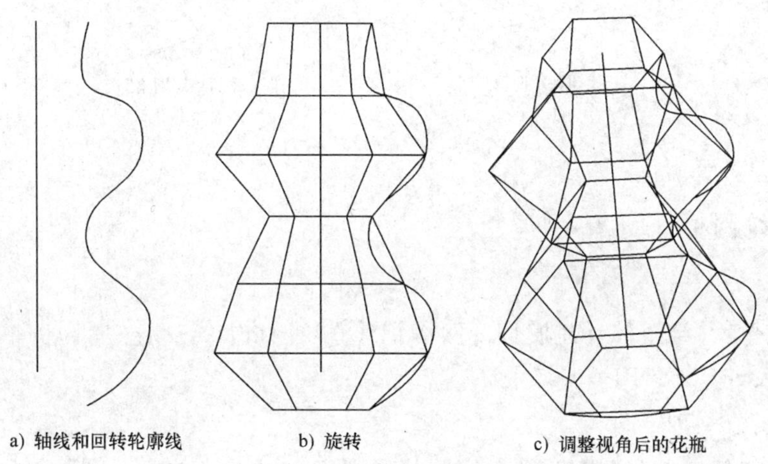

a）轴线和回转轮廓线　b）旋转　c）调整视角后的花瓶

图 12-35　绘制花瓶

12.6.2　平移网格

执行方式

- 下拉菜单：【绘图】|【建模】|【网格】|【平移网格】
- 命令行：TABSURF
- 工具栏：

该命令用于从沿直线路径扫掠的直线或曲线创建网格。执行上述命令后，命令行显示如下提示信息：

当前线框密度：SURFTAB1 =6

选择用作轮廓曲线的对象：　‖选择一个已经存在的轮廓曲线。选择如图 12-36a 所示的样条曲线。

选择用作方向矢量的对象：　‖选择一个方向线。选择如图 12-36a 所示的直线。

其中各选项说明如下。

1）【选择用作轮廓曲线的对象】选项：轮廓曲线可以是直线、圆弧、圆、椭圆，二维或三维多段线。AutoCAD 从轮廓曲线上离选定点最近的点开始绘制网格。

2）【选择用作方向矢量的对象】选项：指定用于定义扫掠方向的直线或开放多段线。在多段线或直线上选定的端点决定了扫掠方向。

绘制的图形如图 12-36b 所示。

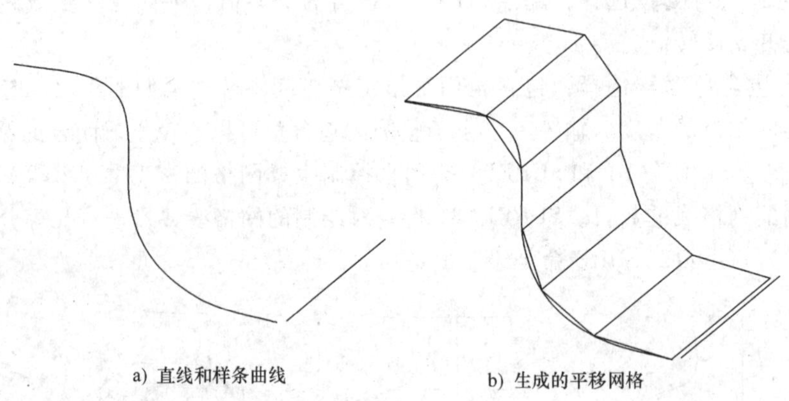

a）直线和样条曲线　　b）生成的平移网格

图 12-36　绘制平移网格

12.6.3　直纹网格

执行方式

- 下拉菜单：【绘图】|【建模】|【网格】|【直纹网格】
- 命令行：RULESURF
- 工具栏：

该命令用于创建表示两条直线或曲线之间的曲面的网格。执行上述命令后，命令行显示如下提示信息：

当前线框密度：SURFTAB1 =25

选择第一条定义曲线：　　　　‖指定定义第一条曲线的对象及其起点。

选择第二条定义曲线：　　　　‖指定定义第二条曲线的对象及其起点。

选择两条用于定义网格的边。边可以是直线、圆弧、样条曲线、圆或多段线。如果有一条边是闭合的，那么另一条边必须也是闭合的。也可以将点用作开放曲线或闭合曲线的一条边。

【例 12-3】　绘制一个简单的直纹网格。

首先将视图转换为东南等轴测图，接着绘制如图 12-37a 所示的两个圆作为草图，然后执行【直纹网格】命令，分别拾取绘制的两个圆作为第一条和第二条定义曲线，则得到的直纹网格如图 12-37b 所示。

12.6.4　边界网格

执行方式

- 下拉菜单：【绘图】|【建模】|【网格】|【边界网格】

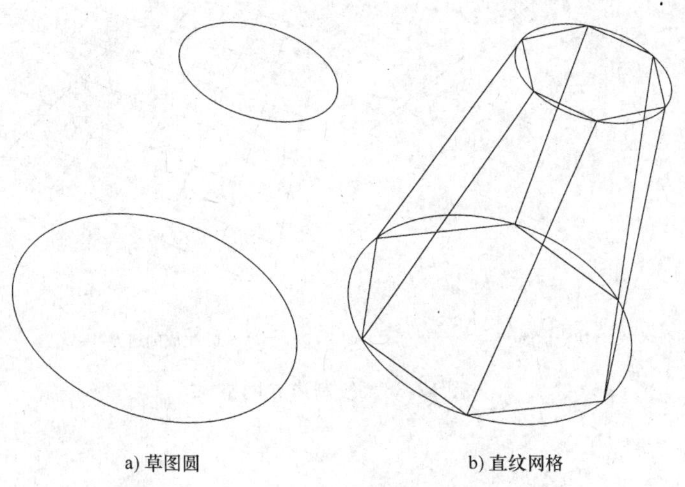

a) 草图圆　　b) 直纹网格

图 12-37　绘制直纹网格

- 命令行：EDGESURF
- 工具栏：

该命令用于在 4 条相邻的边或曲线之间创建网格。执行上述命令后，命令行显示如下提示信息：

当前线框密度：SURFTAB1 =6 SURFTAB2 =6

选择用作曲面边界的对象 1：　　‖指定第一条边界线。

选择用作曲面边界的对象 2：　　‖指定第二条边界线。

选择用作曲面边界的对象 3：　　‖指定第三条边界线。

选择用作曲面边界的对象 4：　　‖指定第四条边界线

选择 4 条用于定义网格的边。边可以是直线、圆弧、样条曲线或开放的多段线。这些边必须在端点处相交以形成一个闭合路径。可以用任何次序选择这 4 条边。第一条边（SURFTAB1）决定了生成网格的 M 方向，该方向是从距选择点最近的端点延伸到另一端。与第一条边相接的两条边形成了网格的 N（SURFTAB2）方向的边。

选项说明：系统变量 SURFTAB1 和 SURFTAB2 分别控制 M 、N 方向的网格分段数。其中，M 方向由生成网格的第一条边决定，该方向是从第一条边距离选择点最近的端点延伸到另一端点。与第一条边相接的两条边形成了网格的 N 方向的边。可通过在命令行输入 SURFTAB1 改变 M 方向的默认值，在命令行中输入 SURFTAB2 改变 N 方向的默认值。

【例 12-4】　绘制一个简单的边界网格。

首先将视图转换为西南等轴测图，绘制 4 条首尾相连的边界，如图 12-38a 所示。在绘制边界的过程中，为了方便绘制，可以先绘制一个基本三维表面中的立方体作为辅助立体，在它上面绘制边界，然后再将其删除。执行【边界网格】命令，分别拾取绘制的 4 条边界，则得到如图 12-38b 所示的边界网格。

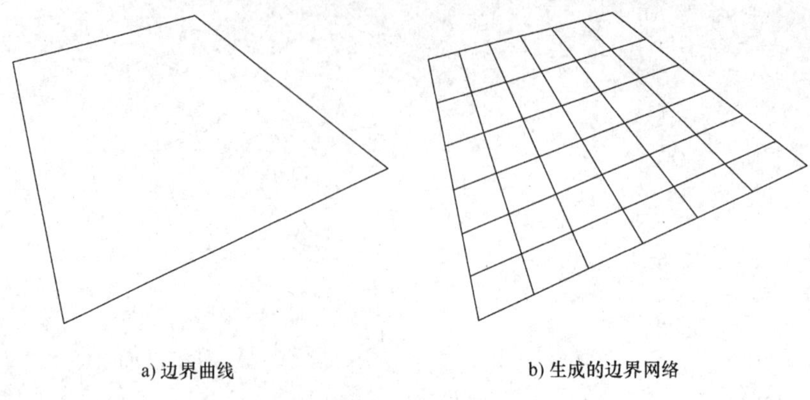

a) 边界曲线　　b) 生成的边界网络

图 12-38　绘制边界网格

12.7　绘制基本实体

三维实体对象通常以某种基本形状或图元作为起点，之后用户可以对其进行修改和重新合并。使用 AutoCAD 的【建模】工具栏（见图 12-39）、【绘图】|【建模】子菜单中的命令（见图 12-40）或工具选项板（见图 12-41）可以绘制多段体、长方体、楔体、圆锥体、球体、圆柱体、圆环体及棱锥体等实体模型。

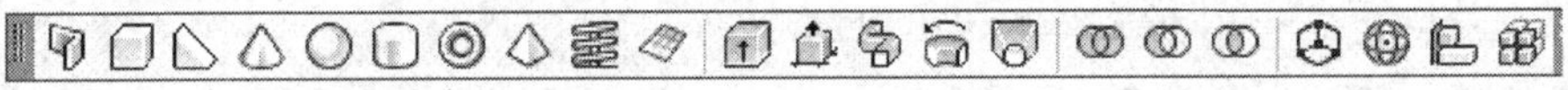

图 12-39　【建模】工具栏

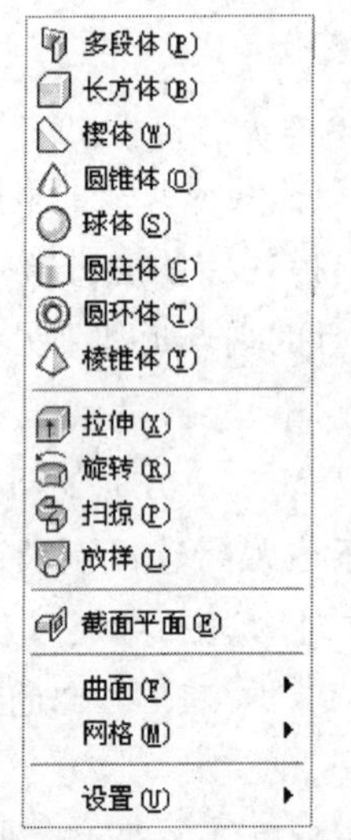

图 12-40　【绘图】|【建模】子菜单中的命令

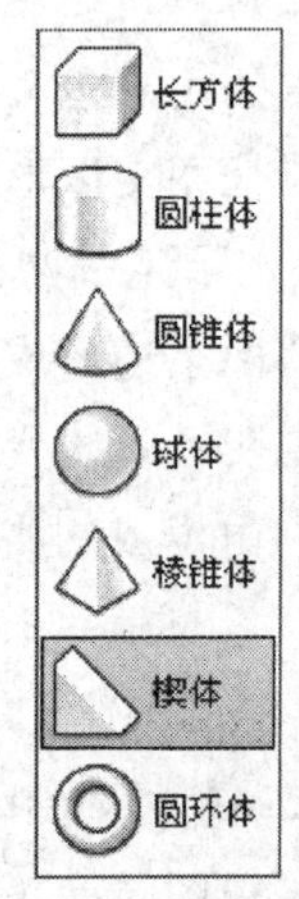

图 12-41　工具选项板

12.7.1　多段体

执行方式

• 下拉菜单：【绘图】|【建模】|【多段体】
• 命令行：POLYSOLID
• 工具栏：

执行上述命令后，命令行显示如下提示信息：

POLYSOLID 高度 = 80.0000，宽度 = 5.0000，对正 = 居中
指定起点或［对象（O）/高度（H）/宽度（W）/对正（J）］<对象>：

其中各选项说明如下。

1）【对象（O）】选项：选择已有图形，并将其转换为多段体。

2）【高度（H）】选项：设置多段体的高度。

3）【宽度（W）】选项：设置多段体的宽度。

4）【对正（J）】选项：设置多段体的对正方式，即左对正、居中或右对正，默认为居中。

可以创建多段体或将对象转换为多段体。如图 12-42 所示，为将图 12-42a 所示的四边形，用将对象转换为多段体的方式，生成图 12-42b 所示的多段体。

执行【绘图】|【建模】|【多段体】命令后，命令行显示如下提示信息：

指定起点或［对象(O)/高度(H)/宽度(W)/对正(J)］<对象>：
　　‖输入 H 后，按 Enter 键或空格键确认
指定高度 <4.0000>：　　‖输入 20 后，按 Enter 键或空格键确认。
高度 = 20.0000，宽度 = 5，对正 = 居中
指定起点或［对象(O)/高度(H)/宽度(W)/对正(J)］<对象>：
　　‖输入 W 后，按 Enter 键或空格键确认。
指定宽度 <5>：　　‖输入 10 后，按 Enter 键或空格键确认。
高度 = 20.0000，宽度 = 10.0000，对正 = 居中
指定起点或［对象(O)/高度(H)/宽度(W)/对正(J)］<对象>
　　‖输入 J 后，按 Enter 键或空格键确认。
输入对正方式［左对正(L)/居中(C)/右对正(R)］<居中>：
　　‖输入 C 后，按 Enter 键或空格键确认。
高度 = 20.0000，宽度 = 10.0000，对正 = 居中
指定起点或［对象(O)/高度(H)/宽度(W)/对正(J)］<对象>
　　‖输入 O 后，按 Enter 键或空格键确认。
选择对象：　　‖选择先前绘制好的四边形，按 Enter 键或空格键确认。

注：在【特性】选项板中，多段体显示为扫掠实体。

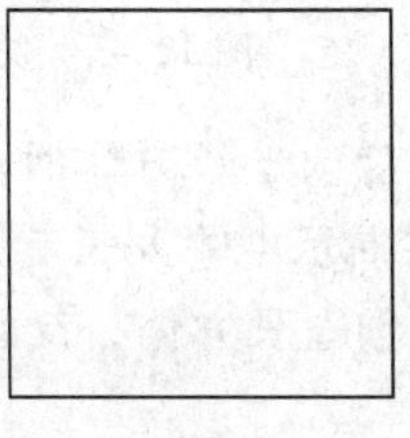
a) 四边形

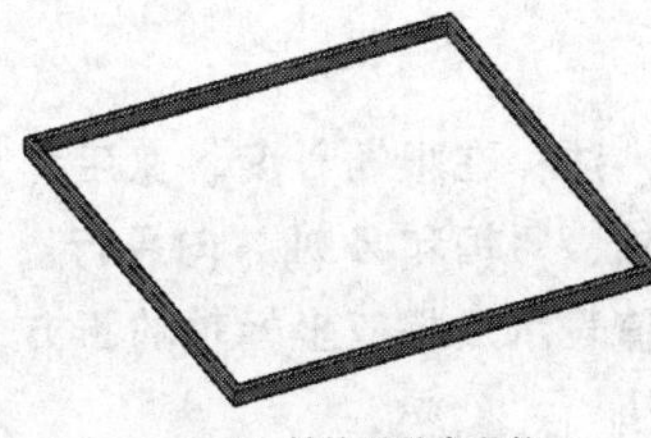
b) 转换后的多段体

图 12-42　用对象转换方式生成多段体

12.7.2　长方体

执行方式

• 下拉菜单：【绘图】|【建模】|【长方体】
• 命令行：BOX

● 工具栏：

该命令用于创建实心长方体或实心立方体。所绘制的长方体的底面与当前 UCS 的 XY 平面（工作平面）平行。在 Z 轴方向上指定长方体的高度。沿 Z 轴正方向高度值为正值，沿 Z 轴负方向高度值为负值。

执行上述命令后，命令行提示：

指定第一个角点或［中心（C）］：　　∥指定一角点。在创建长方体时，其底面应与当前坐标系的 XY 平面平行，有指定长方体角点和中心两种方法。

指定其他角点或［立方体（C）/长度（L）］　∥指定另一角点，如果该角点与第一个角点的 Z 坐标不同，系统将以这两个角点作为长方体的对角点创建长方体。如果第二个角点与第一个角点位于同一高度，系统需要用户指定高度。

指定高度或［两点（2P）］：

其中各选项说明如下。

1）【中心（C）】选项：用指定中心的方式确定长方体的底面。

2）【立方体（C）】选项：选择该选项，可以创建一个长、宽、高相同的长方体。

3）【长度（L）】选项：选择该选项，可以根据长、宽、高创建长方体。

如图 12-43 所示为用【长度（L）】选项绘制的长 150mm、宽 100mm、高 50mm 的长方体。

执行【绘图】|【建模】|【长方体】命令后，命令行显示如下提示信息：

指定第一个角点或［中心(C)］：　　∥单击鼠标左键指定一点。

指定其他角点或［立方体(C)/长度(L)］：　∥输入 L 后，按 Enter 键或空格键确认。

指定长度 <200.0000>：　　∥输入 150 后，按 Enter 键或空格键确认。

指定宽度 <100.0000>：　　∥输入 100 后，按 Enter 键或空格键确认。

指定高度或［两点(2P)］<60.0000>：　∥输入 50 后，按 Enter 键或空格键确认。

图 12-43　长方体

注：在根据长度、宽度和高度创建长方体时，长、宽、高的方向分别与当前的 UCS 的 X 轴、Y 轴和 Z 轴方向平行。在提示中输入长度、宽度和高度时，输入的值可正，也可负，正值表示沿相应坐标轴的正方向创建长方体，反之则沿相应坐标轴的负方向创建长方体。

12.7.3　楔体

执行方式

- 下拉菜单：【绘图】|【建模】|【楔体】
- 命令行：WEDGE
- 工具栏：

该命令用于创建面为矩形或正方形的实体楔体。楔体的底面与当前 UCS 的 XY 平面平行，斜面正对第一个角点。楔体的高度与 Z 轴平行。执行上述命令后，命令行显示如下提示信息：

指定第一个角点或［中心(C)］：　　　‖指定点或输入 C 指定中心点。

指定其他角点或［立方体(C)/长度(L)］：‖指定楔体的另一角点或输入相应选项。如果使用与第一个角点不同的 Z 值指定楔体的其他角点，那么将不显示高度提示。

指定高度或［两点(2P)］<默认值>：　　‖指定高度或为【两点】选项输入 2P。输入正值，将沿当前 UCS 的 Z 轴正方向绘制高度。输入负值，将沿 Z 轴负方向绘制高度。

创建的楔体的倾斜方向始终沿 UCS 的 X 轴正方向。

其中各选项的说明如下。

1)【中心 (C)】选项：使用指定的中心点创建楔体。选择该选项后，AutoCAD 会有如下提示：

指定中心点：　　　‖指定一个点。

2)【立方体 (C)】选项：创建等边楔体。选择该选项后，AutoCAD 会有如下提示：

指定长度：　　　‖输入值或拾取点以指定 XY 平面上楔体的长度和旋转角度。

3)【长度 (L)】选项：按照指定长、宽、高创建楔体。长度与 X 轴对应，宽度与 Y 轴对应，高度与 Z 轴对应。如果拾取点以指定长度，则还要指定在 XY 平面上的旋转角度。选择该选项后，AutoCAD 会有如下提示：

指定长度：　　　‖输入值或拾取点以指定 XY 平面上楔体的长度和旋转角度。

指定宽度：　　　‖指定距离。

指定高度：　　　‖指定距离。

4)【两点 (2P)】选项：指定楔体的高度为两个指定点之间的距离。选择该选项后，AutoCAD 会有如下提示：

指定第一个点：　　　‖指定点。

指定第二个点：　　　‖指定点。

【例 12-5】　创建如图 12-44 所示的等边楔体。

执行【绘图】|【建模】|【楔体】命令后，命令行显示如下提示信息：

指定第一个角点或［中心 (C)］：　　　‖单击鼠标左键指定一点。

指定其他角点或［立方体 (C) /长度 (L)］：‖输入 C 后，按 Enter 键或空格键确认。

指定高度或［两点 (2P)］<默认值>：　　‖输入 200 后，按 Enter 键或空格键确认。

12.7.4　圆锥体

执行方式

- 下拉菜单：【绘图】|【建模】|【圆锥体】
- 命令行：CONE
- 工具栏：

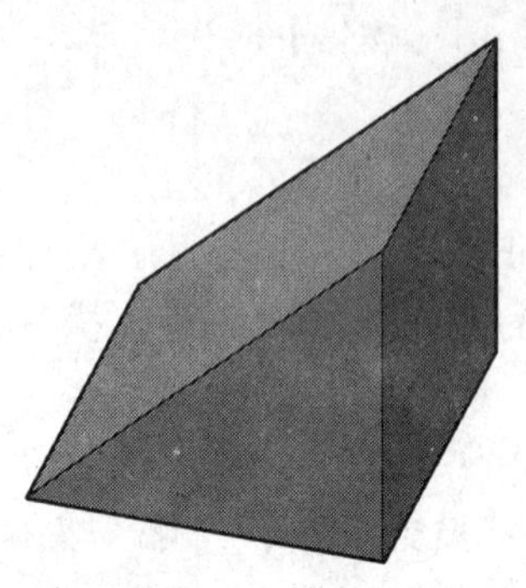

图 12-44　等边楔体

该命令用于创建底面为圆形或椭圆的尖头圆锥体或圆台。执行上述命令后，命令行显示如下提示信息：

指定底面的中心点或［三点(3P)/两点(2P)/切点、切点、半径(T)/椭圆(E)］：

‖指定点或输入选项。

指定底面半径或［直径(D)］<默认值>：

‖指定底面半径、输入 D 指定直径或按 Enter 键指定默认的底面半径值。

指定高度或［两点(2P)/轴端点(A)/顶面半径(T)］<默认值>：

‖指定高度、输入选项或按 Enter 键指定默认高度值。

该命令创建一个三维实体，该实体以圆或椭圆为底面，以对称方式形成锥体表面，最后交于一点，或交于一个圆或椭圆平面。默认情况下，圆锥体的底面位于当前 UCS 的 XY 平面上。圆锥体的高度与 Z 轴平行。

其中各选项说明如下。

1）【三点（3P）】选项：通过指定 3 个点来定义圆锥体的底面周长和底面。选择该选项后，AutoCAD 会有如下提示：

指定第一个点：　‖指定点。

指定第二个点：　‖指定点。

指定第三个点：　‖指定点。

指定高度或［两点(2P)/轴端点(A)/顶面半径(T)］<默认值>：

‖指定高度、输入选项或按 Enter 键指定默认高度值。最初，默认高度未设置任何值。绘制图形时，高度的默认值始终是先前输入的任意实体图元的高度值。

2）【两点（2P）】选项：通过指定两个点来定义圆锥体的底面直径。

3）【切点、切点、半径（T）】选项：定义具有指定半径，且与两个对象相切的圆锥体底面。选择该选项后，AutoCAD 会有如下提示：

指定对象上的点作为第一个切点：　‖选择对象上的点。

指定对象上的点作为第二个切点：　‖选择对象上的点。

指定圆的半径 <默认值>：　‖指定底面半径或按 Enter 键指定默认的底面半径值，有时会有多个底面符合指定的条件。程序将绘制具有指定半径的底面，其切点与选定点的距离最近。

指定高度或［两点(2P)/轴端点(A)/顶面半径(T)］<默认值>：

‖指定高度、输入选项或按 Enter 键指定默认高度值。

4)【椭圆（E)】选项：指定圆锥体的椭圆底面。

5)【直径（D)】选项：指定圆锥体的底面直径。

6)【顶面半径（T)】选项：创建圆台时指定圆台的顶面半径。

【例 12-6】　创建如图 12-45 所示的圆锥体。

执行【绘图】|【建模】|【圆锥体】命令后，命令行显示如下提示信息：

指定底面的中心点或［三点(3P)/两点(2P)/切点、切点、半径(T)/椭圆(E)］：

‖单击鼠标左键指定一点。

指定底面半径或［直径(D)］<15.0000>：

‖输入 100 后，按 Enter 键或空格键确认。

指定高度或［两点(2P)/轴端点(A)/顶面半径(T)］ <30.0000>：

‖输入 T 后，按 Enter 键或空格键确认。

指定顶面半径 <0.0000>：

‖输入 40 后，按 Enter 键或空格键确认。

指定高度或［两点(2P)/轴端点(A)］<20.0000>：

‖输入 60 后，按 Enter 键或空格键确认。

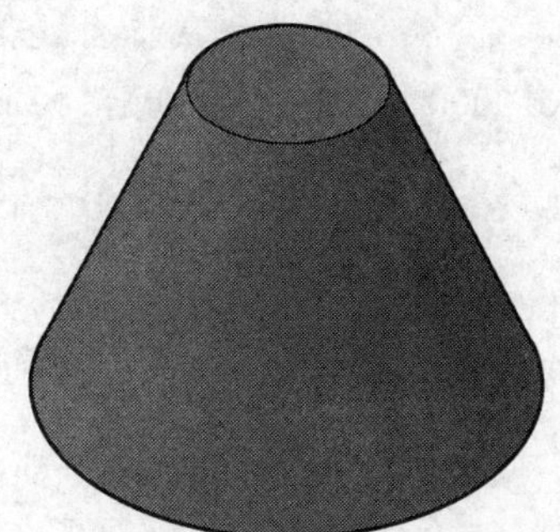

图 12-45　圆锥体

12.7.5　球体

执行方式

- 下拉菜单：【绘图】|【建模】|【球体】
- 命令行：SPHERE
- 工具栏：

执行上述命令后，命令行显示如下提示信息：

指定中心点或［三点(3P)/两点(2P)/切点、切点、半径(T)］：　‖指定点或输入选项。

指定半径或［直径(D)］：　‖指定距离或输入 D。

其中各选项说明如下。

1)【指定中心点】选项：指定球体的中心点。指定中心点后，将放置球体以使其中心轴与当前 UCS 的 Z 轴平行。

2)【三点（3P)】选项：通过在三维空间的任意位置指定 3 个点来定义球体的圆周。3 个指定点也可以定义圆周平面。选择该选项后，AutoCAD 会有如下提示：

指定第一点： ‖ 指定点。

指定第二点： ‖ 指定点。

指定第三点： ‖ 指定点。

3)【两点（2P)】选项：通过在三维空间的任意位置指定两个点来定义球体的圆周。第一点的 Z 值定义圆周所在平面。选择该选项后，AutoCAD 会有如下提示：

指定直径的第一个端点： ‖ 指定点。

指定直径的第二个端点： ‖ 指定点。

4)【切点、切点、半径（T)】选项：通过指定半径定义可与两个对象相切的球体。指定的切点将投影到当前 UCS。选择该选项后，AutoCAD 会有如下提示：

指定对象上的点作为第一个切点： ‖ 在对象上选择一个点。

指定对象上的点作为第二个切点： ‖ 在对象上选择一个点。

指定半径 <默认值>： ‖ 指定半径或按 Enter 键以指定默认的半径值。

【例 12-7】 绘制如图 12-46 所示的球体。

执行【绘图】|【建模】|【球体】命令后，命令行显示如下提示信息：

指定中心点或［三点(3P)/两点(2P)/切点、切点、半径(T)]：

‖ 单击鼠标左键指定一点。

指定半径或［直径(D)] <50.0000>： ‖ 输入 80 后，按 Enter 键或空格键确认。

12.7.6 圆柱体

执行方式

• 下拉菜单：【绘图】|【建模】|【圆柱体】

• 命令行：CYLINDER

• 工具栏：

图 12-46 球体

该命令用于创建以圆或椭圆为底面的实体圆柱体。圆柱体的底面始终位于与工作平面平行的平面上。执行上述命令后，命令行显示如下提示信息：

指定底面的中心点或［三点(3P)/两点(2P)/切点、切点、半径(T)/椭圆(E)]：

‖ 指定点或输入选项。

指定底面半径或［直径(D)] <默认值>：

‖ 指定底面半径、输入 D 指定直径或按 Enter 键指定默认的底面半径值。

指定高度或［两点(2P)/轴端点(A)] <默认值>：

‖ 指定高度、输入选项或按 Enter 键指定默认高度值。

执行绘图任务时，底面半径的默认值始终是先前输入的底面半径值。

其中各选项说明如下。

1)【三点（3P)】选项：通过指定 3 个点来定义圆柱体的底面周长和底面。选择该选项后，AutoCAD 会有如下提示：

指定第一个点： ‖ 指定点。

指定第二个点：　‖指定点。

指定第三个点：　‖指定点。

指定高度或［两点(2P)/轴端点(A)］<默认值>：

‖指定高度、输入选项或按 Enter 键指定默认高度值。

2）【两点（2P）】选项：通过指定两个点来定义圆柱体的底面直径。

3）【切点、切点、半径（T）】选项：定义具有指定半径，且与两个对象相切的圆柱体底面。选择该选项后，AutoCAD 会有如下提示：

指定对象上的点作为第一个切点：　‖选择对象上的点。

指定对象上的点作为第二个切点：　‖选择对象上的点。

指定底面半径 <默认值>：　‖指定底面半径，或按 Enter 键指定默认的底面半径值。有时会有多个底面符合指定的条件。程序将绘制具有指定半径的底面，其切点与选定点的距离最近。

指定高度或［两点(2P)/轴端点(A)］<默认值>：

‖指定高度、输入选项或按 Enter 键指定默认高度值。

4）【椭圆（E）】选项：指定圆柱体的椭圆底面。

【例 12-8】　绘制如图 12-47 所示的圆柱体。

执行【绘图】|【建模】|【圆柱体】命令后，命令行显示如下提示信息：

指定底面的中心点或［三点(3P)/两点(2P)/切点、切点、半径(T)/椭圆(E)］：

‖在屏幕上指定一点。

指定底面半径或［直径(D)］<80.0000>：

‖输入 100 后，按 Enter 键或空格键确认。

指定高度或［两点(2P)/轴端点(A)］<60.0000>：

‖输入 80 后，按 Enter 键或空格键确认。

12.7.7　圆环体

执行方式

- 下拉菜单：【绘图】|【建模】|【圆环体】
- 命令行：TORUS
- 工具栏：◎

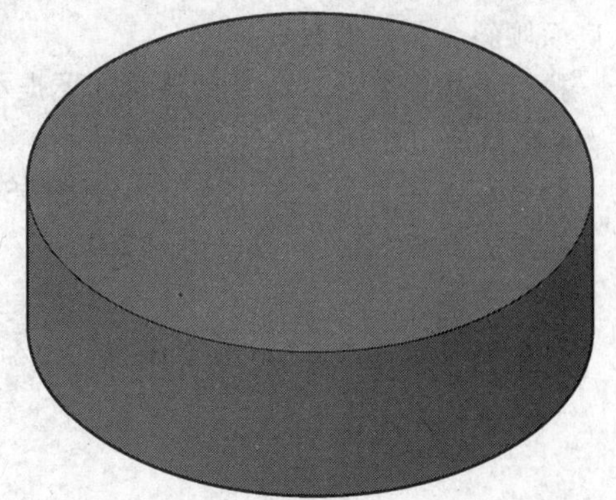

图 12-47　圆柱体

该命令用于创建类似于轮胎内胎的环形实体。圆环体具有两个半径值。一个值定义圆管，另一个值定义从圆环体的圆心到圆管的圆心之间的距离。默认情况下，圆环体将绘制为与当前 UCS 的 XY 平面平行且被该平面平分。圆环体可以自交。自交的圆环体没有中心孔，因为圆管半径大于圆环体半径。

执行上述命令后，命令行显示如下提示信息：

指定中心点或［三点(3P)/两点(2P)/切点、切点、半径(T)］：　‖指定点或输入选项。指定中心点后，将放置圆环体以使其中心轴与当前 UCS 的 Z 轴平行。圆环体与当前工作平面的 XY 平面平行且被该平面平分。

指定半径或［直径(D)］<50>:

指定圆管半径或［两点(2P)/直径(D)］:

其中各选项说明如下。

1)【三点（3P)】选项：用指定的 3 个点定义圆环体的圆周。3 个指定点也可以定义圆周所在平面。

2)【两点（2P)】选项：用指定的两个点定义圆环体的圆周。第一点的 Z 值定义圆周所在平面。

3)【切点、切点、半径（T)】选项：使用指定半径定义可与两个对象相切的圆环体。指定的切点将投影到当前 UCS。

【例 12-9】 绘制如图 12-48 所示的圆环体。

执行【绘图】|【建模】|【圆环体】命令后，命令行显示如下提示信息：

指定中心点或［三点(3P)/两点(2P)/切点、切点、半径(T)］:

‖单击鼠标左键指定一点。

指定半径或［直径(D)］<20>: ‖输入 40 后，按 Enter 键或空格键确认。

指定圆管半径或［两点(2P)/直径(D)］: ‖输入 10 后，按 Enter 键或空格键确认。

12.7.8 棱锥体

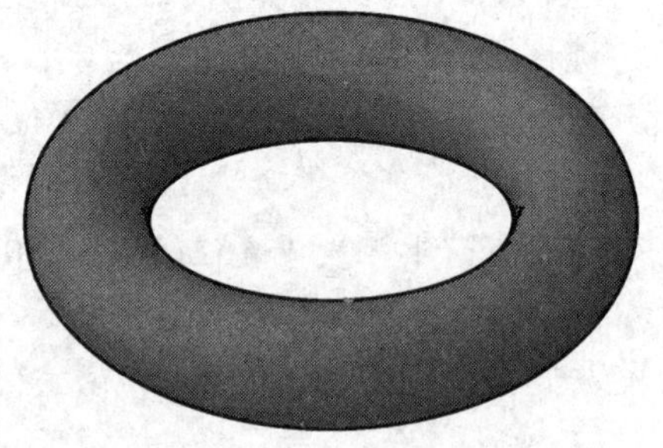

图 12-48 圆环体

执行方式

- 下拉菜单：【绘图】|【建模】|【棱锥体】
- 命令行：PYRAMID
- 工具栏：

该命令用于创建最多具有 32 个侧面的实体棱锥体。可以创建倾斜至一个点的棱锥体，也可以创建从底面倾斜至平面的棱台。

执行上述命令后，命令行显示如下提示信息：

4 个侧面　外切

指定底面的中心点或［边(E)/侧面(S)］: ‖指定底面中心点或输入选项。

指定底面半径或［内接(I)］<200>: ‖指定底面半径、输入 I 将棱锥面更改为外切或按 Enter 键指定默认的底面半径值。

指定高度或［两点(2P)/轴端点(A)/顶面半径(T)］<100>:

‖指定高度、输入选项或按 Enter 键指定默认高度值，使用【顶面半径】选项来创建棱锥平截面。

默认底面半径未设置任何值。执行绘图任务时，底面半径的默认值始终是先前输入的任意实体图元的底面半径值。

其中各选项说明如下。

1)【边（E)】选项：拾取两点指定棱锥面底面一条边的长度。

2)【侧面（S)】选项：指定棱锥面的侧面数。可以输入 3 ~ 32 的整数。

3)【内接（I)】选项：指定棱锥面底面内接于（在内部绘制）棱锥面的底面半径。

4)【两点（2P)】选项：将棱锥面的高度指定为两个指定点之间的距离。

5)【轴端点（A)】选项：指定棱锥面轴的端点位置。该端点是棱锥面的顶点。轴端点可以位于三维空间中的任何位置。轴端点定义了棱锥面的长度和方向。

6)【顶面半径（T)】选项：指定棱锥面的顶面半径，并创建棱锥体平截面。

【例 12-10】　绘制如图 12-49 所示的五面棱锥体平截面。

执行【绘图】|【建模】|【棱锥体】命令后，命令行显示如下提示信息：

4 个侧面　外切

指定底面的中心点或［边(E)/侧面(S)]：　‖输入 S 后，按 Enter 键或空格键确认。

输入侧面数 <4>：　‖输入 5 后，按 Enter 键或空格键确认。

指定底面半径或［内接(I)］<200>：　‖输入 50 后，按 Enter 键或空格键确认。

指定高度或［两点(2P)/轴端点(A)/顶面半径(T)］<100>：

‖输入 T 后，按 Enter 键或空格键确认。

指定顶面半径 <0.0000>：　‖输入 30 后，按 Enter 键或空格键确认。

指定高度或［两点(2P)/轴端点(A)］<100>：　‖输入 40 后，按 Enter 键或空格键确认。

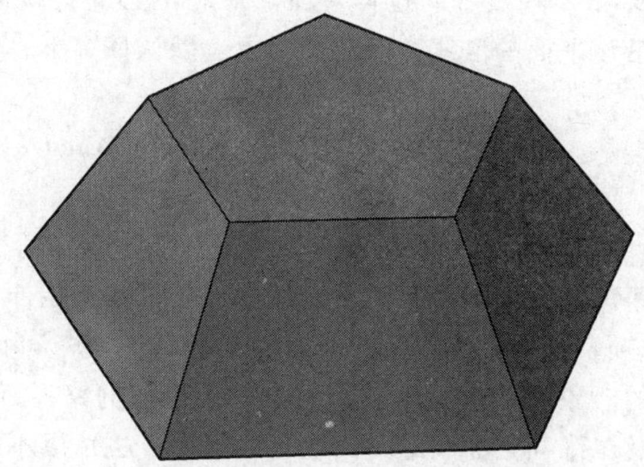

图 12-49　五面棱锥体平截面

12.8　通过二维图形创建实体

12.8.1　将二维图形拉伸成实体

在 AutoCAD 中，可以将二维对象沿指定的方向拉伸出指定距离来创建三维实体或三维面。

执行方式

- 下拉菜单：【绘图】|【建模】|【拉伸】
- 命令行：EXTRUDE
- 工具栏：

该命令用于通过拉伸二维或三维曲线创建三维实体或曲面。可以拉伸开放或闭合的对象以创建三维曲面或实体。开放曲线可创建曲面，而闭合曲线可创建实体或曲面。

执行上述命令后，命令行显示如下提示信息：

当前线框密度： ISOLINES = 4，闭合轮廓创建模式 = 实体

选择要拉伸的对象或 [模式(MO)]：_MO 闭合轮廓创建模式 [实体(SO)/曲面(SU)] <实体>：_SO

选择要拉伸的对象或 [模式(MO)]：

指定拉伸的高度或 [方向(D)/路径(P)/倾斜角(T)/表达式(E)] <100>：

可以在启动此命令之前选择要拉伸的对象。

其中各选项说明如下。

1）【模式（MO）】选项：指定通过拉伸创建实体还是曲面。选择该选项后，AutoCAD 会有如下提示：

闭合轮廓创建模式 [实体(SO)/曲面(SU)] <实体>：

其中，【实体（SO）】选项用于创建实体，【曲面（SU）】选项用于创建曲面。

2）【指定拉伸的高度】选项：如果输入正值，将沿对象所在坐标系的 Z 轴正方向拉伸对象。如果输入负值，将沿 Z 轴负方向拉伸对象。对象不必平行于同一平面。如果所有对象处于同一平面上，将沿该平面的法线方向拉伸对象。默认情况下，将沿对象的法线方向拉伸平面对象。

3）【方向（D）】选项：确定拉伸方向。选择该选项后，AutoCAD 会有如下提示：

指定方向的起点：

指定方向的端点：

指定的两点之间的距离为拉伸高度，两点之间的连接方向为拉伸方向。

4）【路径（P）】选项：选择基于指定曲线对象的拉伸路径。可以通过指定要作为拉伸的轮廓路径或形状路径的对象来创建实体或曲面。用于拉伸的路径可以是直线、圆、圆弧、椭圆、椭圆弧、多段线及二维样条曲线等，路径可以封闭，也可以不封闭。拉伸对象始于轮廓所在的平面，止于在路径端点处与路径垂直的平面。要获得最佳结果，请使用对象捕捉确保路径位于被拉伸对象的边界上或边界内。拉伸不同于扫掠。沿路径拉伸轮廓时，轮廓会按照路径的形状进行拉伸，即使路径与轮廓不相交。

5）【倾斜角（T）】选项：正角度表示从基准对象逐渐变细地拉伸，而负角度则表示从基准对象逐渐变粗地拉伸。默认角度 0°表示在与二维对象所在平面垂直的方向上进行拉伸。所有选定的对象和环都将倾斜到相同的角度。在定义要求成一定倾斜角的零件方面，倾斜拉伸非常有用，例如铸造车间用来制造金属产品的铸模。选择该选项后，AutoCAD 会有如下提示：

指定拉伸的倾斜角 <0>：　　‖ 指定介于 -90° ~ +90°的角度、按 Enter 键或指定点。如果为倾斜角指定一个点而不是输入值，则必须拾取第二个点。用于拉伸的倾斜角是两个指定点之间的距离。

指定第二个点：　　‖ 指定点。

注：指定一个较大的倾斜角或较长的拉伸高度，将导致对象或对象的一部分在到达拉伸高度之前就已经汇聚到一点。

【例 12-11】 如图 12-50 所示，分别是倾斜角度为 0°、15°、和 –15°时拉伸的图形。

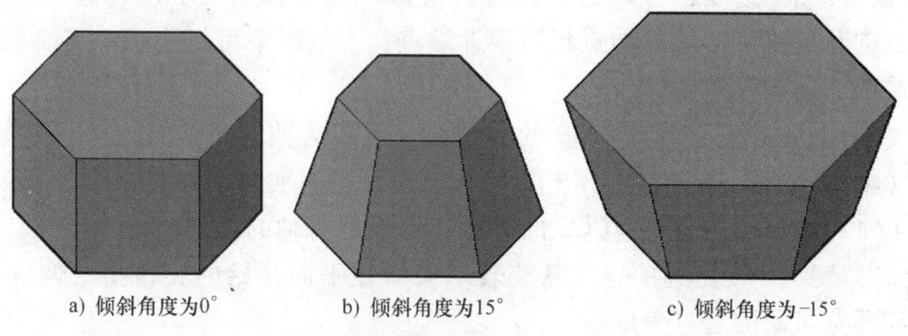

图 12-50　拉伸成实体

6)【表达式（E)】选项：通过表达式确定拉伸高度。

12.8.2　将二维图形旋转成实体

在 AutoCAD 中，用户可以通过绕轴旋转开放或闭合的平面曲线来创建新的实体或曲面，可以同时旋转多个对象。

执行方式

- 下拉菜单：【绘图】|【建模】|【旋转】
- 命令行：REVOLVE
- 工具栏：

该命令通过绕轴扫掠对象创建三维实体或曲面。开放轮廓可创建曲面，闭合轮廓则可创建实体或曲面。【模式】选项控制是否创建曲面实体。创建曲面时，SURFACEMODELING-MODE 系统变量控制是创建程序曲面还是 NURBS 曲面。

执行上述命令后，命令行显示如下提示信息：

当前线框密度：ISOLINES = 4，闭合轮廓创建模式 = 实体

选择要旋转的对象或［模式(MO)］：　‖使用对象选择方法选择的对象。

指定轴起点或根据以下选项之一定义轴［对象(O)/X/Y/Z］<对象>：

‖指定一点为轴起点。

指定轴端点：　‖指定另一点为轴端点。

指定旋转角度或［起点角度(ST)/反转(R)/表达式(EX)］<360>：

‖输入角度值。正角将按逆时针方向旋转对象，负角将按顺时针方向旋转对象。

可以在启动此命令之前选择要旋转的对象。不能旋转包含在块中的对象。不能旋转具有相交或自交线段的多段线。【旋转】命令忽略多段线的宽度，并从多段线路径的中心处开始旋转。

其中各选项说明如下。

1)【模式（MO)】选项：指定通过拉伸创建实体还是曲面。选择该选项后，AutoCAD 会有如下提示：

闭合轮廓创建模式［实体(SO)/曲面(SU)］<实体>：

其中，【实体（SO)】选项用于创建实体，【曲面（SU)】选项用于创建曲面。

2)【指定轴起点】选项：指定旋转轴的第一点和第二点。轴的正方向从第一点指向第二点。

3)【对象（O)】选项：可以选择现有的对象，此对象定义了旋转选定对象时所绕的轴。轴的正方向从该对象的最近端点指向最远端点。下列对象可用作轴：直线、线性多段线线段、实体或曲面的线性边。

4)【X（轴)】选项：将当前 UCS 的 X 轴正向设定为轴的正方向。

5)【Y（轴)】选项：将当前 UCS 的 Y 轴正向设定为轴的正方向。

6)【Z（轴)】选项：将当前 UCS 的 Z 轴正向设定为轴的正方向。

7)【起点角度（ST)】选项：为从旋转对象所在平面开始的旋转指定偏移。可以拖动光标以指定和预览对象的起点角度。

8)【反转（R)】选项：改变旋转的方向。

9)【表达式（EX)】选项：通过表达式来确定旋转角度。

【例 12-12】 先绘制如图 12-51a 所示草图，然后绕中心线旋转 360°生成如图 12-51b 所示实体。

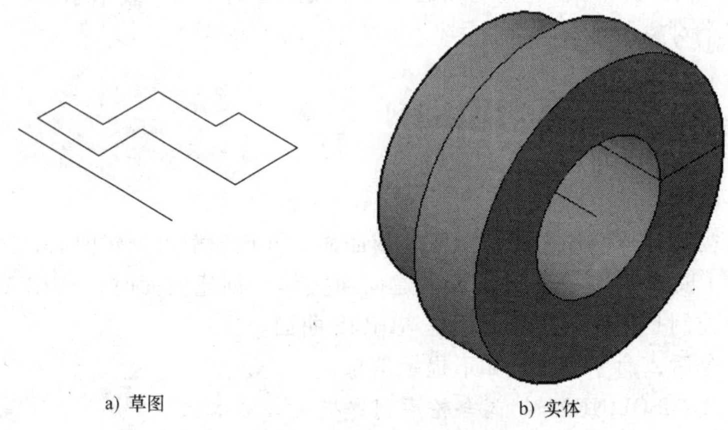

a) 草图　　b) 实体

图 12-51　旋转成实体

12.8.3　将二维图形扫掠成实体

在 AutoCAD 中，可以通过沿开放或闭合的二维或三维路径扫掠开放或闭合的平面曲线创建新实体。可以扫掠多个对象，但是这些对象必须位于同一平面中。

执行方式

- 下拉菜单：【绘图】|【建模】|【扫掠】
- 命令行：SWEEP
- 工具栏：

该命令通过沿路径扫掠二维对象或者三维对象或子对象来创建三维实体或曲面。沿路径扫掠轮廓时，轮廓将被移动并与路径垂直对齐。开放轮廓可创建曲面，而闭合曲线可创建实体或曲面。

执行上述命令后，命令行显示如下提示信息：

当前线框密度： ISOLINES =4，闭合轮廓创建模式 = 实体选择要扫掠的对象或［模式(MO)］:　　‖使用对象选择方法并在完成时按 Enter 键。

选择扫掠路径或［对齐(A)/基点(B)/比例(S)/扭曲(T)］:

‖选择二维或三维扫掠路径，或输入选项。

其中各选项说明如下。

1）【模式（MO）】选项：指定通过拉伸创建实体还是曲面。选择该选项后，AutoCAD 会有如下提示：

闭合轮廓创建模式［实体(SO)/曲面(SU)］<实体>:

其中，【实体（SO）】选项用于创建实体，【曲面（SU）】选项用于创建曲面。

2）【对齐（A）】选项：指定是否对齐轮廓以使其作为扫掠路径切向的法向。默认情况下，轮廓是对齐的。选择该选项后，AutoCAD 会有如下提示：

扫掠前对齐垂直于路径的扫掠对象［是(Y)/否(N)］<是>:

‖输入 N，指定轮廓无需对齐，或按 Enter 键，指定轮廓将对齐。

3）【基点（B）】选项：指定扫掠对象上的基点即扫掠对象上的哪一点要沿扫掠路径移动。如果指定的点不在选定对象所在的平面上，则该点将被投影到该平面上。

4）【比例（S）】选项：指定扫掠的比例因子。从扫掠路径的起点到终点，扫掠按此比例均匀放大或缩小。选择该选项后，AutoCAD 会有如下提示：

输入比例因子或［参照(R)］<1.0000>:　　‖指定比例因子、输入 R 调用【参照】选项或按 Enter 键指定默认值。【参照】选项通过拾取点或输入值来根据参照的长度缩放选定的对象。

5)【扭曲(T)】选项：设置正被扫掠的对象的扭曲角度。扭曲角度指定沿扫掠路径全部长度的旋转量。选择该选项后，AutoCAD 会有如下提示：

输入扭曲角度或允许非平面扫掠路径倾斜［倾斜(B)］<n>:

‖指定小于 360°的角度值、输入 B 调用【倾斜】选项或按 Enter 键指定默认角度值。【倾斜】选项指定被扫掠的曲线是否沿三维扫掠路径(三维多线段、三维样条曲线或螺旋)自然倾斜(旋转)。

【例 12-13】 先绘制如图 12-52a 所示草图，然后沿螺旋线扫掠生成弹簧，如图 12-52b 所示。

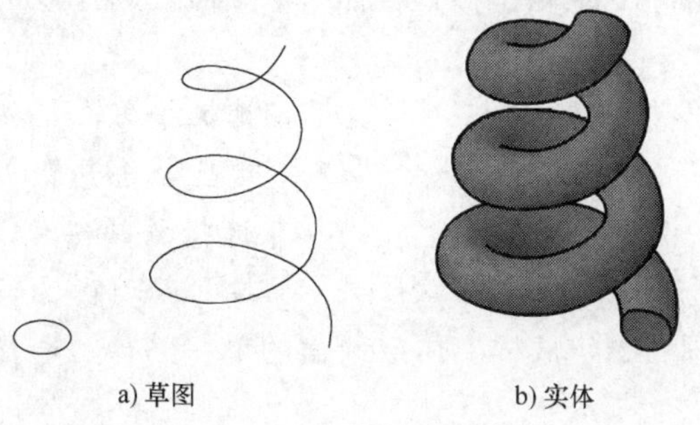

a) 草图　　b) 实体

图 12-52　扫掠成实体

12.8.4 将二维图形放样成实体

在 AutoCAD 2014 中，可以通过指定一系列横截面来创建新的实体。放样用于在横截面之间的空间内绘制实体或曲面。使用【放样】命令时，必须指定至少两个横截面。

执行方式

- 下拉菜单：【绘图】|【建模】|【放样】
- 命令行：LOFT
- 工具栏：

该命令通过在包含两个或更多横截面轮廓的一组轮廓中对轮廓进行放样来创建三维实体或曲面。横截面轮廓可定义所生成的实体对象的形状。横截面轮廓可以是开放曲线或闭合曲线。开放曲线可创建曲面，而闭合曲线可创建实体或曲面。

执行上述命令后，命令行显示如下提示信息：

当前线框密度： ISOLINES =4，闭合轮廓创建模式 = 实体

按放样次序选择横截面或［点(PO)/合并多条边(J)/模式(MO)］：

‖ 按照曲面或实体将要通过的次序选择开放或闭合的曲线。

按放样次序选择横截面： ‖ 继续选择。

按放样次序选择横截面： ‖ 继续选择。

按放样次序选择横截面： ‖ 继续选择。

输入选项［导向(G)/路径(P)/仅横截面(C)/设置(S)］<仅横截面>：

‖ 按 Enter 键使用选定的横截面，从而显示【放样设置】对话框，或输入选项。

其中各选项说明如下。

1）【模式（MO）】选项：指定通过拉伸创建实体还是曲面。选择该选项后，AutoCAD 会有如下提示：

闭合轮廓创建模式［实体（SO）/曲面（SU）］ <实体>：

其中，【实体（SO）】选项用于创建实体，【曲面（SU）】选项用于创建曲面。

2）【导向（G）】选项：指定控制放样实体或曲面形状的导向曲线。导向曲线是直线或曲线，可通过将其他线框信息添加至对象来进一步定义实体或曲面的形状。导向曲线要与每一截面相交、起始于第一个截面并结束于最后一个截面。选择该选项后，AutoCAD 会有如下提示：

选择导向轮廓或［合并多条边(J)］： ‖ 选择导向轮廓，或通过【合并多条边(J)】选项合并多条边。

选择导向曲线： ‖ 选择放样实体或曲面的导向曲线，然后按 Enter 键。

3）【路径（P）】选项：指定放样实体或曲面的单一路径。选择该选项后，AutoCAD 会有如下提示：

选择路径轮廓： ‖ 指定放样实体或曲面的路径。

4)【仅横截面（C)】选项：表示只通过指定的横截面创建放样曲面，不使用导向和路径。

5)【设置（S)】选项：通过对话框进行放样设置。选择该选项后，AutoCAD 会弹出【放样设置】对话框，如图 12-53 所示。

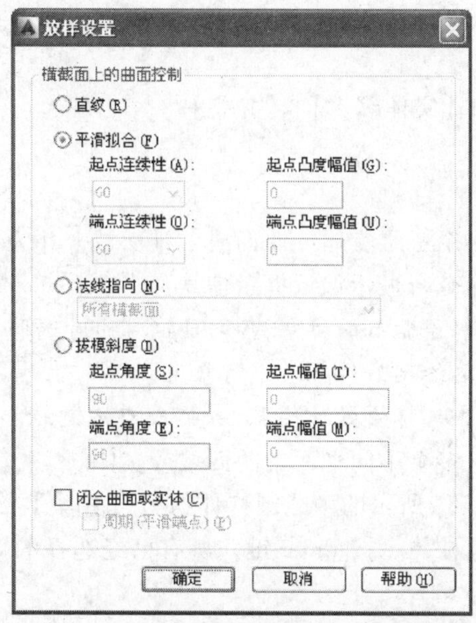

图 12-53　【放样设置】对话框

【例 12-14】　如图 12-54b 所示为利用图 12-54a 放样得到的实体。

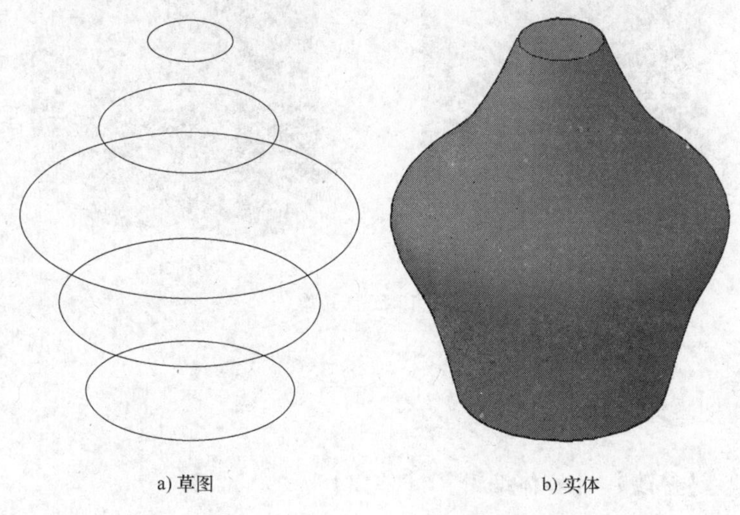

a) 草图　　b) 实体

图 12-54　放样得到的实体

12.9　布尔运算

在 AutoCAD 2014 中，通过合并、减去或找出两个或两个以上三维实体、曲面或面域的相交部分来创建复合三维对象，即用户可以对三维实体对象进行并集、交集、差集布尔运算。不能将实体与网格对象合并。但可以将网格对象转换为三维实体，以与实体合并。

12.9.1 并集

执行方式

- 下拉菜单：【修改】|【实体编辑】|【并集】
- 命令行：UNION
- 工具栏：

该命令用于将两个或多个三维实体、曲面或二维面域合并为一个复合三维实体、曲面或面域。执行上述命令后，命令行显示如下提示信息：

选择对象： ‖选取绘制好的对象，按 Ctrl 键可同时选取其他对象。

选择对象： ‖选取绘制好的第二个对象。

选择对象： ‖单击鼠标右键或按 Enter 键或空格键，结束选择。

选择集可包含位于任意多个不同平面中的面域或实体。

【例 12-15】 对图 12-55a 所示的两个圆柱体执行【并集】命令。首先选择左侧较高圆柱体，然后选择右侧较矮圆柱体，按 Enter 键，所有已经选择的对象合并成一个整体，如图 12-55b 所示。

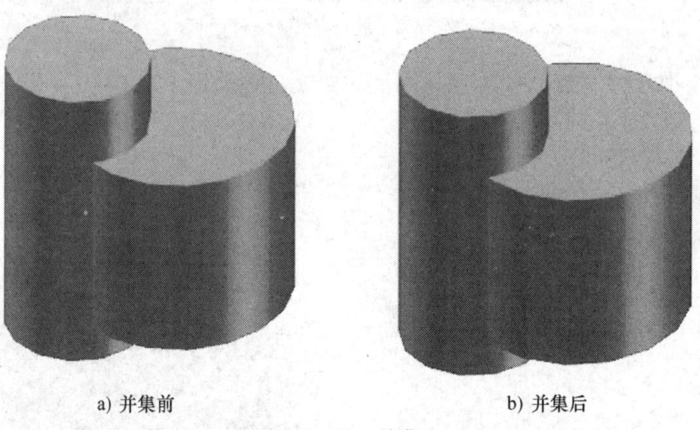

a) 并集前　　b) 并集后

图 12-55 并集

12.9.2 差集

执行方式

- 下拉菜单：【修改】|【实体编辑】|【差集】
- 命令行：SUBTRACT
- 工具栏：

该命令通过从另一个对象中减去一个重叠面域或三维实体来创建新对象。执行上述命令后，命令行显示如下提示信息：

选择要从中减去的实体或面域...

选择对象： ‖选取绘制好的对象，按 Ctrl 键选取其他对象。

选择对象： ‖单击鼠标右键或按 Enter 键或空格键，结束选择。

选择要减去的实体或面域...

选择对象：　　　‖选取要减去的对象，按 Ctrl 键选取其他对象。

选择对象：　　　‖单击鼠标右键或按 Enter 键或空格键，结束选择。

从第一个选择集中的对象减去第二个选择集中的对象。然后创建一个新的实体或面域。

【例 12-16】　对图 12-56a 所示的两个圆柱体执行【差集】命令。图中左侧圆柱体为"要从中减去的实体"，右侧圆柱体为"要减去的实体"，应先选择左侧圆柱体，后选择右侧圆柱体。按 Enter 键后，得到差集后的实体，如图 12-56b 所示。

12.9.3　交集

a) 差集前

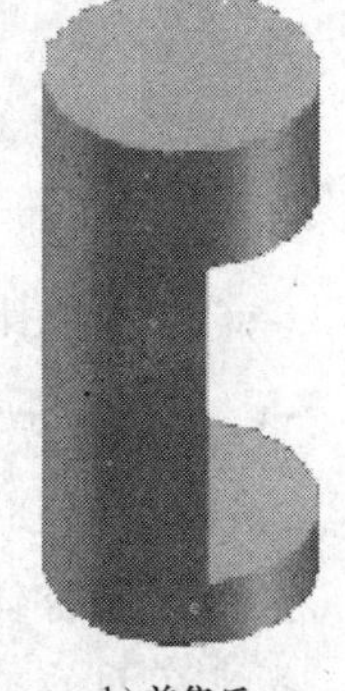

b) 差集后

图 12-56　差集

执行方式

- 下拉菜单：【修改】|【实体编辑】|【交集】
- 命令行：INTERSECT
- 工具栏：

该命令从两个或两个以上现有三维实体、曲面或面域的公共体积创建三维实体。如果选择网格，则可以先将其转换为实体或曲面，然后再完成此操作。执行上述命令后，命令行显示如下提示信息：

选择对象：　　　‖选取绘制好的对象，按 Ctrl 键可同时选取其他对象。

选择对象：　　　‖选取绘制好的第二个对象。

选择对象：　　　‖单击鼠标右键或按 Enter 键或空格键，结束选择。

【例 12-17】　对图 12-57a 所示的两个圆柱体执行【交集】命令。依次选择图 12-57a 中两个圆柱体，按 Enter 键后，视口中的图形即是两个圆柱体的公共部分，如图 12-57b 所示。

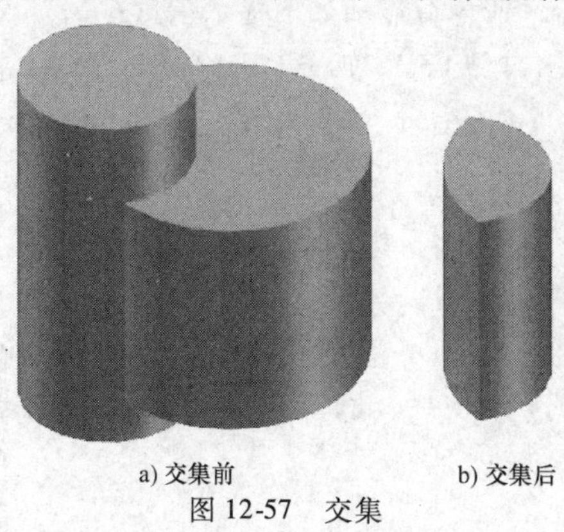

a) 交集前　　　b) 交集后

图 12-57　交集

12.10　实例

绘制如图 12-58 所示的图形。

1）创建图层，如图 12-59 所示。

图 12-58　拉伸试件

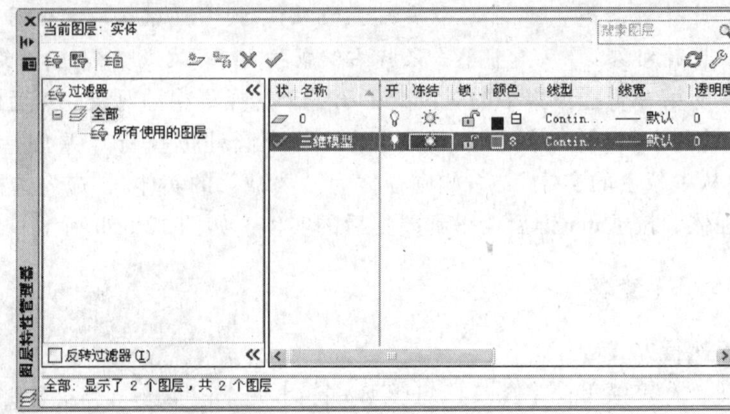

图 12-59　创建图层

2）将三维模型层置为当前层。

3）绘制底部圆柱部分。

执行【圆柱体】命令后，命令行显示如下提示信息：

指定底面的中心点或［三点(3P)/两点(2P)/切点、切点、半径(T)/椭圆(E)］:
‖ 用鼠标左键在绘图区域中单击指定一点。

指定底面半径或［直径(D)］<10.0000>:　‖ 输入 8。

指定高度或［两点(2P)/轴端点(A)］<10.0000>:　‖ 输入 40。

按 Enter 键结束命令，绘制出圆柱体，如图 12-60 所示。

4）绘制中间圆柱体。

在【对象捕捉】设置中选择【圆心】，打开工具栏中的【对象捕捉】按钮。

执行【圆柱体】命令后，命令行显示如下提示信息：

在指定底面的中心点或［三点(3P)/两点(2P)/切点、切点、半径(T)/椭圆(E)］:
‖ 用鼠标左键在绘图区域中捕捉底部圆柱体上端面的中心点，如图 12-61 所示。

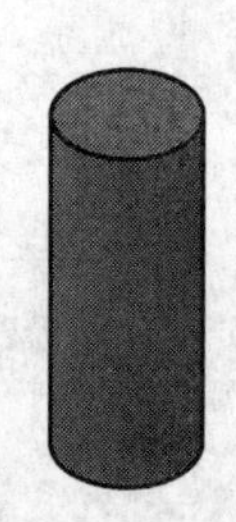

图 12-60　圆柱体

图 12-61　捕捉底部圆柱体上端面的中心点

指定底面半径或［直径(D)］<8.0000>：　‖输入 5。

指定高度或［两点(2P)/轴端点(A)］<40.0000>：　‖输入 80。

按 Enter 键结束命令，绘制出中间圆柱体，如图 12-62 所示。

5）绘制上部圆柱体的截面圆。

执行【圆心，半径】命令后，命令行显示如下提示信息：

指定圆心：　‖用鼠标左键在绘图区域中捕捉中间圆柱体上端面的中心点，如图 12-63 所示。

输入圆半径：　‖输入半径值 8，按 Enter 键结束，如图 12-64 所示。

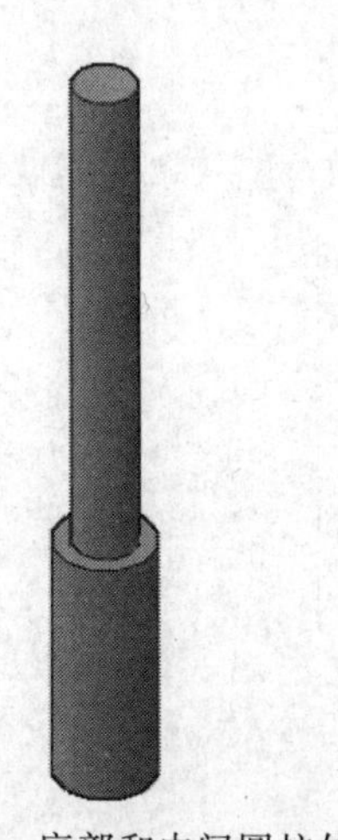

图 12-62　底部和中间圆柱体

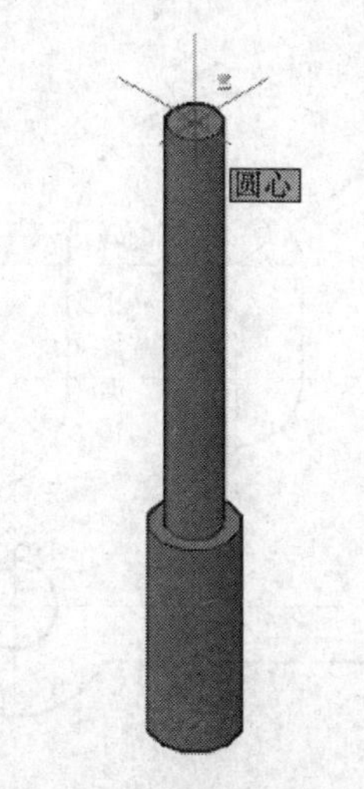

图 12-63　捕捉中间圆柱体上端面的中心点

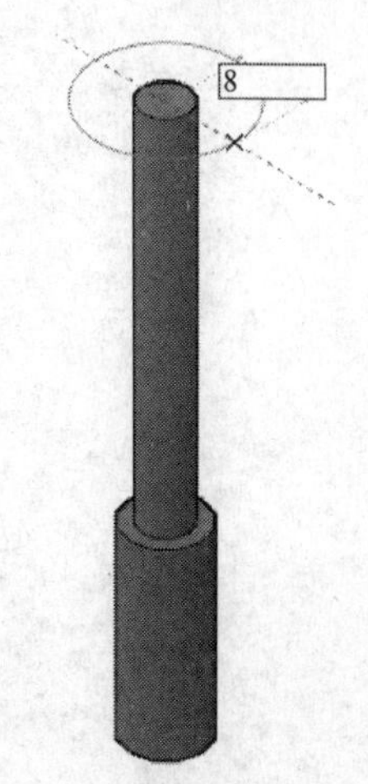

图 12-64　输入圆半径

6）将圆拉伸成圆柱体。

执行【拉伸】命令后，命令行显示如下提示信息：

当前线框密度：ISOLINES = 4

选择要拉伸的对象：　‖选择绘制的圆。

选择要拉伸的对象：　‖沿 Z 轴正方向移动鼠标，以指定拉伸方向。

指定拉伸的高度或［方向(D)/路径(P)/倾斜角(T)］<80.0000>：

‖输入 40。

按 Enter 键结束命令，将圆拉伸成圆柱体。

7）进行布尔运算，将底部圆柱体、中间圆柱体和拉伸成的圆柱体合并成一个实体。

执行【并集】命令后，命令行显示如下提示信息：

选择对象：　‖依次选择底部圆柱体、中间圆柱体和拉伸成的圆柱体。

按 Enter 键结束命令，将底部圆柱体、中间圆柱体和拉伸成的圆柱体合并成一个实体。

绘制结束后，得到拉伸试件图形，如图 12-58 所示。

12.11　本章小结

本章主要介绍绘制三维图形，包括三维坐标系设置、视点的设置、三维动态观察、视觉样式的设置、三维网格的绘制、三维基本实体的绘制、通过二维图形创建实体和布尔运算，最后用一个实例对三维基本实体、通过二维图形创建实体的方法和过程进行了介绍，使用户能真正掌握这些三维图形的基本绘制方法。

习　题

1. 用将二维图形旋转成实体的方法绘制如图 12-58 所示的拉伸试件。

2. 绘制如图 12-65 所示的草图，然后先把外部轮廓线拉伸成实体，再把内部 3 个轮廓线拉伸成实体，最后对两次拉伸的实体进行差集运算，结果如图 12-66 所示。

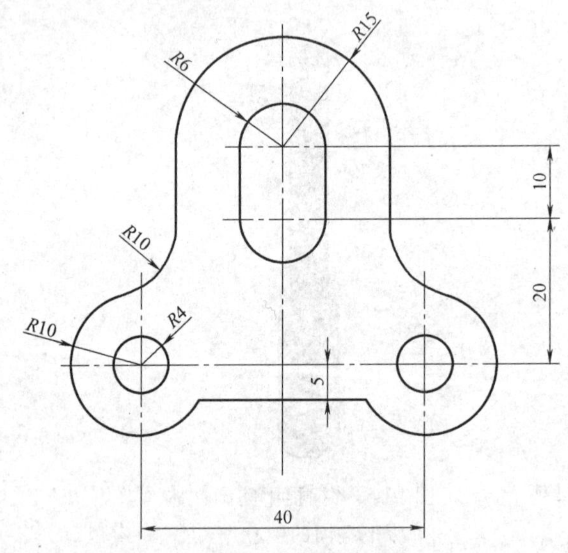

图 12-65　拉伸草图

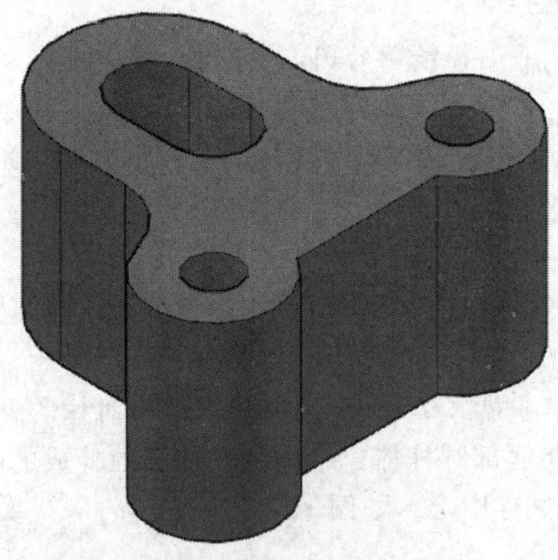

图 12-66　拉伸生成的实体

第 13 章　编辑三维图形

在 AutoCAD 2014 中，可以用三维小控件和夹点编辑对象。利用【修改】命令，可以在三维空间中移动、旋转、阵列、镜像及对齐三维对象；可以通过剖切实体获得实体的一部分；可以加厚曲面，使其成为一个实体；可以对三维模型的边进行倒角或圆角操作。

13.1　三维小控件

三维小控件可以帮助用户沿三维轴或平面移动、旋转或缩放一组对象。在 AutoCAD 2014 中，可以方便地通过小控件和夹点修改已有图形。夹点是一些实心的小方框或小箭头，使用鼠标选定对象时，对象关键点上将出现夹点。可以拖动这些夹点实现快速移动、旋转、缩放、拉伸或镜像对象。有 3 种类型的小控件：

三维移动小控件：沿轴或平面重新定位选定的对象。

三维旋转小控件：绕指定轴旋转选定的对象。

三维缩放小控件：沿指定平面或轴或沿全部 3 条轴统一缩放选定的对象。

3 种类型的小控件如图 13-1 所示。

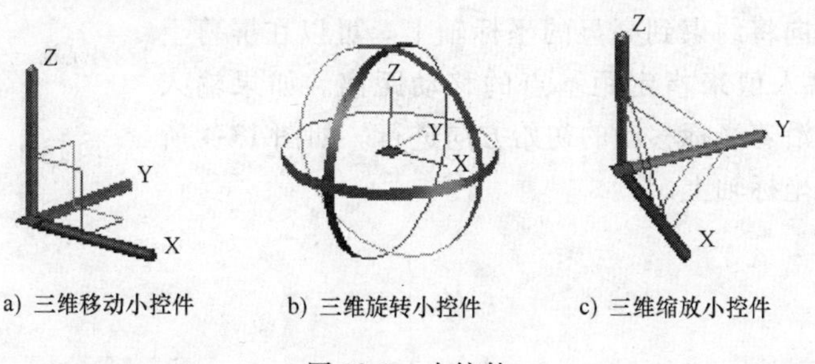

a) 三维移动小控件　　b) 三维旋转小控件　　c) 三维缩放小控件

图 13-1　小控件

默认情况下，选择视图中具有三维视觉样式的对象或子对象时，会自动显示小控件。由于小控件是沿特定平面或轴约束所做的修改，因此，它们有助于获得更理想的结果。可以指定选定对象后要显示的小控件，也可以禁止显示小控件。

激活小控件后，还可以切换到其他类型的小控件。切换行为根据选择对象的时间顺序而变化：

1）先选择对象。如果正在执行小控件操作，则可以重复按空格键以在其他类型的小控件之间循环。通过此方法切换小控件时，小控件活动会约束到最初选定的轴或平面上。

2）先运行命令。如果在选择对象之前开始执行三维移动、三维旋转或三维缩放操作，小控件将置于选择集的中心。使用快捷菜单上的【重新定位小控件】选项可以将小控件重新定位到三维空间中的任意位置。也可以在三维小控件快捷菜单上选择其他类型的小控件，如图 13-2 所示。

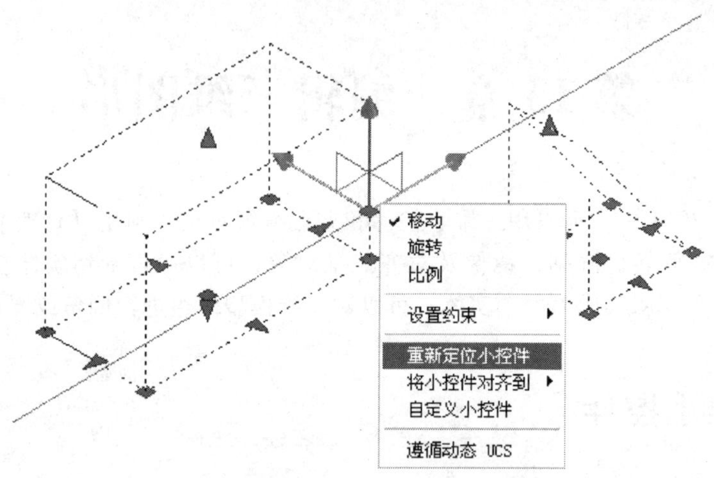

图 13-2　小控件快捷菜单

1. 三维移动小控件的使用方法

可以使用三维移动小控件自由移动所选对象，也可以将移动约束到坐标轴或坐标平面上，即只能沿坐标轴移动或只能在某个坐标平面内移动。如需要移动所选对象，可单击小控件并将其拖动到三维空间中的任意位置。三维移动小控件如图 13-3 所示。

1）将移动约束到坐标轴上：将光标悬停在小控件上的轴控制柄上时，将显示与轴对齐的矢量，且指定轴将变为黄色。单击轴控制柄，则将移动约束到相应坐标轴上。拖动光标时，所选对象的移动方向将约束到亮显的坐标轴上。可以在屏幕上单击鼠标左键或输入值来指定距基点的移动距离。如果输入值，对象的移动将沿着光标移动的初始方向进行。如图 13-4 所示为将移动约束到坐标轴上。

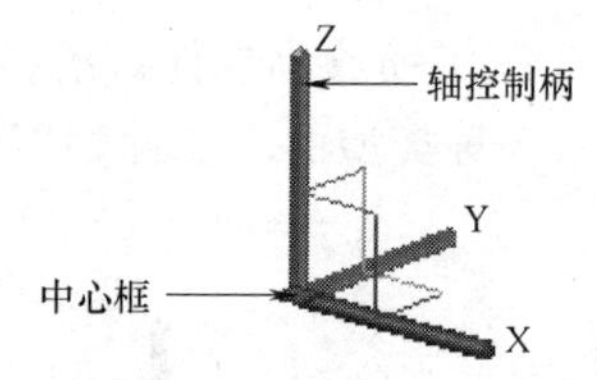

图 13-3　三维移动小控件

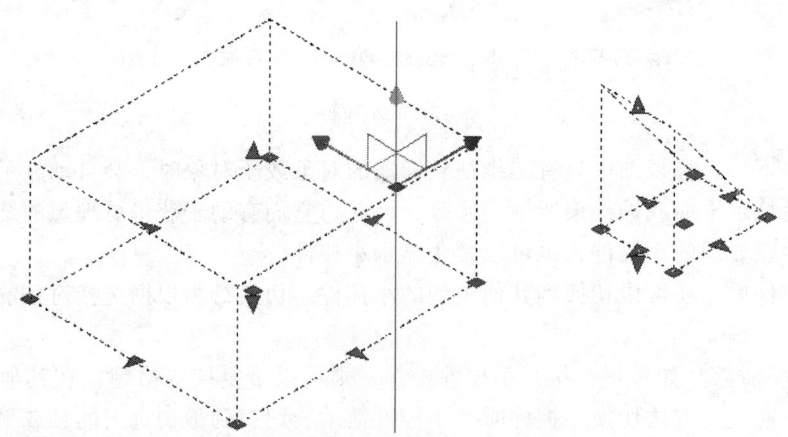

图 13-4　将移动约束到坐标轴上

2）将移动约束到坐标平面上：每个坐标平面均由坐标轴之间的矩形标识，如图 13-5 所示。可以通过将光标移动到该矩形上来指定移动所在的平面。矩形变为黄色后，用鼠标左键单击该矩形。拖动光标时，所选对象将仅沿亮显的坐标平面移动。单击鼠标左键或输入值可以指定距基点的移动距离。

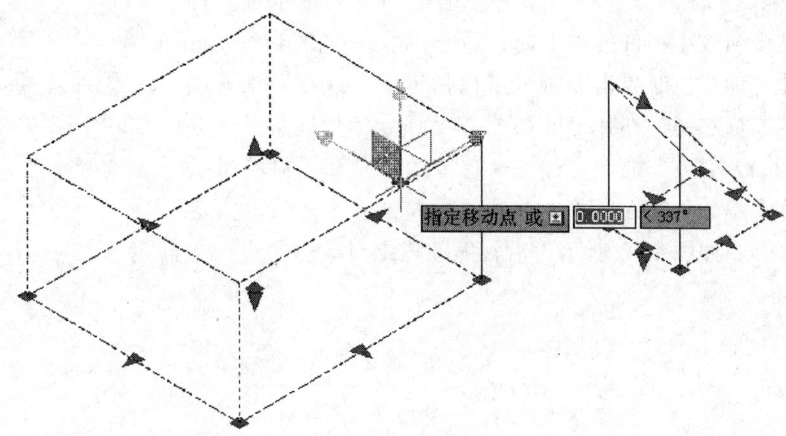

图 13-5　将移动约束到坐标平面上

2. 三维旋转小控件的使用方法

将三维对象和子对象的旋转约束到轴上。选择要旋转的对象后，小控件将位于选择集的中心，并临时更改 UCS 的位置。此位置由小控件的中心框（基准夹点）指示，该位置为旋转的基点。

可以将旋转约束到指定的轴上。将光标移动到三维旋转小控件的旋转路径上时，将显示表示旋转轴的矢量线。在旋转路径变为黄色时用鼠标左键单击该路径，可以指定旋转轴。拖动光标时，选定的对象和子对象将绕指定的轴旋转。小控件将显示对象移动时从对象的原始位置旋转的度数。可以单击或输入值以指定旋转的角度。如图 13-6 所示为将旋转约束到轴上。

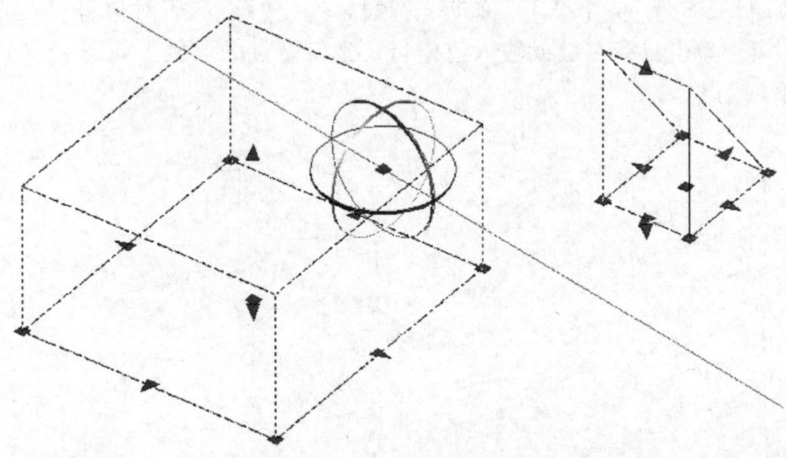

图 13-6　将旋转约束到轴上

3. 三维缩放小控件的使用方法

使用三维缩放小控件，可以统一更改三维对象的大小，也可以沿指定轴或平面缩放三维对象。不按统一比例缩放（沿轴或平面）仅适用于网格。它不适用于实体和曲面。

1）沿轴缩放三维对象：将网格对象缩放约束到指定轴。将光标移动到三维缩放小控件的轴上时，将显示表示缩放轴的矢量线。通过在轴变为黄色时单击该轴，可以指定轴。或在三维缩放小控件上单击鼠标右键，在弹出的如图 13-7 所示的快捷菜单中选择【X】、【Y】或【Z】，拖动光标时，选定的对象和子对象将沿指定的轴调整大小。可以在屏幕上单击鼠标左键或输入值以指定选定基点的比例。如图 13-8 所示为沿轴缩放三维对象。

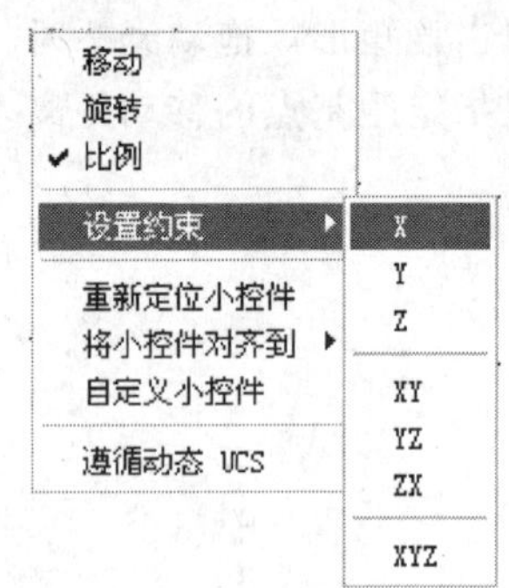

图 13-7　三维缩放约束快捷菜单

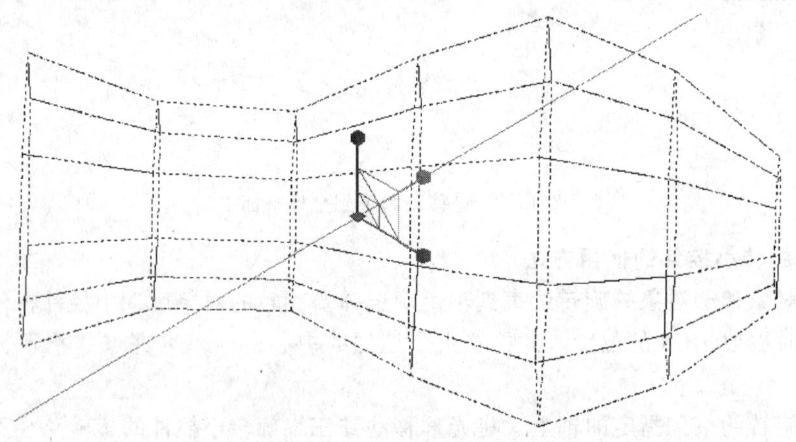

图 13-8　沿轴缩放三维对象

2）沿坐标平面缩放三维对象：将网格对象缩放约束到指定平面。每个平面均有从各自轴控制柄的外端开始延伸的条标识。通过将光标移动到一个条上来指定缩放平面。条变为黄色后，单击该条。或在三维缩放小控件上单击鼠标右键，在弹出的如图 13-7 所示的快捷菜单中选择【XY】、【YZ】或【ZX】，拖动光标时，选定对象和子对象将仅沿亮显的平面缩放。可以在屏幕上单击鼠标左键或输入值以指定选定基点的比例。如图 13-9 所示为沿平面缩放三维对象。

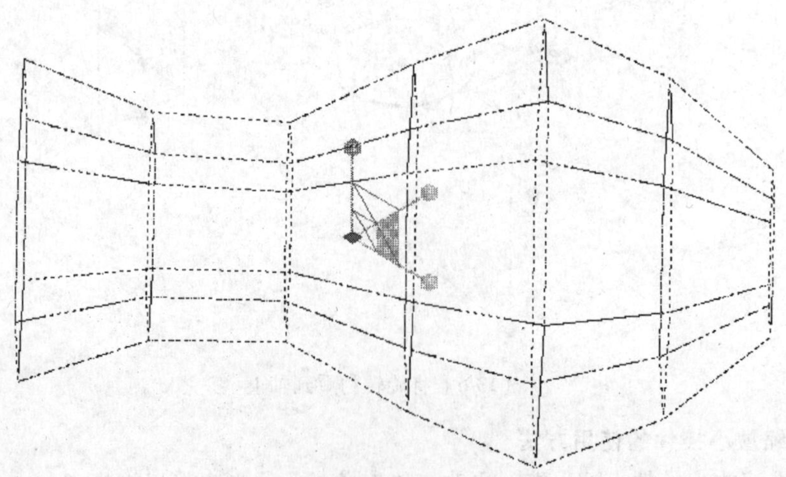

图 13-9　沿平面缩放三维对象

3）统一缩放三维对象：沿所有轴按统一比例缩放实体、曲面或网格对象。朝小控件的中心点移动光标时，亮显的三角形区域指示用户可以单击以沿全部轴缩放选定的对象和子对象。或在三维缩放小控件上单击鼠标右键，在弹出的如图 13-7 所示的快捷菜单中选择【XYZ】，拖动光标时，将统一缩放选定对象和子对象。可以单击或输入值以指定选定基点的比例。如图 13-10 所示为统一缩放三维对象。

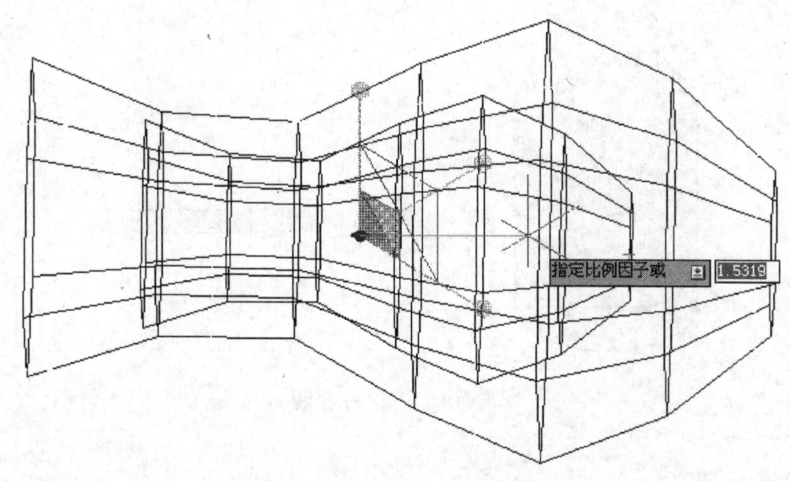

图 13-10　统一缩放三维对象

注：仅在已应用三维视觉样式的三维视图中才显示小控件。

13.2　修改三维图形

13.2.1　三维移动

执行方式

- 下拉菜单：【修改】|【三维操作】|【三维移动】
- 命令行：3DMOVE
- 工具栏：

执行上述命令后，命令行显示如下提示信息：

选择对象：　　　　‖选择对象，按 Enter 键完成。

选择对象：　　　　‖继续选择，或按 Enter 键完成。

指定基点或［位移(D)］<位移>：

指定第二个点或<使用第一个点作为位移>：

在三维视觉样式的视图中选择对象时，将显示三维移动小控件。如果在视觉样式设置为二维线框的视口中绘图，则在执行三维移动时，会将视觉样式暂时更改为三维线框。默认情况下，三维移动小控件显示在选定三维对象的中心。单击三维移动小控件的轴以将移动约束到该轴上，或单击轴之间的区域以将移动约束到该平面上。指定的两个点定义了一个矢量，表明选定对象将被移动的距离和方向。如果在【指定第二个点】的提示下按 Enter 键，第一点将被解释为相对 X，Y，Z 位移。例如，如果将基点指定为（10，20），然后在下一个提示下按 Enter 键，则对象将从当前位置沿 X 方向移动 10 个单位，沿 Y 方向移动 20 个单位。

图 13-11 所示为移动一个阶梯轴的过程。

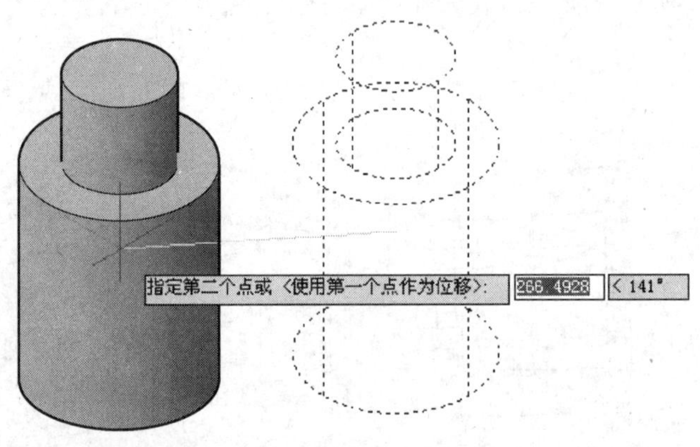

图 13-11　三维移动

13.2.2　三维旋转

执行方式

- 下拉菜单：【修改】|【三维操作】|【三维旋转】
- 命令行：3DROTATE
- 工具栏：

执行上述命令后，命令行显示如下提示信息：

UCS 当前的正角方向：　ANGDIR = 逆时针　ANGBASE = 0

选择对象：	‖选择对象，按 Enter 键完成。
指定基点：	‖指定一点，设定旋转的中心点。
拾取旋转轴：	‖在三维旋转小控件上，指定旋转轴。移动鼠标直至要选择的轴轨迹变为黄色，然后单击以选择此轨迹。
指定角的起点或键入角度：	‖设定旋转的相对起点。也可以输入角度值。
指定角的端点：	‖绕指定轴旋转对象。单击结束旋转。

如果视觉样式设置为二维线框，则在命令执行期间，视觉样式将更改为三维线框。默认情况下，三维旋转小控件显示在选定对象的中心。可以通过使用快捷菜单更改小控件的位置来调整旋转轴。

图 13-12 所示为将一个阶梯轴旋转的过程。

13.2.3　三维对齐

执行方式

- 下拉菜单：【修改】|【三维操作】|【三维对齐】
- 命令行：3DALIGN

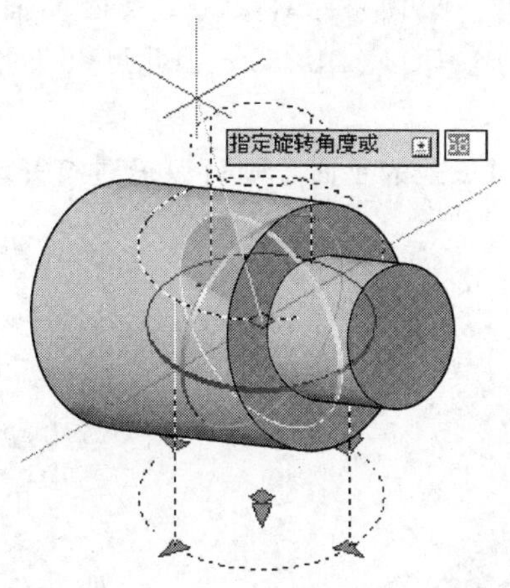

图 13-12　三维旋转

- 工具栏：

执行上述命令后，命令行显示如下提示信息：

选择对象：　‖ 选择要对齐的对象或按 Enter 键。

指定源平面和方向...

指定基点或［复制(C)］：　‖ 指定点或输入 C 以创建副本，源对象的基点将被移动到目标的基点。

指定第二个点或［继续(C)］<C>：　‖ 指定对象的 X 轴上的点，或按 Enter 键向前跳到指定目标点。第二个点在平行于当前 UCS 的 XY 平面的平面内指定新的 X 轴方向。如果按 Enter 键而没有指定第二个点，将假设 X 轴和 Y 轴平行于当前 UCS 的 X 轴和 Y 轴。

指定第三个点或［继续(C)］<C>：　‖ 指定对象的正 XY 平面上的点，或按 Enter 键向前跳到指定目标点。第三个点将完全指定源对象的 X 轴和 Y 轴的方向，这两个方向将与目标平面对齐。

指定目标平面和方向

指定第一个目标点：　‖ 指定点，该点定义了源对象基点的目标。

指定第二个源点或［退出(X)］<X>：　‖ 指定目标的 X 轴的点或按 Enter 键。第二个点在平行于当前 UCS 的 XY 平面的平面内指定新的 X 轴方向。如果按 Enter 键而没有指定第二个点，将假设目标的 X 轴和 Y 轴平行于当前 UCS 的 X 轴和 Y 轴。

指定第三个目标点或［退出(X)］<X>：‖ 指定目标的正 XY 平面的点，或按 Enter 键。第三个点将完全指定目标平面的 X 轴和 Y 轴的方向。

指定源对象上的一个、两个或三个点。然后，指定目标对象上的一个、两个或三个点。

该命令将移动并旋转选定的对象，以便将源对象的基点和 X 轴和 Y 轴在三维空间中与目标对齐。【三维对齐】命令用于动态 UCS（DUCS），因此可以动态地拖动选定对象并使其与实体对象的面对齐。

注：如果目标是现有实体对象上的平面，则可以通过打开动态 UCS 来使用单个点定义目标平面。

如图 13-13 所示为三维对齐效果。

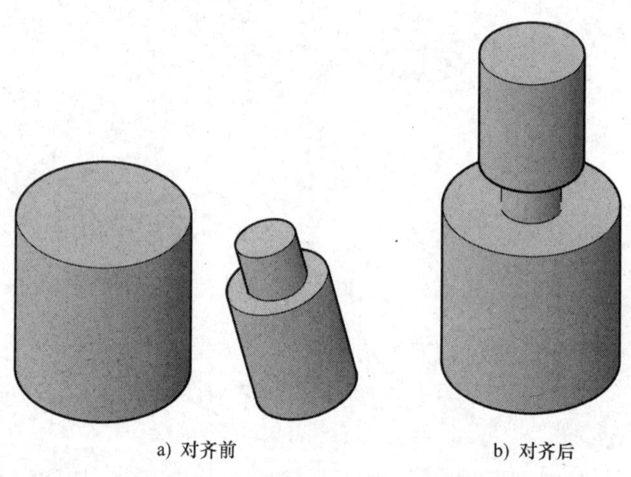

a) 对齐前　　b) 对齐后

图 13-13　三维对齐

13.2.4　三维镜像

执行方式

- 下拉菜单：【修改】|【三维操作】|【三维镜像】
- 命令行：MIRROR3D
- 工具栏：%

该命令用于创建镜像平面上选定三维对象的镜像副本。执行上述命令后，命令行显示如下提示信息：

选择对象：　　‖选择镜像的对象。

选择对象：　　‖选择下一个对象或按 Enter 键。

指定镜像平面（三点）的第一个点或

[对象(O)/最近的(L)/Z 轴(Z)/视图(V)/XY 平面(XY)/YZ 平面(YZ)/ZX 平面(ZX)/三点(3)] <三点>：　　‖ZX

指定 ZX 平面上的点 <0,0,0>：

是否删除源对象？[是(Y)/否(N)] <否>：

其中各选项说明如下。

1）【第一个点】选项：输入镜像平面上的第一个点的坐标。该选项通过 3 个点确定镜像平面，是系统的默认选项。

2）【对象（O）】选项：使用选定平面对象的平面作为镜像平面。选择该选项后，出现如下提示：

选择圆、圆弧或二维多段线线段：

是否删除源对象？[是(Y)/否(N)]＜否＞：　‖输入 Y 或 N，或按 Enter 键。如果输入 Y，将被镜像的对象放到图形中并删除原始对象。如果输入 N 或按 Enter 键，将被镜像的对象放到图形中并保留原始对象。

3）【最近的（L）】选项：相对于最后定义的镜像平面对选定的对象进行镜像处理。

4）【Z 轴（Z）】选项：根据平面上的一个点和平面法线上的一个点定义镜像平面。选择该选项后，出现如下提示：

在镜像平面上指定点：　‖输入镜像平面上一点的坐标。

在镜像平面的 Z 轴(法向)上指定点：　‖输入与镜像平面垂直的任意一直线上任意一点的坐标。

是否删除源对象？[是(Y)/否(N)]：　‖根据需要确定是否删除源对象。

5）【视图（V）】选项：将镜像平面与当前视口中通过指定点的视图平面对齐。

6）【XY 平面】/【YZ 平面】/【ZX 平面】选项：指定一个平行于当前坐标系的 XY（YZ、ZX）平面作为镜像平面。

7）【三点（3）】选项：通过 3 个点定义镜像平面。

如图 13-14 所示为用 YZ 平面作为镜像平面的三维镜像效果。

13.2.5　三维阵列

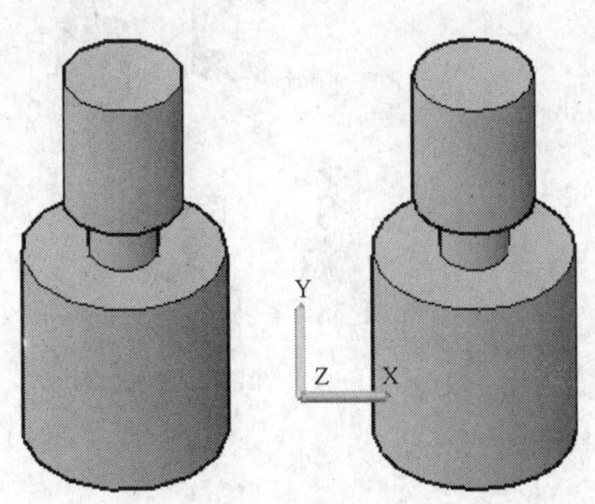

图 13-14　三维镜像

执行方式

• 下拉菜单：【修改】|【三维操作】|【三维阵列】

• 命令行：3DARRAY

• 工具栏：

该命令用于创建非关联三维矩形阵列或环形阵列。对于三维矩形阵列，除行数和列数外，还可以指定 Z 方向的层数。对于三维环形阵列，可以通过空间中的任意两点指定旋转轴。执行上述命令后，命令行显示如下提示信息：

选择对象：　‖选择阵列对象。

选择对象：　‖选择下一个对象或按 Enter 键。

输入阵列类型[矩形(R)/环形(P)]〈矩形〉：

其中各选项说明如下。

1）【矩形（R）】选项：对图形进行矩形阵列复制是系统的默认选项。在行（X 轴）、列（Y 轴）和层（Z 轴）矩形阵列中复制对象。一个阵列必须具有至少两个行、列或层。输入正值将沿 X、Y、Z 轴的正向生成阵列。输入负值将沿 X、Y、Z 轴的负向生成阵列。选择该选项后，出现如下提示：

输入行数（---）＜3＞：　‖指定要沿 X 轴重复的行数。

输入列数 (|||) < 3 >： ‖ 指定要沿 Y 轴重复的列数。

输入层数 (...) < 3 >： ‖ 指定要沿 Z 轴重复的层数。

指定行间距(---)： ‖ 指定沿 X 轴排列的各对象的基点之间的距离。

指定列间距(|||)： ‖ 指定沿 Y 轴排列的各对象的基点之间的距离。

指定层间距(...)： ‖ 指定沿 Z 轴排列的各对象的基点之间的距离。

2)【环形 (P)】选项：对图形进行环形阵列复制。选择该选项后，出现如下提示：

输入阵列中的项目数目： ‖ 输入阵列的数目。

指定要填充的角度(+ = 逆时针, - = 顺时针) <360> ：

‖ 指定阵列中第一个和最后一个项目之间的角度。负值表示沿顺时针方向旋转。

旋转阵列对象? [是(Y)/否(N)] <是> ：

‖ 确定阵列上的每一个图形是否根据旋转轴线的位置进行旋转。

指定阵列的中心点： ‖ 指定阵列中对象的中心点。

指定旋转轴上的第二点： ‖ 指定第二个点,该点设定旋转轴从中心点旋转的方向。

如图 13-15a 所示为 1 层 2 行 2 列的阶梯轴的矩形阵列；图 13-15b 所示为阶梯轴的环形阵列。

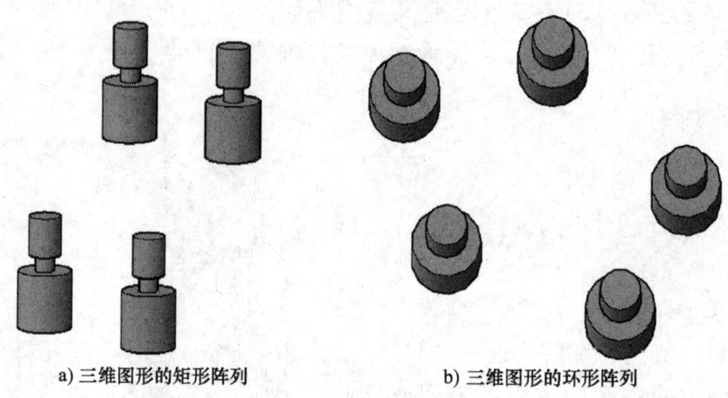

a) 三维图形的矩形阵列　　b) 三维图形的环形阵列

图 13-15　三维阵列

13.3　编辑三维实体

AutoCAD 2014 提供了各种形式的实体编辑命令，其中包括给实体修倒角、圆角及编辑实体对象的面和边等。利用 AutoCAD 2014 提供的各种基本编辑功能可以创建出各种复杂的实体模型。

13.3.1　倒角

执行方式

- 下拉菜单：【修改】|【倒角】
- 命令行：CHAMFER

• 工具栏：

执行上述命令后，可以对棱边加倒角，从而在两个相邻的面之间生成一个平坦的过渡面。例如，对图 13-16a 中的多条棱边加倒角，结果如图 13-16b 所示。

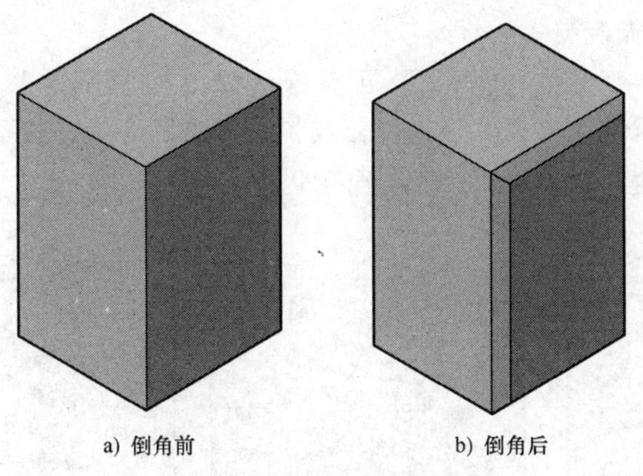

a) 倒角前　b) 倒角后

图 13-16　修倒角示例

13. 3. 2　圆角

执行方式

• 下拉菜单：【修改】|【圆角】
• 命令行：FILLET
• 工具栏：

执行上述命令后，可以对实体的棱边修圆角，从而在两个相邻面之间生成一个圆滑过渡的曲面。例如，对图 13-17a 中的两条棱边修圆角，结果如图 13-17b 所示。

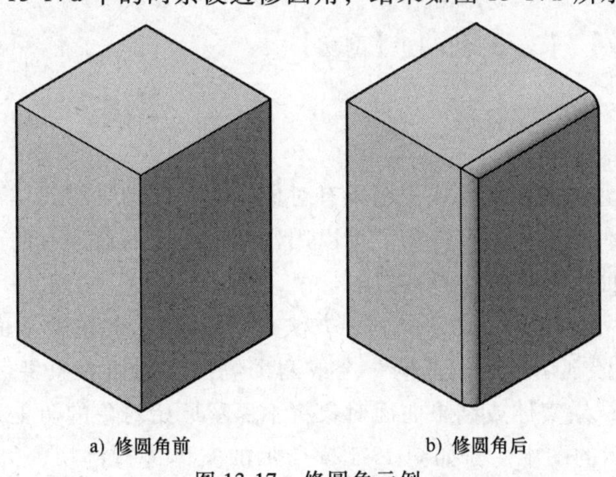

a) 修圆角前　b) 修圆角后

图 13-17　修圆角示例

13. 3. 3　分解实体

执行方式

下拉菜单：【修改】|【分解】

命令行：EXPLODE

工具栏：

执行该命令，可以将复合对象分解为其组件对象。对于三维实体，将平整面分解成面域，将非平整面分解成曲面。用户还可以继续使用该命令，将面域或曲面分解为组成它们的基本元素，如直线、圆及圆弧等。

例如，要分解图 13-18a 所示的图形，可选择【修改】|【分解】命令，然后选择该图形，并按 Enter 键结束命令。然后，选择【修改】|【移动】命令，移动生成的面域，结果如图 13-18b 所示。继续分解新生成的面域，结果如图 13-18c 所示。

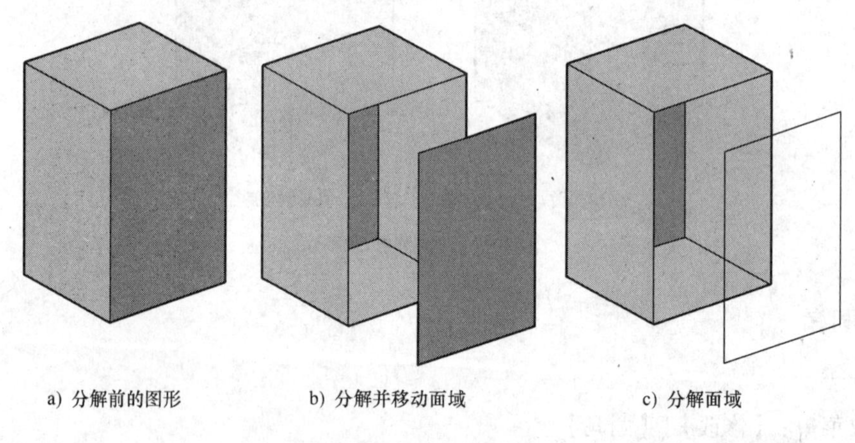

a) 分解前的图形　　b) 分解并移动面域　　c) 分解面域

图 13-18　分解实体

13.3.4　剖切实体

执行方式

下拉菜单：【修改】|【三维操作】|【剖切】

命令行：SLICE

工具栏：

该命令通过使用剪切平面剖切或分割现有对象，创建新的三维实体和曲面。

可以剖切的对象有三维实体和曲面。可以用作剪切平面的对象有曲面、圆、椭圆、圆弧或椭圆弧、二维样条曲线和三维多段线线段。

剪切平面是通过两个或 3 个点定义的，方法是指定 UCS 的主要平面，或选择曲面对象（而非网格）。可以保留剖切三维实体的一个或两个侧面。剖切对象将保留原始实体的图层和颜色特性。但是，结果实体或结果曲面对象将不保留原始对象的历史记录。

在如图 13-19 所示的图中，对如图 13-19a 所示的实体进行剖切，得到如图 13-19b 所示的结果。将剖切得到的上半部分移动后，结果如图 13-19c 所示。

13.3.5　加厚实体

执行方式

下拉菜单：【修改】|【三维操作】|【加厚】

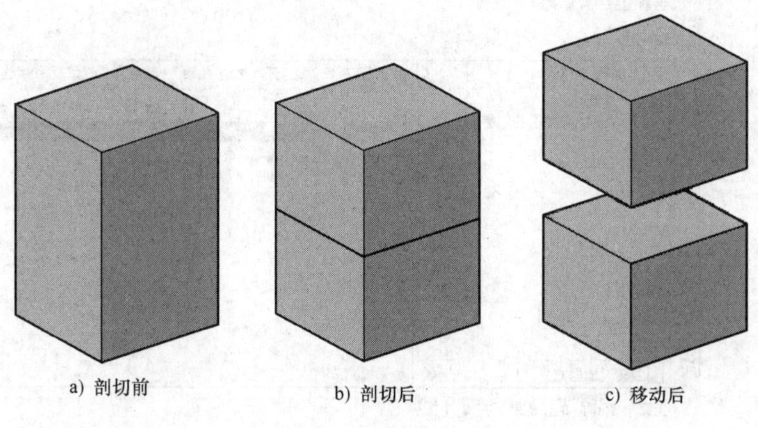

图 13-19 剖切实体

命令行：THICKEN

工具栏：

执行该命令，将以指定的厚度将曲面转换为三维实体。创建复杂的三维曲线式实体的一种有用方法是：首先创建一个曲面，然后通过加厚将其转换为三维实体。如果选择要加厚某个网格面，则可以先将该网格对象转换为实体或曲面，然后再完成此操作。

在如图 13-20 所示的图中，对如图 13-20a 所示的平面曲面进行加厚，得到如图 13-20b 所示的结果。

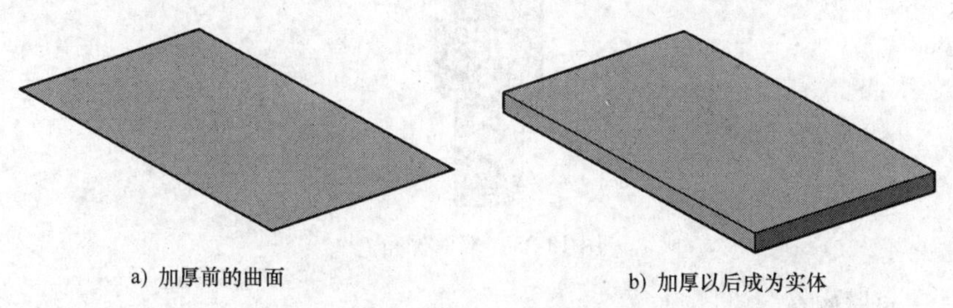

图 13-20 加厚实体

13.4 实例

对图 12-58 所示拉伸试件的端面倒角，对截面过渡部分边倒圆角，结果如图 13-21 所示。

1）创建图层，如图 13-22 所示。

2）将实体编辑层置为当前层。

3）对拉伸试件两端圆柱端面棱边倒角。

执行【倒角】命令后，命令行显示如下提示信息：

选择拉伸试件圆柱端面

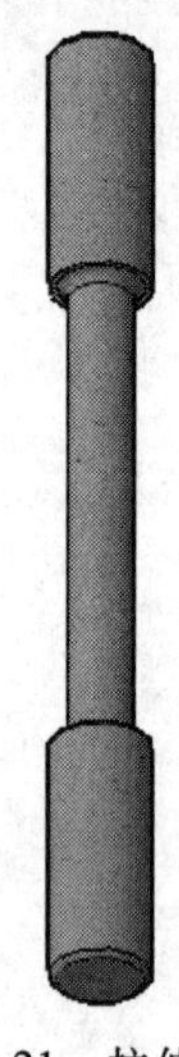

图 13-21　拉伸试件

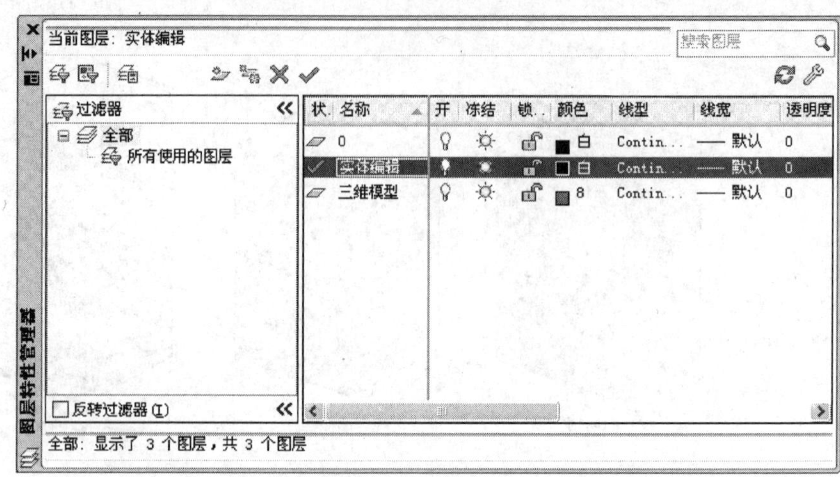

图 13-22　创建图层

指定倒角距离：　　　　　　　　　　　‖输入 1。

指定其他曲面的倒角距离 <1.0000>：　　‖按空格键确认。

选择端面棱边，然后按 Enter 键结束命令，绘制出倒角，如图 13-23 所示。

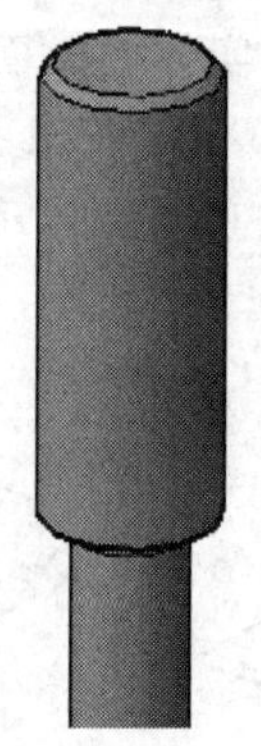

图 13-23　端面倒角

4）对另一端面倒角。

5）对截面过渡部分边倒圆角。

执行【圆角】命令后，命令行显示如下提示信息：

选择截面过渡部分

输入圆角半径：　　‖输入 2。

选择棱边然后，按 Enter 键确认。结果如图 13-21 所示。

13.5　本章小结

本章主要介绍编辑三维图形，包括三维小控件的使用、三维移动、三维旋转、三维缩放、三维镜像、三维对齐、对三维图形进行倒角和圆角操作、剖切实体和加厚实体，最后用一个实例对倒角和圆角的方法和过程进行了讲解，使用户能更好地掌握这些三维图形的基本编辑方法。

习　题

1. 绘制如图 13-24 所示工字梁草图，并分别通过拉伸和加厚创建三维实体，然后对直角过渡部分倒圆角，练习实体创建和编辑命令。

2. 绘制如图 13-25 所示草图，并拉伸成实体，然后对棱边倒角。

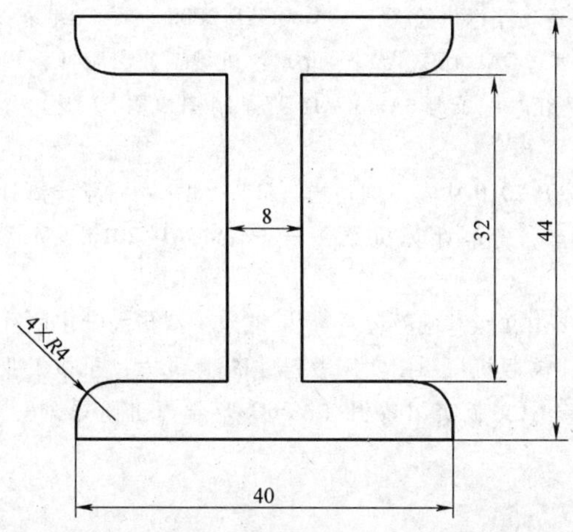

图 13-24　工字梁草图

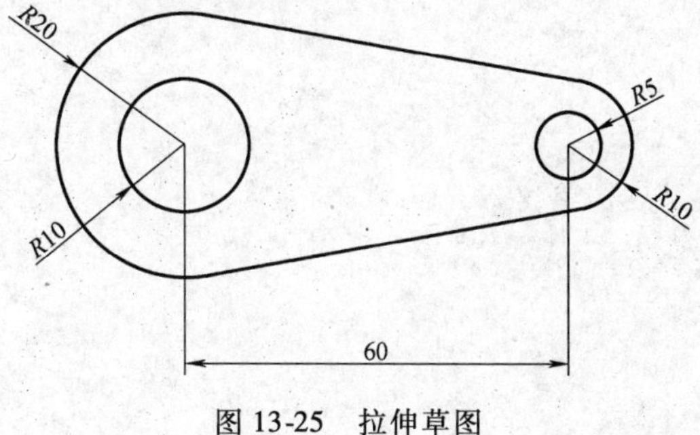

图 13-25　拉伸草图

参考文献

[1] 王亮申，戚宁，马勇骉，等．计算机绘图——AutoCAD 2006［M］．北京：北京交通大学出版社，2005.

[2] 薛焱，王新平．中文版 AutoCAD 2008 基础教程［M］．北京：清华大学出版社，2007.

[3] 黄和平．中文版 AutoCAD 2008 实用教程［M］．北京：清华大学出版社，2007.

[4] 崔洪斌，肖新华．AutoCAD 2008 中文版实用教程［M］．北京：人民邮电出版社，2007.

[5] 王亮申，李刚，戚宁，等．计算机绘图——AutoCAD 2008［M］．北京：北京交通大学出版社，2007.

[6] 管殿柱．计算机绘图（AutoCAD 版）［M］．北京：机械工业出版社，2008.

[7] 崔晓利，杨海如，贾立红．中文版 AutoCAD 工程制图（2010 版）［M］．北京：清华大学出版社，2009.

[8] 史小虎．中文版 Auto CAD 2010 从入门到精通［M］．北京：科学出版社，2010.

[9] 王亮申，马勇骉，戚宁，等．计算机绘图——AutoCAD 2010［M］．北京：北京交通大学出版社，2010.

[10] 郭晓军．AutoCAD 2012 中文版基础教程［M］．北京：清华大学出版社，2012.

[11] 赵罘．AutoCAD 2012 中文版机械制图实用教程［M］．北京：机械工业出版社，2012.

[12] 胡仁喜．AutoCAD 2013 中文版实用教程（AutoCAD 学习进阶系列）［M］．北京：机械工业出版社，2012.

《计算机绘图——AutoCAD 2014》

王亮申　戚宁　主编

读者信息反馈表

尊敬的老师：

您好！感谢您多年来对机械工业出版社的支持和厚爱！为了进一步提高我社教材的出版质量，更好地为我国高等教育发展服务，欢迎您对我社的教材多提宝贵意见和建议。另外，如果您在教学中选用了本书，欢迎您对本书提出修改建议和意见。

机械工业出版社教育服务网网址：http：//www. cmpedu. com

一、基本信息

姓名：________性别：______职称：________职务：________

邮编：________地址：______________________________

任教课程：____

电话：___—________（H）_______（O）___

电子邮件：__________________________手机：_________

二、您对本书的意见和建议

（欢迎您指出本书的疏误之处）

三、您对我们的其他意见和建议

请与我们联系：

100037　机械工业出版社·高等教育分社　舒恬　收

Tel：010－8837 9217　　Fax：010—6899 7455

E-mail：shutianCMP@ gmail. com